电机工程经典书系

U0186594

永磁电机槽极配合及实用设计

主　编　邱国平
副主编　（按姓氏笔画排列）
　　　　丁旭红　　王秋平　　左昱昱　　张　兵
　　　　周文斌　　姚欣良　　钱　程　　储建华

参　编　钱翰琪　吴　震　冷小强　李铁才　袁洪春
　　　　蔡纪鹤　赵鹏飞　徐建华　邱高峰　邱　明

机械工业出版社

永磁电机是应用非常广泛的电机。特别是无刷电机和永磁同步电机兴起后，其广泛用于各个行业，并逐步替代一些交流、直流、串励、步进电机。本书是一本实用的电机设计工程书，着重介绍了永磁电机运行质量与电机槽极配合的内在关系、设计要素和设计准则、设计思考方法，并对电机设计时涉及槽极配合的各种参数进行了深入分析和讲解。书中包含大量典型的永磁电机设计实例，实例均源于作者的工作实践，从多方面讲述如何确保各种不同的永磁电机的运行质量，用不同的方法、从不同的设计角度进行分析、判断，以帮助设计人员快速及高质量地完成设计方案。

本书从生产实践出发，提出确保永磁电机运行质量的理论和实用设计方法，对即将从事或正在从事与永磁电机有关的研发、设计、生产、控制和应用的技术人员、管理人员，以及高等院校电机相关专业教师、学生会有很大的帮助。

图书在版编目（CIP）数据

永磁电机槽极配合及实用设计 / 邱国平主编 . —北京：机械工业出版社，2024.5（2024.11 重印）

（电机工程经典书系）

ISBN 978-7-111-75414-5

Ⅰ . ①永… Ⅱ . ①邱… Ⅲ . ①永磁式电机 Ⅳ . ① TM351

中国国家版本馆 CIP 数据核字（2024）第 058599 号

机械工业出版社（北京市百万庄大街 22 号 邮政编码 100037）

策划编辑：刘星宁	责任编辑：刘星宁 朱 林
责任校对：甘慧彤 李 杉	封面设计：马精明
责任印制：张 博	

北京建宏印刷有限公司印刷

2024 年 11 月第 1 版第 2 次印刷

169mm×239mm ·33.5 印张·672 千字

标准书号：ISBN 978-7-111-75414-5

定价：148.00 元

电话服务　　　　　　　　网络服务

客服电话：010-88361066　机 工 官 网：www.cmpbook.com

　　　　　010-88379833　机 工 官 博：weibo.com/cmp1952

　　　　　010-68326294　金 书 网：www.golden-book.com

封底无防伪标均为盗版　机工教育服务网：www.cmpedu.com

前　言

永磁电机是电机中的重要类型，特别是永磁无刷电机和永磁同步电机在各个行业中得到了广泛应用，由于永磁无刷电机、永磁同步电机（均为无刷电机）在运行和伺服性能上具有更多优点，逐步替代了部分交流感应电机、直流电机、步进电机等，从而将工业自动化进程推向了一个新的高度。

这些年，许多电机专家和技术工作者对永磁无刷电机的运行原理、控制技术、生产工艺进行了不懈的努力和研究，使这类电机的生产和应用得到蓬勃发展。永磁无刷电机成为非常热门的一种新兴电机，在国防军事、科学研究、通信制造、汽车工业、医疗器械、计算机、办公自动化、工业机床加工、纺织、电动车、工业自动化控制等领域得到了广泛应用。

电机质量的好坏不仅依靠电机的机械特性，在满足了一定的机械特性后，决定电机质量好坏的还有电机的运行特性。犹如两辆汽车在同样时速下行驶，一辆汽车在行驶过程中非常平稳，噪声非常小，而另一辆汽车在行驶中振动非常大，噪声也很大，行驶不平稳，因此这两辆汽车的行驶性能是有差别的，其差别不是在汽车的行驶车速上，而是在汽车的行驶质量上。

电机的运行质量特性是电机的内特性，是由电机的某些重要因素控制的。电机的运行质量特性包括齿槽转矩、转矩波动、谐波、感应电动势和波形、最大输出功率、噪声和振动等。

许多电机工作者致力于改善电机的运行质量特性，但如何去研究、解决电机的运行质量特性的系统论述不多见，对电机运行质量的目标设计和设计方法的论著更少。

有些电机工作者在设计电机结构时不知道如何使电机的运行质量得到提高。只有在选定了电机的结构后，通过电机设计软件去分析某些电机的运行质量特性并尽力去改善电机的运行质量。但是一台电机的结构确定后，其基本的齿槽转矩、转矩波动、谐波等已经形成，不会因修改某些电机参数使电机的运行质量得到很大的改善。由于永磁无刷电机的生产需要，如何很好、快速、简捷地设计一台较完美的永磁无刷电机对于企业的电机设计工作者来讲尤为重要。

作者在多年的电机设计和生产实践中花了较大的精力对永磁电机进行了大量的研究。在设计电机时，对于电机的机械特性，只要抓住电机的 N、Φ 两大要素，控制住电机的 K_T 和 K_E，电机的运行机械性能就能得到控制。而只要适当选定电机的槽 Z、极 p 配合，抓住电机的 Z、p 两大要素，那么就能基本控制住电机的运行质量特性。在这个基础上，再进行电机结构和其他参数的设计，这样设计出的电机运行质量会很好，也不需要采用许多额外措施去改善电机的运行质量。只要控制好 N、Φ、Z、p 四大要素，就抓住了电机设计的要点，它们也是电机设计取得成功的关键所在。

作者提出电机的槽极配合与电机的运行质量有着内在的主要关联。电机的槽极配合是影响电机运行质量的主要矛盾，提出了电机运行质量的槽极配合之间关系的一些理论联系，提高电机运行质量的公式、关系、方法和手段、判断依据、一系列的有效改善措施，从而使电机设计工作者在电机设计之初就可以选用运行质量较佳的槽极配合，然后再进行电机结构、磁路方面的设计，最终实现电机运行质量的目标设计，少走弯路。利用这些观点和方法在电机设计中能明显改善和提高电机的运行质量。

本书是一本实用的电机设计工程书，从工程设计角度出发，介绍永磁电机的槽极配合及提高电机运行质量的实用设计方法和设计技巧。对永磁电机的槽、极、绕组进行了详细的讨论和分析，介绍了改善永磁电机运行质量的设计要素和设计准则，研究和讨论了永磁电机设计时考虑电机运行质量所必须涉及的槽极配合选用问题，其中包括电机运行特性的介绍，电机运行质量特性与槽极配合的关系，绕组分布、排列、绕组系数的计算，电机齿槽转矩、转矩波动与槽极配合的关系和应用，电机运行质量参数的分析与计算，电机的评价因子和圆心角与电机运行质量的关系及其选用方法，电机的目标设计及槽极配合，提出了多个新观点和新方法。

本书用较多的篇幅介绍了如何选用、判断电机槽极配合及其对电机运行质量的影响的设计实例，涵盖了永磁电机的多种应用行业，转速从数百转每分钟至数万转每分钟，功率从数十瓦至数十千瓦，这些设计实例内容丰富、翔实，是永磁电机运行质量设计方法的经验之谈，通过实例讲解，读者可以很快理解电机槽极配合对电机运行质量的重要影响，并能获得许多实用设计方法，休会电机设计的奥妙之处。

本书是一本永磁电机设计指导参考书，站在电机设计者的角度，从解决永磁电机、改善电机运行质量的快速设计实际出发，介绍的设计方法和技巧通俗易懂，富有新意，没有晦涩的内容与语言，有些内容是传统的电机设计著作中所没有提及和分析过的，体现了作者多年的实际工作经验和研究成果。这对即将从事或正在从事永磁电机开发、生产的应用人员以及大专院校师生从事电机设计工作会有很大帮助，能使设计工作者从新角度去认识和提高电机设计能力和水平，达到能够"实战"、少走弯路的目的。读者阅读本书后，会觉得永磁电机的运行质量的设计不是一种"高、大、上"的高深理论和技术，而仅是一种技巧和方法，设计一个运行质量良好的永磁电机方案将不是一件很困难的事，具有高中以上文化程度的读者就可以用较短的时间，快捷、方便、独立地设计出具有较完美运行质量的永磁电机。

本书仅是作者对永磁电机运行质量设计经历、主观认识的阐述，人对世界的认识是有限的，作者对电机的认识不过是沧海一粟，许多认识具有局限性、片面性，故而本书只是起到抛砖引玉的作用，错误和不当之处敬请读者和同行批评指正。如果读者能够用作者介绍的理论、经验、方法去分析和设计出运行质量较完美的永磁电机，作者就觉得无限宽慰了。

在本书的写作过程中，得到了江苏旭泉电机股份有限公司的全力支持，以及苏州绿的谐波传动科技股份有限公司、江苏开璇智能科技有限公司、江苏翰琪电机股份有限公司、常州御马精密科技（江苏）股份有限公司、常州蓓斯特宝马电机有限公司、常州富山智能科技有限公司、绍兴市上虞恒华电机有限公司等厂家和许多同行、专家的大力支持和鼓励，在此表示诚挚的感谢。

本书由哈尔滨工业大学李铁才教授、南京大学黄润生教授、上海交通大学姜淑忠教授主审，王增元教授、张建生教授对本书进行了技术性审核和指导。感谢谭洪涛、郑江、丁力、曹扬、周运建、吕智、李敏、肖雄厚对本书出版所提供的大量技术支持和帮助；感谢刘婧燕对本书图表绘制所做的工作。

主编　邱国平

2024.3 于常州

目　　录

前言

第1章　永磁电机槽极配合与电机性能 ………………………………………… 1

1.1　电机运行的质量特性 ………………………………………………………1

1.2　电机结构与槽极配合 ………………………………………………………3

1.3　电机槽极配合与电机性能、工艺的关系 …………………………………4

1.4　电机槽极配合对电机主要参数的影响 ……………………………………4

第2章　永磁电机槽极配合与绕组 ……………………………………………… 6

2.1　电机槽极配合 ………………………………………………………………6

2.2　电机绕组形式 ………………………………………………………………7

　　2.2.1　单节距绕组 ………………………………………………………………7

　　2.2.2　多节距绕组 ………………………………………………………………8

　　2.2.3　整数槽绕组和分数槽绕组 ………………………………………………8

2.3　电机绕组的分布形式 ……………………………………………………… 11

　　2.3.1　单层绕组和双层绕组 …………………………………………………… 11

　　2.3.2　槽极配合的分布 ………………………………………………………… 12

2.4　电机绕组的显极与庶极 …………………………………………………… 16

　　2.4.1　绕组显极和庶极的名称由来 …………………………………………… 16

　　2.4.2　显极与庶极的绕组排列 ………………………………………………… 18

　　2.4.3　显极与庶极的特点 ……………………………………………………… 18

　　2.4.4　显极与庶极的绕组接法 ………………………………………………… 19

2.5　电机的节距和极距 ………………………………………………………… 20

　　2.5.1　节距和极距定义 ………………………………………………………… 20

　　2.5.2　单层绕组的节距 ………………………………………………………… 20

　　2.5.3　双层绕组的节距 ································ 22

　　2.5.4　单层和双层绕组的应用 ························ 23

　2.6　电机绕组的分区 ································· 23

　　2.6.1　绕组分区简介 ································ 23

　　2.6.2　分区中的绕组分布 ···························· 25

　　2.6.3　分区绕组的特点 ······························ 26

　　2.6.4　对称分区绕组与非对称分区绕组的概念 ·········· 27

　2.7　分数槽集中绕组的对称与非对称 ·················· 28

　2.8　电机槽极配合与电机磁路的关系 ·················· 30

　2.9　少极电机的槽数 ································· 37

　　2.9.1　电机转速与电机极数的关系 ···················· 37

　　2.9.2　少极电机的槽极比 ···························· 38

　2.10　电机绕组排列 ·································· 42

　　2.10.1　电势星形法绕组排列设计 ···················· 42

　　2.10.2　绕组形式的分类 ···························· 43

　　2.10.3　大节距整数槽绕组排列和接线 ················ 44

　　2.10.4　分数槽集中绕组排列和接线 ·················· 47

　　2.10.5　分数槽集中绕组排列简图画法 ················ 49

　2.11　电机设计软件中的绕组排列 ···················· 51

第 3 章　永磁电机槽极配合与运行和质量特性 ············· 56

　3.1　电机运行特性 ··································· 56

　　3.1.1　电机运行的机械特性 ·························· 56

　　3.1.2　电机运行的质量特性 ·························· 57

　3.2　槽极配合与齿槽转矩 ····························· 58

　　3.2.1　槽极配合与齿槽转矩简介 ······················ 58

　　3.2.2　齿槽转矩的波形 ······························ 58

　　3.2.3　齿槽转矩的计算 ······························ 60

　　3.2.4　齿槽转矩的容忍度 ···························· 61

　　3.2.5　齿槽转矩的计算精度 ·························· 62

　　3.2.6　齿槽转矩峰值的概念 ·························· 64

　　3.2.7　齿槽转矩的评价因子 ·························· 65

　　3.2.8　齿槽转矩的圆心角 ···························· 69

3.2.9　定子斜槽 ·· 70

3.2.10　转子分段直极错位 ·· 72

3.2.11　转子分段直极错位的形式 ·································· 75

3.2.12　齿槽转矩波形的对称度 ····································· 76

3.2.13　齿槽转矩单峰波形的对称度 ······························ 79

3.2.14　波形的对称度对直极错位段数的影响 ·················· 79

3.2.15　转子直极错位的分段选取法 ······························ 86

3.3　影响电机齿槽转矩的主要因素 ································· 87

3.3.1　槽极配合与齿槽转矩的关系 ································ 87

3.3.2　电机结构与齿槽转矩的关系 ······························101

3.3.3　磁钢极弧系数对齿槽转矩的影响 ························102

3.3.4　定子槽口对齿槽转矩的影响 ······························112

3.3.5　磁钢凸极对齿槽转矩的影响 ······························115

3.4　槽极配合的转矩波动 ··130

3.4.1　转矩波动的概念 ··130

3.4.2　转矩波动大小的定义 ··130

3.4.3　转矩波动大小的容许值 ·····································132

3.4.4　斜槽、转子分段直极错位的转矩波动 ··················132

3.4.5　齿槽转矩周期数与转矩波动的关系 ·····················135

3.4.6　转矩波动波形 ··136

3.4.7　转矩波动波形与电机的多种因素 ·······················138

3.4.8　齿槽转矩不等于转矩波动 ··································141

3.4.9　齿槽转矩和转矩波动的一些分析 ·······················142

3.4.10　转子直极错位与电机转矩波动 ··························145

3.4.11　兼顾齿槽转矩和转矩波动的方法 ·······················154

3.5　槽极配合与感应电动势 ··154

3.5.1　电机的感应电动势 ···154

3.5.2　电机感应电动势的求取 ·····································154

3.5.3　电机感应电动势波形讨论 ··································159

3.5.4　电机的空载与负载的感应电动势 ·······················164

3.5.5　电机槽极配合的圆心角 θ 对感应电动势的影响 ······164

3.5.6　感应电动势的设置技术 ·····································166

3.5.7　测试电机感应电动势控制电机的性能 ……………………………166

3.6　槽极配合的电机谐波 ……………………………………………………166

3.6.1　谐波的基本介绍 ………………………………………………………166

3.6.2　用 MotorSolve 软件求取谐波的方法 ………………………………167

3.6.3　电机评价因子与电机谐波的关系 ……………………………………168

3.6.4　削弱电机高次谐波的方法 ……………………………………………168

3.7　槽极配合对电机最大输出功率的影响 …………………………………169

3.7.1　电机槽极比与最大输出功率倍数的关系 ……………………………169

3.7.2　槽数相同，极数减少，最大输出功率增加 …………………………169

3.7.3　极数确定，槽数增加，最大输出功率增加 …………………………170

3.8　评价因子、圆心角与电机大小无关 ……………………………………171

第4章　电机绕组系数和转矩的计算 ………………………………………172

4.1　电机绕组系数计算 ………………………………………………………172

4.1.1　电机绕组系数的概念 …………………………………………………172

4.1.2　分数槽集中绕组的绕组系数 …………………………………………174

4.1.3　大节距绕组的绕组系数 ………………………………………………191

4.1.4　单节距电机的绕组系数 ………………………………………………207

4.2　电机转矩的计算 …………………………………………………………212

4.2.1　永磁同步电机的内功率因数角 ………………………………………212

4.2.2　内功率因数角 γ 求取方法一 ………………………………………213

4.2.3　内功率因数角 γ 求取方法二 ………………………………………214

4.2.4　电机转矩和转矩波动的求取 …………………………………………214

4.2.5　MotorSolve 2D 转矩曲线分析 ………………………………………222

4.2.6　Motor-CAD 2D 转矩曲线分析 ………………………………………224

4.2.7　电机实例计算 …………………………………………………………227

4.2.8　电机软件计算 …………………………………………………………230

4.2.9　转矩角、内功率因数角导入 2D 计算的误差分析与修正方法 ……237

第5章　永磁电机结构设计方法与技巧 ……………………………………246

5.1　电机结构的主要参数和设计方法 ………………………………………246

5.1.1　电机设计分析的方法介绍 ……………………………………………246

5.1.2　电机的测评 ……………………………………………………………247

5.1.3　电机的改制 ……………………………………………………………250

5.1.4　电机系列设计 ……………………………………………………251

5.1.5　有参照电机的全新设计 …………………………………………255

5.1.6　没有参照电机的全新设计 ………………………………………257

5.2　电机的软件快速设计 ……………………………………………………265

5.3　永磁无刷电机简捷设计步骤（采用 RMxprt 软件）……………………292

5.4　永磁同步电机简捷设计步骤（采用 RMxprt 软件）……………………296

第 6 章　永磁电机槽极配合的设计应用 ………………………………… 299

6.1　少槽电机槽极配合的设计 ………………………………………………299

6.1.1　单节距少槽电机 …………………………………………………299

6.1.2　大节距少极电机 …………………………………………………323

6.2　DDR 力矩电机槽极配合的设计 …………………………………………331

6.2.1　DDR 电机槽极配合的设计思想分析 ……………………………331

6.2.2　24 槽不同极数的槽极配合的分析 ………………………………332

6.2.3　48 槽不同极数的槽极配合的分析 ………………………………337

6.2.4　DDR 电机实例设计与分析 ………………………………………339

6.3　无框力矩电机槽极配合的设计 …………………………………………349

6.3.1　无框电机设计指标 ………………………………………………350

6.3.2　电机形式的判定 …………………………………………………351

6.3.3　电机结构尺寸的分析 ……………………………………………352

6.3.4　科尔摩根 TBM7615-A 样机的分析 ……………………………354

6.3.5　设计要点 …………………………………………………………354

6.3.6　材料与参数的确定 ………………………………………………355

6.3.7　电机槽极配合的分析 ……………………………………………355

6.3.8　TWO-76D2-280 电机设计思路 …………………………………356

6.3.9　电机槽极配合的选取 ……………………………………………357

6.3.10　定子斜槽 …………………………………………………………359

6.3.11　定子开辅助槽 ……………………………………………………359

6.3.12　热分析及电机绝缘等级 …………………………………………359

6.3.13　无框永磁同步电机设计思路 ……………………………………360

6.3.14　无框永磁同步电机模块建立 ……………………………………360

6.3.15　无框永磁同步电机设计计算书 …………………………………360

6.3.16　电机反电动势分析 ………………………………………………363

6.3.17 电机转矩常数计算 ……………………………………………… 365

6.3.18 无框永磁同步电机转矩波动和齿槽转矩分析 …………………… 365

6.3.19 无框永磁同步电机性能图表和 2D 分析图表及分析 …………… 368

6.3.20 设计电机性能对比 ……………………………………………… 370

6.3.21 无框电机槽极配合的设计小结 ………………………………… 371

6.4 电动车电机槽极配合的设计 ……………………………………………… 372

6.4.1 电动汽车电机的槽极配合 ……………………………………… 372

6.4.2 电动汽车电机的槽极比 ………………………………………… 373

6.4.3 槽极配合在电动汽车电机中的应用 …………………………… 374

6.4.4 槽极配合在电动汽车电机上的应用分析 ……………………… 375

6.4.5 电动汽车电机设计分析之一 …………………………………… 388

6.4.6 电动汽车电机设计分析之二 …………………………………… 403

6.5 特殊槽极配合电机的设计 ………………………………………………… 409

6.5.1 5.5kW 27 槽 8 极电机分析 …………………………………… 410

6.5.2 24 槽 8 极和 27 槽 8 极电机的性能分析设计 ……………… 410

6.5.3 12 槽 10 极 5.5kW 电机设计示例 …………………………… 418

6.6 主轴电机槽极配合的设计 ………………………………………………… 425

6.6.1 主轴电机概述 …………………………………………………… 425

6.6.2 主轴电机的分类 ………………………………………………… 426

6.6.3 伺服电机与主轴电机的区别 …………………………………… 427

6.6.4 主轴电机的形状 ………………………………………………… 428

6.6.5 主轴电机的冷却方式 …………………………………………… 428

6.6.6 电主轴电机的应用 ……………………………………………… 429

6.6.7 主轴电机的结构 ………………………………………………… 430

6.6.8 主轴电机的转动惯量 …………………………………………… 433

6.6.9 主轴电机的槽极配合 …………………………………………… 434

6.6.10 主轴电机性能与负载和工作状态分析 ………………………… 436

6.6.11 主轴电机的参数 ………………………………………………… 436

6.6.12 主轴电机的编码器 ……………………………………………… 437

6.6.13 主轴电机的工作频率 …………………………………………… 439

6.6.14 主轴电机的设计一 ……………………………………………… 439

6.6.15 主轴电机的设计二 ……………………………………………… 446

6.6.16 主轴电机的设计三 ……………………………………… 455

6.6.17 主轴电机的设计四 ……………………………………… 463

6.6.18 主轴电机的设计五 ……………………………………… 469

6.6.19 主轴电机的设计六 ……………………………………… 472

6.6.20 主轴电机的设计七 ……………………………………… 485

6.6.21 交流主轴电机实例分析 ………………………………… 505

6.6.22 感应少槽少极电机的分析 ……………………………… 516

参考文献 ………………………………………………………………… 523

第 1 章

永磁电机槽极配合与电机性能

1.1 电机运行的质量特性

永磁电机是电机中的重要类型，特别是永磁无刷电机和永磁同步电机在各个行业中得到了广泛应用，由于永磁无刷电机、永磁同步电机（统称无刷电机）在运行和伺服性能上具有更多优点，逐步替代了部分交流感应电机、直流电机、步进电机等，从而将工业自动化进程推向了一个新的高度。

这些年，许多电机专家对永磁无刷电机的运行原理、控制技术、生产工艺进行了不懈的努力和研究，使这类电机的生产和应用得到蓬勃发展。永磁无刷电机成为非常热门的一种电机，在国防军事、科学研究、通信制造、汽车工业、医用器械、计算机、办公自动化、工业机床加工、纺织、电动车、工业自动化控制等领域都得到了广泛应用。

永磁无刷电机的应用如此广泛，如何使电机更好地运行是每位电机工作者都需要研究的课题。电机的运行特性分为电机运行机械特性和电机运行质量特性。

电机运行机械特性是电机的外特性，即电机能输出的机械特性，也即给予电机额定电压和额定负载，电机相应能输出的转矩、转速和所需要的电流，这是众所周知的。

电机运行质量特性是电机的内特性，是由电机的某些重要因素控制的，电机运行质量特性包括**电机的齿槽转矩、转矩波动、谐波、感应电动势和波形、最大输出功率、噪声和振动**等。

电机工作者都在努力致力于对电机运行的机械特性的研究，如何在一定的体积输出更大的功率、提高电机的效率、提高电机的功率因数等，这是电机设计所需要考虑的一个方面，但是还需要考虑如何减小电机的齿槽转矩、转矩波动、噪声、振动等电机运行中的问题。

电机性能好坏主要通过判断电机输出的机械特性和电机工作时的运行质量来评定。电机设计工作者一般用较大的精力去分析、研究如何设计出能达到机械特性要求的电机。但是在设计上实现电机机械特性的要求并不是电机设计的全部，还应关心电机的运行质量。

犹如两辆汽车同样能每小时行驶 100km，一辆汽车在行驶过程中非常平稳，噪声非常小，但是另一辆汽车在行驶中，振动非常大，噪声也很大，行驶不平稳，因此这两辆汽车的行驶性能是有差别的，其差别不是在汽车的行驶车速上，而是在汽车的行驶质量上。

相同机械特性的电机，在运行中，有的电机工作非常平稳，而有的电机会产生较大的齿槽转矩、转矩波动，高次谐波多，振动、噪声大等，这就是电机本身运行质量特性差的缘故。因此对于电机，除了要考核电机的运行机械特性，还要考核电机的运行质量特性，两者不可偏废。

作者发现有些电机工作者在设计电机结构时不知道如何使电机的运行质量得到提高。在选定了电机结构后，通过电机设计软件去分析电机的运行质量特性并在设计中尽力地去改善电机运行质量。但是一台电机结构确定后，电机基本的齿槽转矩、转矩波动、谐波等已经形成，不会因修改某些电机参数使电机运行质量得到很大的改善。

如何去研究、解决电机的运行质量特性与电机内在关系的系统论述不多见，并且关于电机运行质量的目标设计和设计方法的论著更少。

从本质看，作者认为电机的磁链（N、Φ）决定了电机的机械特性，这是电机的外特性，作者分别在直流、无刷、永磁同步电机实用设计及应用技术的著作中着重讲述过，本书不过多阐述。

电机的运行质量特性是电机的内特性，是由电机的某些重要因素控制的，作者提出：电机的质量特性主要是由电机的槽数（Z）、极数（p）配合所决定的，就是说电机运行质量的好坏与电机选取某种槽极配合有着重大关系，如果电机槽极配合好，那么电机的质量特性就好；如果电机槽极配合没有选好，那么电机的齿槽转矩、转矩波动就大，各种高次谐波就多，噪声、振动就大，感应电动势正弦度就差，电机控制困难等情况会非常严重，在这种不妥当的槽极配合的电机上要想得到很好的电机运行质量性能就算采取很多措施也是非常困难的。

在设计电机时，在电机的机械特性上要抓住电机的 N、Φ 两大要素，控制住电机的 K_T 和 K_E，那么电机的运行机械性能就得到控制了。而只要选定了电机的槽数 Z、极数 p 配合，抓住电机的 Z、p 两大要素，那么电机的运行质量特性也基本上能得到控制。在这个基础上再进行电机结构和其他参数的设计，这样设计出的电机运行质量会很好，也不需要为了电机运行质量问题而增加许多额外措施去进行改善。

对于电机设计，在运行特性上只要控制好 N、Φ、Z、p 四大要素，那么就是抓住了电机设计的要点，这是电机设计的关键所在。

作者提出用 Z、p 两大要素即电机的槽极配合来控制电机的运行质量特性，下面对此进行深入介绍。

1.2　电机结构与槽极配合

永磁电机一般主要由定子和转子组成，如果是有槽电机，则电机定子必定要在槽内嵌入一定数量的绕组导体。永磁同步电机或无刷电机的结构基本是由电机定子铁心、定子绕组、转子、转子铁心、转子磁极、轴、端盖等零件组成，如图 1-2-1 所示。电机的转子和定子产生转矩，由转子轴输出。端盖支撑转子转动。

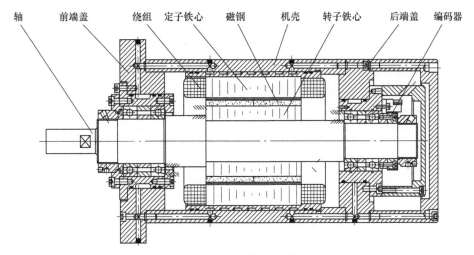

图 1-2-1　永磁同步电机结构图

图 1-2-2 是永磁同步电机的定、转子冲片和磁钢结构图。

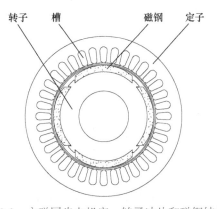

图 1-2-2　永磁同步电机定、转子冲片和磁钢结构图

一台有槽电机必定有相应的槽数 Z 和极数 p，两者是相互关联的，电机的槽极配合实质上与电机的运行质量有着很大的关系，本书结合大量设计实例对电机的槽极配合进行了较详细、系统的论述，这样读者能对电机的槽极配合有一个较清晰的了解，对电机的设计及选择有较大的参考价值和帮助。

1.3　电机槽极配合与电机性能、工艺的关系

电机的槽和极是组成电机的重要元素，不同的电机往往会采用不同的槽极配合，但是一些电机工作者对电机的槽极配合不太了解，一般就参考相同电机的槽极配合，估计问题也不大。但是别人为什么要采取这样的槽极配合，这样的槽极配合有什么优缺点，就不是很清楚。假如不参考其他电机的槽极配合，要自己采用一种较好的槽极配合就会觉得较困难。

其实电机槽极配合选取的合适与否对电机的性能和制造工艺影响很大，有些品牌电机的槽极配合是经过精心考虑的，但是也有某些著名品牌电机的槽极配合有待商榷。如果对电机的槽极配合有清晰的了解及分析的能力，这样就可以很好地选取合理的槽极配合，并能对某些电机的槽极配合做出分析和判断。

1.4　电机槽极配合对电机主要参数的影响

上面讲过，电机槽极配合会影响电机的主要参数，如电机齿槽转矩、转矩波动、绕组系数、最大输出功率、感应电动势、谐波、噪声、振动等，从而改变电机的主要运行性能。

电机槽极配合对电机性能的参数有着重大影响，如果设计者在电机设计时随便选取一种槽极配合，那么由这种槽极配合所建立的电机模块的各种参数是不可控的，或许这个电机模块计算出的电机齿槽转矩、转矩波动就较大，电机绕组系数、最大输出功率会较小，各种高次谐波就大，电机的感应电动势的正弦度就差，给后续的电机优化设计带来很多困难，或者要花很大力气，采用许多手段去消除电机的齿槽转矩、转矩波动。如果在设计电机前就对槽极配合有充分的了解，并在电机初始设计时就选择合理的槽极配合，会使建立电机初始模块的主要参数、性能处于较好的水平。设计前选取合理的槽极配合，相当于在电机设计前就进行了电机结构的"优化"，这对后续的电机设计起到了一个非常重要的"优化"作用。

电机设计者在进行电机设计时，必然会遇到槽极配合的问题：

1）如果是全仿电机，那么设计者对电机的槽极配合可以照搬，但是照搬的样机的电机槽极配合是否一定合理呢？这是不一定的，在诸多的市售电机中，不合理的电机槽极配合比比皆是。很有可能只要改变电机的槽极配合，就能使电机的性能

得到很大的提高，或者使电机结构、工艺大为简化。

2）如果是全新电机的设计，除非选取已有电机的槽极配合，否则就要电机工程师自行选取，那么选取较好的槽极配合就是电机设计者应该掌握的技术能力。为此，必须对电机的槽极配合有相当清晰的认知，针对不同电机的技术要求，能选取合理的槽极配合，使电机的结构性能合理，机械运行特性和质量运行特性处于相当好的水平，这样才能体现电机设计者的设计能力与水准。

本书阐述了电机槽极配合是决定电机运行质量主要因素的新观点，讲述了两者之间的关系，提出了一些实用的选用电机槽极配合改进电机运行质量的方法、措施，形成了一套较系统的设计理念和方法。

本书还用电机槽极配合是决定电机运行质量主要因素的观点，对多种电机设计实例进行了介绍和分析，从而有助于加深读者对选取较好的电机槽极配合对电机运行质量有较大帮助的理解。

第 2 章

永磁电机槽极配合与绕组

2.1 电机槽极配合

电机槽是指有槽电机定子的槽，无槽电机还是有槽的内涵的，但没有槽形，故称为虚槽，有多少定子槽数，那么就有多少定子齿数，电机槽内放有绕组，转子磁钢的磁力线进入绕组包含的齿内，当磁钢磁力线进入绕组包含的齿且两者相对运动后，绕组切割磁力线，就产生感应电动势和感应电流。由于电机定子的槽数和磁钢极数不同，产生了不同的槽极配合。不同的槽极配合会影响电机的感应电动势、齿槽转矩、转矩波动、最大输出功率等参数，这些参数的大小对电机来说是至关重要的。

一般来讲，如果是三相（$m = 3$）电机，槽数 Z 必须是 3 的倍数，如 3、6、9、12、15、18、21……而转子的磁极数 p 必须是 2 的倍数（注：本文以小写 p 为极数，大写 P 为极对数），如 2、4、6、8、10、12、14、16、18……

每种电机极数 p 可以与各种不同的电机定子槽（齿）数 Z 相配合，形成各种电机的槽极配合。并不是电机的每种槽极配合都可以使其运行性能达到很好，而是在这些槽极配合的电机中仅有部分槽极配合适用于不同结构、场合的电机，而且电机的各项参数能在合适的槽极配合中体现出较好的电机性能。为此我们要对电机的槽极配合进行总体的分析研究，找出对电机适合的槽极配合，以便我们在设计电机时选用，从而避免设计电机时选用槽极配合的盲目性，这是一种电机目标设计的好方法。

这里要讲一下，一台电机是 12 槽 8 极的槽极配合，因为某些电机设计软件不兼容中文，因此建立电机模块、图表和计算单不能标明中文"12 槽 8 极"，只能简写为"12-8j"，因为本书采用如 ANSYS、Maxwell-RMxprt 等软件，并有计算演示、图表和计算单，所以本书采用"12-8j"代表"12 槽 8 极"这样的槽极配合的标注形式。

2.2 电机绕组形式

电机定子里嵌有绕组，实际电机的磁场力是绕组切割磁钢磁力线相互作用产生的。绕组线圈包含的定子齿只起聚磁作用，在电机中，绕组用什么形式正确排布对电机性能会产生很大影响，电机槽极不同、绕组形式不同，相同的电机槽极配合，可以有多种绕组分布形式，因此电机绕组分布、绕组形式和接线是一门学问，可以参考电机绕组及其排布、接线方面的专门书籍。

现在的电机设计软件基本上可以显示典型的槽极配合的绕组排布，但是某些特殊的槽极配合的绕组排布无法显示。总之，电机设计软件的绕组接线还不能在软件上显示，还需要设计人员自己画出电机绕组排布和接线图以供生产使用。所以一线电机设计人员及电机设计研究人员应对绕组排布与连接有相当了解。不从绕组排布的原理出发去理解，对电机槽数和极数多的绕组配合或者特殊的槽极配合，完成绕组的排布和接线会相当麻烦。

本书从实际应用角度出发，针对绕组、绕组形式和绕组连接进行通俗介绍，以达到读者能从原理上理解绕组形式、绕组分布和接线，并能熟练地对各种槽极配合下不同形式的绕组进行排布和接线。

2.2.1 单节距绕组

在一般电机中，我们常选用两类常规的电机绕组形式：一种是"单节距绕组"电机，另一种是"多节距绕组"电机。

这里节距的简单概念为：定子绕组集中绕在一个齿上称为"单节距绕组"；如果定子绕组跨多个齿，绕在多个齿上就称为"多节距绕组"。

图 2-2-1 是单节距绕组电机的定子照片，其绕组分布如图 2-2-2 所示。"单节距绕组"的节距等于 1，定子的每个齿上绕一个线圈，这种绕组是"单节距集中绕组"。单节距集中绕组的内转子电动机的定子如图所示。

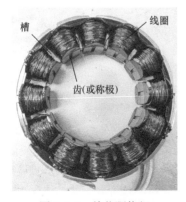

图 2-2-1 单节距绕组

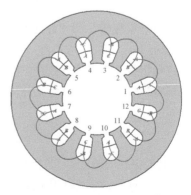

图 2-2-2 单节距绕组分布图

单节距集中绕组的线圈端部长度短，端部损耗就小，电机效率相对就高。尤其是"分数槽集中绕组"电机定位转矩小，绕线工艺并不复杂，槽数可以做得很多，这样可以做成转矩大、转速慢的直驱电机（DDR）。数十 kW 的分数槽集中绕组的永磁同步电机的应用也是非常普遍的，单节距绕组肯定是集中绕组。

2.2.2　多节距绕组

电机的绕组线圈跨过多个齿，这种绕组就称为"多节距绕组"，又称为"大节距绕组"。电机线圈跨过几个齿，其节距就为几。图 2-2-3 为多节距绕组结构图，这种在永磁同步电机、无刷电机的定子多节距绕组形式和三相交流感应电机的定子绕组的形式、接线方法完全相同。多节距绕组电机的定子绕组分布如图 2-2-4 所示。

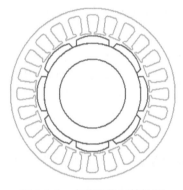

图 2-2-3　多节距绕组结构图

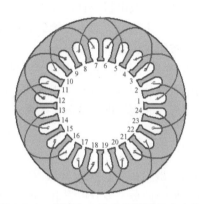

图 2-2-4　节距为 3 的多节距绕组分布图

功率较大的永磁同步电机常用多节距绕组，多节距绕组的节距大，单个线圈端部较长，电机损耗较大。多节距绕组的绕组形式变化多，还可以用正弦绕组形式，不利于电机运行的谐波就减少了，这样电机运行就比较平稳。

2.2.3　整数槽绕组和分数槽绕组

绕组有"**整数槽**"和"**分数槽**"之分，在电机界对整数槽绕组与分数槽绕组是这样界定的：

电机**每相每极**绕组的槽数是整数就叫"整数槽绕组"；

电机**每相每极**绕组的槽数是分数就叫"分数槽绕组"。

$$q = \frac{Z}{2mP} = \frac{Z_0 t}{2mP_0 t} = \frac{Z_0}{2mP_0} \qquad (2\text{-}2\text{-}1)$$

式中，q 是每极相的槽数；Z 是槽数；m 是相数；P 是极对数；Z_0 是单元电机齿数；P_0 是单元电机极对数；t 是单元电机数（Z 和 P 的最大公约数）。

如果将 $q = \dfrac{Z}{2mP}$ 化作 $q = a + \dfrac{c}{b}$

那么，a 是不小于 0 的整数，分数 $\dfrac{c}{b}$ 是最简分数。q 是整数，该电机就叫作整数槽电机；q 是分数，该电机就叫作分数槽电机。

如果电机既是分数槽，又是集中绕组，节距等于 1，称为"**分数槽集中绕组**"。但是这种称谓有商讨之处，因为集中绕组的节距不一定等于 1，同心式绕组就是集中绕组。下面介绍的 36 槽 8 极电机是分数槽电机，$q = 1.5$，图 2-2-5 是电机的一相绕组分布，图 2-2-6 所示绕组中只是把图 2-2-5 的部分绕组的叠绕组改成同心式绕组，如箭头所指，这是一组同心式集中绕组，但是对电机绕组来说，也是"分数槽集中绕组"。这样看把"**分数槽集中绕组**"定义为节距等于 1 的分数槽绕组的定义范围就窄了。但"入乡随俗"，作者也经常这样来称呼。本书中称"分数槽集中绕组"即指节距等于 1 的分数槽集中绕组，这样称呼较简便。

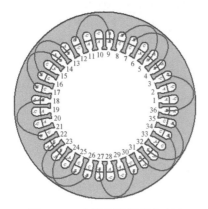 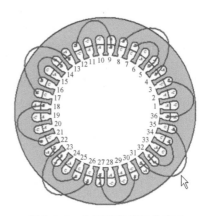

图 2-2-5　全绕组的绕组分布 1　　　　　图 2-2-6　全绕组的绕组分布 2

电机界提出了"单元电机"的概念，即槽数与**极对数**的最大公约数为 t，t 即是电机的"单元电机"的个数。注意，这里指槽数与**极对数**的最大公约数。

每个单元电机内的绕组（槽数）和极数的槽极比应该相同，一个电机由一个或多个单元电机所组成。

如一个三相电机 12 槽 4 极，$q = \dfrac{Z}{2mP} = \dfrac{12}{(2 \times 3) \times 2} = \dfrac{6 \times 2}{6 \times 2} = 1$，$t = 2$，因此该电机是整数槽绕组电机，其电机每极每相槽数为 1。12 和 2 的最大公约数为 2，因此该电机是由 2 个单元电机组成的。

如一个三相电机 18 槽 4 极，$q = \dfrac{Z}{2mP} = \dfrac{9 \times 2}{(2 \times 3) \times 2} = 1.5$，电机每极每相槽数为 1.5。18 和 2 的最大公约数为 2，GCD（18，2）=2，因此该电机是一个由 2 个单元电

组成的分数槽绕组电机。

单元电机的绕组是相同的，对于单元电机大于 1 的绕组，电机的绕组是 t 个单元电机绕组的重复。

为了分析电机整数槽绕组和分数槽绕组的分布状况，把部分电机槽数和极数的配合对应的每极每相槽数列了个表，见表 2-2-1。

表 2-2-1 每极每相平均槽数

极对数	极数	每极每相平均槽数 $q = Z/(2mP)$ 槽数																
		3	6	9	12	15	18	21	24	27	30	33	36	39	42	45	48	51
1	2	0.5	1	1.5	2	2.5	3	3.5	4	4.5	5	5.5	6	6.5	7	7.5	8	8.5
2	4	0.25	0.5	0.75	1	1.25	1.5	1.75	2	2.25	2.5	2.75	3	3.25	3.5	3.75	4	4.25
3	6	0.167	0.33	0.5	0.667	0.833	1	1.167	1.333	1.5	1.667	1.83	2	2.167	2.333	2.5	2.667	2.833
4	8	0.125	0.25	0.38	0.5	0.625	0.75	0.875	1	1.13	1.25	1.38	1.5	1.625	1.75	1.875	2	2.125
5	10	0.1	0.2	0.3	0.4	0.5	0.6	0.7	0.8	0.9	1	1.1	1.2	1.3	1.4	1.5	1.6	1.7
6	12	0.083	0.17	0.25	0.333	0.417	0.5	0.583	0.667	0.75	0.833	0.92	1	1.083	1.167	1.25	1.333	1.417
7	14	0.071	0.14	0.21	0.286	0.357	0.429	0.5	0.571	0.64	0.714	0.79	0.86	0.929	1	1.071	1.143	1.214
8	16	0.063	0.13	0.19	0.25	0.313	0.375	0.438	0.5	0.56	0.625	0.69	0.75	0.813	0.875	0.938	1	1.063
9	18	0.056	0.11	0.17	0.222	0.278	0.333	0.389	0.444	0.5	0.556	0.61	0.67	0.722	0.778	0.833	0.889	0.944
10	20	0.05	0.1	0.15	0.2	0.25	0.3	0.35	0.4	0.45	0.5	0.55	0.6	0.65	0.7	0.75	0.8	0.85
11	22	0.045	0.09	0.14	0.182	0.227	0.273	0.318	0.364	0.41	0.455	0.5	0.55	0.591	0.636	0.682	0.727	0.773
12	24	0.042	0.08	0.13	0.167	0.208	0.25	0.292	0.333	0.38	0.417	0.46	0.5	0.542	0.583	0.625	0.667	0.708
13	26	0.038	0.08	0.12	0.154	0.192	0.231	0.269	0.308	0.35	0.385	0.42	0.46	0.5	0.538	0.577	0.615	0.654
14	28	0.036	0.07	0.11	0.143	0.179	0.214	0.25	0.286	0.32	0.357	0.39	0.43	0.464	0.5	0.536	0.571	0.607
15	30	0.033	0.07	0.1	0.133	0.167	0.2	0.233	0.267	0.3	0.333	0.37	0.4	0.433	0.467	0.5	0.533	0.567
16	32	0.031	0.06	0.09	0.125	0.156	0.188	0.219	0.25	0.28	0.313	0.34	0.38	0.406	0.438	0.469	0.5	0.531
17	34	0.029	0.06	0.09	0.118	0.147	0.176	0.206	0.235	0.26	0.294	0.32	0.35	0.382	0.412	0.441	0.471	0.5
18	36	0.028	0.06	0.08	0.111	0.139	0.167	0.194	0.222	0.25	0.278	0.31	0.33	0.361	0.389	0.417	0.444	0.472
19	38	0.026	0.05	0.08	0.105	0.132	0.158	0.184	0.211	0.24	0.263	0.29	0.32	0.342	0.368	0.395	0.421	0.447
20	40	0.025	0.05	0.08	0.1	0.125	0.15	0.175	0.2	0.23	0.25	0.28	0.3	0.325	0.35	0.375	0.4	0.425
21	42	0.024	0.05	0.07	0.095	0.119	0.143	0.167	0.19	0.21	0.238	0.26	0.29	0.31	0.333	0.357	0.381	0.405
22	44	0.023	0.05	0.07	0.091	0.114	0.136	0.159	0.182	0.2	0.227	0.25	0.27	0.295	0.318	0.341	0.364	0.386
23	46	0.022	0.04	0.07	0.087	0.109	0.13	0.152	0.174	0.2	0.217	0.24	0.26	0.283	0.304	0.326	0.348	0.37
24	48	0.021	0.04	0.06	0.083	0.104	0.125	0.146	0.167	0.19	0.208	0.23	0.25	0.271	0.292	0.313	0.333	0.354
25	50	0.02	0.04	0.06	0.08	0.1	0.12	0.14	0.16	0.18	0.2	0.22	0.24	0.26	0.28	0.3	0.32	0.34

可以看到，从 3 ~ 51 槽与 2 ~ 50 极的 425 种槽极配合中，电机的每相每极槽数是整数槽的配合很少，仅 20 种，其余都是分数槽。从表 2-2-1 中可以看出，奇数槽电机的每相每极槽数都是分数，没有整数。

少槽电机的绕组是整数槽的槽极配合更少，12 槽以下的少槽电机整数槽的槽极配合仅有 3 种，电机定子槽数是 24、36、48 槽，则为多槽电机，整数槽的槽极配合的形式稍为多些。所以在三相电机中经常看到定子槽数取用 24、36、48 槽的槽极配合。

对一个 15 槽 2 极（1 对极）少槽电机进行分析，按上面的概念，该电机是槽极配合的一个单元电机的分数槽电机，$q = \dfrac{Z}{2mP} = \dfrac{15 \times 1}{(3 \times 2) \times 1} = 2.5 = 2 + \dfrac{1}{2}$，$t = 1$。

2.3　电机绕组的分布形式

绕组的分布形式可以从以下几个方面来看，按照槽内绕组层数分为"**单层绕组**"和"**双层绕组**"，按照绕组槽数分为"**偶数槽**"和"**奇数槽**"，根据绕组通电形成的极性分为"**显极绕组**"和"**庶极绕组**"。因此绕组分布形式还是挺复杂的。

2.3.1　单层绕组和双层绕组

电机定子槽内放绕组，如果槽内只放一个绕组的一个线圈边，称为单层绕组；如果两个不同线圈的绕组的线圈边放在同一槽内，则称该电机绕组为双层绕组。

图 2-3-1 和图 2-3-2 分别是 24 槽 8 极的单层绕组和双层绕组的绕线图。

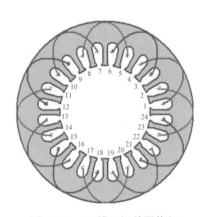
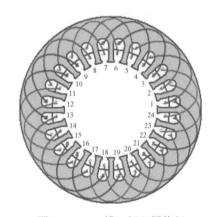

图 2-3-1　24 槽 8 极单层绕组　　　　　　图 2-3-2　24 槽 8 极双层绕组

同样是 24 槽 8 极的电机，单层绕组比双层绕组简洁明了，线圈个数仅 12 个，绕组接头少，下线工艺简单，每槽只有一个线圈边，不与其他相线圈同槽，避免了解决同一槽内层间绝缘问题，而且其绕组系数达到 1。两者在性能上还是有一定差距的。

下面介绍的 45kW 的 24 槽 8 极永磁同步电机就采用了单层绕组，如图 2-3-3 所示，如果用双层绕组，绕组个数多、接头多，下线就比较困难，加工工艺复杂。

双层绕组具有绕组形式变化多，可以选择较佳的节距，转矩波动能做得更小的优点。

图 2-3-3 45kW 的 24 槽 8 极单层绕组永磁同步电机

2.3.2 槽极配合的分布

1）无刷电机或永磁同步电机大多采用三相绕组（$m = 3$），因此电机绕组一般是3 的倍数。如果绕组是单层绕组，每个绕组每边占有一个槽，那么一个绕组两边占有 2 个槽，绕组数只能是定子槽数的一半；如果是双层绕组，那么一个绕组仅占用两个"半个槽"，即只占用一个槽，这样绕组数和定子槽数相同。

2）电机转子极数必须是以对极计算，电机最少是一对极，因此电机极数必须是 2 的倍数。所以电机最小配比为 3 绕组 2 对极，电机极数是以 2 的倍数增加，电机绕组数以 3 的倍数增加，因此形成了各种绕组与极的配合，也就形成了电机各种槽极的配合。

3）如果电机槽数与极数的基础配比是 $3k/2$（$k \geq 1$ 的整数），每对极每相线圈数（槽数）至少是 3 的倍数。例 $k = 3$，$\dfrac{3k}{2} = \dfrac{3 \times 3}{2} = \dfrac{9}{2}$，如果是双层绕组，那么电机绕组有 9 个线圈，因为一对极，3 相，一对极中每相有 3 个线圈。这 3 个线圈为同相同极性，另外 3 个对应的极隐起来了，所以称隐极或庶极，称这种绕组为半极绕组。

如果槽数为奇数槽，如 9 槽 2 极，双层绕组，可以组成这样的绕组排布形式，每对极每相线圈个数为 3，3 个线圈要产生一对极，形成所谓"庶极"，如图 2-3-4所示；要么只能一对极是 2 个线圈，一个极是 1 个线圈，形成一相极性线圈在定子圆周上的不对称，称"显极"，如图 2-3-5 所示。

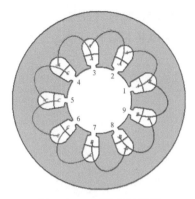
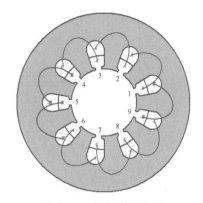

图 2-3-4　双层庶极绕组　　　　　　　　　　图 2-3-5　双层显极绕组

4）如果是单层绕组，那么电机绕组是槽数的一半，9/2 = 4.5，因此不可能有半个线圈的。这样可以得出结论：**奇数槽，电机不能用单层绕组**。

5）可以用电机**每对极的每相平均绕组 2q** 来对电机绕组进行分析：

$$2q = \frac{Z}{mP} \qquad\qquad (2\text{-}3\text{-}1)$$

这样分析的理由是：电机最基本的极对数为 1($P = 1$)，只有 1 对极每相平均槽数是整数时，才会形成一个最基本的单元电机；如果是分数，只有在数个该分数的倍数是整数时，这几个单元电机才能组成一个完整的基本单元电机。

对 15 槽 2 极（1 对极）电机进行分析，$q = \dfrac{Z}{2mP} = \dfrac{15 \times 1}{(3 \times 2) \times 1} = 2.5 = 2 + \dfrac{1}{2}$，是一个分数槽电机，那么这个"分数槽电机"的物理意义何在？这是比较模糊的。

如果用每对极每相绕组来分析：

$$2q = \frac{Z}{mP} = \frac{15}{3 \times 1} = 5，\text{GCD}(15, 1) = 1$$

这样上式的物理意义就非常明确，就是 15 槽 2 极电机，只有一个单元电机，在该电机中每相绕组个数为 5 个，电机肯定是一个明明白白的每对极每相槽数是整数的"整数槽电机"。

这样定子上均布的整数槽电机的槽极配比组合数要比表 2-2-1 多了许多，并表明奇数还是有整数槽的槽极配合的。

如 9 槽 6 极，$2q = \dfrac{Z}{mP} = \dfrac{9}{3 \times 3} = 1$，$\text{GCD}(9, 3) = 3$，那么 9 槽有 9 个绕组，电机每对极每相槽数是 1 个，电机应该有 3 个基本单元，每单元槽数只有 3 个，每单元电机中有 3 相，每相绕组只占有 1 个槽，该绕组必须是双层绕组，这样使单元电机的绕组个数是整数 1，绕组应该是均匀排布的。

如果是单层绕组，则槽数为9，绕组数仅为9/2=4.5，则每对极每相绕组仅为0.5个，形成不了一个基本电机单元，用Maxwell-RMxprt电机设计软件是排不出绕组图的。

因此，用每对极每相绕组数$2q$分析电机绕组排布是非常直观的，可参看图2-3-6。

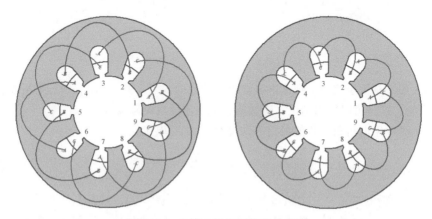

图 2-3-6　9 槽 6 极双层绕组排布图

表2-3-1给出了电机每对极每相的平均绕组数（即平均槽数），供读者查看。

下面总结了每对极每相槽数$2q$值与绕组分布之间的关系：

1）在$2q$是整数时（表中黄色背景槽极配合），绕组都能**有条件地**实现均布。

① **双层绕组**（槽极均能配合）：$2q$是偶数和1，全绕组和半绕组每相绕组圆周均布。$2q$是奇数，每相全绕组圆周呈波绕组均布；半绕组电机，除一对极外，每相圆周均布。

② **单层绕组**（部分槽极不能配合）：

a. Z是偶数槽：$2q$是偶数，全绕组和半绕组，圆周均布，电机设计软件（Maxwell-RMxprt）自动设置节距。$2q$是奇数，槽极都不能配合。

b. Z是奇数槽：槽极都不能配合。

2）在$2q$是分数时（表中白色背景槽极配合），偶数槽的槽极配合的$2q$值的倍数是整数的双层绕组能对称均布。

因此电机在偶数槽、双层绕组的槽极配合种类要比其他槽极配合要多。

从表2-3-1看，这么多电机的槽极配合中$2q$为整数的在整个槽极配合的配比中还是占极小一部分。电机采用单层绕组的槽极配合更少。

表 2-3-1　每对极每相平均槽数

极对数	极数	每对极每相平均槽数 $2q = Z/(mP)$ 槽数																
		3	6	9	12	15	18	21	24	27	30	33	36	39	42	45	48	51
1	2	1	2	3	4	5	6	7	8	9	10	11	12	13	14	15	16	17
2	4	0.5	1	1.5	2	2.5	3	3.5	4	4.5	5	2.5	6	6.5	7	7.5	8	8.5
3	6	0.333	0.67	1	1.333	1.667	2	2.333	2.667	3	3.333	3.67	4	4.333	4.667	5	5.333	5.667
4	8	0.25	0.5	0.75	1	1.25	1.5	1.75	2	2.25	2.5	2.75	3	3.25	3.5	3.75	4	4.25
5	10	0.2	0.4	0.6	0.8	1	1.2	1.4	1.6	1.8	2	2.2	2.4	2.6	2.8	3	3.2	3.4
6	12	0.167	0.33	0.5	0.667	0.833	1	1.167	1.333	1.5	1.667	1.83	2	2.167	2.333	2.5	2.667	2.833
7	14	0.143	0.29	0.43	0.571	0.714	0.857	1	1.143	1.29	1.429	1.57	1.71	1.857	2	2.143	2.286	2.429
8	16	0.125	0.25	0.38	0.5	0.625	0.75	0.857	1	1.13	1.25	1.38	1.5	1.625	1.75	1.875	2	2.125
9	18	0.111	0.22	0.33	0.444	0.556	0.667	0.778	0.889	1	1.111	1.22	1.33	1.444	1.556	1.667	1.778	1.889
10	20	0.1	0.2	0.3	0.4	0.5	0.6	0.7	0.8	0.9	1	1.1	1.2	1.3	1.4	1.5	1.6	1.7
11	22	0.091	0.18	0.27	0.364	0.455	0.545	0.636	0.727	0.82	0.909	1	1.09	1.182	1.273	1.364	1.455	1.545
12	24	0.083	0.17	0.25	0.333	0.417	0.5	0.583	0.667	0.75	0.833	0.92	1	1.083	1.167	1.25	1.333	1.417
13	26	0.077	0.15	0.23	0.308	0.385	0.462	0.538	0.615	0.69	0.769	0.85	0.92	1	1.077	1.154	1.231	1.308
14	28	0.071	0.14	0.21	0.286	0.357	0.429	0.5	0.571	0.64	0.714	0.79	0.86	0.929	1	1.071	1.143	1.214
15	30	0.067	0.13	0.2	0.267	0.333	0.4	0.467	0.533	0.6	0.667	0.73	0.8	0.867	0.933	1	1.067	1.133
16	32	0.063	0.13	0.19	0.25	0.313	0.375	0.438	0.5	0.56	0.625	0.69	0.75	0.813	0.875	0.938	1	1.063
17	34	0.059	0.12	0.18	0.235	0.294	0.353	0.412	0.471	0.53	0.588	0.65	0.71	0.765	0.824	0.882	0.941	1
18	36	0.056	0.11	0.17	0.222	0.278	0.333	0.389	0.444	0.5	0.556	0.61	0.67	0.722	0.778	0.833	0.889	0.944
19	38	0.053	0.11	0.16	0.211	0.263	0.316	0.368	0.421	0.47	0.526	0.58	0.63	0.684	0.737	0.789	0.842	0.895
20	40	0.05	0.1	0.15	0.2	0.25	0.3	0.35	0.4	0.45	0.5	0.55	0.6	0.65	0.7	0.75	0.8	0.85
21	42	0.048	0.1	0.14	0.19	0.238	0.286	0.333	0.381	0.43	0.476	0.52	0.57	0.619	0.667	0.714	0.762	0.81
22	44	0.045	0.09	0.14	0.182	0.227	0.273	0.318	0.364	0.41	0.455	0.5	0.55	0.591	0.636	0.682	0.727	0.773
23	46	0.043	0.09	0.13	0.174	0.217	0.261	0.304	0.348	0.39	0.435	0.48	0.52	0.565	0.609	0.652	0.696	0.739
24	48	0.042	0.08	0.13	0.167	0.208	0.25	0.292	0.333	0.38	0.417	0.46	0.5	0.542	0.583	0.625	0.667	0.708
25	50	0.04	0.08	0.12	0.16	0.1	0.24	0.28	0.32	0.36	0.4	0.44	0.48	0.26	0.28	0.6	0.64	0.68

要想电机绕组少些，就得用单层绕组，电机的齿数不能是奇数，又不能是分数槽，只有**槽极配合在 2q 是偶数时，绕组才有可能形成最简单的形式**。这样的绕组槽极配合仅占了极少部分。

如表 2-3-1 的黄色背景 30 槽 10 极配合，每对极每相平均槽数为 2，这样的单层绕组，2 槽绕一个线圈。图 2-3-7 是 30 槽 10 极的半绕组的绕组分布图，同理 24 槽 8 极也经常应用，如图 2-3-8 所示，绕组个数少、下线、接线工艺简单、单层绕组避免了同槽的相间绝缘问题，绕组系数为 1，这是电机绕组分布中的一种绕组工艺性较好的形式。

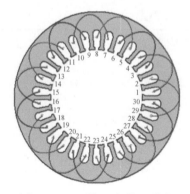

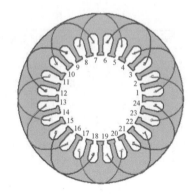

图 2-3-7   30 槽 10 极绕组分布   图 2-3-8   24 槽 8 极绕组分布

相对双层绕组来讲，整数槽和分数槽（槽极数相等的除外）都能取用，那么选用的范围就大多了。整数槽绕组是对称的，绕组极性也是对称的，工艺性好。

电机采用了双层绕组的分数槽的槽极配合有时会产生一些电机性能或工艺上的特殊效果，下面会进行介绍。

2.4   电机绕组的显极与庶极

2.4.1   绕组显极和庶极的名称由来

下面进一步分析绕组的显极与庶极。先看一下 3 种等效电磁绕组，如图 2-4-1 所示。

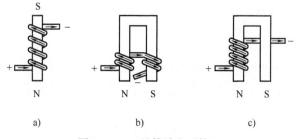

图 2-4-1   3 种等效电磁绕组

当一个导磁棒上绕上线圈，通上直流电后，导磁棒会产生磁极，如图 2-4-1a 所示。如图 2-4-1b、c 所示仅是把导磁棒弯曲，绕组匝数、线径相同，只是绕组安放的位置偏移，产生的磁极效果是一样的。

在视觉上看，图 2-4-1b 中每个极上都绕着线圈，两个极上产生了一对 N、S 极；图 2-4-1c 的一个极上绕有线圈，一个极上没有绕线圈，但是没有绕线圈的极上相应产生了 S 极性。

绕线圈的极在电机上称为显极（全绕组），不绕线圈的极称为隐极或庶极（半绕组）。

将电机某一相绕组在定子上排布，就形成了显极或庶极的绕组形式，分别如图 2-4-2 和图 2-4-3 所示。

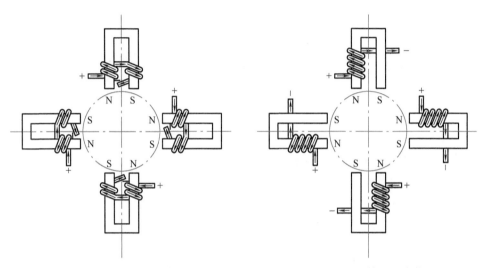

图 2-4-2　显极绕组（全绕组）　　　　　图 2-4-3　庶极绕组（半绕组）

要说明的一点是，庶极绕组只要一个极上绕线圈，但是必须把该相另一个隐极绕组的位置空出，如图 2-4-5 所示，可以与图 2-4-4 所示绕组形式进行比较。

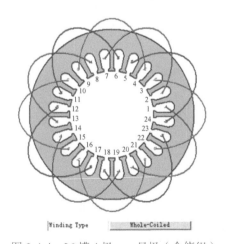

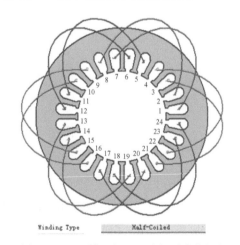

图 2-4-4　36 槽 4 极——显极（全绕组）　　图 2-4-5　36 槽 4 极——庶极（半绕组）

2.4.2　显极与庶极的绕组排列

绕组在电机定子中的绕组排布不同，会有显极（全极）和庶极（半极）之分，在 Maxwell-RMxprt 软件中称为全极线圈（Whole-Coiled）和半极线圈（Half-Coiled）。

全极线圈的绕组通电后，绕组极性呈 N—S—N—S 排列，如图 2-4-6 所示。

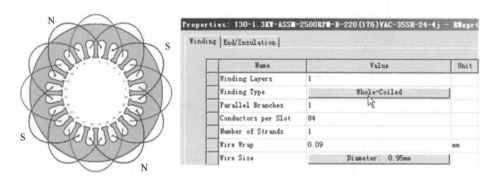

图 2-4-6　24 槽 4 极单层全极（显极）绕组排列

半极线圈的绕组通电后，绕组极性呈同一极性排列，如图 2-4-7 所示。

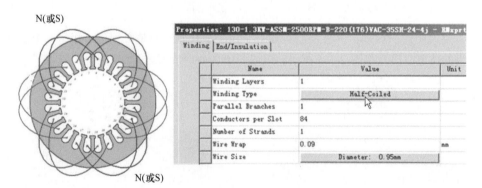

图 2-4-7　24 槽 4 极单层庶极（半极）绕组排列

2.4.3　显极与庶极的特点

绕组显极与庶极在 Maxwell-RMxprt 软件中称为全绕组和半绕组，这个称呼应该是很形象的。全绕组的绕组绕向有正反之分，通电后分别呈 N、S 极分布，因此称全绕组；半绕组一相绕组绕向相同，通电后某相**线圈**在定子气隙圆周齿上只产生相同的一种极性分布，所以称其为半绕组。

2.4.4　显极与庶极的绕组接法

电机绕组在采用显极接法（见图 2-4-8）时，它的每个极相绕组线圈均形成一个磁极的极性，电机绕组的极相组数与其极数相等。为了使磁极的极性符合旋转磁场，按 N 极、S 极相互交替产生的要求，故相邻两极相组内的电流方向必须是相反的。因此在实际接线时，相邻两极相组必须按尾端与尾端相接、首端与首端相接，也就是习惯上所讲的"头与头相接、尾与尾相连"进行连接。这种连接方法就是显极接法。在显极接法中，每个线圈所对应的极性是很明显的，故称显极。

电机绕组在采用庶极接法（见图 2-4-9）时，它的每个极相组的线圈，仅为显极线圈数的一半。在庶极接法的绕组中，每个极相组所产生的极性都是相同的，因而在各相中所有极相组内的电流方向也是相同的，即每相内相邻两极相组的连接应按首端与尾端相接，也就是按"尾与头相接"的庶极接法。在庶极接法中，绕组的一对极中有一个极性与线圈对应，另一个极隐含在线圈侧面，因此称庶极或隐极。

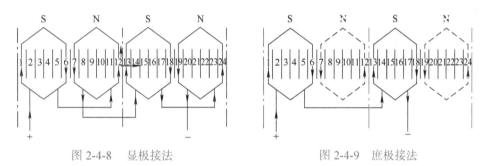

图 2-4-8　显极接法　　　　　　　　　图 2-4-9　庶极接法

可以明显看出庶极绕组接线比显极绕组接线简单，但都是"尾接头"。如显极改为庶极，要保证电机有相同性能，每相绕组通电导体数不变，槽满率和电流密度不变，因此相同两极必须有绕组绕线方向相同的 2 个线圈，如图 2-4-10 所示。

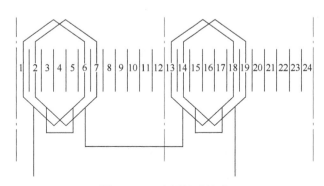

图 2-4-10　庶极链式接法

这 2 个线圈可以组成链式绕组（见图 2-4-11）或者同心式绕组（见图 2-4-12），接线方法都是"尾接头"。

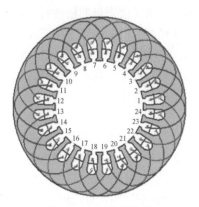

图 2-4-11　链式绕组

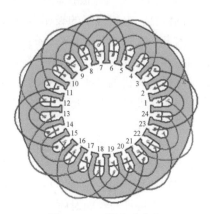

图 2-4-12　同心式绕组

2.5　电机的节距和极距

2.5.1　节距和极距定义

电机绕组两边跨槽数（节距）涉及绕组产生的感应电动势、磁动势的大小、形状，会对电机的性能产生影响，电机绕组两边的跨槽数占有的多少（极距）会使电机的工作磁通大小、形状产生不同变化，因此必须对"节距"有所定义，为了方便操作，**以单个绕组实际包围的电机齿数来定义绕组节距比较直观。**

节距 y_1：单一线圈包围的电机定子齿数。

极距 τ：一个极占有电机定子的齿数，即

$$\tau = \frac{Z}{2P} \tag{2-5-1}$$

当 $y_1 = \tau$ 时，称为整距；$y_1 < \tau$ 时，称为短距；$y_1 > \tau$ 时，称为长距。

2.5.2　单层绕组的节距

24 槽 4 极电机的极距是 $\tau = \dfrac{Z}{2P} = \dfrac{24}{4} = 6$，绕组是整距绕组，绕组的节距应该是 6，即绕组两边应跨 6 个齿，单层绕组电机的半绕组形式的单个绕组所跨齿数的极距数不一定是 6。并不是有些书中所说的：**"一般的单层绕组都是整距绕组"**，具体要看绕组的排列来定。

　　该电机单层绕组的全绕组要将一相绕组均匀排布，如绕组不交叉，则要去掉 4 个不被绕组包围的齿，所以余下 20 个齿要均分，每个线圈含 5 个齿，节距为 5，如图 2-5-1 所示；而半绕组的单个绕组的节距可以为 6，如图 2-5-2 所示。

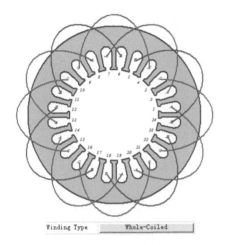
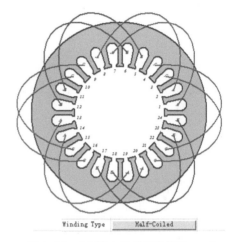

图 2-5-1　24 槽 4 极单层全绕组 $\tau = 5$　　　　图 2-5-2　24 槽 4 极单层半绕组 $\tau = 6$

　　对单层绕组的全极和半极绕组，Maxwell-RMxprt 软件会自动将绕组合理分布，计算电机性能时是以绕组平均节距进行计算的，如图 2-5-3 ~ 图 2-5-5 所示。

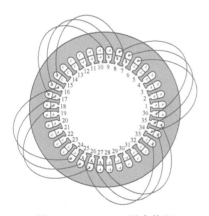
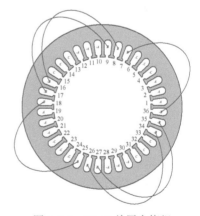

图 2-5-3　36-4j 双层全绕组　　　　　　　图 2-5-4　36-4j 单层全绕组

　　节距相同时，双层绕组的性能要比单层绕组的性能好，同样单层绕组的全绕组性能要比半绕组要好些。

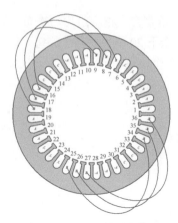

图 2-5-5   36-4j 单层半绕组

2.5.3   双层绕组的节距

电机的单层绕组，在 Maxwell-RMxprt 软件中是自动排列的，因此绕组的节距自动确定，不需要设置，这也是绕组节距最合理的排布；电机双层绕组的节距变化多，在 Maxwell-RMxprt 软件中，电机双层绕组的节距是要人工设置的，双层绕组的节距可大可小。图 2-5-6 是单层绕组数据输入框，不需要输入节距数；图 2-5-7 是双层绕组数据输入框，需要输入绕组节距，见箭头所指。

Name	Value
Winding Layers	1
Winding Type	Whole-Coiled
Parallel Branches	2
Conductors per Slot	16
Number of Strands	8
Wire Wrap	0.05
Wire Size	Diameter: 0.45mm

Name	Value
Winding Layers	2
Winding Type	Whole-Coiled
Parallel Branches	2
Conductors per Slot	16
Coil Pitch	8
Number of Strands	8
Wire Wrap	0.05
Wire Size	Diameter: 0.45mm

图 2-5-6   单层绕组数据输入框   图 2-5-7   双层绕组数据输入框

既然双层绕组的节距需要人工设置，那么就会涉及设置多少绕组节距比较合理的问题。一般可以这样认为：一相极绕组不交叉，均匀分布，以各绕组不交叉为设计原则，这样电机的感应电动势波形的正弦度较好，电机谐波成分就小些，对电机运行有利，性能也较好。因此先设置极绕组节距等于极距，再看绕组排布，最后确定绕组节距，尽量使一相的各绕组不交叉。

电机长节距和短节距对电机的转矩波动影响不是太大，对电机某些指标（如功率因数等）会稍有影响。

2.5.4　单层和双层绕组的应用

同样一个电机，单层绕组（见图 2-5-8）比双层绕组（见图 2-5-9）的极绕组个数少一半，半极绕组比全极绕组的极绕组的个数要少一半。一相绕组每组绕组数越少，越有利于绕组绕制和下线。而且单层绕组一个槽内只有一相绕组，没有不同相的两个绕组放在一个槽内，因此没有槽内相间线圈绝缘问题。

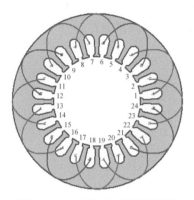 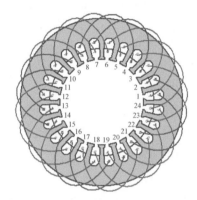

图 2-5-8　24 槽 8 极单层半绕组　　　　图 2-5-9　24 槽 8 极双层全绕组

从图中可以看出，24 槽 8 极单层半绕组确实比 24 槽 8 极双层全绕组结构简单，在这两种绕组排布下，电机性能稍有差异，但不是质的差异，在不斤斤计较电机某些性能稍有差异的情况下，完全可以用电机单层绕组替代电机双层绕组，这会大大简化电机制造工艺并节约制造成本。

2.6　电机绕组的分区

2.6.1　绕组分区简介

电机的单节距绕组中，有一种绕组可以用作者提出的"**分区法**"来分析，即"单节距分区电机"。

一般"单节距分区电机"的分区用式（2-6-1）计算：

$$K_F = |Z - p| \tag{2-6-1}$$

式中，Z 是电机齿数；p 是电机极数。

如 12 槽 8 极，那么电机的分区数为 4 个，即

$$K_F = |Z - p| = |12 - 8| = 4$$

一般一个分区中有 A、B、C 三组绕组（指三相电机），总绕组数至少是 3 的整

数倍，因此电机每分区三相绕组个数为

（如果我们分析**每分区中每相的槽数**，可以用式（2-6-2）求出）

$$q_F = \frac{Z}{(Z-p)m} \qquad (2\text{-}6\text{-}2)$$

式中，p 是电机极数；m 是电机相数。

在三相绕组中，如果 q_F 是 3 的倍数，则电机绕组称"分区整数槽绕组"；如 q_F 不是整数，则称"分区分数槽绕组"（**可包含整数加一个最简分数**）。

如三相 9 槽 6 极：有 3 个分区，$q_F = \dfrac{9}{3 \times |9-6|} = 1$（分区中一相绕组数为 1，即三相绕组数为 3）。

用**分区观点**看"单节距集中绕组分区电机"，一个电机最小可以由一个分区电机组成，也可以由多个分区电机组成。表 2-6-1 是分区中各种槽极配合所形成的每相槽数统计表，供读者参考。

表 2-6-1　每分区中每相槽数

极数 p	每分区中每相的槽数 $= Z/[m(Z-p)]$													
	槽数 Z													
	6	9	12	15	18	21	24	27	30	33	36	39	42	45
2	**0.5**	0.43	**0.40**	0.38	**0.38**	0.37	**0.36**	0.36	**0.36**	0.35	**0.35**	0.35	**0.35**	0.35
4	**1**	0.60	**0.50**	0.45	**0.43**	0.41	**0.40**	0.39	0.39	0.38	**0.38**	0.37	0.37	0.37
6	####	**1**	0.67	0.56	**0.50**	0.47	0.44	0.43	0.42	0.41	**0.40**	0.39	0.39	0.39
8	**−1**	**3**	**1**	0.71	0.60	0.54	**0.50**	0.47	0.46	0.44	0.43	0.42	0.41	0.41
10	−0.5	**−3**	**2**	**1**	0.75	0.64	0.57	0.53	**0.50**	0.48	0.46	0.45	0.44	0.43
12	−0.33	**−1**	####	1.67	**1**	0.78	0.67	0.60	0.56	0.52	**0.50**	0.48	0.47	0.46
14	−0.25	−0.60	**−2**	**5**	1.50	**1**	0.80	0.69	0.63	0.58	0.55	0.52	**0.50**	0.48
16	−0.2	−0.43	**−1**	**−5**	**3**	1.40	**1**	0.82	0.71	0.65	0.60	0.57	0.54	0.52
18	−0.17	−0.33	−0.67	−1.67	####	2.33	1.33	**1**	0.83	0.73	0.67	0.62	0.58	0.56
20	−0.14	−0.27	−0.5	**−1**	**−3**	**7**	**2**	1.29	**1**	0.85	0.75	0.68	0.64	0.60
22	−0.13	−0.23	−0.40	−0.71	−1.50	**−7**	**4**	1.80	1.25	**1**	0.86	0.77	0.70	0.65
24	−0.11	−0.20	−0.33	−0.56	**−1**	−2.33	###	**3**	1.67	1.22	**1**	0.87	0.78	0.71
26	−0.1	−0.18	−0.29	−0.46	−0.75	−1.40	**−4**	**9**	2.50	1.57	1.20	**1**	0.88	0.79
28	−0.09	−0.16	−0.25	−0.39	−0.60	**−1**	**−2**	**−9**	**5**	2.20	1.50	1.18	**1**	0.88
30	−0.08	−0.14	−0.22	−0.33	−0.5	−0.78	−1.33	**−3**	###	3.67	**2**	1.44	1.17	**1**

（续）

每分区中每相的槽数 = $Z/[m(Z-p)]$													
极数 p	槽数 Z												
	6	9	12	15	18	21	24	27	30	33	36	39	42	45
32	-0.08	-0.13	-0.2	-0.29	-0.43	-0.64	-1	-1.80	-5	11	3	1.86	1.40	1.15
34	-0.07	-0.12	-0.18	-0.26	-0.38	-0.54	-0.80	-1.29	-2.50	-11	6	2.60	1.75	1.36
36	-0.07	-0.11	-0.17	-0.24	-0.33	-0.47	-0.67	-1	-1.67	-3.70	###	4.33	2.33	1.67
38	-0.06	-0.10	-0.15	-0.22	-0.30	-0.41	-0.57	-0.82	-1.25	-2.20	-6	13	3.50	2.14
40	-0.06	-0.10	-0.14	-0.2	-0.27	-0.37	-0.5	-0.69	-1	-1.60	-3	-13	7	3
42	-0.06	-0.09	-0.13	-0.19	-0.25	-0.33	-0.44	-0.60	-0.83	-1.20	-2	-4.33	###	5
44	-0.05	-0.09	-0.13	-0.17	-0.23	-0.30	-0.4	-0.53	-0.71	-1	-1.50	-2.60	-7	15
46	-0.05	-0.08	-0.12	-0.16	-0.21	-0.28	-0.36	-0.47	-0.63	-0.80	-1.20	-1.86	-3.50	-15
48	-0.05	-0.08	-0.11	-0.15	-0.2	-0.26	-0.33	-0.43	-0.56	-0.70	-1	-1.44	-2.33	-5
50	-0.05	-0.07	-0.11	-0.14	-0.19	-0.24	-0.31	-0.39	-0.5	-0.65	-0.86	-1.18	-1.75	-3
52	-0.04	-0.07	-0.10	-0.14	-0.18	-0.23	-0.29	-0.36	-0.45	-0.58	-0.75	-1	-1.4	-2.14
54	-0.04	-0.07	-0.10	-0.13	-0.17	-0.21	-0.27	-0.33	-0.42	-0.52	-0.67	-0.87	-1.2	-1.67
56	-0.04	-0.06	-0.09	-0.12	-0.16	-0.2	-0.25	-0.93	-0.38	-0.48	-0.60	-0.76	-1	-1.36

　　电机的分区，相当于把电机分成了多个基本绕组相同的"分区电机"，由于各分区的绕组组合相同，因此分区绕组可以进行串联和并联，这样增加了各种绕组的形式和用途。

　　当一个电机分区数 K_F 是偶数时，分区电机绕组可以串联或并联。

　　当一个电机分区数 K_F 是奇数时，分区电机绕组一般只能串联。

　　从电机通常的观念看整数槽和分数槽，表 2-6-1 中**绿色背景的分区槽极配合都是分数槽**。但是从每分区中每相的绕组看，都是整数，一般都取用这样的槽极配合，每分区绕组相同，每相绕组都相等，便于有规律地下线。

2.6.2　分区中的绕组分布

　　现在看 12 槽 8 极的分区绕组情况，便于理解分区的电机绕组分布：

　　对三相 12 槽 8 极，分区数：$K_F = |12-8| = 4$，$q_F = \dfrac{Z}{m|(Z-p)|} = \dfrac{12}{3 \times |12-8|} = 1$（分区中一相绕组数为 1，即三相绕组数为 3）。

　　图 2-6-1 是三相 12 槽 8 极电机绕组分区和排列接线图。

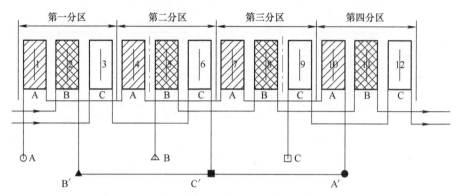

图 2-6-1　三相 12 槽 8 极电机绕组分区和排列接线图

三相 12 槽 8 极电机分成了 4 个分区，每个分区绕组是 3 个，分三相，每相绕组为 1。可以清楚地看出，该电机由 4 个单元分区绕组串接而成。因为单元分区电机的绕组是相同的，所以该电机还可以采用 2 串 2 并或者 4 并的绕组接法，用分区概念看分数槽集中绕组电机的绕组排列非常明显和简易。

对于一个分区来讲，绕组有三相，各相绕组相等，是整数槽，所以我们把这种分区绕组电机称为**"分区整数槽电机"**。

从通常的电机分数槽定义的观点看，12 槽 8 极电机是分数槽电机，但是从分区观点看，12 槽 8 极电机是**"分区整数槽电机"**，其绕组在分区中是对称分布的，这样更容易分析、理解绕组的实质。

12 槽 8 极电机绕组节距为 1，即绕组线圈绕在 1 个齿上，因此该类电机叫作**"分区集中绕组电机"**。就通常电机观点来讲，其每极相绕组是分数，所以称为"分数槽集中绕组电机"。

一般的"分数槽集中绕组电机"实质上就是作者提出的分区概念中的**"分区电机"**。

2.6.3　分区绕组的特点

1）形成必要条件是分区必须是整数。

2）在分区中必须要有 m 相完整绕组。

3）各分区的绕组数基本上相等（也有例外）。

4）分区绕组是整数的槽极配合并不是那么多，见表 2-6-1 中的绿色背景的槽极配合。

5）分数槽集中绕组电机既然是分数槽，其齿槽转矩要比整数槽的小，而且在分区中，绕组又是整数槽分配，绕组排列非常有规律，而且齿槽转矩要比整数槽小很多，转矩波动也小，这样**"分区整数槽绕组"**集合了整数槽和分数槽的优点。

2.6.4　对称分区绕组与非对称分区绕组的概念

在分区中，如各相绕组个数是整数，能形成一个完整的分区电机，称为对称分区绕组；如各相绕组个数不是整数，不能形成一个完整的分区电机，称为非对称分区绕组。

分区中每相槽数是整数的电机绕组是对称的，即表 2-6-1 中绿色背景的槽极配合。

对于一个电机来讲，每相每极槽数是整数的为整数槽电机，是分数的为分数槽电机。

作者提出的电机"分区"理论，用分区观点看：每分区每相槽数是整数的称为"分区整数槽电机"，每分区每相槽数是分数的称为"分区分数槽电机"，这种观点和"分数槽集中绕组"的观点是不冲突的，但有思路上的差别。

从常规来看，表 2-6-1 中只有背景为黄色的槽极配合是整数槽电机，其他均为分数槽电机，因此整数槽电机的槽极配合不多，电机单节距绕组形式的分区中每相槽数是整数的槽极配合也不多。

在分区表中，除了绿色色块的整数槽极配合是"分区整数槽绕组"，其他的均为"分区分数槽绕组"。

"分区整数槽绕组"是对称分布绕组，**"分区分数槽绕组"**必定是非对称分布绕组。

"分区整数槽绕组"就是常规所称的"分数槽集中绕组"。但是绕组排布对称与否还要通过**分区中每相槽数是否是整数**来判断。

"分区每相整数绕组"的槽极配合也不多，仅是表 2-6-1 中绿色背景的几种配合。

这样形成了三大典型的槽极配合，经常用于电机的槽极配合中。

1）整数槽分布绕组（黄色背景）。

2）分区整数槽集中绕组（绿色背景）。

3）余下的都是分数槽（白色背景），有的可以做成分布绕组，也可以都做成集中绕组。

4）白色背景的分数槽电机的槽极配合也经常应用。

绕组还有对称绕组和非对称绕组之分，对称绕组是一相绕组均匀分布在定子槽中，非对称绕组是一相绕组不均匀分布在定子槽中。

在电机术语中称"分数槽集中绕组"的，一般指单节距分数槽对称绕组。关于单节距非对称绕组的介绍和应用不多。

在多节距绕组中也有集中绕组和分布绕组之分，集中绕组即一相中产生一个极的线圈对称中心是同一个，这就是集中绕组，如同心式绕组，否则就是非集中绕组（分布绕组）。同理，多节距对称绕组的一相绕组均匀分布在定子槽中即为对称绕组，否则是非对称绕组。

　　绕组和极的配合会对电机绕组系数、齿槽转矩、转矩波动、最大转矩产生影响，所以在设计电机前正确选取电机的绕组和极的配合是完全必要的。选取较好的绕组和极的配合对电机性能具有重要作用。

2.7　分数槽集中绕组的对称与非对称

　　现在对**"分数槽集中绕组"**电机中的对称绕组和非对称绕组进行较详细的讨论。

　　绕组对称的概念是：**一相各极绕组在整个电机圆周是对称分布的称为对称绕组。**

　　对称绕组分"全对称绕组"和"波对称绕组"两种：

　　"全对称绕组"是指一相每极绕组在定子圆周均匀对称分布，绕组个数相同；

　　"波对称绕组"是指一相每极绕组在定子圆周均匀对称分布，但是每极绕组个数不同，形成波状分布。

　　对"对称绕组"与"非对称绕组"的判断还是用每分区每相槽数来进行：

$$q_{\mathrm{F}} = \frac{Z}{m(Z-p)}$$

式中，Z 是槽数；m 是绕组相数；p 是电机极数。

　　一般来讲，对于分数槽集中绕组，电机一般都用双层全极绕组进行绕组排布和分析。

　　1）当 q_{F} **是整数时，电机三相绕组是均布绕组；当槽数是奇数时，一相绕组会集中在一起，但三相绕组还是对称的。**

　　如 12 槽 8 极（见图 2-7-1）、15 槽 16 极（见图 2-7-2）、18 槽 20 极（见图 2-7-3）都是对称绕组。

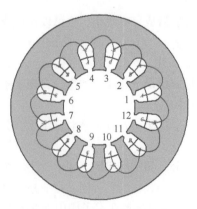

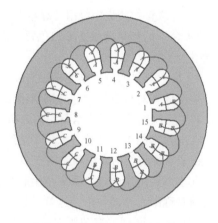

图 2-7-1　12 槽 8 极对称绕组　　　　　　图 2-7-2　15 槽 16 极对称绕组

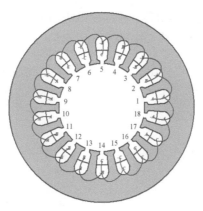

图 2-7-3 18 槽 20 极对称绕组

2）当 q_F 是分数，槽数是偶数时，电机三相绕组是均布或对称绕组；槽数是**奇数**时，电机三相绕组是不均布绕组。

18 槽 14 极：$q_F = \dfrac{Z}{m(Z-p)} = \dfrac{18}{3 \times (18-14)} = 1.5$，$Z = 18$ 是偶数，绕组波对称，如图 2-7-4 所示。

15 槽 8 极：$q_F = \dfrac{Z}{m(Z-p)} = \dfrac{15}{3 \times (15-8)} = 0.7143$，$Z = 15$ 是奇数，绕组非对称，如图 2-7-5 所示。

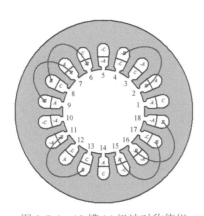

图 2-7-4 18 槽 14 极波对称绕组

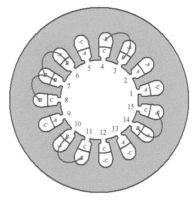

图 2-7-5 15 槽 8 极非对称绕组

12 槽 8 极电机是分区对称绕组电机（见图 2-7-6）。15 槽 8 极电机是分区非对称绕组电机，可以认为，该电机有 4 个分区，在 3 个分区中分别是由相同极性的绕组组成，另一个分区绕组为 2 个，如图 2-7-7 红圈内所示，这个分区绕组与 12 槽 8 极不同，形成了一个分区非对称绕组，其功能与 12 槽 8 极相同，由于每相绕组中有一组绕组极宽不同形成磁场的不对称，这样使电机的齿槽转矩削弱，同时使电机绕组系数和性能指标下降。本书会详细讲述这种齿槽转矩的削弱方法。

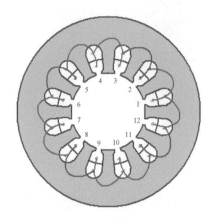

ABCABCABCABC

图 2-7-6   12 槽 8 极绕组分布

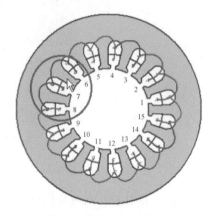

A ABC   AB BC   ABC C   ABC

图 2-7-7   15 槽 8 极绕组分布

图 2-7-8 是 12 槽 8 极绕组分区排列图。

图 2-7-8   12 槽 8 极绕组分区排列图

图 2-7-9 是 15 槽 8 极绕组分区排列图。

图 2-7-9   15 槽 8 极绕组分区排列图

2.8   电机槽极配合与电机磁路的关系

电机槽极配合对电机的磁路有较大的影响，分析如下：

1）一个电机定子槽数确定后，可以与多种不同数量的转子磁钢相配合。

如 12 槽电机有 8、10、14、16 极转子配合，如果电机磁钢形式一致，在电机不偏心、电机磁通极弧系数为 1 的条件下，改变电机极数，电机额定性能几乎不变。

2）在磁路静态分布时，电机极数越多，电机一个齿对应一个极产生的齿磁通密度越小，电机磁钢是同心圆、极弧系数为 1 时，整个电机的气隙磁通变化不是太大。

许多电机设计软件在计算电机性能时是以电机的气隙磁通为工作磁通，电机齿磁通密度只是电机单块磁钢与定子某一齿**正交**时进入齿磁通时的最大磁通密度。

3）如果磁钢都不偏心，电机定子冲片、转子磁钢相同，极数多的电机"计算齿磁通密度"要低。

转子极数多，则一块磁钢与一个齿正交时通过该齿的磁力线就少，因此电机齿磁通密度就小，但是**电机的性能是以电机气隙磁通作为电机的工作磁通**，实际上在 Maxwell-RMxprt 软件中，电机的工作磁通就是电机磁钢的磁力线在旋转时，能进入齿，并与齿上绕组交链的磁通，相当于电机的气隙磁通。因此只要齿磁通密度不饱和，齿能全部进入定子齿就行。如果齿磁通密度饱和后，齿与磁通正交时通过齿的磁通就饱和了，受到了限制，与不饱和时的磁通比就少了，磁压降就增大，磁阻就大，则会影响电机的工作磁通和性能，否则基本上不会影响电机性能。因此**电机齿的宽窄与齿磁通密度的大小并不会对电机的工作性能产生太大影响。在电机齿磁通密度不太饱和的条件下都是成立的。**

4）电机的极选多些，同样的齿磁通密度，电机定子的齿宽就可以窄些，电机的槽面积可以大些，槽满率下降较多，电机槽利用率就可以提高。或者槽面积增大，可以绕更多的线，达到同样的电机转矩常数 K_T，电机的定子长度就可以短些。为此我们把原 12-8j 电机的定子齿宽由 7.31mm 改为 12-14j 的齿宽 5.2mm，电机定子绕组不变，其性能完全一致，但是电机槽满率从 60.30% 下降为 48.791%，电机的最大转矩略为减小。

5）定子相同，改变极数，电机最大的区别是齿槽转矩发生较大的变化，电机齿槽转矩与电机绕组无关。请看 12 槽 14 极，12 槽 14 极 -1 的齿槽转矩数据。

下面用 12-8j 、12-10j 、12-14j、12-16j 、12-14j-1 无刷电机的模块作为算例，计算比较见表 2-8-1。

表 2-8-1　12 槽不同极数的无刷电机性能对比

BRUSHLESS PERMANENT MAGNET DC MOTOR DESIGN					
注：前 4 列为相同定子（12 槽，绕组相同），不同极数，电机额定性能几乎一样，第 5 列极数为 14 极，齿宽减小到磁通密度与 8 极的一样，虽然齿宽减少，但性能相同，槽面积增加，槽满率减少					
GENERAL DATA	**12-8j**	**12-10j**	**12-14j**	**12-16j**	**12-14j-1**
Rated Output Power（kW）:	1.5	1.5	1.5	1.5	1.5
Rated Voltage（V）:	280	280	280	280	280
Number of Poles :	**8**	**10**	**14**	**16**	**14**
Given Rated Speed（rpm）:	2000	2000	2000	2000	2000
Frictional Loss（W）:	5.33333	5.33333	5.33333	5.33333	5.33333

（续）

BRUSHLESS PERMANENT MAGNET DC MOTOR DESIGN					
GENERAL DATA	**12-8j**	**12-10j**	**12-14j**	**12-16j**	**12-14j-1**
Windage Loss (W):	2.37037	2.37037	2.37037	2.37037	2.37037
Rotor Position :	Inner	Inner	Inner	Inner	Inner
Type of Load :	Constant Torque				
Type of Circuit :	Y3	Y3	Y3	Y3	Y3
STATOR DATA					
Number of Stator Slots :	12	12	12	12	12
Outer Diameter of Stator (mm):	85.85	85.85	85.85	85.85	85.85
Inner Diameter of Stator (mm):	50	50	50	50	50
Type of Stator Slot :	3	3	3	3	3
Stator Slot					
hs0 (mm):	1	1	1	1	1
hs1 (mm):	0.8	0.8	0.8	0.8	0.8
hs2 (mm):	10.5	10.5	10.5	10.5	10.5
bs0 (mm):	2.5	2.5	2.5	2.5	2.5
bs1 (mm):	6.77745	6.77745	6.77745	6.77745	8.96188
bs2 (mm):	12.4044	12.4044	12.4044	12.4044	14.5888
rs (mm):	1	1	1	1	1
Top Tooth Width (mm):	**7.31**	**7.31**	**7.31**	**7.31**	**5.2**
Bottom Tooth Width (mm):	7.31	7.31	7.31	7.31	5.2
Skew Width (Number of Slots)	0	0	0	0	0
Length of Stator Core (mm):	195.5	195.5	195.5	195.5	195.5
Stacking Factor of Stator Core :	0.95	0.95	0.95	0.95	0.95
Type of Steel :	DW540_50	DW540_50	DW540_50	DW540_50	DW540_50
Designed Wedge Thickness (mm):	0.800027	0.800027	0.800027	0.800027	0.800009
Slot Insulation Thickness (mm):	0.3	0.3	0.3	0.3	0.3
Layer Insulation Thickness (mm):	0.3	0.3	0.3	0.3	0.3
End Length Adjustment (mm):	1.5	1.5	1.5	1.5	1.5
Number of Parallel Branches :	1	1	1	1	1
Number of Conductors per Slot :	**38**	**38**	**38**	**38**	**38**
Type of Coils :	21	21	21	21	21
Average Coil Pitch :	1	1	1	1	1
Number of Wires per Conductor :	1	1	1	1	1
Wire Diameter (mm):	**1.12**	**1.12**	**1.12**	**1.12**	**1.12**
Wire Wrap Thickness (mm):	0.11	0.11	0.11	0.11	0.11
Slot Area (mm^2):	**118.891**	**118.891**	**118.891**	**118.891**	**144.886**
Net Slot Area (mm^2):	95.3299	95.3299	95.3299	95.3299	117.83
Limited Slot Fill Factor (%):	75	75	75	75	75

（续）

BRUSHLESS PERMANENT MAGNET DC MOTOR DESIGN					
GENERAL DATA	12-8j	12-10j	12-14j	12-16j	12-14j-1
Stator Slot Fill Factor (%):	**60.3066**	**60.3066**	**60.3066**	**60.3066**	**48.791**
Coil Half-Turn Length (mm):	216.456	216.456	216.456	216.456	217.777
ROTOR DATA					
Minimum Air Gap (mm):	0.4	0.4	0.4	0.4	0.4
Inner Diameter (mm):	18	18	18	18	18
Length of Rotor (mm):	195.5	195.5	195.5	195.5	195.5
Stacking Factor of Iron Core :	0.95	0.95	0.95	0.95	0.95
Type of Steel :	DW540_50	DW540_50	DW540_50	DW540_50	DW540_50
Polar Arc Radius (mm):	24.6	24.6	24.6	24.6	24.6
Mechanical Pole Embrace :	1	1	1	1	1
Electrical Pole Embrace :	0.943372	0.929427	0.902437	0.889631	0.902437
Max. Thickness of Magnet (mm):	2.8	2.8	2.8	2.8	2.8
Width of Magnet (mm):	18.2212	14.577	10.4121	9.11062	10.4121
Type of Magnet :	NdFe35	NdFe35	NdFe35	NdFe35	NdFe35
Type of Rotor :	1	1	1	1	1
Magnetic Shaft :	Yes	Yes	Yes	Yes	Yes
PERMANENT MAGNET DATA					
Residual Flux Density (Tesla):	1.23	1.23	1.23	1.23	1.23
Coercive Force (kA/m):	890	890	890	890	890
STEADY STATE PARAMETERS					
Stator Winding Factor :	0.866025	0.933013	0.933013	0.866025	0.933013
D-Axis Reactive Inductance Lad (H):	0.000932	0.000692	0.000353	0.000233	0.000353
Q-Axis Reactive Inductance Laq (H):	0.000932	0.000692	0.000353	0.000233	0.000353
Start Torque Constant KT (Nm/A):	1.05674	1.14885	1.35762	1.32043	1.23376
Rated Torque Constant KT (Nm/A):	1.23712	1.27591	1.35926	1.34785	1.29205
NO-LOAD MAGNETIC DATA					
Stator-Teeth Flux Density (Tesla):	**1.78436**	**1.77357**	**1.29427**	**0.92027**	**1.76377**
Stator-Yoke Flux Density (Tesla):	1.83402	1.45762	1.04731	0.904042	1.01716
Rotor-Yoke Flux Density (Tesla):	0.710445	0.564639	0.405698	0.350198	0.393284
Air-Gap Flux Density (Tesla):	**0.928983**	**0.936754**	**0.970475**	**0.971168**	**0.940778**
Magnet Flux Density (Tesla):	**1.00516**	**1.01356**	**1.05005**	**1.0508**	**1.01792**
No-Load Speed (rpm):	**2024.56**	**1979.27**	**1940.2**	**2028.35**	**2001.44**
Cogging Torque (N.m):	**2.2389**	**0.98442**	0.590658	**2.32526**	0.55506
FULL-LOAD DATA					
Average Input Current (A):	**5.8129**	**5.63267**	**5.28551**	**5.33452**	**5.56677**
Root-Mean-Square Armature Current (A):	**4.43763**	**4.34011**	**4.25037**	**4.45831**	**4.38726**

（续）

BRUSHLESS PERMANENT MAGNET DC MOTOR DESIGN					
GENERAL DATA	12-8j	12-10j	12-14j	12-16j	12-14j-1
Armature Current Density（A/ mm^2）:	4.50428	4.4053	4.31421	4.52527	4.45315
Total Loss（W）:	236.145	234.553	191.872	163.778	224.883
Output Power（W）:	1391.47	1342.59	1288.07	1329.89	1333.81
Input Power（W）:	1627.61	1577.15	1479.94	1493.67	1558.7
Efficiency（%）:	85.4913	85.128	87.0352	89.0352	85.5723
Rated Speed（rpm）:	1856.82	1792.57	1720.17	1774.73	1779.37
Rated Torque（N.m）:	7.15605	7.1522	7.15056	7.15575	7.15813
Locked-Rotor Torque（N.m）:	202.311	219.948	259.921	252.801	234.773
Locked-Rotor Current（A）:	191.472	191.472	191.472	191.472	190.311

作者用上述额定工作点数据，对相同结构的**永磁同步电机进行**计算，以上结论基本适用。表 2-8-2 是 12 槽不同极数的**永磁同步电机性能**对比。

表 2-8-2　12 槽不同极数的永磁同步电机性能对比

ADJUSTABLE-SPEED PERMANENT MAGNET SYNCHRONOUS MOTOR DESIGN				
GENERAL DATA	12-8j	12-10j	12-14j	12-16j
Rated Output Power（kW）:	**1.5**	**1.5**	**1.5**	**1.5**
Rated Voltage（V）:	**280**	**280**	**280**	**280**
Number of Poles：	**8**	**10**	**14**	**16**
Frequency（Hz）:	133.333	166.667	233.333	266.667
Frictional Loss（W）:	75	75	75	75
Windage Loss（W）:	0	0	0	0
Rotor Position：	Inner	Inner	Inner	Inner
Type of Circuit：	Y3	Y3	Y3	Y3
Type of Source：	Sine	Sine	Sine	Sine
Domain：	Frequency	Frequency	Frequency	Frequency
Operating Temperature（C）:	75	75	75	75
STATOR DATA				
Number of Stator Slots：	12	12	12	12
Outer Diameter of Stator（mm）:	85.85	85.85	85.85	85.85
Inner Diameter of Stator（mm）:	50	50	50	50
Type of Stator Slot：	3	3	3	3
Stator Slot				
hs0（mm）:	1	1	1	1
hs1（mm）:	0.8	0.8	0.8	0.8
hs2（mm）:	10.5	10.5	10.5	10.5

（续）

ADJUSTABLE-SPEED PERMANENT MAGNET SYNCHRONOUS MOTOR DESIGN				
GENERAL DATA	12-8j	12-10j	12-14j	12-16j
STATOR DATA				
bs0 (mm):	2.5	2.5	2.5	2.5
bs1 (mm):	6.77745	6.77745	6.77745	6.77745
bs2 (mm):	12.4044	12.4044	12.4044	12.4044
rs (mm):	1	1	1	1
Top Tooth Width (mm):	7.31	7.31	7.31	7.31
Bottom Tooth Width (mm):	7.31	7.31	7.31	7.31
Skew Width (Number of Slots):	0	0	0	0
Length of Stator Core (mm):	195.5	195.5	195.5	195.5
Stacking Factor of Stator Core :	0.92	0.92	0.92	0.92
Type of Steel :	DW540_50	DW540_50	DW540_50	DW540_50
Designed Wedge Thickness (mm):	0.800027	0.800027	0.800027	0.800027
Slot Insulation Thickness (mm):	0.3	0.3	0.3	0.3
Layer Insulation Thickness (mm):	0.3	0.3	0.3	0.3
End Length Adjustment (mm):	0	0	0	0
Number of Parallel Branches :	1	1	1	1
Number of Conductors per Slot :	**54**	**54**	**54**	**54**
Type of Coils :	22	22	22	22
Average Coil Pitch :	1	1	1	1
Number of Wires per Conductor :	1	1	1	1
Wire Diameter (mm):	**0.93**	**0.93**	**0.93**	**0.93**
Wire Wrap Thickness (mm):	**0.09**	**0.09**	**0.09**	**0.09**
Slot Area (mm^2):	118.891	118.891	118.891	118.891
Net Slot Area (mm^2):	95.3299	95.3299	95.3299	95.3299
Limited Slot Fill Factor (%):	60	60	60	60
Stator Slot Fill Factor (%):	58.9339	58.9339	58.9339	58.9339
Coil Half-Turn Length (mm):	213.456	213.456	213.456	213.456
Wire Resistivity (ohm.mm^2/m):	0.0217	0.0217	0.0217	0.0217
ROTOR DATA				
Minimum Air Gap (mm):	0.4	0.4	0.4	0.4
Inner Diameter (mm):	18	18	18	18
Length of Rotor (mm):	195.5	195.5	195.5	195.5
Stacking Factor of Iron Core :	0.92	0.92	0.92	0.92
Type of Steel :	DW540_50	DW540_50	DW540_50	DW540_50
Polar Arc Radius (mm):	24.6	24.6	24.6	24.6
Mechanical Pole Embrace :	1	1	1	1

（续）

ADJUSTABLE-SPEED PERMANENT MAGNET SYNCHRONOUS MOTOR DESIGN				
GENERAL DATA	12-8j	12-10j	12-14j	12-16j
ROTOR DATA				
Electrical Pole Embrace :	0.943372	0.929427	0.902437	0.889631
Max. Thickness of Magnet (mm):	2.8	2.8	2.8	2.8
Width of Magnet (mm):	18.2212	14.577	10.4121	9.11062
Type of Magnet :	NdFe35	NdFe35	NdFe35	NdFe35
Type of Rotor :	1	1	1	1
Magnetic Shaft :	Yes	Yes	Yes	Yes
PERMANENT MAGNET DATA				
Residual Flux Density (Tesla):	1.23	1.23	1.23	1.23
Coercive Force (kA/m):	890	890	890	890
STEADY STATE PARAMETERS				
Stator Winding Factor :	0.866025	0.808013	0.808013	0.866025
D-Axis Reactive Reactance Xad (ohm):	1.57641	1.09783	0.784164	0.788206
Q-Axis Reactive Reactance Xaq (ohm):	1.57641	1.09783	0.784164	0.788206
Armature Phase Resistance at 20C (ohm):	1.21156	1.21156	1.21156	1.21156
NO-LOAD MAGNETIC DATA				
Stator-Teeth Flux Density (Tesla):	**1.82108**	**1.81187**	**1.33609**	**0.95028**
Stator-Yoke Flux Density (Tesla):	**1.87176**	**1.4891**	**1.08116**	**0.93352**
Rotor-Yoke Flux Density (Tesla):	**0.72506**	**0.57683**	**0.41881**	**0.36162**
Air-Gap Flux Density (Tesla):	**0.91816**	**0.92676**	**0.9702**	**0.97117**
Magnet Flux Density (Tesla):	0.993444	1.00275	1.04975	1.0508
No-Load Line Current (A):	0.943701	2.67474	1.26279	0.17467
No-Load Input Power (W):	157.463	189.909	150.539	125.234
Cogging Torque (N.m):	**2.18704**	**0.96353**	**0.59032**	**2.32526**
FULL-LOAD DATA				
Maximum Line Induced Voltage (V):	**405.347**	**357.514**	**370.382**	**416.973**
Root-Mean-Square Line Current (A):	**3.35362**	**3.88865**	**3.46394**	**3.37011**
Root-Mean-Square Phase Current (A):	3.35362	3.88865	3.46394	3.37011
Armature Thermal Load (A^2/mm^3):	68.2998	91.8308	72.8669	68.9729
Specific Electric Loading (A/mm):	13.8344	16.0415	14.2895	13.9024
Armature Current Density (A/mm^2):	**4.93695**	**5.72457**	**5.09934**	**4.96121**
Frictional and Windage Loss (W):	75	75	75	75
Iron-Core Loss (W):	78.0157	82.264	68.3211	49.7603
Armature Copper Loss (W):	49.6944	66.8154	53.0174	50.1841
Total Loss (W):	202.71	224.079	196.339	174.944
Output Power (W):	**1501.65**	**1500.42**	**1500.32**	**1501.05**
Input Power (W):	**1704.36**	**1724.5**	**1696.66**	**1676**
Efficiency (%):	**88.1064**	**87.0062**	**88.4279**	**89.5618**
Power Factor :	**1**	**0.87084**	**0.96934**	**0.99504**

（续）

ADJUSTABLE-SPEED PERMANENT MAGNET SYNCHRONOUS MOTOR DESIGN				
GENERAL DATA	**12-8j**	**12-10j**	**12-14j**	**12-16j**
FULL-LOAD DATA				
Synchronous Speed (rpm):	**2000**	**2000**	**2000**	**2000**
Rated Torque (N.m):	**7.16984**	**7.164**	**7.1635**	**7.167**
Torque Angle (degree):	5.29227	5.78509	8.76966	10.203
Maximum Output Power(W):	**11381.6**	**9841.55**	**8003.35**	**7534.48**

说明在永磁同步电机中，以上结论也是基本适用的。最关键在于用 Maxwell-RMxprt 软件计算电机性能不是看电机定子齿磁通密度，而是看电机的气隙磁通密度，虽然转子磁极不同，齿磁通密度相差较大，气隙圆周的气隙磁通密度是相同的，不管极数多少，气隙圆周的磁力线相同，每个齿绕组都能切割相同的气隙圆周上的磁力线，那么电机额定点性能基本上是相同的。因此在电机设计中，**电机齿磁通密度只是表征定子齿宽能允许通过的磁力线饱和的程度，因此不必过于纠结齿磁通密度略为相差的那么一点，只要齿磁通密度不太饱和就行。电机的磁极选多些，同样的齿磁通密度，电机定子的齿宽就可以窄些，电机的槽面积可以大些，槽满率会下降较多，这对绕组下线是有利的。**

2.9　少极电机的槽数

在电机的槽极配合中，经常会出现少极电机，就是电机的极对数较少，如 1 对极、2 对极等，那么用多少槽数和极数配对才算是合理的呢？这是电机设计工作者会遇到的问题。下面针对这个问题进行分析。

2.9.1　电机转速与电机极数的关系

永磁同步电机、交流感应电机遵循如下原则：

$$n = \frac{60f}{P} \tag{2-9-1}$$

式中，n 是电机同步转速（r/min）；f 是电源频率（Hz）；P 是电机极对数。

例如，对于 1 对极（2 极）、电源 50Hz 的交流感应电机，其同步转速为

$$n = \frac{60f}{P} = \frac{60 \times 50}{1} = 3000(\text{r/min})$$

往往在一些交流感应电机技术条件中标明额定转速为 3000r/min，实际应该是同步转速。

电机极数越少，要达到某一转速，则电机的电源工作频率就可以较低。反过来，如果电机电源工作频率已经确定，那么电机的极对数越少，电机的理想空载转

速就会提高。电机的极对数最小为 1，如果感应电机电源为市电，我国的电源工作频率为 50Hz，那么交流感应电机在这种电源下，其最高理想空载转速为 3000r/min。如果交流感应电机的运行转速要超过 3000r/min，那么电机的电源频率就要提高，由变频电源提供变频电流供给电机。

　　永磁同步电机也是这样，其交流电源是直流电经过脉宽调制（PWM）而提供，控制器把直流电进行脉宽调制，脉冲宽度与占空比不同形成的载波频率远远比调制后的交流正弦波基波频率要高。如果电机是高速电机，那么电机电源的频率较高，这样电源的载波频率更高。如果电机用的极数较多，那么要达到同样的电机运行转速，电源的载波频率更高。电机电源频率是受控制器的最高工作频率限制的，而且电源频率较高后，电机铁损会快速增加，电机效率就会下降，电机会产生更多的损耗而发热，因此高速电机转子不能用较多的极数。

2.9.2　少极电机的槽极比

　　少极电机应该有合适的槽极比，一对极电机不可能有很多槽。电机槽数和极数有一定的关系。

　　1. 电机槽数

$$Z = 2mPK\frac{A}{B} \tag{2-9-2}$$

式中，K 是每相每极绕组个数。双层绕组，$A = 1$，单层绕组，$A = 2$；全绕组，$B = 1$，半绕组，$B = 2$。m 是电机绕组相数。P 是电机极对数。

　　如果 $P = 1$、$m = 3$，要求每相每极绕组个数为 6，用双层绕组 $A = 1$，全绕组 $B = 1$，则电机槽数为 $Z = 2mPK(A) = 2\times3\times1\times6\times1/1 = 36$。图 2-9-1 所示为 36 槽 2 极双层全绕组分布图。

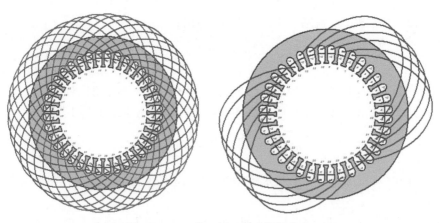

图 2-9-1　36 槽 2 极双层全绕组分布

如果 $P=1$、$m=3$，要求每相每极绕组个数为 3，用单层绕组 $A=2$，全绕组 $B=1$，则电机槽数为 $Z=2mPKA/B=2\times3\times1\times3\times2/1=36$。图 2-9-2 所示为 36 槽 2 极单层全绕组分布图。

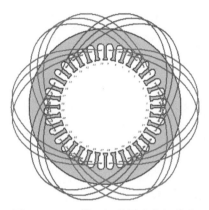

图 2-9-2　36 槽 2 极单层全绕组分布

反过来电机每相每极绕组个数可以用式（2-9-3）计算：

$$K=\frac{ZB}{2mPA}$$

（2-9-3）

如果要用 $Z=24$，$P=2$，双层绕组 $A=1$，全绕组 $B=1$，则每相每极绕组个数为 2，如图 2-9-3 所示；双层绕组 $A=1$，半绕组 $B=2$，则每相每极绕组个数为 4，如图 2-9-4 所示。

$$K=\frac{ZB}{2mPA}=\frac{24\times1}{2\times3\times2\times1}=2 \qquad K=\frac{ZB}{2mPA}=\frac{24\times2}{2\times3\times2\times1}=4$$

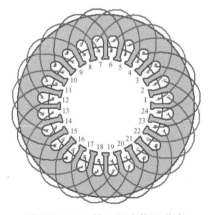

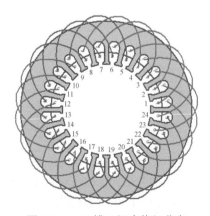

图 2-9-3　24 槽 4 极全绕组分布　　　　　　图 2-9-4　24 槽 4 极半绕组分布

为了让电机每相每极绕组个数少，绕组下线工艺简单，尽量用单层绕组。对 24 槽 8 极，双层绕组 $A=1$，全绕组 $B=1$，则每相每极绕组个数为 2，如图 2-9-5 所示；单层绕组 $A=2$，半绕组 $B=2$，则每相每极绕组个数为 1，如图 2-9-6 所示。

$$K = \frac{ZB}{2mPA} = \frac{24 \times 2}{2 \times 3 \times 4 \times 1} = 2 \qquad K = \frac{ZB}{2mPA} = \frac{24 \times 2}{2 \times 3 \times 4 \times 2} = 1$$

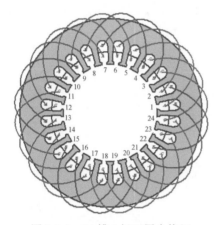

图 2-9-5　24 槽 8 极双层全绕组

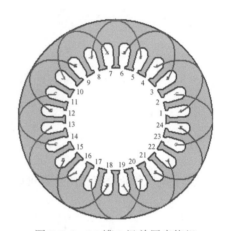

图 2-9-6　24 槽 8 极单层半绕组

2. 电机的槽极比

电机的槽极比在电机设计中也是一个重要概念，其大小会直接影响电机的各种性能，所以设计人员务必要予以重视。槽极比的计算公式如下：

$$\frac{Z}{2P} = \frac{mKA}{B} \tag{2-9-4}$$

式中，K 是电机的每相每极的绕组个数。

一般电机的每相每极的绕组个数 K 不宜太多，设 $K \leqslant 8$，如果用双层绕组 $A=1$、全绕组 $B=1$，则电机的槽极比为 24，就是说 2 极电机的槽数可取 48 槽。

$$Z = 2mPK(A/B) = 2 \times 3 \times 1 \times 8 \times 1/1 = 48$$

因此电机的槽极比不是无限大，对它的控制应该看可以取用的电机每相每极的绕组个数。

少极电机的槽极比的概念对设计取用槽极配合能起到一个判断作用。

表 2-9-1 给出了我国 Y2 型三相感应电机的槽极比。

表 2-9-1　Y2 型三相感应电机的槽极比

定子槽数	电机型号	槽极比	定子槽数	电机型号	槽极比
18	Y2-631-2	9	36	Y2-180M-2	18
18	Y2-632-2	9	48	Y2-180M-4	12
24	Y2-631-4	6	54	Y2-180L-6	9
18	Y2-711-2	9	48	Y2-180L-8	6
24	Y2-711-4	6	36	Y2-200L1-2	18
27	Y2-711-6	4.5	48	Y2-200L-4	12
18	Y2-801-2	9	54	Y2-200L1-6	9
24	Y2-801-4	6	48	Y2-200L-8	6
36	Y2-801-6	6	36	Y2-225M-2	18
18	Y2-90s-2	9	48	Y2-225S-4	9
24	Y2-90S-4	6	54	Y2-225M-6	9
36	Y2-90S-6	6	48	Y2-225S-8	6
24	Y2-100L-2	12	36	Y2-250M-2	18
36	Y2-100L1-4	9	48	Y2-250M-4	12
36	Y2-100L-6	6	72	Y2-250M-6	12
48	Y2-100L1-8	6	42	Y2-280S-2	21
30	Y2-112M-2	15	60	Y2-280S-4	15
36	Y2-112M-4	9	72	Y2-280S-6	12
36	Y2-112M-6	6	48	Y2-315S-2	24
48	Y2-112M-8	6	72	Y2-315S-4	18
30	Y2-132S1-2	15	72	Y2-315S-6	12
36	Y2-132S-4	9	72	Y2-315S-8	9
36	Y2-132S-6	6	90	Y2-315S-10	9
48	Y2-132S-8	6	48	Y2-355M-2	24
30	Y2-160M1-2	15	72	Y2-355M-4	18
36	Y2-160M-4	9	72	Y2-355M1-6	12
36	Y2-160M-6	6	72	Y2-355M1-8	9
48	Y2-160M1-8	6	90	Y2-355M1-10	9

电机槽多、极少，节距就大，跨槽数大，电机绕组端部就高，绕组端部长度就长，端部绕组电阻损耗就大，在感应电机中，由于受电源频率的限制，又要提高电机的转速，所以只有减少电机的极对数来提高电机转速，增大电机的输出功率，减小电机的体积。在少极电机中，极数少，电机的轭部相当宽，大大减少了电机的槽面积，这是少极电机的又一缺点，但是少极电机的最大转矩倍数大。所以在一些电机设计中，在确保最大转矩倍数的条件下，能用极数多的就尽量用极数多一些的为好，永磁同步电机或无刷电机的转子采用 2 极磁钢，会带来较多的问题。

电机槽极比的提出和计算对电机设计人员快速确定电机的槽极配合有很大的帮助。

2.10　电机绕组排列

　　永磁无刷、同步电机的绕组有单层、双层绕组、全绕组、半绕组、单节距绕组和大节距绕组，大节距绕组又分链式绕组、交叉式绕组、同心式绕组等。对于同一种电机的槽极配合，电机的绕组可以用不同的形式。电机绕组形式的多样化，给电机设计初学者带来眼花缭乱的感觉。特别是有些"分数槽集中绕组"电机，槽数和极数比较多，如电动自行车电机、DDR 电机中的绕组，很复杂，一些工作多年的电机设计人员对这些绕组排列也会犯迷糊。有些设计人员对电机的常用槽极配合的绕组排列比较熟悉，如果槽极数稍有变化，就会不知所措。

　　电机绕组排列是一门学问，有许多电机技术人员对电机绕组排列进行了深入研究，编写多部专著。如许实章教授所写的《交流电机的绕组理论》，着重对交流电机绕组磁动势、谐波分析等进行了详细介绍。还有专门列出三相电机绕组排布的图书，如《新编电动机绕组布线接线彩色图集》，但这些专门介绍电机排线、接线的专著只局限于三相大节距绕组的典型绕组排列，对于分数槽集中绕组和特殊绕组的排列都未提及。

　　目前对电机绕组的分析都建立在星形矢量法的基础上，从理论上去分析电机绕组在电机定子上的分布位置，再去画出电机绕组分布图，然后进行连线。

2.10.1　电势星形法绕组排列设计

　　电势星形法绕组排列设计是一种常用的方法，大学的电机学课程中基本上都有讲述。

　　常规的交流绕组的基本要求是三相绕组的基本电动势要对称。

　　例如，36 槽 4 极电机结构、绕组图如图 2-10-1 所示。

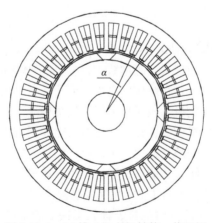

图 2-10-1　36 槽 4 极电机结构、绕组图

槽距角：$\alpha = \dfrac{360°}{36} = 10°$

槽距电角度：$\alpha_1 = \dfrac{P \times 360°}{36} = P\alpha = 2 \times 10° = 20°$

因此导体感应电动势的值大小相等，在时间相位上各相差 20° 电角度。

槽记号为 1 ~ 36 号，槽 1 电动势用向量 1 表示、槽 2 电动势用向量 2 表示等等，因此形成如下向量图，如图 2-10-2 所示。

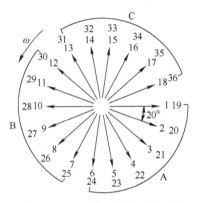

图 2-10-2　36 槽 4 极绕组向量图

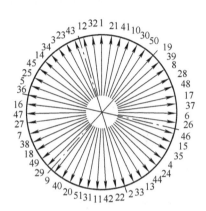

图 2-10-3　51 槽 46 极绕组向量图

从图 2-10-2 可以看出，每槽绕组的向量位置，并不能直观看出绕组接线图。因为绕组除了每槽向量的参数外，还有绕组节距大小、双层和单层、全极和半极、绕组串接和并接等情况均不能从这张绕组向量图中直观看出。这是 36 槽的绕组向量图，如果绕组是 72 槽 4 极，向量图画起来就更麻烦，层数更多，不易分辨。如果遇到如 51 槽 46 极 "分数槽集中绕组"，该绕组每相每极个数不等，槽极很多，那么用绕组向量法表示就比较困难了，如 51 槽 46 极每相绕组排列：A 相　4 3 3 3 4，B 相 3 3 4 4 3，C 相 4 4 3 3 3。

图 2-10-3 是 51 槽 46 极绕组向量图，看上去非常模糊，向量图上绕组极性都不能分清，更不要说绕组排布和接线了，根本看不出里面的细节。

一线技术人员对电机绕组排列应该有一套快速实用的分析和排列方法，能够在极短的时间内正确画出不同形式的槽极配合电机的绕组排布、接线图。下面介绍实用的绕组排布和接线方法。

2.10.2　绕组形式的分类

电机槽极配合绕组的应用可以分为三类：

1）大节距整数槽绕组；

2）分区整数槽、分数槽绕组；

3）分数槽绕组。

当前一般应用前两种槽极配合绕组，并且是典型的槽极配合，作者分别介绍绕组排列和接线方法。

2.10.3 大节距整数槽绕组排列和接线

作者认为，分析大节距整数槽绕组排列和接线要从基本的单元绕组开始，见表2-10-1。表中**绿色背景**的电机每对极每相绕组是整数。这种电机的槽极配合都有最基本的单元电机，是以电机每对极的槽数组成了该电机的单元电机。

表 2-10-1 大节距每对极每相绕组

大节距绕组 每对极每相绕组 =Z/(mp)														
极对数	槽数														
	3	6	9	12	15	18	21	24	27	30	33	36	39	42	45	48
1	1	2	3	4	5	6	7	8	9	10	11	12	13	14	15	16
2	0.5	1	1.5	2	2.5	3	3.5	4	4.5	5	5.5	6	6.5	7	7.5	8
3	0.333	0.667	1	1.333	1.667	2	2.33	2.667	3	3.333	3.667	4	4.3333	4.667	5	5.333
4	0.25	0.5	0.75	1	1.25	1.5	1.75	2	2.25	2.5	2.75	3	3.25	3.5	3.75	4
5	0.2	0.4	0.6	0.8	1	1.2	1.4	1.6	1.8	2	2.2	2.4	2.6	2.8	3	3.2
6	0.167	0.333	0.5	0.667	0.833	1	1.167	1.333	1.5	1.667	1.833	2	2.167	2.333	2.5	2.667
7	0.143	0.286	0.429	0.571	0.714	0.857	1	1.143	1.286	1.429	1.571	1.714	1.8571	2	2.14	2.286
8	0.125	0.25	0.375	0.5	0.625	0.75	0.875	1	1.125	1.25	1.375	1.5	1.625	1.75	1.875	2
9	0.111	0.222	0.333	0.444	0.556	0.667	0.778	0.889	1	1.111	1.222	1.333	1.4444	1.556	1.667	1.778
10	0.1	0.2	0.3	0.4	0.5	0.6	0.7	0.8	0.9	1	1.1	1.2	1.3	1.4	1.5	1.6
11	0.091	0.182	0.273	0.364	0.455	0.545	0.636	0.727	0.818	0.909	1	1.091	1.1818	1.273	1.364	1.455
12	0.083	0.167	0.25	0.333	0.417	0.5	0.583	0.667	0.75	0.833	0.917	1	1.0833	1.167	1.25	1.333
13	0.077	0.154	0.231	0.308	0.385	0.462	0.538	0.615	0.692	0.769	0.846	0.923	1	1.077	1.154	1.231
14	0.071	0.143	0.214	0.286	0.357	0.429	0.5	0.571	0.643	0.714	0.786	0.857	0.9286	1	1.071	1.143

如24槽2对极，即24槽4极，其单元电机为2，每单元电机槽数为12，如果是双层绕组，绕组可以是24个，那么每单元电机三相绕组是12个，这样每对极每相绕组为4。电机的节距为5，极距为24/4 = 6。

因为每相绕组为4，三相12个线圈，1个线圈占2个槽，所以可以做成单层绕组。单层绕组电机的绕组个数比双层绕组个数少一半，一个槽内没有两相线圈，不需要槽内相间绝缘，电机的工艺性能较好。

我们可以将24槽2对极的单元电机的绕组图画出来，注意需要指出的是相对于单层绕组，24槽2对极电机是单元电机。

具体画法如下：

1）计算单元电机槽数：$\dfrac{24}{2}=12$，画出 12 个槽，并标明槽数；

2）计算绕组节距：$\dfrac{12}{2}=6$，为了使绕组不交叉，取节距为 5；

3）分别画出两个节距为 5 的绕组（绕组跨 5 齿），线圈从第 1 槽下线，线圈另一边下在 6 槽，即 1—6，第 2 个线圈下线为 7—12；

4）A 相从 1 槽进线，以"尾接尾"形成两个相反极性的绕组，见线圈电流方向；

5）B 相从单元电机 120° 的第 5 槽下线，C 相从 240° 的第 9 槽下线，形成一个完整的 12 槽 2 极的单元电机全极绕组排布与接线图，如图 2-10-4 所示。

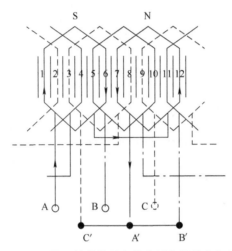

图 2-10-4　24 槽 2 极的单元电机全极绕组排布与接线图

图 2-10-4 是 12 槽 1 对极，即 12 槽 2 极电机的绕组接线图，把这样相同的两个单元电机串接或并接起来，就成为 24 槽 4 极电机的绕组接线图。如果把单元电机"尾接头"，电机就成为并联支路数 $a=1$ 的 24 槽 4 极电机；如果把该两个单元电机"头接头，尾接尾"，则成为并联支路数 $a=2$ 的 24 槽 4 极电机。图 2-10-5 是两个 12 槽 1 对极的单元电机串联形成的并联支路数 $a=1$ 的 24 槽 2 对极电机的绕组排布和接线图。其中进线是按定子圆周机械角 120° 槽进线的。

如果仍是 A 在 1 槽进线，B 在 5 槽进线，C 在 9 槽进线，那么对于 24 槽 4 极电机就是 60° 相位进线了。我们将在单元电机中 120° 相位进线，视为电机效果是一样的。所以进线方式有两种：一种是在电机定子圆周 120° 进线；一种是在单元电机内 120° 进线。

需要说明一点，只要绕组排布正确，那么用定子绕组间隔 120° 机械角分别进线是不会搞错的。只是相序是 A、C、B 进线。图 2-10-5 是 24 槽 4 极全极绕组的画法。

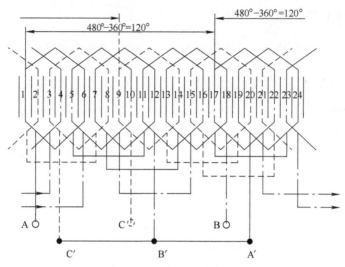

图 2-10-5　24 槽 2 对极单层全极绕组排布和接线图

　　由于有了 12 槽 2 极的基础单元电机，因此可以推广到 24 槽 4 极、36 槽 6 极、48 槽 8 极等的槽极配合，其绕组排布、接法是相同的。读者要注意，单层或者双层的单元电机数是偶数的，可以进行单元电机的串联和并联；单元电机数是奇数的，只能串联，不能并联。

　　图 2-10-5 是 24 槽 2 对极的全极绕组的画法，对于 24 槽 2 对极半极绕组的基础单元电机的画法，只要把另外一个极的线圈移到第一个线圈旁边，就能产生相同的磁场，第 2 个线圈位置空着，形成隐极，如图 2-10-6 所示。

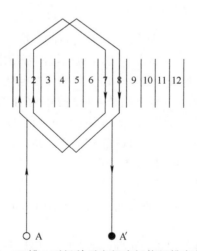

图 2-10-6　24 槽 2 对极单元电机半极绕组排布与接线图

图 2-10-7 是 24 槽 2 对极单层半极绕组排布和接线图。

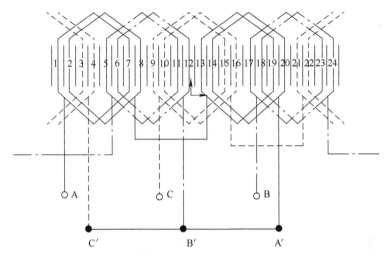

图 2-10-7　24 槽 2 对极单层半极绕组排布和接线图

图中的 A 相绕组中两个绕组的极性是相同的，电机绕组是"尾接头"。

同一极绕组有两个或两个以上，可以组成同心式绕组，A 相绕组 1—8、2—7、13—20、14—19 下线即可，如图 2-10-8 所示。

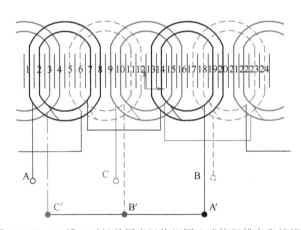

图 2-10-8　24 槽 2 对极单层半极绕组同心式绕组排布和接线图

2.10.4　分数槽集中绕组排列和接线

分数槽集中绕组一般是指"分区单节距整数绕组"，这类电机的绕组排布和接线也是非常有规律的，把一个分区作为分区单元电机，把分区单元电机的绕组排列搞清楚，那么多个相同的分区单元电机就可以进行单元电机的串接和并接，甚至串、并接。

分区单元与上面讲的单元电机一样，分区内应有 m 相绕组，一般用三相绕组、一相绕组或由一至多个绕组组成，每相绕组个数一般应该相等。这样单元分区组成一个分区电机。特别要说明，分区个数是槽数与极数之差。

如 12 槽 8 极电机是一个分区整数槽电机，有 4 个分区，每个分区有 3 槽，如果是三相电机，那么必须用双层绕组，这样分区中有 A、B、C 相 3 个绕组，每相有一个绕组。

现在看一下 12 槽 8 极的绕组分区分布，如图 2-10-9 所示。

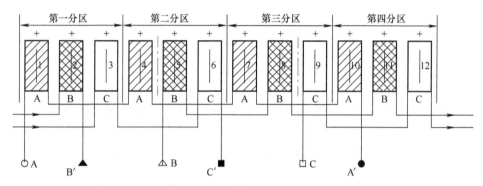

图 2-10-9　12 槽 8 极分数槽集中绕组电机绕组分布接线图

在一个分区中，有 A、B、C 三个线圈，4 个分区的绕组排布完全相同，因此该 4 个分区可以组成 4 串、2 串 2 并、4 并三种绕组排布和接线形式的电机，适用于高电压或大电流的场合。分区单元电机串接方式用"尾接头"，并接方式用"头接头，尾接尾"。

"分数槽集中绕组"分区电机的绕组绕向有这样的规律：**后面一相的绕向必须与前面一相绕向相同。**

如 12 槽 10 极电机是一个分区整数槽电机，有 2 个分区，每个分区有 6 槽，分区电机一般用双层绕组，平均每槽 1 个绕组，这样一个分区中有 A、B、C 相 6 个绕组，每相有 2 个绕组。

图 2-10-10 是由两个三相分区组成的三相 12 槽 10 极分数槽集中绕组电机绕组展开图。图中，一个分区每相有 2 个线圈，**每相线圈绕组方向依次相反**，B 相第一个线圈绕序与相邻的 A 相绕线方向相同。每相线圈连线要看绕序正反。

图 2-10-11 是定子绕组 120° 电角度接线法，非常直观，B 相是 9 槽进线，这样三相绕组进线和绕组绕向均相同。

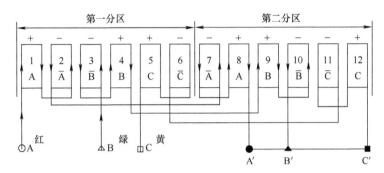

图 2-10-10　12 槽 10 极绕组单元分区电机 120° 电角度接线法

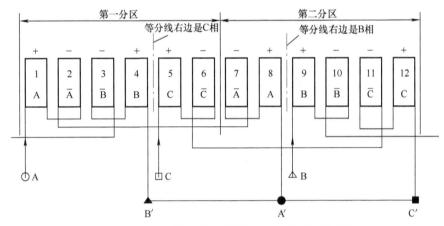

图 2-10-11　12 槽 10 极定子绕组 120° 电角度接线法

这样分数槽集中绕组的绕组用分区概念去排布与接线就非常清楚了，排线就没有什么困难了。

2.10.5　分数槽集中绕组排列简图画法

分数槽集中绕组的绕组展开图使用简图的画法，会更直观，更适合一线电机工作者快速分析电机绕组排布和接线。

下面是分数槽集中绕组无刷电机绕组展开图用简图画法的步骤。

例：三相 9 槽 8 极电机。

1）计算电机的三相分区。

电机的三相分区：$K = |Z - 2P| = |9 - 8| = 1$

2）该电机有 1 个三相分区。分区以 A、B、C 三相表示，如图 2-10-12 所示。

$$| \quad \text{A} \quad \text{B} \quad \text{C} \quad |$$

图 2-10-12　三相 9 槽 8 极电机绕组简图

3）因为只有 9 个齿，所以分区线圈个数相等，个数为 3，分区为各相线圈为 3。

$$\frac{Z/K}{m} = \frac{9/1}{3} = 3$$

4）画出各相线圈极性，每相首个线圈绕向符号与前向末个线圈绕向符号相同，由这个简图可以非常清楚地看出 9 槽 8 极电机的绕组排布和接线，如图 2-10-13 所示。

$$| \quad \overset{+-+}{\text{A}} \quad \overset{+-+}{\text{B}} \quad \overset{+-+}{\text{C}} \quad |$$

图 2-10-13　三相 9 槽 8 极电机绕组简图画法

5）按图 2-10-13 所示简图，画出电机绕组图并接线，如图 2-10-14 所示。

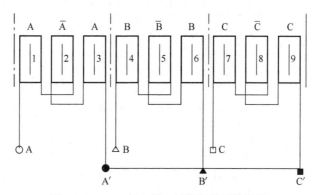

图 2-10-14　三相 9 槽 8 极绕组排列接线图

至此，三相 9 槽 8 极分数槽集中绕组展开图已经画完。

下面是一些分数槽集中绕组的排列图，其中三相 36 槽 32 极分数槽集中绕组简图如图 2-10-15 所示。

$$| \quad \overset{+-+}{\text{A}}\overset{+-+}{\text{B}}\overset{+-+}{\text{C}} \quad | \quad \overset{+-+}{\text{A}}\overset{+-+}{\text{B}}\overset{+-+}{\text{C}} \quad | \quad \overset{+-+}{\text{A}}\overset{+-+}{\text{B}}\overset{+-+}{\text{C}} \quad | \quad \overset{+-+}{\text{A}}\overset{+-+}{\text{B}}\overset{+-+}{\text{C}} \quad |$$

图 2-10-15　三相 36 槽 32 极绕组简图

三相 12 槽 16 极分数槽集中绕组简图如图 2-10-16 所示。

图 2-10-16 三相 12 槽 16 极绕组简图

分数槽集中绕组用分区法分区，用简图法标志是非常方便直观的，不易搞错。

2.11 电机设计软件中的绕组排列

电机的绕组有单层绕组、双层绕组、全绕组、半绕组、单节距绕组和大节距绕组之分，大节距绕组又分链式绕组、交叉式绕组、同心式绕组等。同一种电机的槽极配合，电机的绕组可以用不同的形式。电机绕组形式的多样化，使电机设计初学者觉得眼花缭乱。特别是有些"分数槽集中绕组"电机，槽数和极数比较多，对于电机设计人员来讲真得有些头痛。作者看到过一本介绍三相电机绕组排布方法的大部头专著，书中为了介绍如何对三相电机绕组进行正确排布与接线，写了很多排线方法的口诀，以便于排线。

现在许多繁复的工作都由计算机替代了人工，特别是电机绕组排线，只要设置好电机的槽极数、层数、节距，结果会瞬时显现，如 Maxwell-RMxprt（简称 RMxprt）、MotorSolve、Motor-CAD 等软件都能做到，绕组排布非常清晰、简易。

用 RMxprt 软件查看 24 槽 8 极电机绕组排列图，图 2-11-1 是 24 槽 8 极双层全节距绕组，图 2-11-2 是 24 槽 8 极双层半节距绕组。

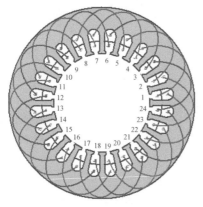

图 2-11-1 24 槽 8 极双层全节距绕组

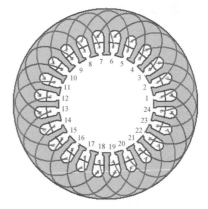

图 2-11-2 24 槽 8 极双层半节距绕组

图 2-11-3 是 24 槽 8 极单层全节距绕组，图 2-11-4 是 24 槽 8 极单层半节距绕组。

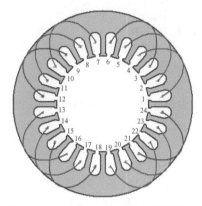

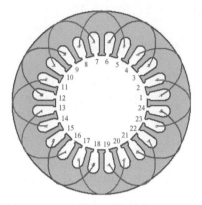

图 2-11-3　24 槽 8 极单层全节距绕组　　　图 2-11-4　24 槽 8 极单层半节距绕组

用 MotorSolve、Motor-CAD 软件查看 24 槽 8 极电机绕组排列图，分别如图 2-11-5和图 2-11-6 所示。

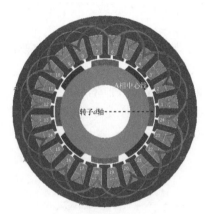

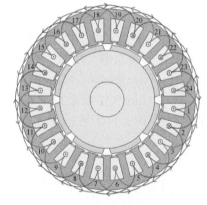

图 2-11-5　24 槽 8 极双层全节距绕组　　　图 2-11-6　24 槽 8 极双层全节距绕组
（MotorSolve）　　　　　　　　　　　　　　（Motor-CAD）

每个软件对绕组排布都有自己的观点和方法，作者习惯使用 RMxprt 软件分析电机绕组分布。对于 RMxprt 软件而言，电机的绕组形式要多些，特别是全绕组和半绕组的显示，绕组分布显示要清晰些，并且对于某些特殊的绕组分布，RMxprt 软件能自动排列，可以示范，有些软件则不能自动显示。

如 30 槽 6 极电机，这是一个分数槽电机，如图 2-11-7 所示为 36 槽 6 极中的每相某两个极分别去掉 1 个绕组形成的。图 2-11-8 所示为 B 相绕组的分布图。

但是 MotorSolve、Motor-CAD 软件不能显示 30 槽 6 极绕组排布。RMxprt 软件有一个电机槽极配合的绕组排布的"查询"功能，而有些软件则不能对某些特殊的槽极配合的绕组进行自动排列。RMxprt 软件不但能排列 30 槽 6 极绕组，还可以成功地计算出电机性能。

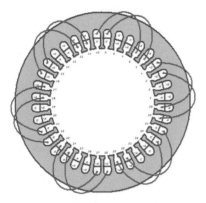

图 2-11-7　36 槽 6 极绕组排布

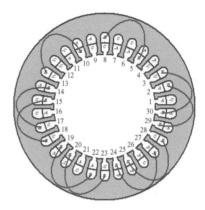

图 2-11-8　30 槽 6 极 B 相绕组排布

特别是如 15 槽 4 极、27 槽 8 极、39 槽 12 极这样的特殊槽极，在电机界应用广泛，但是有些软件对某些特殊槽极配合的电机绕组不能自动排列出来，这样就缺少了一个电机绕组槽极配合的可能，如 39 槽 12 极绕组就不能排列出来，这样技术人员会产生 39 槽 12 极的槽极配合是不成立的误解，但是科尔摩根的无框电机就采用了 39 槽 12 极。RMxprt 软件能够显示 39 槽 12 极绕组排列并能计算电机的性能。

对于 36 槽 6 极，用 RMxprt 软件查看的单层绕组的绕组分布图如图 2-11-9 所示。

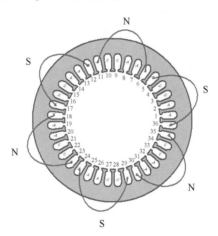

图 2-11-9　36 槽 6 极单层绕组的绕组分布图（RMxprt）

36 槽 6 极单元电机为 3 个，按单元电机观点进行电机串、并联，因为单元电机个数是单数，所以 3 个单元电机可以串联，即并联支路数 $a = 1$。

其实 36 槽 6 极并联支路数 a 可以为 2、3、6，绕组连线只要确保电机产生如图 2-11-9 所示的极性，电机安匝数（NI）不变，电机性能就基本不变。表 2-11-1 是 36 槽 6 极不同并联支路数的电机性能对比表。

表 2-11-1   36 槽 6 极不同并联支路数的电机性能

Rated Output Power (kW):	1.3	1.3	1.3	1.3
Rated Voltage (V):	380	380	380	380
Number of Poles :	6	6	6	6
Number of Stator Slots :	36	36	36	36
Number of Parallel Branches :	**1**	**2**	**3**	**6**
Number of Conductors per Slot :	59	119	179	358
Number of Wires per Conductor :	1	1	1	1
Stator Slot Fill Factor (%):	69.1566	74.0411	71.9791	67.1405
Wire Diameter (mm):	0.63	0.45	0.35	0.23
Root-Mean-Square Line Current (A):	2.27051	2.30676	2.36859	2.45541
Armature Current Density (A/mm^2):	7.28371	7.252	8.2062	9.84979
Frictional and Windage Loss (W):	75	75	75	75
Output Power (W):	1302	1301.99	1301.95	1301.39
Input Power (W):	1476.74	1478.26	1490.94	1512.33
Efficiency (%):	88.167	88.0763	87.3236	86.0517
Power Factor :	0.972064	0.957785	0.940922	0.920889
Synchronous Speed (rpm):	2500	2500	2500	2500
Rated Torque (N.m):	4.97327	4.97325	4.97307	4.97094

应该说，如 36 槽 6 极电机的并联支路数是除 1、2、3、6 外的其他数，绕组均是不成立的，但是在 RMxprt 软件中**将并联**支路数设置为 5（图 2-11-10 中箭头所指），软件仍可以显示绕组分布，RMxprt 软件只能显示电机绕组的排布，与**绕组并联支路数无关，因此即使绕组支路数设置错误，在绕组排布图中也无法显示其错误。**

因此用 RMxprt 软件查询电机的槽极配合的绕组分布，**还必须对槽极配合绕组分布的电机进行性能计算，只有计算通过，才能认为该槽极配合和并联支路数是合理的。性能计算的结果如何不必计较，只要程序能通过就可以，**如图 2-11-10 所示。

用 36 槽 6 极（$a = 5$）进行计算，软件才显示绕组并联支路数错误，如图 2-11-11 所示，而有些软件就直接不显示错误的绕组分布图。

电机设计软件的槽极配合的绕组排列非常好，解决了以往电机技术人员在工作中要耗费大量精力去分析并画出电机绕组分布、接线图的问题。电机设计软件能在极短时间内显示多种绕组分布图，供电机设计人员挑选。不过软件**只能显示绕组分布和电流流向，不能显示每相绕组接线。**如 36 槽 6 极，不管电机绕组的并联支路数是 1、2、3、6，软件显示的绕组排列图都是相同的一张，因此有了该图，还需要电机设计人员根据并联支路数画出绕组排布接线图，故而对绕组的深入理解是电机设计人员必须掌握的知识。

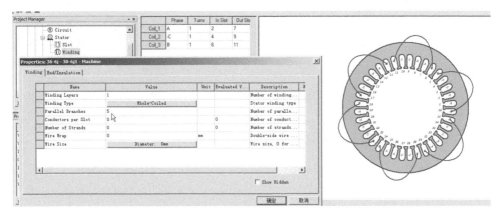

图 2-11-10　36 槽 6 极的并联支路数设置为 5

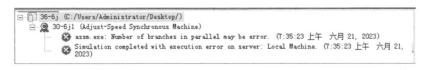

图 2-11-11　并联支路数显示设置错误

　　RMxprt 软件有一个非常强大的电机绕组排列编辑器，RMxprt 软件绕组排列编辑器能自动画出绕组排列、接线指示图，操作非常简捷、直观、灵活、正确，大大节省了技术人员在画电机绕组分布图上所耗费的精力。

　　在 RMxprt 软件的使用说明书中有专门讲述电机绕组的一章，内容非常丰富，介绍了绕组的基本知识和操作方法。RMxprt 软件绕组排列编辑器是根据绕组电动势星形法基本原理来编程的，读者可以阅读 RMxprt-V12 软件的使用说明书，就会大幅提高对电机绕组的认识。

　　一些大型电机设计软件，如 MotorSolve、Motor-CAD 软件，都有电机绕组编辑器，功能很强大，用以替代人工对绕组排布的分析和制图。

　　作者在《永磁同步电机实用设计及应用技术》一书中较详细地介绍了用 RMxprt 软件绕组排列编辑器来进行绕组编辑的方法，故在此不再重复介绍。总之，通过对本章知识的学习，就能掌握使用 RMxprt 软件对电机绕组进行分析的方法。

第 3 章

永磁电机槽极配合与运行和质量特性

3.1 电机运行特性

3.1.1 电机运行的机械特性

电机运行特性一般指的是电机的机械特性，由此产生机械特性曲线及相应的转矩常数和感应电动势常数。电机的机械特性决定了电机在不同工作点的性能，其中包括转矩、转速、电流、输出功率、输入功率等。电机的机械特性曲线决定了电机运行机械性能，非常直观，易于判断。图 3-1-1 是某永磁同步电机的机械特性曲线。

图 3-1-1 电机机械特性曲线

电机的机械特性主要是由电机的转矩常数 K_T 和感应电动势常数 K_E 所决定的：

$$K_T = \frac{N\Phi}{2\pi}, \quad K_E = \frac{N\Phi}{60}, \quad K_T = 9.5493 K_E$$

式中，N 是电机绕组有效导体根数；Φ 是电机有效工作磁通（Wb）；$N\Phi$ 称电机磁链；K_T 的单位为 N·mA；K_E 的单位为 V/(r/min)。

电机运行的机械性能是由电机的有效导体根数和有效工作磁通这两个因素决定的，只要控制好电机的磁链，那么电机运行的机械特性就基本上确定了。作者在多本著作中详细介绍了用控制电机 K_T 和 K_E（即控制电机的 N、Φ）的方法，实现对电机运行机械特性的控制，以达到电机的目标设计，避免了设计的盲目性。

3.1.2　电机运行的质量特性

电机设计人员一般会花费较多的精力去分析、研究如何设计出能达到运行机械特性要求的电机。但是在设计上实现电机机械特性的要求并不是电机设计的全部。相同机械特性的电机，在运行中，有的电机运行非常平稳，而有的电机会产生较大的齿槽转矩、转矩波动，高次谐波多，振动、噪声大等，这是电机本身运行质量特性差造成的。因此，对于电机来说，除了要考核其运行机械特性，还得考核其运行质量特性，两者不可偏废。

电机运行的质量特性是电机的内特性，是由电机的某些重要因素所决定的，包括齿槽转矩、转矩波动、谐波、感应电动势和波形、最大输出功率等，如果设计人员在电机设计时随意选取一种电机槽极配合，那么由这种槽极配合所建立的电机模块的各种运行质量参数是不可控的。如采用较好的槽极配合，电机的齿槽转矩就小，齿槽转矩的正弦度就好，电机转子就不需要用许多分段直极错位，也不需要采取在磁钢上进行极的偏心、削角等措施来减弱电机的齿槽转矩，合理的槽极配合能使电机绕组达到简化，从而简化电机下线工艺，大幅降低电机制造成本。

作者认为电机运行的质量特性主要是由电机的槽数（Z）、极数（p）配合所决定的，即电机运行质量的好坏与选取某种槽极配合有重大关系，如果电机槽极配合选得好，那么电机的齿槽转矩等质量特性就好，如果电机槽极配合没有选好，那么电机的齿槽转矩、转矩波动就大，各种多次谐波就多，感应电动势正弦度就差，会出现控制困难等情况，在这种不妥当的槽极配合的电机上要想得到很好的运行质量性能，就算采取很多改进措施，也非常困难。

如果在设计电机前就对电机槽极配合有充分的了解，并在初始设计时就选取合理的槽极配合，相当于进行了电机结构的"优化"，使"原始齿槽转矩、转矩波动、感应电动势正弦度"就好，这对后续电机设计的运行质量提升起到非常重要的"优化"作用。

在电机的机械特性上要抓住电机的 N、Φ 两大要素，控制住电机的 K_T 和 K_E，电机运行的机械性能就能得到控制了。在设计电机时，只要选定了电机的槽（Z）、极（p）配合，抓住了电机的 Z、p 两大要素，那么电机运行的质量特性也就控制住了。在这个基础上再进行电机结构和其他参数的设计，这样设计出的电机运行质量会很好，也不需要为了电机运行质量问题而增加许多额外的改进措施。

只要控制好 N、$\varPhi$、Z、p 四大要素，就是抓住了电机设计的要点，这是电机设计的关键所在。

作者提出用 Z、p 两大要素即电机的槽极配合来控制电机运行质量特性的观点，下面进行详细介绍。

3.2　槽极配合与齿槽转矩

3.2.1　槽极配合与齿槽转矩简介

电机齿槽转矩是电机转子磁极在旋转时，通过定子的齿和转子磁极不同的相对位置相互作用产生的转矩。因为齿与磁极的相对位置不同，产生的齿槽转矩也不同，所以齿槽转矩是一种波动的转矩。齿槽转矩大小直接影响电机运行质量特性，因此在电机的设计、生产中必然要考虑这一问题。

永磁电机的转子在不通电时齿槽转矩也存在。平时一个电机在不通电时，拧动电机轴，使转子转动，发现转动时有一个阻转矩，阻转矩有大有小，大的要费很大的劲才能拧动转子，有时拧动转子很轻松，而且拧动时会发现转子有不均匀的、有规则的阻力波动，这种阻转矩就称为电机的齿槽转矩。

电机的齿槽转矩可以用电机设计软件来计算，软件能显示电机齿槽转矩的波形及数值。

3.2.2　齿槽转矩的波形

电机在转子转动时，齿槽转矩的波形如图 3-2-1 和图 3-2-2 所示。

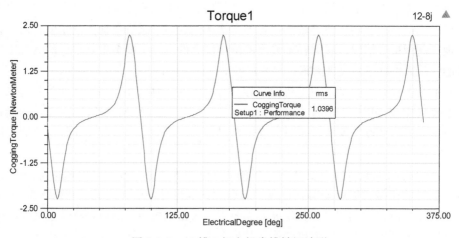

图 3-2-1　12 槽 8 极电机齿槽转矩波形

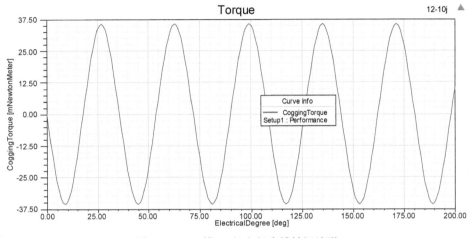

图 3-2-2　12 槽 10 极电机齿槽转矩波形

　　图中是转子在 360° 电角度内转动时显示齿槽转矩的波动情况。有的软件显示一个或两个齿槽转矩电角度周期内的齿槽转矩波形，如图 3-2-3 和图 3-2-4 所示。

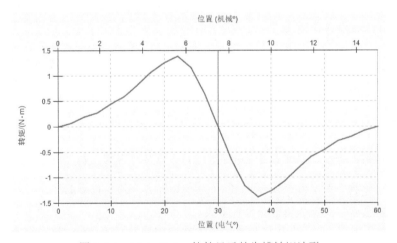

图 3-2-3　MotorSolve 软件显示的齿槽转矩波形

　　有的齿槽转矩的波形与正弦波波形非常相似，有的就差异很大，现在用齿槽转矩的幅值与电机额定转矩之比作为电机齿槽转矩大小的判别标准。但是，因为齿槽转矩波形不一定是标准的正弦波，波形相差很大，所以幅值最大的，其有效值不见得最大，即齿槽转矩不见得最大。但是用齿槽转矩幅值评判电机的齿槽转矩，相对来说还是合理的。可以通过电机齿槽转矩波形的正弦度的好坏、波形的对称度来判断电机槽极配合恰当与否。

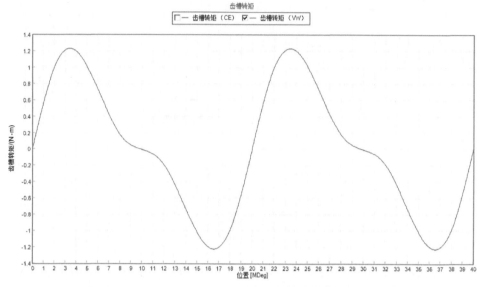

图 3-2-4　Motor-CAD 软件显示的齿槽转矩波形

3.2.3　齿槽转矩的计算

现在对于齿槽转矩的分析大多数基于如下概念，对于表贴式集中绕组电机来讲，电机的齿槽转矩表达式为

$$T_{\text{cog}}(\alpha) = \frac{\pi Z L_{\text{FE}}}{4\mu_0}(R_2^2 - R_1^2)\sum_{n=1}^{\infty} n G_n B_{r\frac{nZ}{2P}}\sin nZ\alpha \qquad (3\text{-}2\text{-}1)$$

式中，α 是某齿中心与某磁极中心的错位角；Z 是定子槽数；L_{FE} 是定子铁心有效长度；R_2 是定子轭半径；R_1 是定子内径；G_n 是比磁导二次方的傅里叶分解系数；$B_{r\frac{nZ}{2P}}$ 是气隙磁通密度二次方的傅里叶分解系数。

由式（3-2-1）可以看出，齿槽转矩的基波周期是 nZ，而 n 要满足使 $nZ/(2P)$ 为整数的条件即是 $Z/(2P)$ 的最简约分，即在 Z、$2P$ 为最大公约数 GCD（Z, $2P$）时。当 $nZ/(2P)$ 为最简形式时：

$\dfrac{nZ}{2P} = \dfrac{nz'}{p'}$（$z'$、$p'$ 互为最简质数），即 $p' = 2P/\text{GCD}(Z, 2P)$，那么电机转动一周产生的齿槽转矩周期数 γ 为

$$\gamma = 2PZ/\text{GCD}(Z, 2P) \qquad (3\text{-}2\text{-}2)$$

$$\gamma = 2PZ/GCD(Z,2P) = LCM(Z,2P) \tag{3-2-3}$$

一个槽的基波齿槽转矩周期数为：

$$N_P = \gamma/Z = 2P/GCD(Z,2P) \tag{3-2-4}$$

即一个槽的基波齿槽转矩周期数是极数除以槽数和极数的**最大公约数**。那么两个槽的基波齿槽转矩周期数就是 $2N_P$。这就和用 RMxprt 软件计算的齿槽转矩数相一致了。

注意，最小公倍数，用 LCM（a, b）表示和计算；最大公约数，用 GCD（a, b）表示和计算。

例，12 槽 8 极，$2P=8$，LCM（Z, $2P$）= 24，GCD（Z, $2P$）= 4

$N_P = \gamma/Z = 2P/GCD$（Z, $2P$）= 8/4 = 2

两齿的齿槽转矩周期数为 $2N_P = 2 \times 2 = 4$，在一个周期内有 8 个脉冲，上下各 4 个，如图 3-2-5 所示。

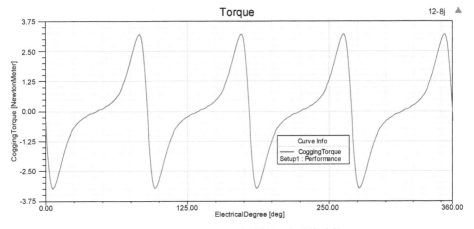

图 3-2-5 12-8j 电机齿槽转矩波形脉冲数

3.2.4 齿槽转矩的容忍度

电机齿槽转矩大了，电机转矩波动会变大，平时电机不通电时，用手旋转电机转子，发现旋转转子时有周期性阻力，手感不好，如果电机的齿槽转矩大，手都拧不动电机转子，甚至会出现电机起动困难。

应该说，齿槽转矩是一个电机参数的真值，同样一个齿槽转矩，如 $0.5\mathrm{N}\cdot\mathrm{m}$ 在额定转矩是数百 N·m 的大电机上不认为是大问题，有的电机轴承端加了密封圈的阻力矩就大于这个齿槽转矩值，如果在小电机上，电机本身额定转矩仅 $0.3\mathrm{N}\cdot\mathrm{m}$，那么 0.5N·m 的齿槽转矩就太大了，估计电机就不能正常运行。对电机来讲，评价一个电机的齿槽转矩的大小是相对于该电机的额定转矩而言的，可以较好地解决判断该齿槽转矩值对于某一电机是否合适的问题。因此提出了电机齿槽转矩与电机额定转矩的比值，该比值称**"齿槽转矩容忍度"**。

电机的齿槽转矩能容忍多大呢，一般是这样判断的，电机的齿槽转矩在电机的额定转矩的 2% 之内，就认为电机的齿槽转矩可以容忍。但是有时也不一定，如果是一个很大的电机，其容忍度不大，但在容忍范围内，该电机的齿槽转矩"真值"很大，这对电机起动时做功就大。对于频繁起动的电机来讲，**齿槽转矩容忍度**的标准值相对要小。有些电机齿槽转矩就要大些，使电机断电时能快速停转。具体需要看电机使用场合来确定电机齿槽转矩的容忍度。电机齿槽转矩的大小不会影响电机的机械特性。

3.2.5　齿槽转矩的计算精度

电机齿槽转矩可以用仪器测量出来，在设计电机时，设计软件可以用路或 2D 场计算电机的齿槽转矩。在电机设计时用路算一下，看一个电机齿槽转矩的总体趋势，必要时用 2D 场分析来计算电机的齿槽转矩。一般来说，计算齿槽转矩还是比较方便的。

同一电机参数，用不同软件计算，齿槽转矩相差还是较大的。

下面对 9 槽 6 极的齿槽转矩计算精度进行分析。

用 3 种不同软件计算同一个电机，参数相同，用路、2D 场分别计算分析，如图 3-2-6 所示。

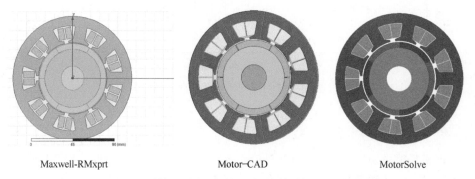

Maxwell-RMxprt　　　　　Motor-CAD　　　　　MotorSolve

图 3-2-6　9 槽 6 极同一电机 3 种不同软件显示的结构图

Maxwell-RMxprt 软件用路计算电机齿槽转矩，如图 3-2-7 所示。

Maxwell-RMxprt 软件用 2D 场分析计算电机齿槽转矩，如图 3-2-8 所示。

Motor-CAD 软件用 2D 场分析计算电机齿槽转矩，如图 3-2-9 所示。

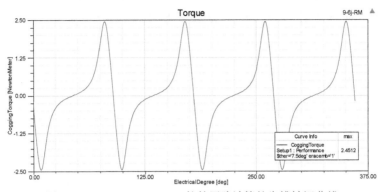

图 3-2-7　Maxwell-RMxprt 软件用路计算的齿槽转矩曲线

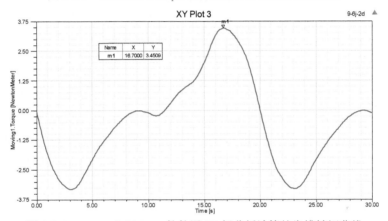

图 3-2-8　Maxwell-RMxprt 软件用 2D 场分析计算的齿槽转矩曲线

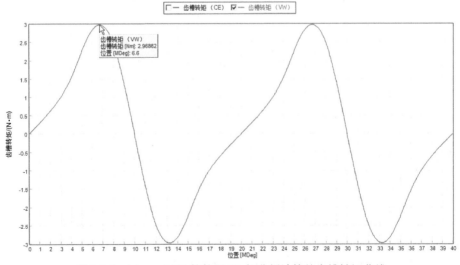

图 3-2-9　Motor-CAD 软件用 2D 场分析计算的齿槽转矩曲线

MotorSolve 软件用 2D 场分析计算电机齿槽转矩，如图 3-2-10 所示。

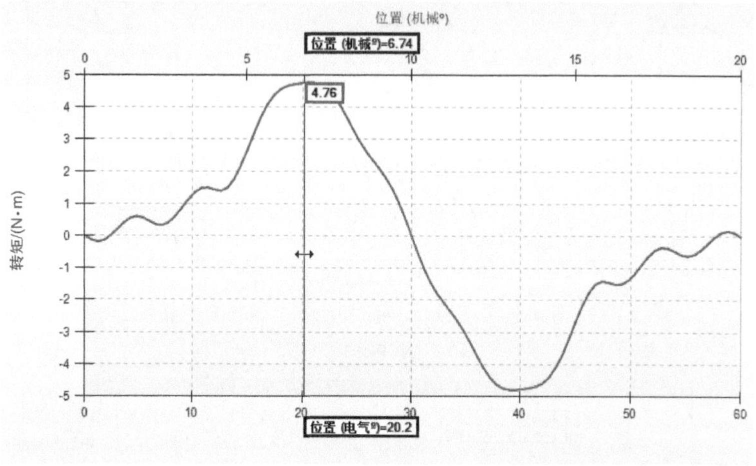

图 3-2-10　MotorSolve 软件用 2D 场分析计算的齿槽转矩曲线

同一个电机，用以上 4 种方法计算，其齿槽转矩波形大致相同，但是齿槽转矩幅值各不相同，相差较大。而且实际中还有多种因素会影响电机的齿槽转矩及其测量，所以实际值和计算值有较大差距。认准一种软件计算电机齿槽转矩，用习惯了，如有差异，做到心中有数，设计时注意些就可以了。

3.2.6　齿槽转矩峰值的概念

如 12 槽 10 极电机，用 Maxwell-RMxprt（简称 RMxprt）软件计算电机的齿槽转矩为 0.443743N·m，如图 3-2-11 所示。

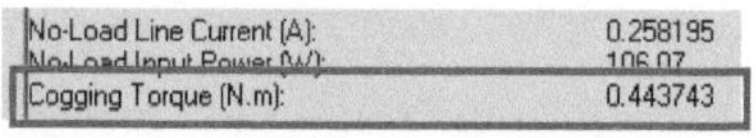

图 3-2-11　12 槽 10 极的齿槽转矩计算值

根据 RMxprt 软件的电机齿槽转矩的计算曲线，可知其峰值为（887.486/2）＝443.743mN·m，如图 3-2-12 所示。

从图 3-2-12 看，用 RMxprt 软件计算得到的电机齿槽转矩与在电机齿槽转矩曲线上求得的值一致。

用 RMxprt 软件的 2D 场分析，电机转矩波动的峰 - 峰值为 1N·m，峰值为 1000/2＝500mN·m，与用 RMxprt 软件直接计算出的值是相近的，如图 3-2-13 所示。

所以得出这样的结论：

1）电机齿槽转矩是用峰值考核的；

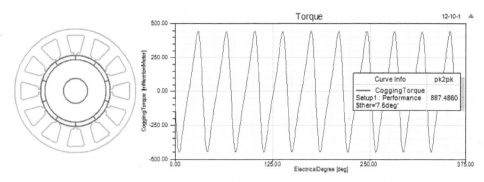

图 3-2-12　用 RMxprt 软件计算的 12 槽 10 极的齿槽转矩曲线

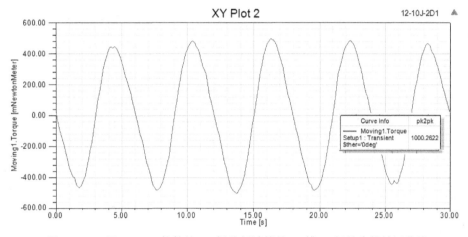

图 3-2-13　用 RMxprt 软件的 2D 场分析计算的 12 槽 10 极的齿槽转矩曲线

2）用 RMxprt 软件计算的电机齿槽转矩和用该软件的 2D 场计算出的结果是相近的。

有些地方电机的齿槽转矩用峰 - 峰值表示，称为齿槽转矩的波动值，Motor-CAD 软件就是用这种概念，这与电机的齿槽转矩大小的评价有关，请读者务必注意。

3.2.7　齿槽转矩的评价因子

电机槽数 Z 和极数 $2P$ 对电机齿槽转矩有相当大的影响，**定子槽数 Z 和极数 $2P$ 组合的优劣可以用"评价因子" C_T 表示，并认为评价因子越小，齿槽转矩的峰值就越小，即电机的齿槽转矩就越小。** C_T 与电机齿、极的关系如下：

$$C_T = \frac{2PZ}{N_C} \tag{3-2-5}$$

式中，N_C 是电机（Z, $2P$）的最小公倍数。

　　电机的齿数和极数的乘积越小，它们的最小公倍数越大，评价因子 C_T 越小，则电机的齿槽转矩就越小。

　　可以用公式计算槽极配合齿槽转矩的大小等级，即用评价因子 C_T 估计电机齿槽转矩的等级。

　　电机的齿槽转矩大小可以用评价因子来衡量，评价因子 C_T 的数值为电机（Z, $2P$）的最大公约数：

$$C_T = \frac{2PZ}{\mathrm{LCM}(Z, 2P)} = \mathrm{GCD}(Z, 2P) \qquad (3\text{-}2\text{-}6)$$

式中，$\mathrm{GCD}(Z, 2P)$ 是电机齿数和极数的最大公约数。

　　不管是整数槽、分数槽，评价因子 $C_T = \mathrm{GCD}(Z, 2P)$ 都是适用的。

　　表 3-2-1 是部分槽极配合的评价因子 C_T 表。

表 3-2-1　部分电机槽极配合的评价因子 C_T

极数	槽数 Z																	
	3	6	9	12	15	18	21	24	27	30	33	36	39	42	45	48	51	54
2	1	2	1	2	1	2	1	2	1	2	1	2	1	2	1	2	1	2
4	1	2	1	4	1	2	1	4	1	2	1	4	1	2	1	4	1	2
6	3	6	3	6	3	6	3	6	3	6	3	6	3	6	3	6	3	6
8	1	2	1	4	1	2	1	8	1	2	1	4	1	2	1	8	1	2
10	1	2	1	2	5	2	1	2	1	10	1	2	1	2	5	2	1	2
12	3	6	3	12	3	6	3	12	3	6	3	12	3	6	3	12	3	6
14	1	2	1	2	1	2	7	2	1	2	1	2	1	14	1	2	1	2
16	1	2	1	4	1	2	1	8	1	2	1	4	1	2	1	16	1	2
18	3	6	9	6	3	18	3	6	9	6	3	18	3	6	9	6	3	18
20	1	2	1	4	5	2	1	4	1	10	1	4	1	2	5	4	1	2
22	1	2	1	2	1	2	1	2	1	2	11	2	1	2	1	2	1	2
24	3	6	3	12	3	6	3	24	3	6	3	12	3	6	3	24	3	6
26	1	2	1	2	1	2	1	2	1	2	1	2	13	2	1	2	1	2
28	1	2	1	4	1	2	7	4	1	2	1	4	1	14	1	4	1	2
30	3	6	3	6	15	6	3	6	3	30	3	6	3	6	15	6	3	6
32	1	2	1	4	1	2	1	8	1	2	1	4	1	2	1	16	1	2
34	1	2	1	2	1	2	1	2	1	2	1	2	1	2	1	2	17	2
36	3	6	9	12	3	18	3	12	9	6	3	36	3	6	9	12	3	18

合理的槽极配合的分数槽集中绕组电机的评价因子 C_T 小于整数槽电机 C_T，所以分数槽集中绕组的齿槽转矩要比整数槽的低。

即使电机评价因子 C_T 为同一等级（数值），电机的齿槽转矩也有差距，不同等级的同类电机的齿槽转矩相差很大。

分析 12 槽电机的齿槽转矩和评价因子，见表 3-2-2。

表 3-2-2　12 槽不同极数的槽极配合的齿槽转矩和评价因子

Number of Stator Slots：	12	12	12	12
Number of Poles：	8	10	14	16
$Z/(Z-2P)$	3	6	−6	3
$C_T = Z \times 2P/LCM(Z, 2P)$	4	2	2	4
Cogging Torque（mN·m）：	809.84	401.11	467.66	1062, 68

根据表 3-2-2，12 槽的 $Z/(Z-2P)$ 是整数的，有 3、6、−6、−3，相对应的极数是 8、10、14、16。可以看出 6、−6 对应的电机评价因子 C_T 最小，即电机 12 槽中 10、14 极的评价因子 C_T 最小（$C_T = 2$）；看计算的齿槽转矩，12 槽 10 极与 12 槽 14 极的齿槽转矩比 12 槽 8 极与 12 槽 16 极的小很多，确实相差一个等级。因此评价因子 C_T 可以看作是衡量电机齿槽转矩大小的一种等级标准。

图 3-2-14 是 12 槽 8 极电机齿槽转矩曲线图。

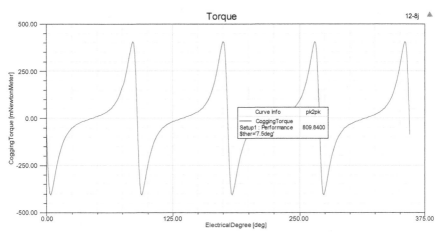

图 3-2-14　12 槽 8 极电机齿槽转矩曲线

图 3-2-15 是 12 槽 10 极电机齿槽转矩曲线图。

图 3-2-16 是 12 槽 14 极电机齿槽转矩曲线图。

图 3-2-17 是 12 槽 16 极电机齿槽转矩曲线图。

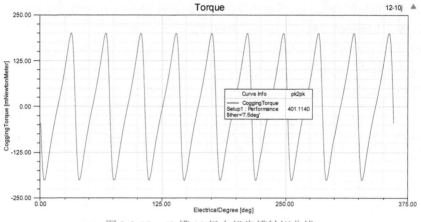

图 3-2-15   12 槽 10 极电机齿槽转矩曲线

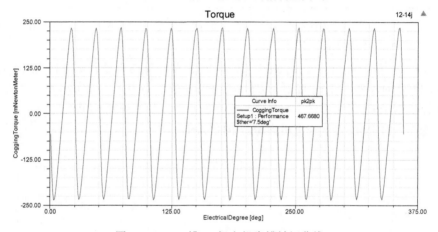

图 3-2-16   12 槽 14 极电机齿槽转矩曲线

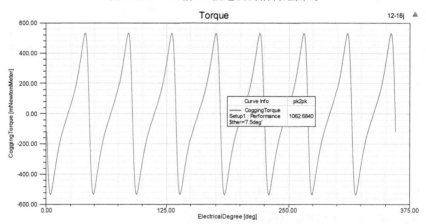

图 3-2-17   12 槽 16 极电机齿槽转矩曲线

3.2.8　齿槽转矩的圆心角

齿槽转矩的圆心角 θ 是由电机的槽极配合所决定的。电机齿槽转矩的圆心角 θ 对电机运行质量有着重要作用。本书讲述的电机的运行质量，重点之一就是电机的圆心角 θ 对电机齿槽转矩、转矩波动、谐波、感应电动势、最大输出功率的影响，也是电机槽极配合对电机运行质量影响的关键因素所在。

齿槽转矩圆心角 θ 的计算如下：

$$圆心角\,\theta = \frac{360°}{\mathrm{LCM}(Z, p)} \tag{3-2-7}$$

式中，$\mathrm{LCM}(Z, p)$ 是电机槽数和极数的最小公倍数，即消除齿槽转矩的定子斜槽的圆心角。

表 3-2-3 是电机槽极配合所形成的齿槽转矩圆心角 θ 的计算表。

表 3-2-3　电机的齿槽转矩圆心角 θ

极数	电机的齿槽转矩圆心角 $\theta = 360°/\mathrm{LCM}(Z, p)$ 槽数															
	3	6	9	12	15	18	21	24	27	30	33	36	39	42	45	48
2	60	60	20	30	12	20	8.57	15	6.67	12	5.45	10	4.62	8.57	4	7.5
4	30	30	10	30	6	10	4.29	15	3.33	6	2.73	10	2.31	4.29	2	7.5
6	60	####	20	30	12	20	8.57	15	6.67	12	5.45	10	4.62	8.57	4	7.5
8	15	15	5	15	3	5	2.14	15	1.67	3	1.36	5	1.15	2.14	1	7.5
10	12	12	4	6	12	4	1.71	3	1.33	12	1.09	2	0.92	1.71	4	1.5
12	30	30	10	####	6	10	4.29	15	3.33	6	2.73	10	2.31	4.29	2	7.5
14	8.57	8.57	2.86	4.29	1.71	2.86	8.57	2.14	0.95	1.71	0.78	1.43	0.66	8.57	0.57	1.07
16	7.5	7.5	2.5	7.5	1.5	2.5	1.07	7.5	0.83	1.5	0.68	2.5	0.58	1.07	0.5	7.5
18	20	20	20	10	4	####	2.86	5	6.67	4	1.82	10	1.54	2.86	4	2.5
20	6	6	2	6	6	2	0.86	3	0.67	6	0.55	2	0.46	0.86	2	1.5
22	5.45	5.45	1.82	2.73	1.09	1.82	0.78	1.36	0.61	1.09	5.45	0.91	0.42	0.78	0.36	0.68
24	15	15	5	15	3	5	2.14	####	1.67	3	1.36	5	1.15	2.14	1	7.5
26	4.62	4.62	1.54	2.31	0.92	1.54	0.66	1.15	0.51	0.92	0.42	0.77	4.62	0.66	0.31	0.58
28	4.29	4.29	1.43	4.29	0.86	1.43	4.29	2.14	0.48	0.86	0.39	1.43	0.33	4.29	0.29	1.07
30	12	12	4	6	12	4	1.71	3	1.33	####	1.09	2	0.92	1.71	4	1.5
32	3.75	3.75	1.25	3.75	0.75	1.25	0.54	3.75	0.42	0.75	0.34	1.25	0.29	0.54	0.25	3.75
34	3.53	3.53	1.18	1.76	0.71	1.18	0.5	0.88	0.39	0.71	0.32	0.59	0.27	0.5	0.24	0.44
36	10	10	10	10	2	10	1.43	5	3.33	2	0.91	####	0.77	1.43	2	2.5
38	3.16	3.16	1.05	1.58	0.63	1.05	0.45	0.79	0.35	0.63	0.29	0.53	0.24	0.45	0.21	0.39
40	3	3	1	3	3	1	0.43	3	0.33	3	0.27	1	0.23	0.43	1	1.5

（续）

电机的齿槽转矩圆心角 $\theta = 360°/\text{LCM}(Z, p)$																
极数	槽数															
	3	6	9	12	15	18	21	24	27	30	33	36	39	42	45	48
42	8.57	8.57	2.86	4.29	1.71	2.86	8.57	2.14	0.95	1.71	0.78	1.43	0.66	####	0.57	1.07
44	2.73	2.73	0.91	2.73	0.55	0.91	0.39	1.36	0.3	0.55	2.73	0.91	0.21	0.39	0.18	0.68
46	2.61	2.61	0.87	1.3	0.52	0.87	0.37	0.65	0.29	0.52	0.24	0.43	0.2	0.37	0.17	0.33
48	7.5	7.5	2.5	7.5	1.5	2.5	1.07	7.5	0.83	1.5	0.68	2.5	0.58	1.07	0.5	7.5
50	2.4	2.4	0.8	1.2	2.4	0.8	0.34	0.6	0.27	2.4	0.22	0.4	0.18	0.34	0.8	0.3
52	2.31	2.31	0.77	2.31	0.46	0.77	0.33	1.15	0.26	0.46	0.21	0.77	2.31	0.33	0.15	0.58
54	6.67	6.67	6.67	3.33	1.33	6.67	0.95	1.67	6.67	1.33	0.61	3.33	0.51	0.95	1.33	0.83
56	2.14	2.14	0.71	2.14	0.43	0.71	2.14	2.14	0.24	0.43	0.19	0.71	0.16	2.14	0.14	1.07

注：表中 黄色背景 的是标准的大节矩整数槽电机，绿色背景 的是标准的分区整数槽电机，棕色背景 的是兼有两种绕组的整数槽电机。一般绕组都选用整数槽电机的槽极配合，而常规的槽极配合选用范围更小。

3.2.9　定子斜槽

定子斜槽能基本消除电机的齿槽转矩和大大减弱电机的转矩波动，这是一种能同时很好地削弱电机齿槽转矩和转矩波动的有效方法。电机定子斜一个槽时，定子各个齿面分布是连续的，这样转子磁钢的磁力线能均匀地进入定子齿。斜槽使电机电磁转矩各次谐波的幅值均有所减小，基于这一思想可以计算出电机定子斜槽的最小槽数。

定子斜槽圆心角表示如下：

$$\theta = \frac{360°}{\text{LCM}(Z, p)}$$

式中，Z 是电机槽数；p 是电机极数。

圆心角的表示如图 3-2-18 所示。

定子底面槽口 A 点投影到定子上端面 M 上形成 A′ 点，平面 M 上与定子底面点 A 对应的点为 B 点，平面 M 上的定子内圆的圆心为 O，在平面 M 上，连接 A′O、BO，形成在 M 面上的定子圆心角：∠ A′OB = θ，θ 即为定子斜槽的圆心角。

转子斜槽的计算同上，一般建议定子用斜槽，转子用分段直极错位。

如 12 槽 8 极，有

总错位角度为 $\theta = \dfrac{360°}{\text{LCM}(Z, p)} = \dfrac{360°}{24} = 15°$；

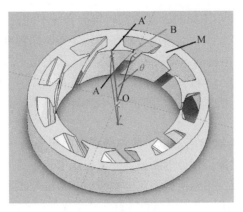

图 3-2-18　定子圆心角的表示法

斜槽数为 $Z\dfrac{\theta}{360°}=12\times\dfrac{15°}{360°}=0.5$。

图 3-2-19 是作者编制的计算结果，和 MotorCAD 软件的显示结果是一致的。

请填 槽数 Z	请填 极数 $2P$
12	8
总错位角度	相当槽数
15	0.50

斜槽/斜极:

斜槽/斜极类型:
- ○ 无（默认）
- ◉ 定子
- ○ 转子

子斜槽/斜极: 15

转子分段数: 2

☑ 重新计算磁通斜槽因数　1

图 3-2-19　圆心角 θ 的计算与设置

这样可以得出结论：上述计算是可靠的，定义齿槽转矩的圆心角是合理的。

同一电机的定子斜槽大小对电机的齿槽转矩有着重要的影响，这是一个 12 槽 8 极的永磁同步电机，其磁钢的斜槽数从 0～1，step = 0.01，对**电机的斜槽进行齿槽转矩的参数化分析**得到图 3-2-20。

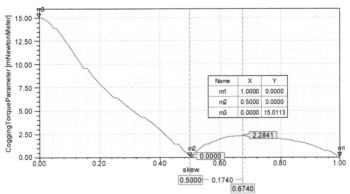

Name	X	Y
m1	1.0000	0.0000
m2	0.5000	0.0000
m3	0.0000	15.0113

图 3-2-20　12 槽 8 极斜槽的参数化分析

一个电机的斜槽大小不同时，其齿槽转矩会有所不同，该 12 槽 8 极电机在某个斜槽数上的齿槽转矩较小，其他地方的齿槽转矩有不同程度的变化。该电机的斜槽数为 0.5 和 1 时，其电机的齿槽转矩为 0mN·m；电机不斜槽时（即电机斜槽为 0），电机的齿槽转矩为 15.0113mN·m；而斜槽数在 0.42～1 槽之间时，电机齿槽转矩最大为 2.2841mN·m，说明电机斜槽不一定斜在 0.5 槽，而在 0.42～1 槽之间时，电机的齿槽转矩较小。

当电机的槽极配合确定后，电机的斜槽或者斜极会进一步削弱电机的齿槽转矩，从而改善电机的性能。 合适的斜槽能使电机产生较小的齿槽转矩，理论上能完全消除电机的齿槽转矩。用电机斜槽对电机齿槽转矩进行参数化分析，可以找出斜槽对齿槽转矩影响的规律，这对电机设计有非常重要的参考意义。

一个电机的齿槽转矩大小，从大的方面看，与电机的槽极配合有极强的关系，**即不考虑电机的结构，仅对电机选取适当的槽极配合，电机的齿槽转矩会减少很多，即电机的槽极配合决定了电机的"原始齿槽转矩和转矩波动"。** 电机定子斜槽或转子斜极对电机的齿槽转矩有决定性的影响，从电机结构看也会对电机的齿槽转矩有很大的影响，可以在设计电机、确定电机结构前，先选取几个 C_T 较小的电机槽极配合，再选取电机的圆心角 θ 较小的一两个槽极配合，然后进行电机结构设计、计算，优化电机磁路，建立一个优化的电机模块（电机不斜槽和斜极），计算电机模块的性能，查看计算出的电机齿槽转矩，判断电机的齿槽转矩与目标齿槽转矩的差距，从而决定是否要对电机进行斜槽或斜极，是否要对磁钢采取极弧系数优化、偏心削角、加厚齿高、增大气隙等措施。在电机槽极配合优化条件下，用 RMxprt 软件对电机进行定子不同斜槽的参数化分析，从中能分析电机槽极配合和电机定子不同斜槽对电机齿槽转矩的影响。

3.2.10　转子分段直极错位

要消除电机的齿槽转矩，可以对定子或转子斜槽一定的圆心角，有时由于电机工艺问题，往往采用电机转子分段直极错位，电机转子直极错位会较好地减弱电机的齿槽转矩和转矩波动，但**并不是转子直极错位的段数多，电机的齿槽转矩就一定小，有时转子分段数少的齿槽转矩比转子分段数多的齿槽转矩要小。**

1. 转子斜极的表示法

转子斜极与定子槽斜槽的圆心角的概念与角度是相同的，圆心角应该是转子端面（轴截面）上的圆心角。BA′ 平行于转子轴线 OO′，在转子端面上形成圆心角 $\angle$ AOB $= \theta$，θ 即为转子斜极的圆心角，如图 3-2-21 所示。

2. 转子分段直极错位法

转子单块磁钢的斜极不太容易加工，由于制造工艺和制造成本的关系，一般不被工厂接受。转子斜极经常会采用转子分段直极错位来替代。

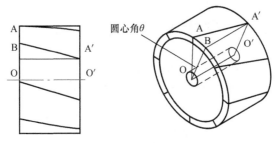

图 3-2-21　转子斜极的图示

转子分段直极错位是一种有效消除电机齿槽转矩的方法。图 3-2-22 是转子整块斜极。转子分段直极错位有两种方法，如图 3-2-23 和图 3-2-24 所示。

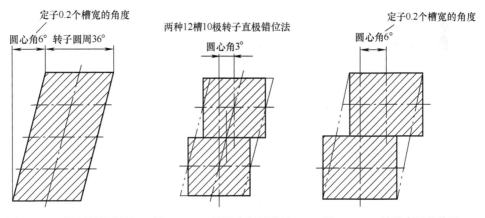

图 3-2-22　转子整块斜极　　图 3-2-23　转子直极错位法 1　　图 3-2-24　转子直极错位法 2

现在都选用图 3-2-23 所示的"转子直极错位法 1"作为转子直极错位的方法。以两段磁钢极中心在转子端面的圆心角进行计算。例如，12 槽 10 极 2 段直极错位，两块磁钢极中心的圆心角应该为 3°，单块磁钢消除齿槽转矩的圆心角为 6°。

3. 转子直极错位的三维图

转子两块磁钢中心线在端面形成夹角 θ_F，θ_F 即是两块磁钢的圆心角，如图 3-2-25 所示。

要消除电机齿槽转矩基波，磁钢整块斜圆心角和定子斜圆心角相同，可以从下式求出：

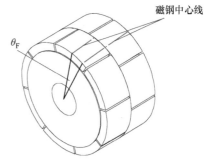

图 3-2-25　转子直极错位分段圆心角

$$转子斜圆心角\, \theta = \frac{360°}{\mathrm{LCM}(Z, 2P)} \qquad (3\text{-}2\text{-}8)$$

式中，$\mathrm{LCM}(Z, 2P)$ 是齿数与极数的**最小公倍数**。

两段磁钢中心线错位圆心角 = 定子斜槽度数 / 分段数：

$$\theta_{\mathrm{F}} = \frac{360°}{\mathrm{LCM}(Z, 2P)L_{\mathrm{F}}} \qquad (3\text{-}2\text{-}9)$$

式中，L_{F} 是转子分段数。

磁钢中心线总错位圆心角 = 两段磁钢中心线总错位圆心角 ×（分段数 −1）

$$磁钢中心线总错位圆心角 = \frac{360°}{\mathrm{LCM}(Z, 2P)L_{\mathrm{F}}}(L_{\mathrm{F}} - 1) \qquad (3\text{-}2\text{-}10)$$

如 12 槽 8 极，斜极和分 3 段直极错位（见图 3-2-26 和图 3-2-27）：

转子斜圆心角 $\theta = \dfrac{360°}{\mathrm{LCM}(Z, 2P)} = \dfrac{360°}{24} = 15°$

两段磁钢**中心线**错位圆心角 = 定子斜槽度数 / 分段数，即

$$\theta_{\mathrm{F}} = \frac{360°}{\mathrm{LCM}(Z, 2P)L_{\mathrm{F}}} = \frac{15°}{3} = 5°$$

$$磁钢中心线总错位圆心角 = \frac{360°}{\mathrm{LCM}(Z, 2P)L_{\mathrm{F}}}(L_{\mathrm{F}} - 1) = 5° \times (3 - 1) = 10°$$

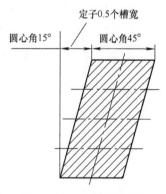

图 3-2-26　转子整段斜极

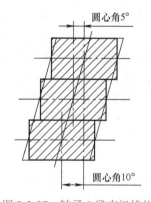

图 3-2-27　转子 3 段直极错位

表 3-2-4 是 12 槽 8 极电机转子直极错位计算表。

表 3-2-4　12 槽 8 极电机转子直极错位计算表

转子直极错位分段计算				评价因子 C_T
请填　槽数 Z	请填　极数 $2P$	最小公倍数 LCM	最大公约数 GCD	4
12	8	24	4	齿槽转矩圆心角 $\theta = 360/\mathrm{LCM}(Z, P)$
总错位角度	相当槽数	槽数 / 最小公倍数 LCM	极数 / 最大公约数 GCD	15
15	0.50	0.50	2	齿槽转矩波动数 2NP
直极错位分段计算				4
段数	磁钢中心线总错位角度	两段磁钢中心线错位角度（机械角度）		两齿转矩波动周期数 Tz
2	7.5000	7.5000		4
3	10.0000	5.0000		计算因子 / 两齿转矩波动周期数 KL/Tz
4	11.2500	3.7500		0.125
5	12.0000	3.0000		计算因子 KL
6	12.5000	2.5000		0.5
7	12.8571	2.1429		转矩脉动系数 KNP
8	13.1250	1.8750		0.125

3.2.11　转子分段直极错位的形式

转子分段直极错位是公认的第一种错位形式，在 Motor-CAD 软件中是以中间为原点，分别左右错位。

如 12 槽 8 极电机，设置转子分两段，软件则自动分段，如图 3-2-28 所示。

图 3-2-28　12 槽 8 极电机 2 段直极错位设置

如 12 槽 8 极电机，转子分 3 段，软件自动分段，如图 3-2-29 所示。

当然也可以以第 1 段为 0，逐步增加分段圆心角，要人工设置，计算错位，齿槽转矩的直极错位的效果是一样的，如图 3-2-30 所示。

图 3-2-29　12 槽 8 极电机 3 段直极错位设置 1

图 3-2-30　12 槽 8 极电机 3 段直极错位设置 2

3.2.12　齿槽转矩波形的对称度

如果**齿槽转矩波形的对称度和正弦度好，就能用最少的转子直极错位段数消除电机的齿槽转矩。**

选取合理的槽极配合，使电机的齿槽转矩的圆心角 θ 在 $1° \sim 5°$ 之内，这样电机齿槽转矩波形的正弦度和对称度就好。

圆心角 θ 在 $1° \sim 5°$ 之内，电机的齿槽转矩的正弦度和单波的对称度是较好的。

如 27 槽 10 极电机，有 $\theta = \dfrac{360°}{\mathrm{LCM}(Z, p)} = \dfrac{360°}{270} \approx 1.333°$，如图 3-2-31 所示。

如 27 槽 12 极电机，有 $\theta = \dfrac{360°}{\mathrm{LCM}(Z, p)} = \dfrac{360°}{108} \approx 3.333°$，如图 3-2-32 所示。

如果齿槽转矩的圆心角 θ 小于 $1°$，如 27 槽 16 极电机，有 $\theta = \dfrac{360°}{\mathrm{LCM}(Z, p)} = \dfrac{360°}{432} \approx 0.833°$，如图 3-2-33 所示。

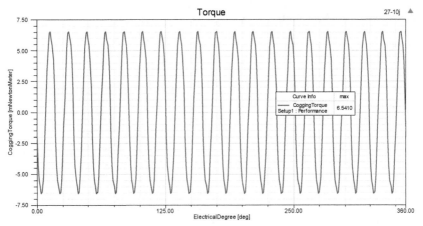

图 3-2-31　27 槽 10 极电机的齿槽转矩波形的正弦度

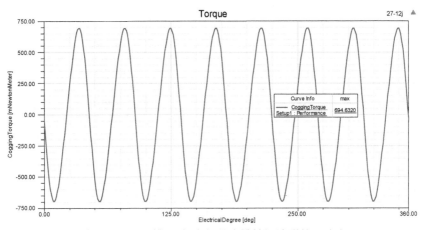

图 3-2-32　27 槽 12 极电机的齿槽转矩波形的正弦度

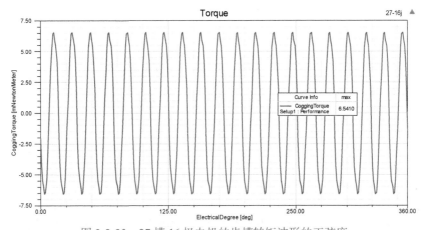

图 3-2-33　27 槽 16 极电机的齿槽转矩波形的正弦度

如果齿槽转矩的圆心角 θ 小于 1°，如 27 槽 20 极电机，有 $\theta = \dfrac{360°}{\text{LCM}(Z, p)} = \dfrac{360°}{540} \approx 0.667°$，如图 3-2-34 所示。

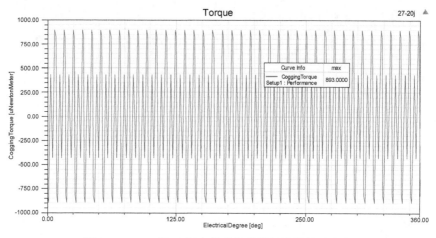

图 3-2-34　27 槽 20 极电机的齿槽转矩波形的正弦度

圆心角 θ 小于 1°，有时齿槽转矩波形变差，齿槽转矩的单位是用 μN·m，其值是很小的。

当齿槽转矩的圆心角 θ 大于 5° 时，如 27 槽 6 极电机，有 $\theta = \dfrac{360°}{\text{LCM}(Z, p)} = \dfrac{360°}{54} \approx 6.666°$，波形对称度就开始变差，如图 3-2-35 所示。

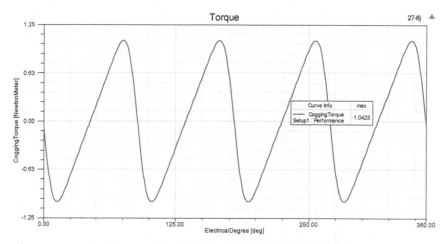

图 3-2-35　27 槽 6 极电机的齿槽转矩波形的正弦度

如果圆心角 θ 更大，电机齿槽转矩的波形正弦度更差，当齿槽转矩的圆心角 θ

远远大于 5° 时，如 18 槽 6 极，有 $\theta = \dfrac{360°}{\text{LCM}(Z, p)} = \dfrac{360°}{18} \approx 20°$，如图 3-2-36 所示。

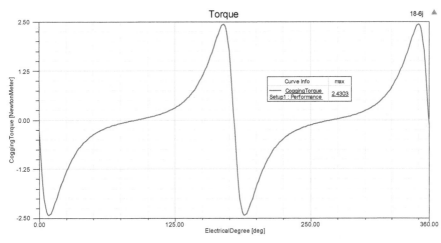

图 3-2-36　18 槽 6 极电机的齿槽转矩波形的正弦度

因此圆心角 θ 在 1° ~ 5° 之内，齿槽转矩波形的正弦度和单波的对称度是较好的。对圆心角 θ 大于 5° 的槽极配合，电机的齿槽转矩波形的正弦度和对称度会变差。

圆心角 θ 小于 1°，电机的齿槽转矩很小，用 μN·m 来衡量，有时波形不是太好，但是电机的齿槽转矩非常小，也有电机槽极配合的 θ 小于 1° 时齿槽转矩波形较好的情况。

3.2.13　齿槽转矩单峰波形的对称度

图 3-2-37 和图 3-2-38 分别是电机不斜极时 12 槽 10 极（$C_T = 2$）和 18 槽 6 极（$C_T = 6$）电机齿槽转矩单峰波形对称度。

从图中可以看出，**电机槽极配合不同，则电机齿槽转矩波形单峰对称度相差非常大。**

3.2.14　波形的对称度对直极错位段数的影响

影响电机转矩波动、感应电动势波形和大小的主要因素之一是电机的齿槽转矩，更深入地讲，齿槽转矩的波形会影响电机转子直极错位的段数。

现在一般都采用转子分段直极错位来减小电机的齿槽转矩。在一些杂志、论文中讲到电机用转子分段越多，电机的齿槽转矩就越小。但是事实并非总是如此。**如果电机的齿槽转矩波形的正弦度和单波对称度很好，那么电机用转子分段直极错位不是段数越多越好，只要 2 段就可以使电机的齿槽转矩消除得很好，而且用多段**

（如 3、4、5、6 段等）的效果都是差不多的。

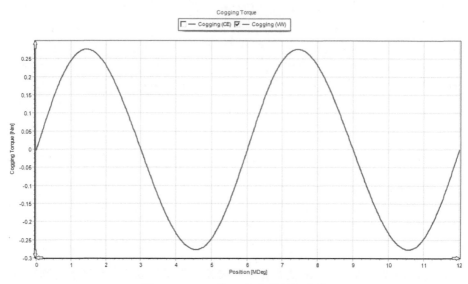

图 3-2-37   12 槽 10 极齿槽转矩曲线

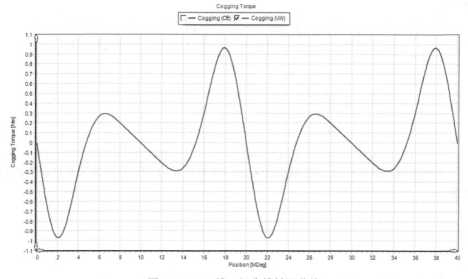

图 3-2-38   18 槽 6 极齿槽转矩曲线

电机转子分段的齿槽转矩是各分段的齿槽转矩在圆心角 θ 起始点位置不同，产生不同起始点的相同齿槽转矩，然后合成得到。如每段齿槽转矩波形的正弦度很好，则：

（1）转子 2 段直极错位

$$y_1 = \sin x, \quad y_2 = \sin(x + \pi) = \sin(-x) = -\sin x$$

所以 $y_1 + y_2 = \sin x + \sin(x + \pi) = 0$。

（2）转子 3 段直极错位

$$y_1 = \sin x$$

$$y_2 = \sin(x + \frac{2\pi}{3}) = \sin x \cos \frac{2\pi}{3} + \cos x \sin \frac{2\pi}{3} = -\frac{1}{2}\sin x + \frac{\sqrt{3}}{2}\cos x$$

$$y_3 = \sin(x + \frac{4\pi}{3}) = \sin x \cos \frac{4\pi}{3} + \cos x \sin \frac{4\pi}{3} = -\frac{1}{2}\sin x - \frac{\sqrt{3}}{2}\cos x$$

所以 $y_1 + y_2 + y_3 = \sin x + \left(-\frac{1}{2}\sin x + \frac{\sqrt{3}}{2}\cos x\right) + \left(-\frac{1}{2}\sin x - \frac{\sqrt{3}}{2}\cos x\right) = 0$。

（3）转子 6 段直极错位

$$y_1 = \sin x, \quad y_2 = \sin\left(x + \frac{\pi}{3}\right), \quad y_3 = \sin\left(x + \frac{2\pi}{3}\right), \quad y_4 = \sin(x + \pi) = -\sin x$$

$$y_5 = \sin\left(x + \frac{4\pi}{3}\right) = -\sin\left(x + \frac{\pi}{3}\right), \quad y_6 = \sin\left(x + \frac{5\pi}{3}\right) = -\sin\left(x + \frac{2\pi}{3}\right)$$

所以 $y_1 + y_2 + y_3 + y_4 + y_5 + y_6 = 0$。

可以按这个方法推出 4、5、6 等段的齿槽转矩合成波形都是 0。

下面请看图 3-2-39 ～ 图 3-2-41。可以看出正弦度很好，并且只要分 2 段，齿槽转矩就能抵消。

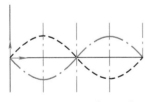 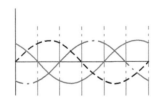 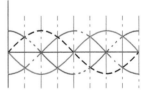

图 3-2-39　2 段直极错位　　　图 3-2-40　3 段直极错位　　　图 3-2-41　4 段直极错位

槽极配合使电机的齿槽转矩的波形是对称度很好的正弦波，用任何分段都可以很好地消除电机的齿槽转矩，所以只要转子 2 段直极错位**已经足以将电机齿槽转矩削弱到很小**，大可不必采用多段直极错位来消除，也不是电机直极错位段数越多，电机的齿槽转矩就越小。如齿槽转矩的波形对称度不太好，**用多段直极错位进一步减弱齿槽转矩和转矩波动的效果并不太明显。**

因此**我们要转变观念：从增加转子直极错位的段数，变成先要使电机齿槽转矩的波形正弦度和对称度好，然后再考虑转子分多少段直极错位。**

可以分析出如果电机齿槽转矩波形对称度较好，那么转子 2 段直极错位和多段直极错位的效果基本上相差不大，并不是转子分段越多，电机的齿槽转矩就越小。

图 3-2-42 为 24 槽 10 极电机结构。

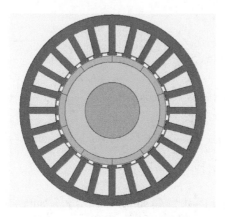

图 3-2-42　24 槽 10 极电机结构

图 3-2-43～图 3-2-48 分别是转子 1～6 段直极错位的转矩波形图。

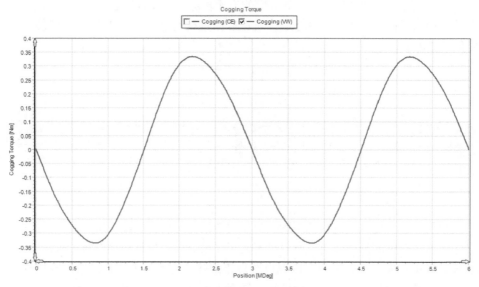

图 3-2-43　转子 1 段直极错位

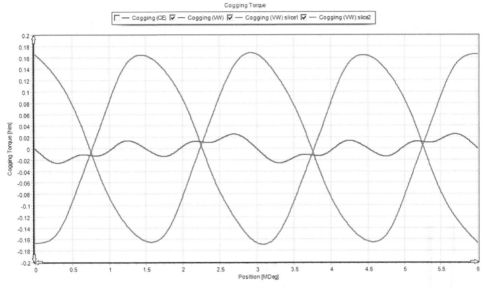

图 3-2-44　转子 2 段直极错位

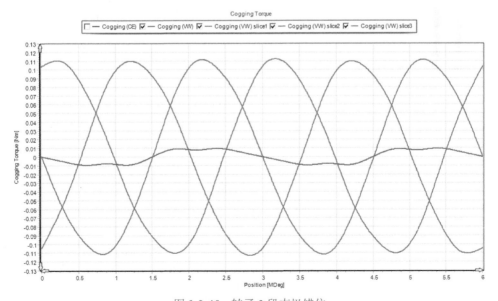

图 3-2-45　转子 3 段直极错位

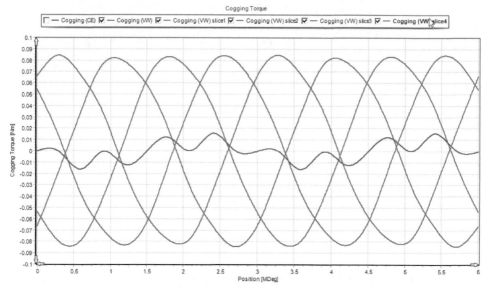

图 3-2-46　转子 4 段直极错位

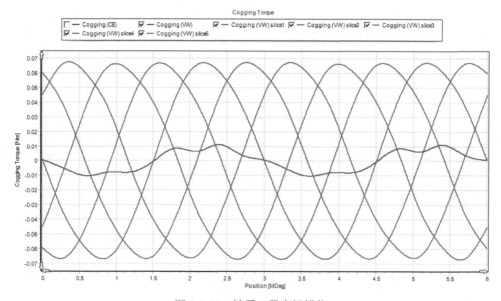

图 3-2-47　转子 5 段直极错位

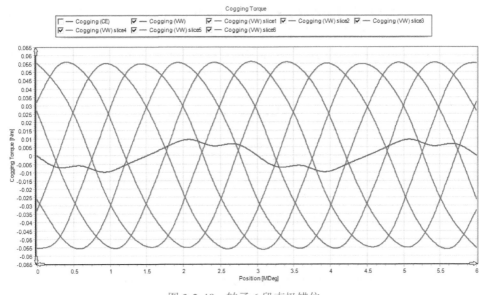

图 3-2-48　转子 6 段直极错位

表 3-2-5 是 24 槽 10 极转子不同段数直极错位综合性能比较。

表 3-2-5　24 槽 10 极转子不同段数直极错位综合性能比较

段数	齿槽转矩波动 /（N·m）	转矩波动 /（N·m）	额定转矩 /（N·m）	齿槽转矩衰减程度	转矩波动衰减程度	齿槽转矩容忍度（%）	转矩波动容忍度（%）
1	5.606	1.498	26.782	1	1	10.465	37.030
2	0.051	0.930	26.737	0.0046	**0.621**	**0.191**	**3.478**
3	0.019	0.999	26.728	0.0017	0.667	0.071	3.738
4	0.032	0.974	26.724	0.0029	0.650	0.120	3.645
5	0.021	0.967	26.723	0.0019	0.646	0.080	3.619
6	0.019	0.930	26.772	0.0034	0.621	0.072	3.475

图 3-2-49 是 24 槽 10 极电机不同段数直极错位齿槽转矩和转矩波动曲线。

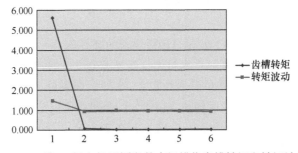

图 3-2-49　24 槽 10 极电机不同段数直极错位齿槽转矩和转矩波动曲线

　　总结：如果电机齿槽转矩波形的单波对称度和正弦度较好，那么转子 2 段直极错位以及 3、4、5、6 等更多段直极错位的效果基本上相差不大，并不是转子分段越多，电机的齿槽转矩就越小。如果电机的齿槽转矩波形非常对称，则转子 2 段直极错位几乎就可以将电机的齿槽转矩削减到非常小。

3.2.15　转子直极错位的分段选取法

　　在电机设计中，如果定子因各种原因不能斜槽，一般采用转子分段直极错位。上面分析了，转子分段直极错位不是分段越多越好。最少分段数与电机的槽极配合有极大的关系。电机槽极配合选取得合理，电机的齿槽转矩波形的正弦度就越好，那么只要很少段数的转子直极错位就能把电机的齿槽转矩削减到很小，电机转矩波动也会减弱。电机设计时对直极错位段数的选取，一般采取试凑法，2 段不行就 3 段，3 段不行就 4 段，甚至有观点认为转子直极错位的段数越多越好，这样的设计想法比较盲目。

　　其实通过分段可以把原始齿槽转矩正弦度不好、不对称的波形变成很对称、正弦度很好的波形，然后再进一步直极错位。

　　下面介绍转子直极错位分段的选取法：

　　1）分段时主要先选取槽极配合的圆心角 θ，尽量选取圆心角 θ 在 5° 之内的槽极配合。

　　2）先看不分段时电机的齿槽转矩波形的对称度和正弦度，如果齿槽转矩正弦度和容忍度很好，那么就不要分段。

　　3）如果不好，则分 2 段，看波形是否得到改善，齿槽转矩容忍度是否达到要求，如果达不到，则继续分段，直至达到要求。

　　4）如果因需要，选取的槽极配合的圆心角大于 5°，那么消除电机齿槽转矩和转矩波动最好的方法是定子斜槽，否则用转子直极错位。

　　5）转子直极错位段数的计算如下：

$$转子直极错位段数 = \frac{\theta}{\theta_F} \tag{3-2-11}$$

式中，θ 是槽极配合的圆心角；θ_F 是分段后要求的圆心角。

　　如果初选的槽极配合的圆心角 θ 过大，而要求分段后的圆心角 θ_F 过小，则分段数要多，一般工厂转子直极错位分段数在 2 ~ 4 段，如果过多，则电机分段工艺复杂，不会采用。电动汽车电机的转子直极错位的分段数也仅是分 5 ~ 6 段。

　　6）如果槽极配合的圆心角 θ 在 5° 左右，在 2° ~ 3° 以下更好，那么理论上转子直极错位分 2 段就可以了。

3.3　影响电机齿槽转矩的主要因素

电机槽极配合与齿槽转矩有相当大的关系。电机的圆心角 θ 是由电机槽极配合的最小公倍数决定的，而圆心角 θ 决定"原始齿槽转矩"，只要圆心角 θ 小，那么电机的原始齿槽转矩就小。如果槽极配合选得好，产生的齿槽转矩就小，从而减少了如斜槽、直极错位、异形冲片、磁钢凸极等很多较复杂的工艺。

3.3.1　槽极配合与齿槽转矩的关系

电机槽极配合与齿槽转矩之间有一种基本的对应，两者之间有本质上的关系。槽极配合选得好，基本齿槽转矩就好，因此槽极配合是解决齿槽转矩问题的关键。

3.3.1.1　整数槽的槽极配合

在一般电机中，常选用两类常规的槽极配合：一种是"大节矩整数槽绕组"电机；一种是"单节矩集中绕组"电机。

这两种电机的常用绕组形式基本上都是对称绕组，这样绕组分布清晰，容易下线和接线，工艺简单。由表 3-3-1 可以看出整数槽电机在槽极配合绕组中不多，仅为粗线条框中的槽极配比，一般是多槽少极的分布绕组的槽极配合。这些都是整数槽，绕组排列均匀、对称，电机制造工艺简单，得到了广泛应用。由于整数槽电机的槽数和极数都是偶数，往往还是多槽少极的槽极配合，因此产生的齿槽转矩就大，转矩波动也大。

表 3-3-1　每极每相平均槽数统计表

每极每相平均槽数 $q = Z/(2mP)$																	
极对数	极数	槽数															
		3	6	9	12	15	18	21	24	27	30	33	36	39	42	45	48	51
1	2	0.5	1	1.5	2	2.5	3	3.5	4	4.5	5	5.5	6	6.5	7	7.5	8	8.5
2	4	0.25	0.5	0.75	1	1.25	1.5	1.75	2	2.25	2.5	2.75	3	3.25	3.5	3.75	4	4.25
3	6	0.167	0.33	0.5	0.667	0.833	1	1.167	1.333	1.5	1.667	1.83	2	2.167	2.333	2.5	2.667	2.833
4	8	0.125	0.25	0.38	0.5	0.625	0.75	0.875	1	1.13	1.25	1.38	1.5	1.625	1.75	1.875	2	2.125
5	10	0.1	0.2	0.3	0.4	0.5	0.6	0.7	0.8	0.9	1	1.1	1.2	1.3	1.4	1.5	1.6	1.7
6	12	0.083	0.17	0.25	0.333	0.417	0.5	0.583	0.667	0.75	0.833	0.92	1	1.083	1.167	1.25	1.333	1.417
7	14	0.071	0.14	0.21	0.286	0.357	0.429	0.5	0.571	0.64	0.714	0.79	0.86	0.929	1	1.071	1.143	1.214
8	16	0.063	0.13	0.19	0.25	0.313	0.375	0.438	0.5	0.56	0.625	0.69	0.75	0.813	0.875	0.938	1	1.063

表 3-3-1 中的 36 槽可以配合 2、4、6、12 极做成各种大节距整数槽电机，如36 槽 12 极，每对极每相的绕组为 2，即每对极三相绕组为 6，如果是双层绕组，则有 6 个线圈，A、B、C 每相 2 个绕组，如果是全绕组，则两个线圈极性相反，如果是半绕组（庶极），则 2 个线圈极性相同，如图 3-3-1 和图 3-3-2 所示。

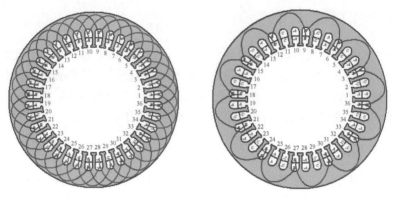

图 3-3-1   36 槽 12 极电机双层全极绕组分布

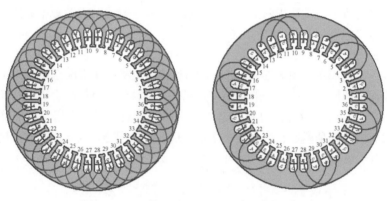

图 3-3-2   36 槽 12 极电机双层半极绕组分布

如是单层绕组，则有 3 个绕组。A、B、C 每相一个绕组，全极和半极绕组相同，如图 3-3-3 所示。

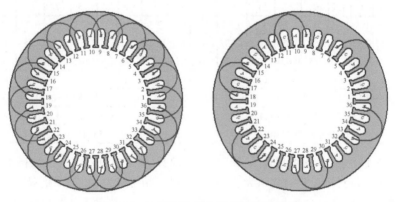

图 3-3-3   36 槽 12 极电机单层绕组分布

由表 3-3-2 可知，36 槽 12 极电机的评价因子 C_T 为 12，所以采用 36 槽 12 极电机的原始齿槽转矩较大。

表 3-3-2　电机的评价因子 C_T 表

电机的齿槽转矩 $C_T = \mathrm{GCD}(Z, p)$														
极数	槽数													
	3	6	9	12	15	18	21	24	27	30	33	36	39	42
2	1.0	2.0	1.0	2.0	1.0	2.0	1.0	2.0	1.0	2.0	1.0	2.0	1.0	2.0
4	1.0	2.0	1.0	4.0	1.0	2.0	1.0	4.0	1.0	2.0	1.0	4.0	1.0	2.0
6	3.0	6.0	3.0	6.0	3.0	6.0	3.0	6.0	3.0	6.0	3.0	6.0	3.0	6.0
8	1.0	2.0	1.0	4.0	1.0	2.0	1.0	8.0	1.0	2.0	1.0	4.0	1.0	2.0
10	1.0	2.0	1.0	2.0	5.0	2.0	1.0	2.0	1.0	10.0	1.0	2.0	1.0	2.0
12	3.0	6.0	3.0	12.0	3.0	6.0	3.0	12.0	3.0	6.0	3.0	12.0	3.0	6.0
14	1.0	2.0	1.0	2.0	1.0	2.0	7.0	2.0	1.0	2.0	1.0	2.0	1.0	14.0
16	1.0	2.0	1.0	4.0	1.0	2.0	1.0	8.0	1.0	2.0	1.0	4.0	1.0	2.0
18	3.0	6.0	9.0	6.0	3.0	18.0	3.0	6.0	9.0	6.0	3.0	18.0	3.0	6.0
20	1.0	2.0	1.0	4.0	5.0	2.0	1.0	4.0	1.0	10.0	1.0	4.0	1.0	2.0
22	1.0	2.0	1.0	2.0	1.0	2.0	1.0	2.0	1.0	2.0	11.0	2.0	1.0	2.0
24	3.0	6.0	3.0	12.0	3.0	6.0	3.0	24.0	3.0	6.0	3.0	12.0	3.0	6.0
26	1.0	2.0	1.0	2.0	1.0	2.0	1.0	2.0	1.0	2.0	1.0	2.0	13.0	2.0

图 3-3-4 是 36 槽 12 极永磁同步电机结构与电机额定转矩和齿槽转矩计算结果。

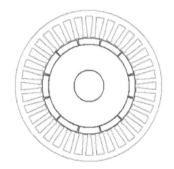

No-Load Line Current (A):	0.335061
No-Load Input Power (W):	113.839
Cogging Torque (N.m):	3.37973
Synchronous Speed (rpm):	2500
Rated Torque (N.m):	4.97033

图 3-3-4　36 槽 12 极永磁同步电机结构及电机额定转矩和齿槽转矩计算结果

图 3-3-5 是 36 槽 12 极电机的齿槽转矩曲线。

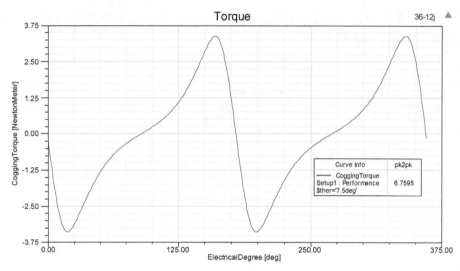

图 3-3-5　36 槽 12 极电机齿槽转矩曲线

36 槽 12 极电机的齿槽转矩容忍度 $=\dfrac{6.7595/2}{4.97}=0.68\times100\%=68\%$，这样大的齿槽转矩是不可能容忍的。

大节距整数槽电机的基本齿槽转矩大，因此必须采取定子斜槽、转子直极错位、磁钢凸极、削角等方法来减弱电机的齿槽转矩。图 3-3-6 是 36 槽 12 极电机采用磁钢偏心削角、转子 2 段直极错位结构图，其齿槽转矩结果如图 3-3-7 所示。

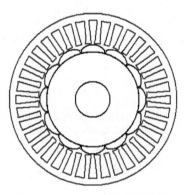

图 3-3-6　36-12j-1 电机结构图

削弱齿槽转矩后的齿槽转矩容忍度为 $\dfrac{0.0371635/2}{4.97}=0.0037\times100\%=0.37\%$，这样电机的齿槽转矩是非常好的。但是电机的制造工艺和制造成本就有所增加。特别是转子磁钢，成本比同半径磁钢要大些，而且转子是直极 2 段错位，降低了电机的气隙磁通，相当于降低了电机的工作磁通，要达到相同的转矩常数 K_T 就必须增加绕组有效导体数，电机绕组电阻就会增加，损耗会增大，效率会下降。

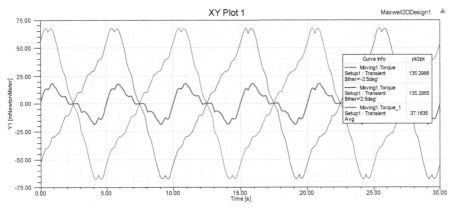

图 3-3-7　36-12j-1 电机齿槽转矩曲线

从以上分析可知，整数槽电机绕组分布均匀，绕组下线工艺有规律，且比较简单，最大转矩大。但是电机的齿槽转矩会大，一般要进行如定子斜槽、转子直极错位、转子磁钢凸极设计等处理，以减小电机的齿槽转矩。

3.3.1.2　分数槽的槽极配合

"分数槽集中绕组"电机的齿槽转矩要比整数槽大节距电机小。在分区中的绕组仍是整数槽，绕组分布均匀，所以形成了一大类型的电机，现被广泛应用。

3.3.1.3　槽数确定，改变极数

整数槽电机、分数槽集中绕组电机的单元电机和分区电机中的绕组是整数。如 36 槽的几种整数槽电机的 C_T 都较高，电机齿槽转矩大。如果以整数槽电机、分数槽集中绕组电机的槽极配合为基础，改变转子极数，衍生出具有特殊的槽极配合特征的电机，能否有效降低电机的齿槽转矩呢？

如果是 36 槽 12 极整数槽电机，把转子极数改成 10 或 14，两种电机都是分数槽，其评价因子 C_T 均为 2，比 36 槽 12 极的评价因子 $C_T = 12$ 小得多，绕组不能均匀排列，给电机绕组接线带来麻烦，但电机的齿槽转矩会得到很大的改善。

图 3-3-8 是 36 槽 10 极电机的绕组分布图，图 3-3-9 是 36 槽 14 极电机的绕组分布图。

改变 36 槽 12 极电机的磁钢极弧系数、极数，并进行电机性能的计算，其结果见表 3-3-3。

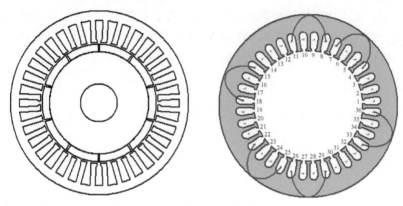

图 3-3-8   36 槽 10 极电机绕组分布

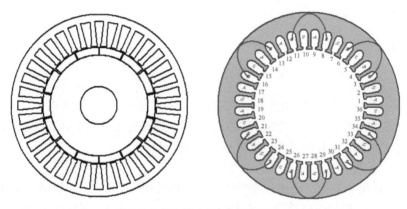

图 3-3-9   36 槽 14 极电机绕组分布

表 3-3-3   不同极数电机性能比较（都不斜槽）

ADJUSTABLE-SPEED PERMANENT MAGNET SYNCHRONOUS MOTOR DESIGN				
	36-12j	36-12j-1	36-10j	36-14j
GENERAL DATA		改极弧半径	改极数	改极数
Rated Output Power（kW）:	1.3	1.3	1.3	1.3
Rated Voltage（V）:	176	176	176	176
Number of Poles（极数）:	**12**	**12**	**10**	**14**
STATOR DATA				
Number of Stator Slots:	36	36	36	36
Outer Diameter of Stator（mm）:	122	122	122	122
Inner Diameter of Stator（mm）:	80	80	80	80
Type of Stator Slot:	3	3	3	3
Stator Slot				

（续）

ADJUSTABLE-SPEED PERMANENT MAGNET SYNCHRONOUS MOTOR DESIGN				
	36-12j	36-12j-1	36-10j	36-14j
STATOR DATA				
hs0 (mm):	1	1	1	1
hs1 (mm):	1	1	1	1
hs2 (mm):	14	15	12.5	14
bs0 (mm):	3	3	3	3
bs1 (mm):	3.88095	4.03152	3.88095	3.88095
bs2 (mm):	6.33063	6.65618	6.06816	6.33063
rs (mm):	0	0	0	0
Top Tooth Width (mm):	3.45	3.3	3.45	3.45
Bottom Tooth Width (mm):	3.45	3.3	3.45	3.45
Skew Width (Number of Slots):	**0**	**0**	**0**	**0**
Length of Stator Core (mm):	42	42	42	42
Number of Parallel Branches :	1	1	1	1
Number of Conductors per Slot :	28	34	29	29
Average Coil Pitch :	3	3	3	3
Number of Wires per Conductor :	1	1	1	1
Wire Diameter (mm):	1.18	1.18	1.06	1.18
Slot Area (mm^2):	77.9215	86.6735	68.6224	77.9215
Net Slot Area (mm^2):	67.2611	75.6743	58.2894	67.2611
Stator Slot Fill Factor (%):	69.2745	74.767	68.1052	71.7486
ROTOR DATA				
Minimum Air Gap (mm):	1	1	1	1
Inner Diameter (mm):	26	26	26	26
Length of Rotor (mm):	42	42	42	42
Stacking Factor of Iron Core :	0.92	0.92	0.92	0.92
Polar Arc Radius (mm) (极弧半径):	**39**	**12**	**39**	**39**
Mechanical Pole Embrace :	**0.95**	**0.95**	**0.95**	**0.95**
Electrical Pole Embrace :	**0.87282**	**0.65173**	**0.88979**	**0.8564**
NO-LOAD MAGNETIC DATA				
Stator-Teeth Flux Density (Tesla):	**1.79113**	**1.80182**	**1.807**	**1.78181**
Stator-Yoke Flux Density (Tesla):	**1.59044**	**1.48575**	**1.49166**	**1.34172**
Rotor-Yoke Flux Density (Tesla):	0.374035	0.27812	0.457706	0.315542
Air-Gap Flux Density (Tesla):	0.754675	0.751518	0.754909	0.757015
Magnet Flux Density (Tesla):	0.866425	0.862799	0.866693	0.86911
No-Load Line Current (A):	0.335061	0.253964	0.282491	0.67731
No-Load Input Power (W):	113.839	109.495	106.101	116.701
Cogging Torque (N.m):	**3.37973**	**0.84095**	**0.06139**	**0.01033**

（续）

ADJUSTABLE-SPEED PERMANENT MAGNET SYNCHRONOUS MOTOR DESIGN				
	36-12j	36-12j-1	36-10j	36-14j
FULL-LOAD DATA				
Maximum Line Induced Voltage（V）:	231.04	249.311	239.448	236.04
Root-Mean-Square Line Current（A）:	4.6523	4.67167	4.71183	4.65814
Armature Current Density（A/mm^2）:	**4.25416**	**4.27187**	**5.33934**	**4.2595**
Output Power（W）:	**1301.23**	**1300.82**	**1301.13**	**1300.8**
Input Power（W）:	1451.6	1455.98	1454.58	1454.97
Efficiency（%）:	**89.6407**	**89.3426**	**89.4505**	**89.4039**
Power Factor :	**0.99656**	**0.9985**	**0.99146**	**0.99601**
Synchronous Speed（rpm）:	**2500**	**2500**	**2500**	**2500**
Rated Torque（N.m）:	**4.97033**	**4.96875**	**4.96993**	**4.9687**
Torque Angle（degree）:	7.36104	10.9402	8.02593	10.741
Maximum Output Power（W）:	**8687.94**	**6114.45**	**7719.95**	**6286.68**
齿槽转矩容忍度（%）	**67.9981**	**16.9248**	**1.2352**	**0.2078**
最大输出功率比	**6.676714**	**4.700458**	**5.933266**	**4.832934**

　　根据以上分析，电机槽数不变，改变磁通极弧系数不如改变电机磁钢个数，使电机变成分数槽电机，从而使电机的齿槽转矩容忍度发生巨大改变，齿槽转矩会变得很小，但最大转矩有所下降。

　　36 槽 14 极电机的最大输出功率比仍有约 4.83，这还是非常合理的，这些都和磁钢偏心削角电机性能相当。电机性能也是非常好的，主要是这些电机的绕组排列不均匀，在没有电机设计软件用于分析绕组排列时，设计人员一般不会用这种分数槽的槽极配合。使用 36 槽 12 极电机的设计人员不妨试试用评价因子 C_T 小的槽极配合设计一些电机，这样电机的"原始齿槽转矩"会变小。最典型的不均匀绕组是电动自行车电机绕组，绕组不均匀，很不对称，工厂的人工下线工人会记得牢，手工下线下得飞快，所以好坏是相对的。

3.3.1.4　极数确定，改变槽数

本节基于电机极数确定后，改变电机槽数的齿槽转矩变化情况来分析。

　　36 槽 12 极电机的绕组是双层绕组或单层绕组，绕组排列非常有规律。只是电机槽极配合的最大公约数大，即评价因子较大，$C_T = 12$，导致电机有较大的齿槽转矩。图 3-3-10 是 36 槽 12 极全绕组分布图，图 3-3-11 是 36 槽 12 极半绕组分布图。

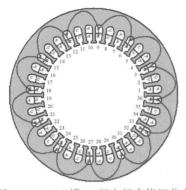 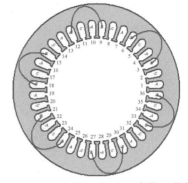

图 3-3-10　36 槽 12 极电机全绕组分布　　　　图 3-3-11　36 槽 12 极电机半绕组分布

　　如果把某个极多增加一组线圈，电机一相绕组排列稍不对称，那么电机齿槽转矩的情况又会如何呢？

　　36 槽 12 极电机的 $2q = 2$，是绕组对称的整数槽，评价因子 $C_T = 12$；39 槽 12 极电机的 $2q = 2.167$，是不对称绕组的分数槽，评价因子 $C_T = 3$。

　　表 3-3-4 是 36 槽 12 极电机和 39 槽 12 极电机的评价因子计算表。

表 3-3-4　槽极配合评价因子

转子直极错位分段计算				评价因子
请填　槽数 Z	请填　极数 2P	最小公倍数 LCM	最大公约数 GCD	12
36	12	36	12	
转子直极错位分段计算				评价因子
请填　槽数 Z	请填　极数 2P	最小公倍数 LCM	最大公约数 GCD	3
39	12	156	3	

　　每相绕组仅增加一个线圈（图 3-3-12、图 3-3-13 中箭头所指），使电机绕组排布稍不对称，这样整个电机绕组排布还是有规则的，下线工艺并不复杂，只需注意每相绕组不管是全绕组或半绕组，三相绕组中每相的一组绕组多一个线圈。39 槽是奇数槽，这种电机槽极配合不能做成单层绕组，这点请读者注意。

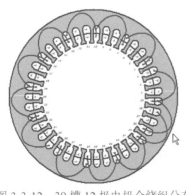 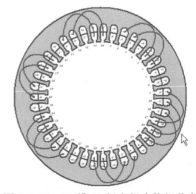

图 3-3-12　39 槽 12 极电机全绕组分布　　　　图 3-3-13　39 槽 12 极电机半绕组分布

电机每相绕组多一个线圈是否会使电机的齿槽转矩有所降低呢？下面用软件进行分析计算。图 3-3-14 是 39 槽 12 极电机结构。

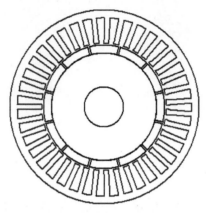

图 3-3-14　39 槽 12 极电机结构图

电机性能额定参数的计算如下：

FULL-LOAD DATA

Maximum Line Induced Voltage（V）：　　　237.922

Root-Mean-Square Line Current（A）：　　　4.75131

Armature Current Density（A/mm^2）：　　　4.82267

Frictional and Windage Loss（W）：　75

Output Power（W）：1301.24

Input Power（W）：　1458.43

Efficiency（%）：　89.2221

Power Factor：　0.981278

Synchronous Speed（rpm）：　2500

Rated Torque（N.m）：　4.97037

Torque Angle（degree）：　7.19934

Maximum Output Power（W）：　8055.29

Cogging Torque（N.m）：　0.196932

齿槽转矩容忍度 = 0.1969/4.97 = 0.0396 × 100% = 3.96%，比 36 槽 12 极电机的齿槽转矩容忍度 67.9981% 减少非常多。在一般要求的电机中就不需要采取其他的齿槽转矩削弱措施了。

39-12j 电机的槽极配合的评价因子比 36-10j、36-14j 的大，因此其齿槽转矩略大于这两种电机的槽极配合，是在预料之中的，但是 39-12j 的绕组排线规律要比 36-10j、36-14j 的好，绕组绕制的工艺性也要好。

　　39-12j 电机的齿槽转矩波形的正弦度很好，与 36-10j、36-14j 的齿槽转矩波形的正弦度相当，如图 3-3-15 ～ 图 3-3-25 所示。

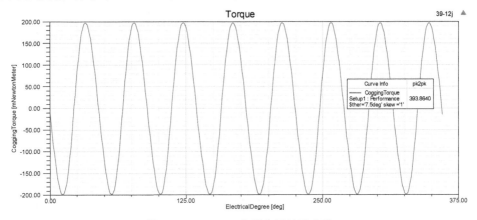

图 3-3-15　39-12j 电机齿槽转矩曲线

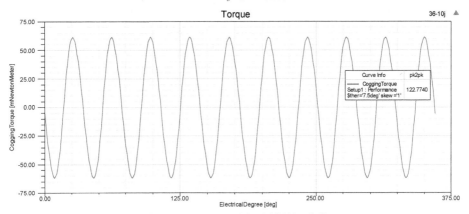

图 3-3-16　36-10j 电机齿槽转矩曲线

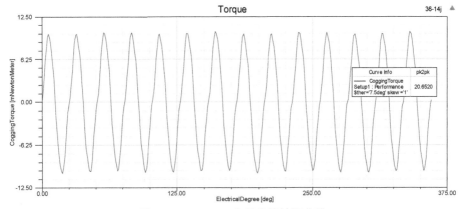

图 3-3-17　36-14j 电机齿槽转矩曲线

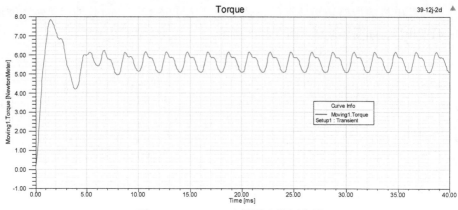

图 3-3-18   39-12j 电机瞬态转矩曲线

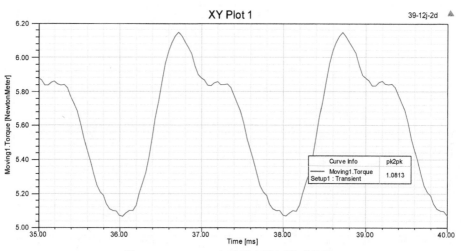

图 3-3-19   39-12j 电机瞬态转矩波动曲线

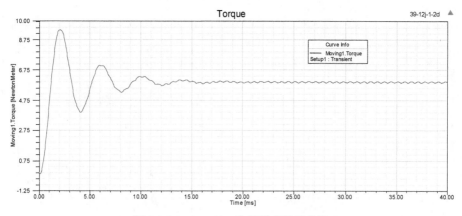

图 3-3-20   39-12j-1 电机瞬态转矩曲线

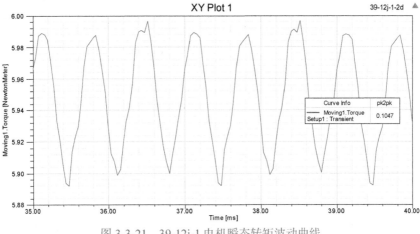

图 3-3-21　39-12j-1 电机瞬态转矩波动曲线

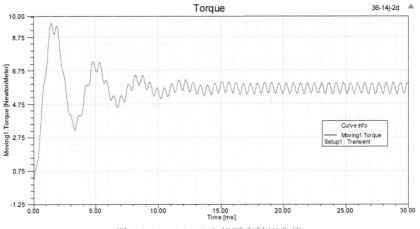

图 3-3-22　36-14j 电机瞬态转矩曲线

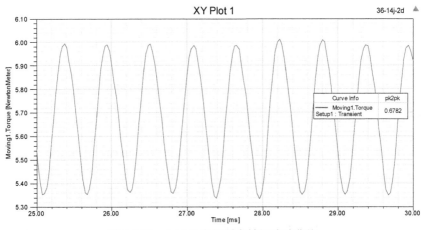

图 3-3-23　36-14j 电机瞬态转矩波动曲线

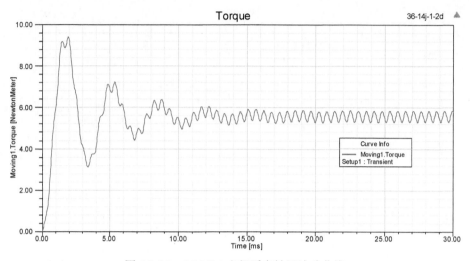

图 3-3-24   36-14j-1 电机瞬态转矩波动曲线

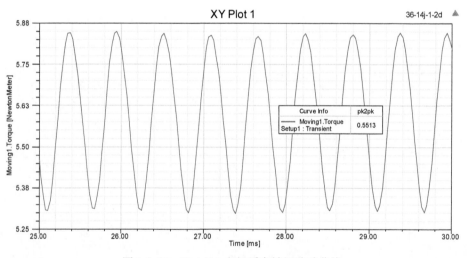

图 3-3-25   36-14j-1 电机瞬态转矩波动曲线

现在，15-4j、21-6j、27-8j、33-10j、39-12j 等这样有规律的特殊的槽极配合都得到了应用，已经形成一种特殊的电机槽极配合，随着这种配合的槽越多，电机的齿槽转矩和转矩波动就越小。但是**有些槽极配合如 21-6j、39-12j 在 MotorSolve、Motor-CAD 软件中是不能自动生成绕组排布的，而在 Maxwell-RMxprt 软件中是可以的。**

图 3-3-26 是 39 槽 12 极全绕组的绕组分布图，其中每相某一极多了一个线圈，见箭头所指。

有的电机生产单位采用 27-8j 做成 5.5kW 永磁同步电机，**磁钢采用同半径圆**，这样磁钢利用率高、成本低，转子不错位，电机齿槽转矩也相当好。科尔摩根的无框电机采用了 39-12j 的结构。有许多厂家的永磁同步电机采用了 15-4j 的大节距绕组。

通过以上分析可以看出，读者不一定要按照现有的对称绕组的槽极配合去设计电机，可以选取 C_T 较小的分数槽电机，进行适当的定子、转子结构处理，就能使电机的齿槽转矩和转矩波动降到较好的程度。

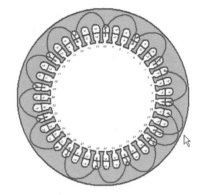

图 3-3-26　39 槽 12 极全绕组的绕组分布

可以看到，把 36 槽 12 极的槽数每相加 1 个槽，成 39 槽 12 极后，电机的齿槽转矩大大下降了，如 **15-4j、21-6j、27-8j、33-10j、39-12j 等的槽极配合形成一个特殊槽极配合的系列电机，这样偶数槽电机变成奇数槽的分数槽电机，电机的齿槽转矩大大降低了。**

3.3.2　电机结构与齿槽转矩的关系

在前面的章节讨论了电机槽极配合与齿槽转矩的关系，为了便于分析，都是基于转子磁钢是同心圆表贴式，实际上电机齿槽转矩是电机槽极配合、结构的综合表现。

我们可以把某些电机结构参数固定下来，单独分析电机结构中某一参数对电机齿槽转矩的影响，找出该参数的改变对齿槽转矩变化的影响的规律，从而用于电机设计和电机性能的调整。

作者对电机结构与电机齿槽转矩进行了参数化分析，得出了电机结构与电机齿槽转矩的相关性，见表 3-3-5。

表 3-3-5　齿槽转矩与电机其他参数的相关性

齿槽转矩								
定转子斜槽	磁钢极弧系数	磁钢凸极	齿宽	磁钢厚度	槽口宽	定子长	转速	绕组
有关	有关	有关	有关	有关	有关	有关	无关	无关

现在对电机结构与电机齿槽转矩的关系逐一进行分析。

3.3.3   磁钢极弧系数对齿槽转矩的影响

1. 分布绕组的极弧系数参数化分析

对分布绕组电机的齿槽转矩的极弧系数进行参数化分析，用 18 槽相应的几种电机极数进行介绍，如图 3-3-27 ~ 图 3-3-30 所示。

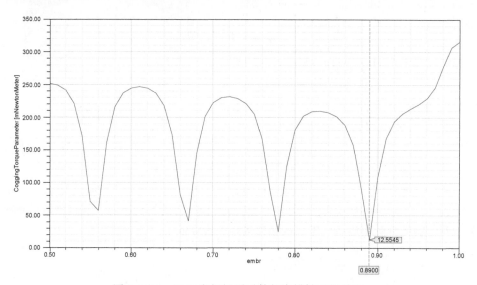

图 3-3-27   18-2j 电机极弧系数与齿槽转矩的关系

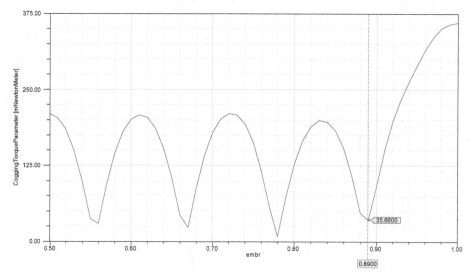

图 3-3-28   18-4j 电机极弧系数与齿槽转矩的关系

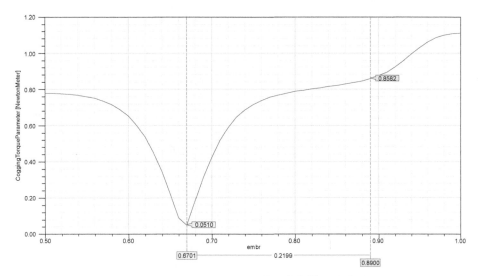

图 3-3-29　18-6j 电机极弧系数与齿槽转矩的关系

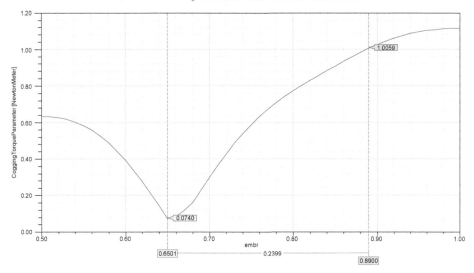

图 3-3-30　18-12j 电机极弧系数与齿槽转矩的关系

从表 3-3-6 看 18 槽分布绕组电机在极弧系数较大（0.89）时，只有 18-2j、18-4j（$C_T = 2$）电机有较小的齿槽转矩，而 18-6j、18-12j（$C_T = 6$）电机的齿槽转矩就很大。

而在 18-2j、18-4j 的槽极配合电机中，有**多个极弧系数值**的齿槽转矩较小，在极弧系数值较小时电机的齿槽转矩很小，电机极弧系数小，磁钢面积就小，电机的工作磁通也小，磁链小，产生的转矩相应就小。所以应该选取较大的极弧系数、较小的齿槽转矩的槽极配合，用**合理的极弧系数的磁钢来削弱电机齿槽转矩是一种简易、省钱的方法**。

表 3-3-6 18 槽不同极数的质量特性指数

槽极配合	齿槽转矩 /（mN·m）（极弧系数 0.89）	齿槽转矩容忍度	最小公倍数	最大公约数	C_T	圆心角 θ
18-2j	**12.5545**	**0.25%**	**18**	**2**	**2**	**20**
18-4j	**35.6600**	**0.7%**	**36**	**2**	**2**	**10**
18-6j	858.2	17%	18	6	6	20
18-12j	1005.9	20%	36	6	6	10

在多槽少极电机的分布绕组中，应该选取 C_T 较小的槽极配合，在同一 C_T 中再看电机的圆心角 θ 大小来决定电机的槽极配合。

由以上分析可知，不管是分数槽集中绕组，还是多槽少极的分布绕组，正确选择电机槽极配合，优化电机槽极配合的评价因子 C_T，就能优化电机磁钢的极弧系数，从而达到减小电机齿槽转矩的目的。

我们可以选用较小的 C_T 的槽极配比，在同一 C_T 中，选用较小的圆心角 θ，再进行电机磁钢极弧系数的参数化分析，从而求取合适的槽极比和磁钢极弧系数，实现电机齿槽转矩的优化。

2. 分数槽集中绕组的极弧系数参数化分析

表 3-3-7 中黄色、绿色的色块表示整数分区的"分数槽集中绕组"的槽极配合。每个槽有几种极的配合，见表 3-3-7。

表 3-3-7 每对极每相平均槽数 $[q = Z / (mP)]$

极数	槽数 Z											
	6	9	12	15	18	21	24	27	30	33	36	39
2	2	3	4	5	6	7	8	9	10	11	12	13
4	1.00	1.50	2.00	2.50	3.00	3.50	4.00	4.50	5.00	5.50	6.00	6.50
6		1.00	1.33	1.67	2.00	2.33	2.67	3.00	3.33	3.67	4.00	4.33
8	0.50	0.75	1.00	1.25	1.50	1.75	2.00	2.25	2.50	2.75	3.00	3.25
10	0.40	0.60	0.80	1.00	1.20	1.40	1.60	1.80	2.00	2.20	2.40	2.60
12	0.33	0.50		0.83	1.00	1.17	1.33	1.50	1.67	1.83	2.00	2.17
14	0.29	0.43	0.57	0.71	0.86	1.00	1.14	1.29	1.43	1.57	1.71	1.86
16	0.13	0.25	0.38	0.50	0.63	0.75	0.88	1.00	1.13	1.25	1.38	1.50

下面对 12 槽对应的极配合进行参数化分析。

12 槽有 12 槽 8 极、12 槽 10 极、12 槽 14 极、12 槽 16 极 4 种分区整数槽电机，如图 3-3-31 所示。

对以上 4 种槽极配合的分数槽集中绕组的极弧系数与齿槽转矩关系进行参数化分析，如图 3-3-32 ~ 图 3-3-35 所示。

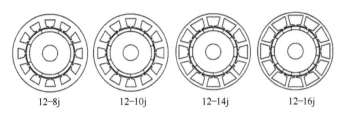

12-8j　　12-10j　　12-14j　　12-16j

图 3-3-31　12 槽不同极数配合的电机结构

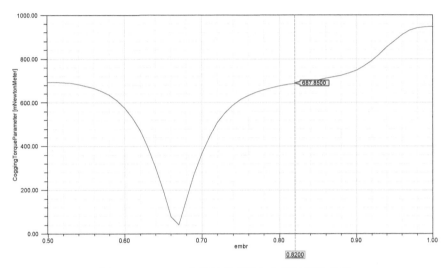

图 3-3-32　12-8j 电机极弧系数与齿槽转矩的关系

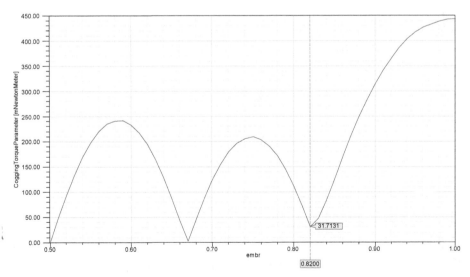

图 3-3-33　12-10j 电机极弧系数与齿槽转矩的关系

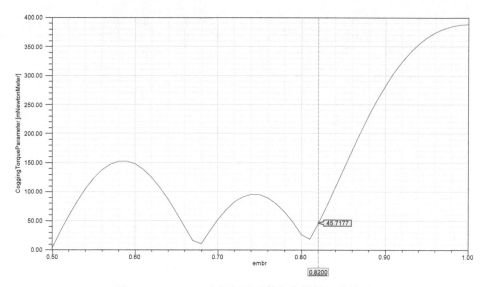

图 3-3-34　12-14j 电机极弧系数与齿槽转矩的关系

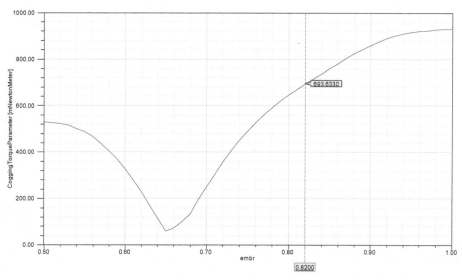

图 3-3-35　12-16j 电机极弧系数与齿槽转矩的关系

　　从 4 种 12 槽不同极的参数化分析看出，12-8j、12-16j 电机的齿槽转矩较好时的磁钢极弧系数都很小，要使电机的磁钢产生的工作磁通较大，那么势必要求电机极弧系数要大，会使电机在这个区域的齿槽转矩也大，这样的电机用槽极配合来减少齿槽转矩是有问题的，必须想其他削弱齿槽转矩的办法才行。尤其要注意 12-8j 槽极配合的情况。

12-10j、12-14j 电机有多个齿槽转矩较小的极弧系数的点，齿槽转矩最小时的最大极弧系数点在 0.82 左右，这样可以选取磁钢极弧系数大于 0.82，使得有较大的极弧系数和较小的齿槽转矩，这样既能使电机的磁通较大，又能使电机的齿槽转矩较小，这样选取电机的槽极配合使用了改变极弧系数使齿槽转矩减小的方法，见表 3-3-8。

表 3-3-8　12 槽不同极数配合的质量特性指数比较

槽极配合	槽极之差	齿槽转矩/（mN·m）（极弧系数 0.82）	最小公倍数	最大公约数	C_T	圆心角 θ
12-8j	4	687.850	24	6	4	15°
12-10j	**2**	**31.7131**	**60**	**2**	**2**	**6°**
12-14j	**2**	**45.7177**	**84**	**2**	**2**	**4.28°**
12-16j	4	693.633	48	4	4	7.5°

分数槽集中绕组的槽极配合的评价因子 C_T、圆心角 θ 要小，然后通过电机参数化分析，使电机磁钢有最佳极弧系数和较小的齿槽转矩以及产生较好的电机性能。

对同一性能要求的电机，当定子齿、轭磁通密度、定子长度、槽满率基本相同，转子极弧系数相同，电机的槽极配合不同时，则电机的齿槽转矩相差很大，见表 3-3-9。

表 3-3-9　12 槽不同极数配合的计算性能比较

Number of Poles：	**12-8j**	**12-10j**	**12-14j**	**12-16j**
Rated Output Power（kW）:	1.3	1.3	1.3	1.3
Number of Poles：	8	10	14	16
Cogging Torque（N.m）:	0.68785	**0.03171**	**0.04572**	0.69363
Cogging Torque/ Rated Torque（齿槽转矩容忍度）	0.138432	**0.006384**	**0.009203**	0.139655
Maximum Output Power（W）:	**7470.28**	**6885.37**	5549.23	4920.97

注：1. 从齿槽转矩容忍度看，对于 12-10j、12-14j 的槽极配合，适当选择电机的极弧系数，即使磁钢同心圆不做直线错位，电机的齿槽转矩也已经够小，电机性能也好。12-10j 的最大输出功率比 12-14j 大，因此 12-10j 是更好的电机槽极配合。

　　2. 如果要使电机的输出功率最大，那么要选用 12-8j 的槽极配合，但是齿槽转矩大，要加大磁钢的偏心及减小槽口宽等来减小电机的齿槽转矩，但是这样的措施同时会减小电机的最大输出功率。

通过以上分析得出结论：

对于分数槽集中绕组电机，选择较小的槽极评价因子 C_T 和圆心角 θ 的槽极配合，可以在较大的极弧系数时有较小的齿槽转矩，这样电机磁钢产生较大的工作磁通时，电机齿槽转矩又较小，电机性能较好。因此在电机设计时选择适当的槽极配合非常重要。在 12 槽中，选择 12-10j 的齿槽转矩较小时的极弧系数较大，比 12-8j 的好。

在电机设计中，对磁钢的极弧系数的选取也非常重要，电机的极弧系数与电机的齿槽转矩大小关系密切，并不是磁钢的极弧系数越高越好。在选取较好的 C_T、θ 的前提下，对电机的极弧系数进行参数化分析，综合考虑电机的齿槽转矩、磁通密度、电流、电流密度、最大转矩倍数等，选取一个合适的磁钢极弧系数。

为了凸显分析数据，选择一个 C_T、θ 较大的电机槽极配合（12 槽 8 极），通过电机磁钢极弧系数的参数化分析，来选定电机的极弧系数。图 3-3-36 是 12 槽 8 极电机结构。

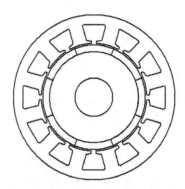

图 3-3-36　12 槽 8 极电机结构图

12 槽 14 极和 12 槽 8 极的两种电机的参数化曲线都表明电机磁钢极弧系数在 0.65 时电机的齿槽转矩最小，略大于 1N·m。如果极弧系数大于 0.8，则电机齿槽转矩很大，如图 3-3-37 和图 3-3-38 所示。

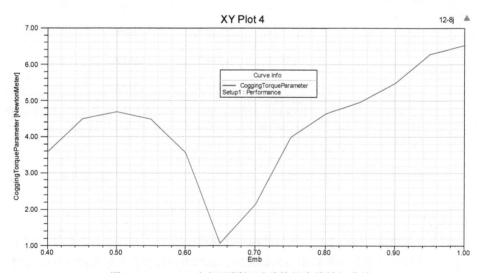

图 3-3-37　12-8j 电机不同极弧系数的齿槽转矩曲线

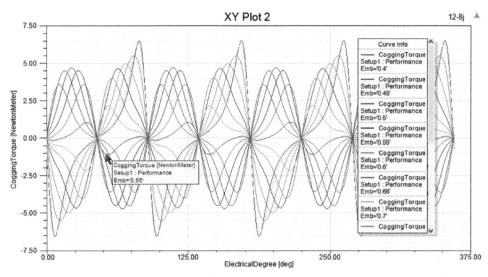

图 3-3-38　12-8j 电机不同极弧系数的齿槽转矩曲线簇

由图 3-3-37 可以看到，12 槽 8 极电机磁钢极弧系数在 0.65 时电机的齿槽转矩最小。

表 3-3-10 是 12 槽 8 极电机 3 种极弧系数的性能比较。

表 3-3-10　三种极弧系数性能比较

ADJUSTABLE-SPEED PERMANENT MAGNET SYNCHRONOUS MOTOR DESIGN			
GENERAL DATA			
	MPE=0.65	MPE=0.8	MPE=1
Rated Output Power（kW）:	6	6	6
Rated Voltage（V）:	380	380	380
Number of Poles :	8	8	8
Mechanical Pole Embrace :	**0.65**	**0.8**	**1**
Electrical Pole Embrace :	0.64678	0.78564	0.90401
STATOR DATA			
Number of Parallel Branches :	1	1	1
Number of Conductors per Slot :	46	42	40
Average Coil Pitch :	1	1	1
Number of Wires per Conductor :	3	3	4
Wire Diameter（mm）:	1.12	1.18	1.06
NO-LOAD MAGNETIC DATA			
Stator-Teeth Flux Density（Tesla）:	1.70135	1.79912	1.81389
Stator-Yoke Flux Density（Tesla）:	1.19716	1.43889	1.64938
Rotor-Yoke Flux Density（Tesla）:	0.47184	0.56712	0.65008
Cogging Torque（N.m）:	**1.08082**	**4.63603**	**6.52496**

（续）

ADJUSTABLE-SPEED PERMANENT MAGNET SYNCHRONOUS MOTOR DESIGN			
GENERAL DATA			
FULL-LOAD DATA			
Maximum Line Induced Voltage (V):	493.058	566.488	559.876
Root-Mean-Square Line Current (A):	9.41328	9.34248	9.36714
Armature Current Density (A/mm^2):	3.18489	2.84765	2.65366
Output Power (W):	**6003.28**	**6004.3**	**6003.74**
Input Power (W):	**6283.57**	**6313.12**	**6339.14**
Efficiency (%):	**95.5394**	**95.1083**	**94.7091**
Power Factor :	**0.99241**	**0.99871**	**0.99533**
Synchronous Speed (rpm):	**4000**	**4000**	**4000**
Rated Torque (N.m):	**14.3318**	**14.3342**	**14.3329**
Torque Angle (degree):	**5.06834**	**4.19518**	**3.7921**
Maximum Output Power (W):	**63011.4**	**76500.7**	**84455.9**

　　根据上面的参数化分析，如果选择极弧系数是 0.65、0.8、1，电机齿槽转矩削弱相差较大，特别是极弧系数是 0.65 时，齿槽转矩最小，但是电机额定点性能没有太大变化，其他性能相差不大。因此采用 12-8j 槽极配合的电机时，应该考虑转子磁钢合适的极弧系数，极弧系数不应该取得太大，应该取适当的小值。

　　极弧系数发生变化，电机的齿槽转矩波形也会变化，极弧系数在 0.8 时，齿槽转矩波形的正弦度更好，但是齿槽转矩大。图 3-3-39 ~ 图 3-3-41 是电机齿槽转矩曲线对比图。

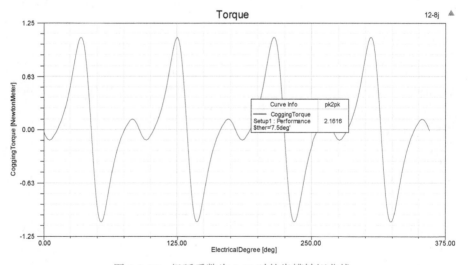

图 3-3-39　极弧系数为 0.65 时的齿槽转矩曲线

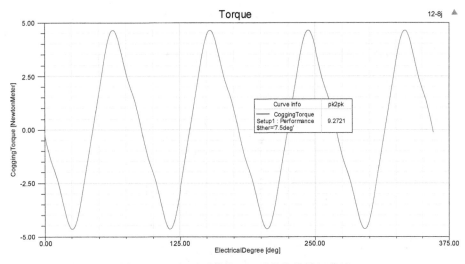

图 3-3-40　极弧系数为 0.8 时的齿槽转矩曲线

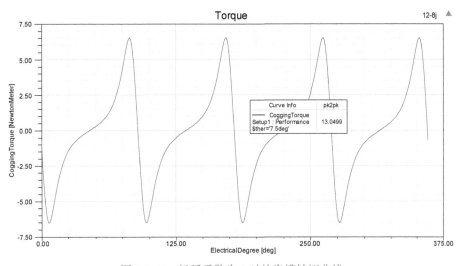

图 3-3-41　极弧系数为 1 时的齿槽转矩曲线

　　从 3 种齿槽转矩曲线图看其结果与电机齿槽转矩参数化分析是一致的，参数化分析不能在图中看出齿槽转矩波形，我们可以选定较好的磁钢极弧系数范围后，再查看电机的齿槽转矩，尽量兼顾齿槽转矩与齿槽转矩波形的正弦度和对称度，为转子直极错位做准备。

3.3.4　定子槽口对齿槽转矩的影响

定子槽口对电机的齿槽转矩有较大的影响，人们对槽口大小与齿槽转矩的关系已有一些理论研究，但是误差较大，不能作为电机设计依据，还是应该用电机参数化分析，综合电机各种性能因素，合理选取定子槽口大小。

图 3-3-42 是 12 槽 10 极电机结构。

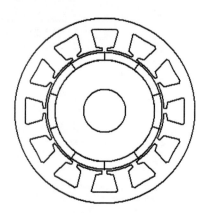

图 3-3-42　12 槽 10 极电机结构图

原设计槽口为 0.5mm（电机是拼块式定子，可以使槽口为 0.5mm）。通过电机对槽口参数化分析，槽口在 3.4mm 时，电机的齿槽转矩更小，如图 3-3-43 和图 3-3-44 所示。

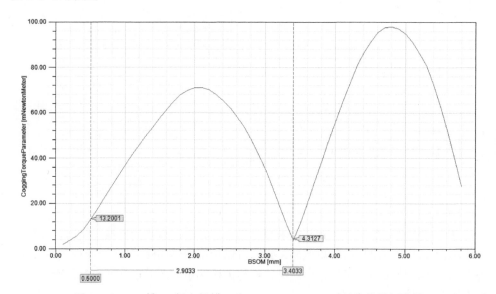

图 3-3-43　12 槽 10 极电机槽口为 0.5mm、3.4mm 时的齿槽转矩曲线

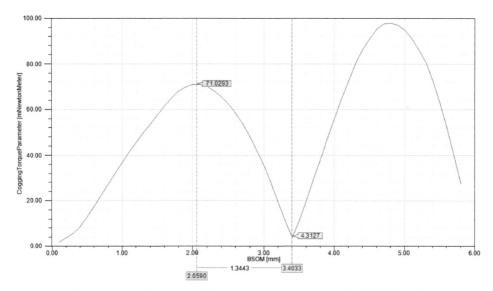

图 3-3-44　12 槽 10 极电机槽口为 2.05mm、3.4mm 时的齿槽转矩曲线

虽然槽口从 2.05mm 加大到 3.4mm，电机齿槽转矩有所减少。槽口相差一点，齿槽转矩变化较明显，如槽口为 2.05mm 时，齿槽转矩为 71mN·m，槽口改为 3.4mm，齿槽转矩仅为 4.3mN·m。**因此槽口设计不只是考虑到定子下线的槽口宽，还是影响电机齿槽转矩的重要参数。**

在一些定子冲片结构中，现在会采用拼块式定子冲片，一般厂家和电机设计人员认为，拼块式定子冲片的槽口可以小些，或越小越好，这样电机的齿槽转矩会小，这个观点是有待商榷的。

我们不必一味追求减小电机的齿槽转矩，有些参数的改变会减小电机的齿槽转矩，但是也会对电机其他参数带来影响。

如果用拼块式定子，那么槽口就可以选取**更合适**的尺寸，电机性能会有所提高。实际该内嵌式 12 槽 10 极电机的以上分析都在 mN·m 级了，槽口在 0.5mm，其齿槽转矩的容忍度是 $\dfrac{0.0132}{2.38599} = 0.005532 \times 100\% = 0.5532\%$（见表 3-3-11），已经非常好了，不必再进行槽口方面齿槽转矩的优化，也不必再对该内嵌式转子的凸极形状进行改进，这个例子仅是说明如何处理槽口对齿槽转矩的影响而已。

图 3-3-45 说明如果槽口在 0.217mm 或 3.4mm 左右的一个槽口尺寸区域内，电机的齿槽转矩是极小的。就算是槽口在 0～6mm 之间，电机的齿槽转矩也仅在 100mN·m 之内，因此用参数化方法分析槽口对齿槽转矩的影响是一种很好的方法。

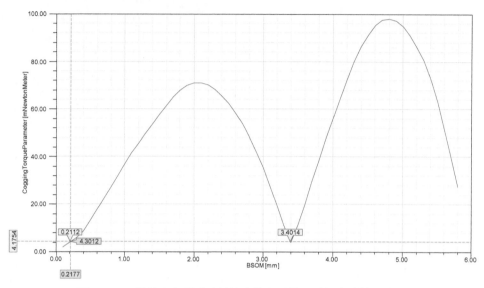

图 3-3-45　拼块式定子冲片用较小的合适槽口时的齿槽转矩曲线

　　表 3-3-11 是该电机的不同槽口的性能计算，应该与上图齿槽转矩参数化分析结果相同，只是用参数化分析电机槽口与齿槽转矩的关系更清楚、更明确。

表 3-3-11　不同槽口的性能计算

	bs0=0.5	bs0=3.4	bs0=0.21
Rated Output Power（kW）:	0.75	0.75	0.75
Rated Voltage（V）:	206	206	206
Number of Poles:	10	10	10
Frequency（Hz）:	250	250	250
bs0（mm）:	0.5	3.4	0.21
Stator-Teeth Flux Density（Tesla）:	1.75618	1.70983	1.75764
Stator-Yoke Flux Density（Tesla）:	1.55204	1.49089	1.55372
Cogging Torque（N.m）:	0.0132001	0.00407051	0.00413413
Maximum Line Induced Voltage（V）:	220.134	214.366	220.316
Root-Mean-Square Line Current（A）:	2.98761	3.96893	2.84066
Armature Current Density（A/mm^2）:	10.7821	14.3237	10.2518
Output Power（W）:	749.581	749.616	749.859
Input Power（W）:	843.904	877.05	839.933
Efficiency（%）:	88.8231	85.4701	89.276
Power Factor:	0.777857	0.609576	0.814152
Synchronous Speed（rpm）:	3000	3000	3000
Rated Torque（N.m）:	2.38599	2.3861	2.38687
Torque Angle（degree）:	35.2097	26.6384	39.4131
Maximum Output Power（W）:	2693.95	3791.93	2132.13

3.3.5 磁钢凸极对齿槽转矩的影响

根据电机的需要，转子磁钢形式有表贴式、内嵌式两大类，各种磁钢产生的气隙磁通密度的波形不一样，对电机齿槽转矩影响很大。下面分别介绍表贴式磁钢、内嵌式磁钢的凸极对齿槽转矩的影响。

1. 表贴式磁钢的凸极率对齿槽转矩的影响

电机表贴凸极形状主要有 3 个典型类型：径向表贴（见图 3-3-46a）、平行表贴（见图 3-3-46b）、和面包表贴（见图 3-3-46c）。

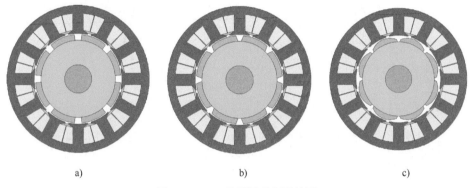

a)　　　　　　　　b)　　　　　　　　c)

图 3-3-46　3 种不同磁钢结构图

一般径向表贴充磁方向是径向，平行表贴和面包表贴充磁方向是平行充磁，许多径向表贴式磁钢因工艺原因，充磁方向都是平行充磁。由于充磁设备工艺问题，平行充磁的充磁能量可以做得很大，磁钢容易充饱和，不易退磁。

面包表贴即磁钢凸极是磁钢两边削角，Motor-CAD 软件称"永磁体边缘厚度削减"，MotorSolve 软件称"磁铁尖部深度"。图 3-3-47 和图 3-3-48 分别是用 Motor-CAD 软件显示的电机磁钢边缘厚度削减 5mm 和"永磁体弧长"（电角度为 170°），表示的磁钢结构图。

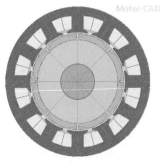

图 3-3-47　同心圆表贴式磁钢

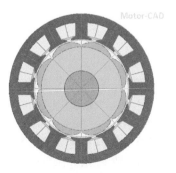

图 3-3-48　偏心圆表贴式磁钢

而 RMxprt 软件则用偏心距 33.21 和机械极弧系数 43/45 = 0.956 来表示，如图 3-3-49 所示。

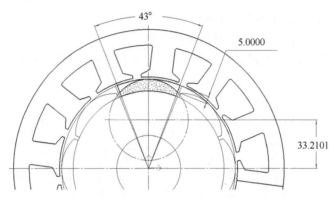

图 3-3-49　RMxprt 软件用偏心距和机械极弧系数表示

图 3-3-50 是 12 槽 8 极电机磁钢同心圆、极弧系数为 1 时的齿槽转矩曲线。

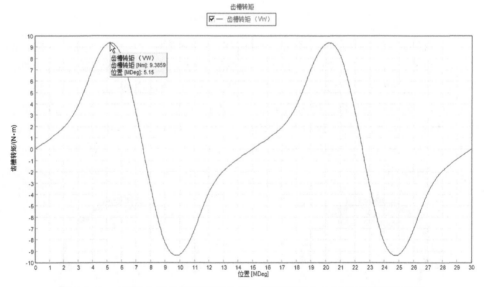

图 3-3-50　12 槽 8 极电机磁钢同心圆、极弧系数为 1 时的齿槽转矩曲线

图 3-3-51 是 12 槽 8 极电机磁钢同心圆、极弧系数为 1 时的转矩波动曲线。

表 3-3-12 是 12 槽 8 极电机的转矩、齿槽转矩性能计算结果。

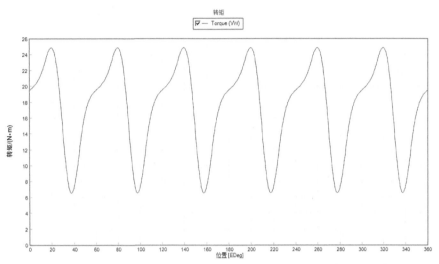

图 3-3-51　12 槽 8 极电机磁钢同心圆、极弧系数为 1 时的转矩波动曲线

表 3-3-12　12 槽 8 极电机转矩、齿槽转矩性能

平均转矩（virtual work）/（N·m）	17.318
平均转矩（loop torque）/（N·m）	17.345
转矩波动（MsVw）/（N·m）	16.212
转矩波动（MsVw）（%）	92.392
齿槽转矩波动（Vw）/（N·m）	16.991

下面给出 12 槽 8 极电机极弧系数为 1，边缘厚度削减 5mm 时的齿槽转矩。磁钢凸极，能较大改变齿槽转矩和转矩波形的正弦度，其幅值也得到较大的削弱，如图 3-3-52 和图 3-3-53 所示。

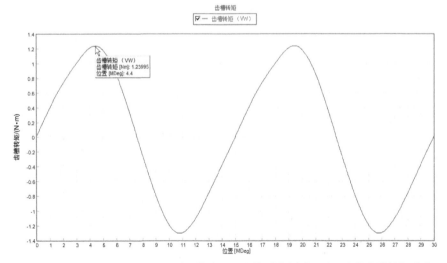

图 3-3-52　12 槽 8 极电机、极弧系数为 1，边缘厚度削减 5mm 时的齿槽转矩曲线

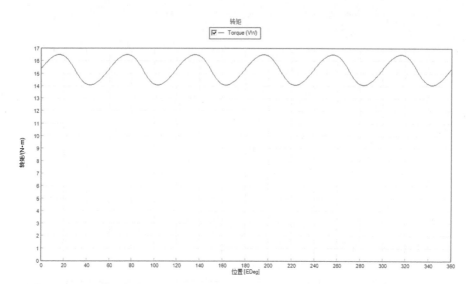

图 3-3-53　12 槽 8 极电机、极弧系数为 1，边缘厚度削减 5mm 时的转矩波动曲线

表 3-3-13 是转矩、齿槽转矩计算结果。

表 3-3-13　12 槽 8 极电机转矩、齿槽转矩计算结果

平均转矩（virtual work）/（N·m）	15.305
平均转矩（loop torque）/（N·m）	15.28
转矩波动（MsVw）/（N·m）	1.9415
转矩波动（MsVw）（%）	12.585
齿槽转矩波动（Vw）/（N·m）	2.5286

齿槽转矩容忍度为 $\dfrac{2.5286/2}{15.305} = 0.0826 \times 100\% = 8.26\%$。

12-8j 电机磁钢经凸极处理后，齿槽转矩的容忍度还是较大的。

可以看出，当电机槽极配合的圆心角 θ 大于 5°，转子极数较多时，把磁钢凸极，即磁钢边缘厚度削减一定数值，不足以把电机的齿槽转矩、转矩波动减弱到很小。

如果磁钢凸极设计后的齿槽转矩、转矩波形的正弦度很好，用较少段数 2 段的转子直极错位就能把电机的齿槽转矩、转矩波动减弱。

下例即 12 槽 8 极电机磁钢凸极设计后再进行转子 2 段直极错位。图 3-3-54 是 12 槽 8 极电机凸极转子 2 段直极错位的设置。

定子参数	值	转子参数	值
槽数	12	极数	8
定子铁心外径	190	永磁体厚度	8
定子内径	125	永磁体边缘厚度削减	5
齿宽	16	永磁体弧长[ED]	180
槽深	21.6732	永磁体分段数	1
槽圆角半径	1.2	气隙	1.5
定子槽肩高	2	转子衬套厚度	0
槽开口	6	转轴直径	45
定子槽肩角	20	轴孔直径	0
定子衬套厚度	0		

斜槽/斜极

斜槽/斜极类型:
- ○ 无 (默认)
- ○ 定子
- ● 转子

子斜槽/斜极: 0

转子分段数: 2

分段数	与长度成比例	角度
		机械角度
Slice 1	1	-3.75
Slice 2	1	3.75

图 3-3-54　12 槽 8 极电机凸极转子 2 段直极错位的设置

图 3-3-55 是 12 槽 8 极电机的齿槽转矩曲线。

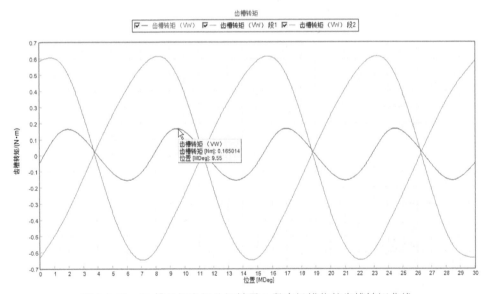

图 3-3-55　12 槽 8 极电机凸极转子 2 段直极错位的齿槽转矩曲线

图 3-3-36 是 12 槽 8 极电机的转矩波动曲线。

表 3-3-14 是具体的计算结果。

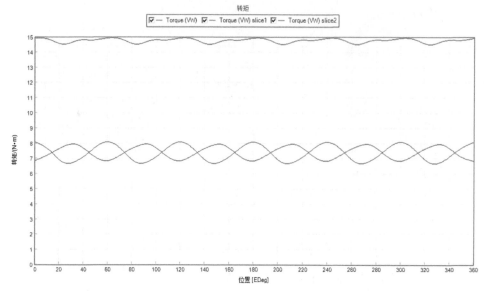

图 3-3-56　12 槽 8 极电机凸极转子 2 段直极错位的转矩波动曲线

表 3-3-14　12 槽 8 极电机凸极转子 2 段直极错位的转矩波动计算结果

平均转矩（virtual work）/（N·m）	14.782
平均转矩（loop torque）/（N·m）	14.759
转矩波动（MsVw）/（N·m）	0.4852
转矩波动（MsVw）（%）	3.2851
齿槽转矩波动（Vw）/（N·m）	0.30377

齿槽转矩容忍度为 $\dfrac{0.30377/2}{14.782} = 0.0103 \times 100\% = 1.03\%$

转矩波动为 3.2851%

以上齿槽转矩和转矩波动的表现是非常好的。

小结： 表贴式磁钢凸极，会使齿槽转矩、转矩波动得到改善，凸极率越高，则齿槽转矩能削弱得越小，转子极数多，磁钢薄，做不了较大的凸极率，因此多槽少极电机可以用增大转子的凸极率达到削弱齿槽转矩的效果；转子极多的，要很好地削弱电机的齿槽转矩和转矩波动，需要在凸极的基础上对转子进行直极错位，或者改变磁钢极弧系数、槽口来实现。

2. 内嵌式磁钢的凸极率对齿槽转矩的影响

内嵌式子磁钢典型型式有一字形（径向）、幅条形（切向）和 V 字形等，一字形内嵌式转子是经常用到的，结构也简单，q 轴和 d 轴电抗比在 2 倍左右是完全能达到的，因此能满足一些常规的弱磁要求。图 3-3-57 是典型的内嵌式转子图。

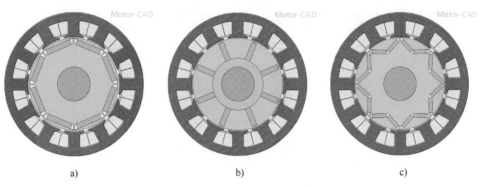

图 3-3-57 内嵌式磁钢典型转子

现在讨论内嵌式磁钢对电机齿槽转矩和转矩波动的影响,拿一个 12 槽 8 极电机的一字形内嵌式磁钢转子作分析。12 槽 8 极电机的圆心角 $\theta = 5°$,大于 5°。

图 3-3-58 是 12-8j 电机内嵌式转子槽口为 6mm 的结构图。

先分析电机槽口大小对齿槽转矩的影响。图 3-3-59 是 12-8j 电机槽口为 6mm 时的齿槽转矩波形曲线。

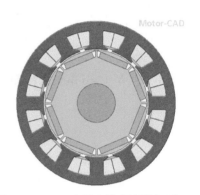

图 3-3-58 12-8j 电机内嵌式转子槽口为 6mm

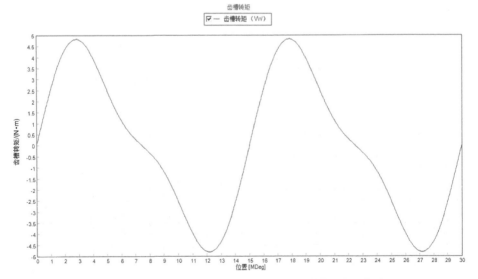

图 3-3-59 12-8j 电机槽口为 6mm 时的齿槽转矩波形曲线

图 3-3-60 是 12-8j 电机槽口为 2mm 时的电机结构。

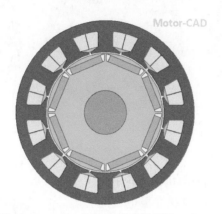

图 3-3-60　12-8j 电机内嵌式转子槽口为 2mm

图 3-3-61 是 12-8j 电机槽口为 2mm 时的齿槽转矩曲线。

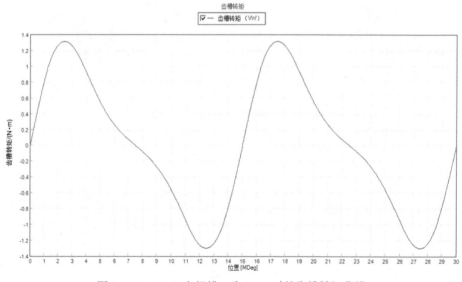

图 3-3-61　12-8j 电机槽口为 2mm 时的齿槽转矩曲线

显然槽口减小，齿槽转矩值有所减小，但齿槽转矩波形的对称度并没有得到较大改善。

方法 1：转子凸极设置如图 3-3-62 所示。

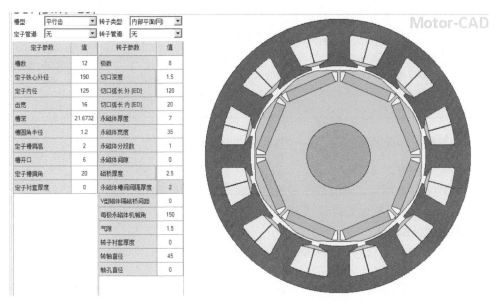

图 3-3-62　12-8j 电机内嵌式转子凸极设置

图 3-3-63 为 12-8j 电机内嵌式转子凸极齿槽转矩曲线。

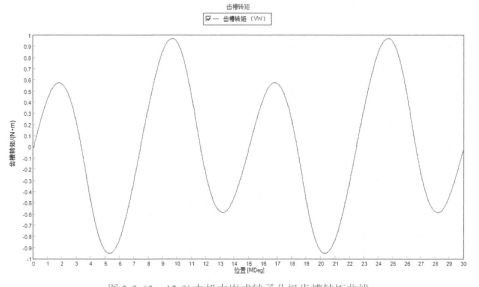

图 3-3-63　12-8j 电机内嵌式转子凸极齿槽转矩曲线

表 3-3-15 是 12-8j 电机内嵌式转子凸极齿槽转矩计算表。

表 3-3-15   12-8j 电机内嵌式转子凸极齿槽转矩计算表

平均转矩（virtual work）/（N·m）	14.058
平均转矩（loop torque）/（N·m）	13.971
转矩波动（MsVw）/（N·m）	1.7343
转矩波动（MsVw）（%）	12.253
齿槽转矩波动（Vw）/（N·m）	1.6796

齿槽转矩容忍度为 $\dfrac{1.6796/2}{13.971}=0.0601\times100\%=6.01\%$;

转矩波动为 12.253%。

从以上分析可知，对极数较多的电机转子进行凸极设置，因为转子的极数多，磁钢的凸极率不可能设置得较高，对电机齿槽转矩的削弱作用不太大，有时还不及优化磁钢的极弧系数。

方法 2：2 段直极错位后齿槽转矩才减弱，对称度变好，如图 3-3-64 所示。

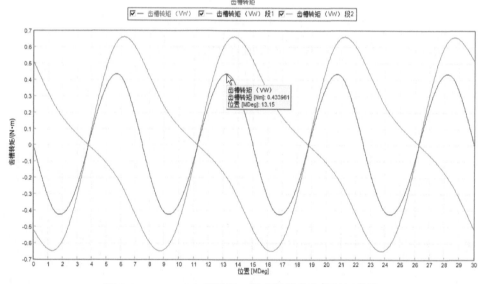

图 3-3-64   12-8j 电机转子 2 段直极错位齿槽转矩曲线

2 段直极错位后转矩、齿槽转矩计算见表 3-3-16。

表 3-3-16   2 段直极错位后转矩、齿槽转矩计算

平均转矩（virtual work）/（N·m）	13.761
平均转矩（loop torque）/（N·m）	13.676
转矩波动（MsVw）/（N·m）	1.0501
转矩波动（MsVw）（%）	7.6399
齿槽转矩波动（Vw）/（N·m）	0.82745

齿槽转矩容忍度为 $\dfrac{0.82745/2}{13.676} = 0.03025 \times 100\% = 3.025\%$；

转矩波动为 7.6399%，离要求还是有差距。

电机圆心角 θ 大于 5° 的内嵌式转子，改变槽口宽、转子凸极难以达到较好的齿槽转矩和波形的对称度。必须在减小槽口宽、转子凸极再用直极错位才能使齿槽转矩得到改观。

12 槽 10 极电机（见图 3-3-65）槽极配合的圆心角 $\theta = 6°$，与 5° 相近，下面进行分析。

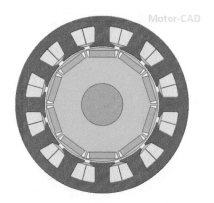

图 3-3-65　12-10j 电机内嵌式转子槽口为 6mm

槽口为 6mm，齿槽转矩的对称度已经较好，如图 3-3-66 所示。

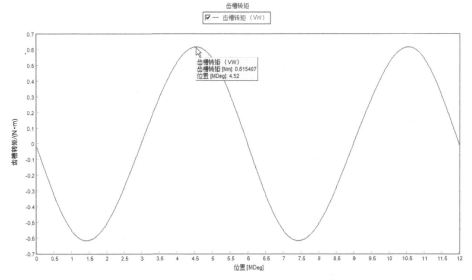

图 3-3-66　12-10j 电机内嵌式转子槽口为 6mm 时齿槽转矩曲线

表 3-3-17 为槽口 6mm 时转矩、齿槽转矩计算值。

表 3-3-17　槽口为 6mm 时转矩、齿槽转矩计算值

平均转矩（virtual work）/（N·m）	15.284
平均转矩（loop torque）/（N·m）	15.212
转矩波动（MsVw）/（N·m）	1.2513
转矩波动（MsVw）（%）	8.1992
齿槽转矩波动（Vw）/（N·m）	1.191

齿槽转矩容忍度为 $\dfrac{1.191/2}{15.212} = 0.0391 \times 100\% = 3.91\%$；

转矩波动为 8.1992%。

方法 1：减小槽口，如图 3-3-67 所示。

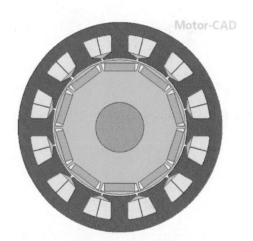

图 3-3-67　12-10j 电机内嵌式转子槽口为 2mm

槽口为 2mm，显然齿槽转矩对称度得到改善，齿槽转矩减小，如图 3-3-68 所示。

计算结果见表 3-3-18。

齿槽转矩容忍度为 $\dfrac{0.72612/2}{14.999} = 0.0242 \times 100\% = 2.42\%$；

转矩波动为 5.3313%。

方法 2：转子凸极设置如图 3-3-69 所示。

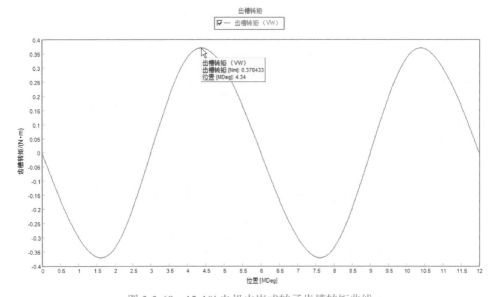

图 3-3-68　12-10j 电机内嵌式转子齿槽转矩曲线

表 3-3-18　12 槽 10 极电机内嵌式转子齿槽转矩计算表 1

平均转矩（virtual work）/（N·m）	15.081
平均转矩（loop torque）/（N·m）	14.999
转矩波动（MsVw）/（N·m）	0.80322
转矩波动（MsVw）（%）	5.3313
齿槽转矩波动（Vw）/（N·m）	0.72612

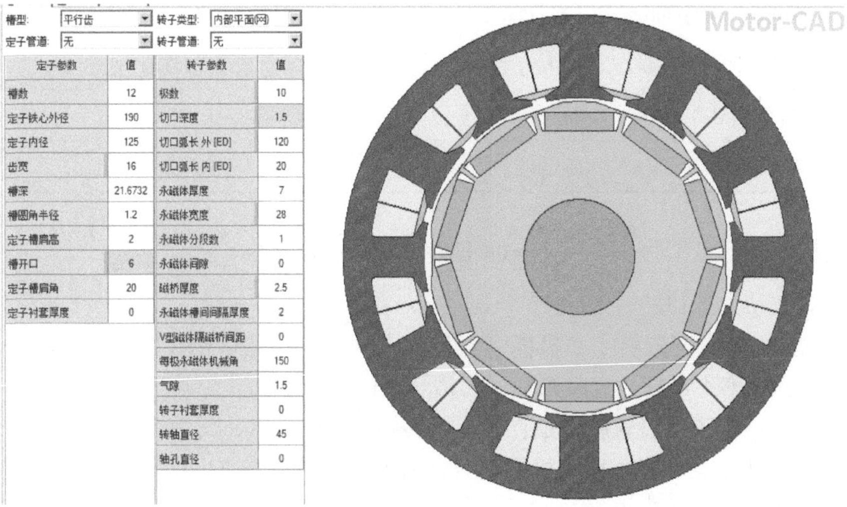

图 3-3-69　12-10j 电机内嵌式转子凸极设置

图 3-3-70 为 12-10j 电机内嵌式转子齿槽转矩曲线。

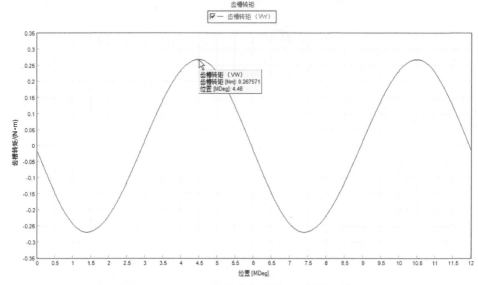

图 3-3-70　12-10j 电机内嵌式转子齿槽转矩曲线

计算结果见表 3-3-19。

表 3-3-19　12 槽 10 极电机内嵌式转子齿槽转矩计算表 2

平均转矩（virtual work）/（N·m）	14.482
平均转矩（loop torque）/（N·m）	14.414
转矩波动（MsVw）/（N·m）	0.74333
转矩波动（MsVw）（%）	5.1389
齿槽转矩波动（Vw）/（N·m）	0.5179

齿槽转矩容忍度为 $\dfrac{0.5179/2}{14.414} = 0.01797 \times 100\% = 1.797\%$ ；

转矩波动为 5.1389%。

12 槽 10 极内嵌式转子凸极能一定程度上削弱电机的齿槽转矩，如果转子极数多的转子凸极率不可能太大，则削弱齿槽转矩的能力不够。

方法 3：转子 2 段直极错位，其齿槽转矩曲线如图 3-3-71 所示。

图 3-3-71 中，转子 2 段直极错位后，齿槽转矩波形正弦度得到改善。

计算结果见表 3-3-20。

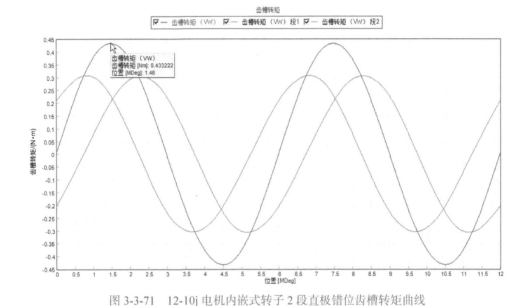

图 3-3-71　12-10j 电机内嵌式转子 2 段直极错位齿槽转矩曲线

表 3-3-20　12 槽 10 极电机内嵌式转子 2 段直极错位齿槽转矩计算表

平均转矩（virtual work）/（N·m）	14.457
平均转矩（loop torque）/（N·m）	14.389
转矩波动（MsVw）/（N·m）	0.69442
转矩波动（MsVw）（%）	4.8103
齿槽转矩波动（Vw）/（N·m）	0.82694

齿槽转矩容忍度为 $\dfrac{0.82694/2}{14.389}=0.0287\times100\%=2.87\%$；

转矩波动为 4.8103%。

电机圆心角 5° 与接近或小于 5° 的内嵌式转子，通过减小到合适的槽口宽、转子凸极和转子直极错位都能使齿槽转矩波形获得较好的对称度。其中转子凸极使电机的齿槽转矩及转矩波动均减小。

其他型式的内嵌式转子情况类似，因此内嵌式转子设计时选择槽极配合的圆心角要接近或小于 5°，这样要削弱电机的齿槽转矩和转矩波动比较容易。由于篇幅关系这里不再细说，第 6 章的电机设计实例中再详细讲述。

3.4　槽极配合的转矩波动

电机转矩波动是由电机槽极配合产生多次谐波和齿槽转矩等因素引起的。为了提高电机的运行质量，有些伺服电机对电机的转矩波动提出了一定的要求，电机设计人员要根据用户要求，对电机转矩波动进行控制。因此必须对电机转矩波动进行了解和分析，并在设计电机时要考虑减弱转矩波动的设计措施或方案。

3.4.1　转矩波动的概念

电机的转矩波动是用电机运行到达稳态时的转矩波动曲线的峰 - 峰值来表示。这是一个电机的转矩波动的真值，表示转矩波动的真实大小。转矩波动越大，电机的运行就越不稳定，但是转矩波动大小与电机的转矩大小有关，就算电机的转矩波动较大，但是电机本身转矩很大，那么该电机的波动相对于该电机的转矩值来讲就很小，或者是微不足道，如果电机的转矩波动较小，但对输出转矩很小的电机来讲相对很大，甚至会使电机起动不起来。因此对一个电机的转矩波动，不单要看转矩波动的绝对值，还要看其转矩波动相对于电机本身的转矩值的大小值。

3.4.2　转矩波动大小的定义

电机的转矩波动与电机运行时间有关，如果电机在固定的输入电压起动时（电压源），电机电流会产生一个瞬时脉冲，加上电机的静态的转子惯量，电机的瞬态转矩振荡波动较大，随着电机运行时间加长，电机转矩振荡波动会趋向稳定，形成一个稳态的波动波形。这时达到稳定的转矩波形的峰 - 峰值就是电机转矩的波动值，又称转矩脉动值。有些软件认为转矩波动是用峰 - 峰值表示，但是在**国家标准中统一定义为转矩波动是峰 - 峰值的一半即波动的峰值。**

用电压源计算电机瞬态转矩，电机转矩从起动到稳态的转矩波形非常直观，并且能看出电机转矩波形和转矩波动状态、稳定时间、转矩谐波成分等，看多了，只要看到该转矩波形，就能分辨出不同电机在运行时的转矩工作状态和运行质量。如图 3-4-1 和图 3-4-2 所示，虽然其转矩值因各种原因而与电机实际值有差距，但是不影响用此方法对电机的转矩波动进行对比和判断，用作对齿槽转矩、转矩波动质量进行定性是非常好的，很方便、直观。如果真正要定量求取电机的转矩、转矩波动值，那么用 MotorCAD 软件既简捷又直观。

下面是一个 12 槽 8 极电机，同样一个电机，定子和绕组不变，只是磁钢形状变化，就可以看出电机的转矩和转矩波动就有很大的差别。因此用 Maxwell-2D 电压源分析转矩波动的趋势并做定性分析还是非常有用的。

12 槽 8 极电机转子磁钢形状不同的电压源转矩波形如图 3-4-1 和图 3-4-2 所示。

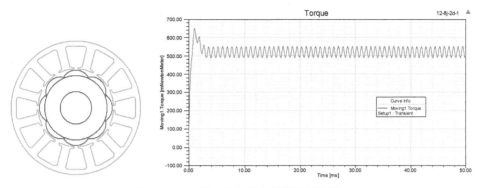

图 3-4-1　12 槽 8 极电机电压源转矩波形一

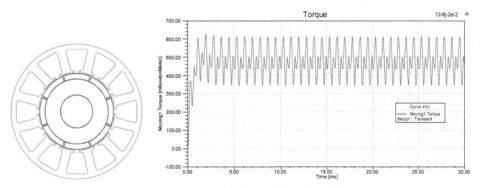

图 3-4-2　12 槽 8 极电机电压源转矩波形二

如果控制器是恒电流控制，即所谓的"电流源"控制，则电机转矩不会有较大的瞬态值，电机转矩是一个较稳定的波形。

12 槽 8 极电机电流源转矩波形如图 3-4-3 所示。

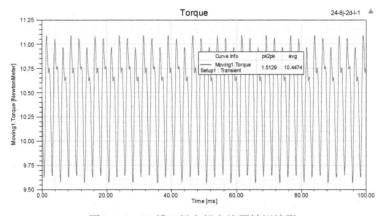

图 3-4-3　24 槽 8 极电机电流源转矩波形

1）电机"转矩波动"用"峰 - 峰"值表示。

2）下面是摘录电机标准上规定计算转矩波动的计算方法，是以转矩波动系数来考核的，方法如下：用磁粉制动器作为负载，测量电机在额定电流时，转子在 $360°/p$（p 为电机极数）范围内均分的 10 个点上的堵转转矩，分别找出堵转转矩的最大和最小值，用下式计算出电机的"转矩波动系数"：

$$K = \frac{T_{max} - T_{min}}{T_{max} + T_{min}} \times 100\%$$

式中，K 是转矩波动系数；T_{max} 是最大堵转转矩；T_{min} 是最小堵转转矩。

这个公式实际就是：**峰 - 峰值的一半 / 转矩波动的平均值**，即

$$K = \frac{T_{max} - T_{min}}{T_{max} + T_{min}} \times 100\% = \frac{(T_{max} - T_{min})/2}{(T_{max} + T_{min})/2} \times 100\% = \frac{转矩峰值}{转矩平均值} \times 100\%$$

因此，**转矩波动系数是以转矩波动的"峰值"除以"平均转矩"**，这点读者在实际应用时要注意。

3）现在我们提出**"转矩波动率"**概念，即

$$K_{TB} = \frac{转矩峰 - 峰值}{转矩平均值} \times 100\%$$

这代表了电机转矩波动相对于该电机转矩稳态后的平均值的比，"转矩波动率"又称"转矩波动容忍度"。

因此关于转矩，有 3 种概念，即**转矩波动、转矩波动系数 K、转矩波动率 K_{TB}**。

3.4.3　转矩波动大小的容许值

电机要求高的如永磁同步伺服电机的"转矩波动率"容许值要求在 5% 左右，即转矩波动系数在 2.5% 左右，这是很高的要求了，其实有些电机转矩波动值较高，电机运行也较平稳。如某 Y100L2-4 永磁同步电机转矩波动大于 20% 了，甚至还有更大的，电机运行得非常正常。所以不是要求特别高的伺服电机，转矩波动高些也没有太大的问题，不要太于苛求。

3.4.4　斜槽、转子分段直极错位的转矩波动

在研究用电机设计软件计算电机转矩波动时，**用 Motor-CAD 软件分析电机的转矩波动和电机斜槽或斜极后的转矩波动是方便和直观的**。在分析转矩、转矩波形、转矩波动、转矩波动率时为了达到分析效果，本书采用了不同的软件，有些软件获取的值不一定精确。具体以 Motor-CAD 软件获取的值为准。

　　用 Motor-CAD 软件求取 12 槽 8 极电机的斜槽、不斜槽或分段后的转矩和转矩波动，12 槽 8 极电机结构如图 3-4-4 所示。

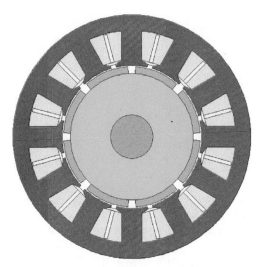

图 3-4-4　12 槽 8 极电机结构图

　　图 3-4-5 是 12-8j 电机斜槽转矩波动曲线。

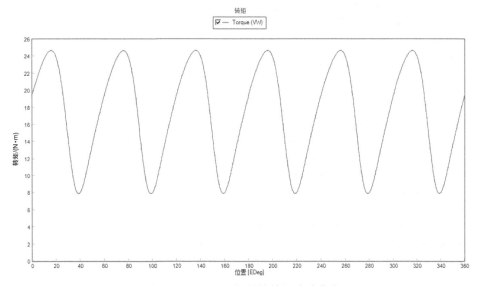

图 3-4-5　12-8j 电机斜槽转矩波动曲线

　　图 3-4-6 是 12 槽 8 极电机斜槽 15° 转矩波动曲线。

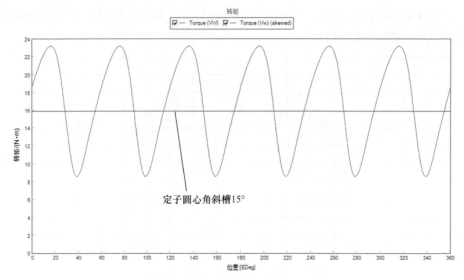

图 3-4-6   12-8j 电机斜槽 15° 转矩波动曲线

表 3-4-1 是电机定子不斜槽的转矩波动参数。

表 3-4-1   12 槽 8 极电机定子不斜槽的转矩波动参数

平均转矩（virtual work）/（N·m）	17.169
平均转矩（loop torque）/（N·m）	17.2
转矩波动（MsVw）/（N·m）	15.407
转矩波动（MsVw）（%）	88.787

表 3-4-2 是 12-8j 电机斜槽 15° 时转矩波动参数计算结果。

表 3-4-2   12-8j 电机斜槽 15° 时转矩波动参数

平均转矩（virtual work）/（N·m）	15.024
平均转矩（loop torque）/（N·m）	15.006
转矩波动（MsVw）/（N·m）	1.2012
转矩波动（MsVw）（%）	7.9342

定子不斜槽的转矩波动较大为 88.787%，斜槽后转矩波动为 7.9342%。

转子 2 段直极错位的设置如图 3-4-7 所示。

转矩波动如图 3-4-8 所示。

图 3-4-7   12-8j 电机转子 2 段直极错位设置

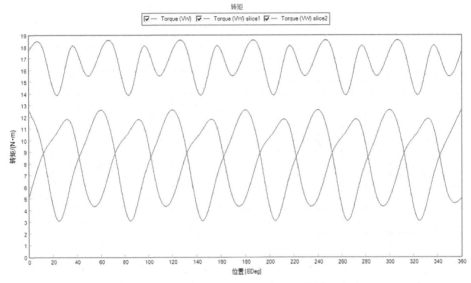

图 3-4-8　12-8j 电机转子 2 段直极错位转矩波动

表 3-4-3 是转子 2 段直极错位转矩波动计算参数。

表 3-4-3　12-8j 电机转子 2 段直极错位转矩波动参数

平均转矩（virtual work）/（N·m）	16.596
平均转矩（loop torque）/（N·m）	16.616
转矩波动（MsVw）/（N·m）	4.2061
转矩波动（MsVw）（%）	25.358

因此定子斜槽能很大程度消除电机的转矩波动，转子 2 段直极错位后转矩波动还是较大。对于转矩波动，转子分段直极错位效果不如定子斜槽。

3.4.5　齿槽转矩周期数与转矩波动的关系

上面讲到，两齿的齿槽转矩周期数为 $2N_p = 2 \times \gamma / Z = 2 \times 2P/\mathrm{GCD}(Z,2P)$。**电机两齿的转矩波动与两齿的齿槽转矩周期数 $2N_P$ 有关，相同的槽数，电机的圆心角 θ 越小，则 N_P 越大，电机的转矩波动就越小。**

表 3-4-4 是定子不变、极数改变时，电机的齿槽转矩、圆心角、评价因子、周期脉动数和转矩脉动系数。

可以看出 12-10 j 和 12-14j 电机的转矩波动比 12-8j 和 12-16j 电机的转矩波动要小。

由以上分析：**电机的"圆心角 θ"越小，则电机的两齿波动周期数越大，转矩脉动就越小。**

表 3-4-4   定子不变、极数改变的性能比较

Number of Stator Slots	12	12	12	12
Number of Poles	8	10	14	16
齿槽转矩（Cogging Torque）/（N·m）	2.2389	0.98442	0.590658	2.32526
转矩波动（Torque pulse move）/（N·m）	2.2319	**0.9601**	**0.6087**	2.8708
圆心角 $\theta = 360°/\text{LCM}\,(Z, 2P)$（°）	15	6	4.29	7.5
两齿波动周期数 $2N_p = 2 \times 2P/\text{GCD}\,(Z, 2P)$	4	10	14	8
转矩波动系数 $K_L/2N_p$	0.125	0.02	0.01	0.031

3.4.6   转矩波动波形

电机转矩波动波形是一条振荡曲线。图 3-4-9 是电机的瞬态转矩曲线，电机转矩不是一条直线，电机起始时转矩波形振荡波动很大，经过一段时间后（ms 级）转矩波动逐渐稳定在一个较窄的转矩区域内，但是还是有波动。

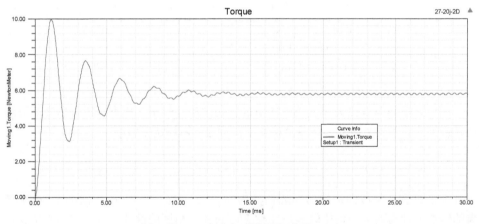

图 3-4-9   电机瞬态转矩曲线

将图 3-4-9 中电机运行转矩达到基本稳态时 20～30ms 时间段的波形放大，如图 3-4-10 所示。

不同的电机槽极配合，绕组节距不同、各次谐波的比例不同、磁钢形状不同等，都会使单位时间段转矩波形不同。图 3-4-11 和图 3-4-12 是两种槽极配合的转矩波动的形状（注意：该波形是转矩波动波形，不是齿槽转矩波形）。

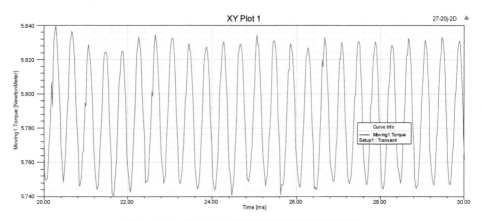

图 3-4-10 27-20j 电机某时间段瞬态转矩曲线

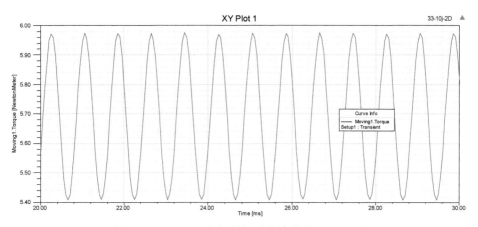

图 3-4-11 33-10j 电机转矩波动波形（$\theta = 1.09°$）

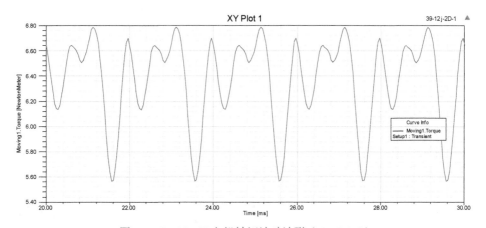

图 3-4-12 39-12j 电机转矩波动波形（$\theta = 2.31°$）

3.4.7　转矩波动波形与电机的多种因素

电机转矩波动波形与电机多种因素有关：

1. 电机转矩波动波形与电机槽极配合圆心角 θ 有关

电机的槽极配合与电机转矩脉动波形有较大关系：

图 3-4-13 ~ 图 3-4-15 是 3 种电机转子都是同心圆，极弧系数为 1，额定参数以及齿、轭磁通密度相同，**只是电机槽极配合不同**，而 3 种电机的转矩波动波形有着较大的不同。

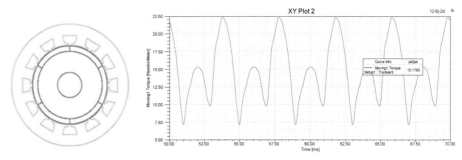

图 3-4-13　12-6j 电机转矩波动波形（$\theta = 30°$）

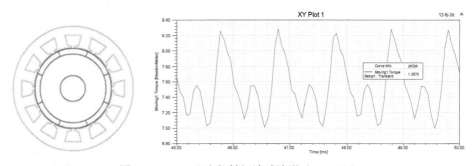

图 3-4-14　12-8j 电机转矩波动波形（$\theta = 15°$）

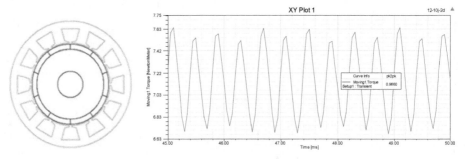

图 3-4-15　12-10j 电机转矩波动波形（$\theta = 6°$）

2. 电机转矩波动的波形与电机结构有关

图 3-4-16 和图 3-4-17 是 12 槽 8 极电机的结构及转矩波动波形。

图 3-4-16 是 12-8j 电机同心圆磁钢原型，其转矩波动的波形正弦度差，波动也大。将 12-8j-1 电机磁钢偏心削角，极弧系数改变，齿斜肩增加，电机转矩波动就变得非常规则了，如图 3-4-17 所示。

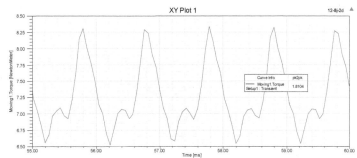

图 3-4-16　12-8j 电机同心圆磁钢转矩波动波形

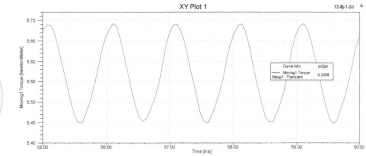

图 3-4-17　12-8j-1 电机偏心磁钢转矩波动波形

两种电机转矩波动容忍度的比较见表 3-4-5。

表 3-4-5　两种电机转矩波动容忍度比较

参数	12-8j	12-8j-1
额定转矩 / （N·m）	9，947	9.942
齿槽转矩 / （N·m）	**0.94687**	**0.2329**
转矩波动 / （N·m）	1.8104	0.2436
最大输出功率 /W	7146.56	6081.61
最大输出功率倍数	5.49	4.677
齿槽转矩容忍度	**0.095**	**0.023**
转矩波动容忍度	**0.182**	**0.0245**

12-8j-1 电机磁钢形状改变后电机的齿槽转矩和转矩波动的波形得到很大改善。

某些槽极配比确定了，如 12-14j 的槽极配比已经确定，这个配比，电机本身转矩波动波形的正弦度畸变很大，但是对电机结构进行处理，如磁钢偏心削角、气隙增加、齿斜肩高增大（槽肩角）、槽口大小改变，能使电机转矩波动的正弦度得到很大改善，电机转矩波动得到大幅度削弱。图 3-4-18 是 12-14j 电机的结构图，对该电机进行转矩波动分析。

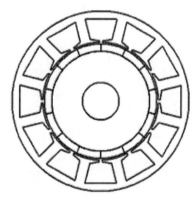

图 3-4-18　12-14j 电机同心圆磁钢电机结构

图 3-4-19 是 12 槽 14 极电机同心圆磁钢的转矩波动曲线。

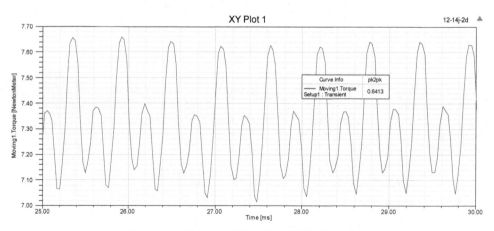

图 3-4-19　12-14j 电机同心圆磁钢转矩波动曲线

图 3-4-20 是 12 槽 14 极电机磁钢凸极电机的结构图。

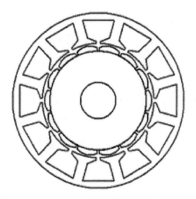

图 3-4-20　12-14j 电机磁钢凸极电机结构

图 3-4-21 是 12 槽 14 极凸极电机的转矩波动曲线。

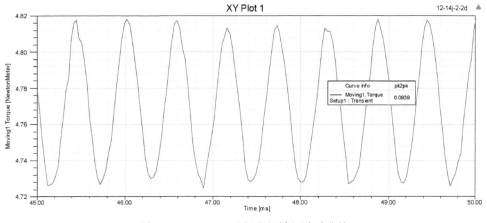

图 3-4-21　12-14j 凸极电机转矩波动曲线

从上面分析看，电机结构对电机转矩波动也有较大影响。选择较好的电机结构，电机转矩波动波形的正弦度和转矩波动会得到很大改善，从 0.6413N·m 减小到 0.0939N·m，转矩波动的容忍度为（0.0939/2）/4.967 = 0.00945 = 0.945%。这是非常好的了，电机转矩波动波形又非常好，电机运行将非常平稳。**因此电机磁钢偏心、削角对电机转矩波动曲线的改善有重大影响。**

3.4.8　齿槽转矩不等于转矩波动

齿槽转矩不等于转矩波动，齿槽转矩只是在有槽定子电机中产生，而且齿槽转矩与电机通电与否无关。电机转矩波动与电机齿槽转矩、槽极配合、绕组形式、通电运行时产生的谐波、结构形状、工艺装配、控制器的控制方法和输入电压都有相

当大的关系。

电机转矩波动是指电机通电运行达到稳态时，电机运行的转矩尚有不平稳的波动。有的电机齿槽转矩已经消除为零，但是电机的转矩波动依然仍在，有的甚至很大。

电机转矩波动影响的综合因素较多，不太可能用路方法进行分析计算，用场方法可以把影响电机转矩波动的主要因素考虑后进行 2D 场分析，求出电机的转矩波动。好多软件并不能把影响电机转矩波动的因素全部考虑到，但是可以用场分析求出电机的转矩波动，从中分析什么是影响电机转矩波动的主要因素，理清改进思路，再采取相应的措施，这样会很好地减弱电机的转矩波动。

齿槽转矩不会影响电机的额定性能，齿槽转矩大的电机，某些参数要比齿槽转矩小的电机要好，这是不争的事实，国外好多电机的齿槽转矩感觉较大，但是电机运行还比较平稳，这种电机经常会遇到。而转矩波动会影响电机的运行平稳性，会产生噪声，甚至会引起电机的振动和共振，所以设计电机时一定要考虑电机的齿槽转矩和转矩波动。

3.4.9　齿槽转矩和转矩波动的一些分析

电机转矩波动的波形分析：

1）选择合理的槽极配合能使电机齿槽转矩的正弦度变好，但是不等于电机的转矩波动波形就好。

2）电机转矩波动的波形正弦度的改善，必须要使电机的气隙磁通的波形趋近正弦波，其感应电动势波形也要好。

3）要使电机转矩波动的波形正弦度好，为改善气隙磁钢，除了电机的槽极配合要合理，还必须对磁钢进行偏心，增大气隙，也要对槽口、极弧系数等进行处理。

4）电机齿槽转矩是影响电机转矩波动的重要因素之一，如果齿槽转矩波形的正弦度很好，但是齿槽转矩较大，电机的转矩波动也相应较大。

5）如果齿槽转矩波形不好，但齿槽转矩很小，那么对电机的转矩波动影响很小，电机的转矩波动的正弦度仍会较好。

6）电机齿槽转矩正弦度好，并不等于电机转矩波动波形好，电机转矩波动受电机齿槽转矩、电机诸多因素的共同影响，设法使电机气隙磁通密度波成为正弦波，则电机转矩波动波形会得到改善。

图 3-4-22 和图 3-4-23 是 18 槽 16 极电机不同磁钢形状的比较。

图 3-4-24 ～ 图 3-4-29 是电机的气隙磁通密度分布、齿槽转矩、转矩波动波形对比图。

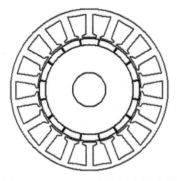
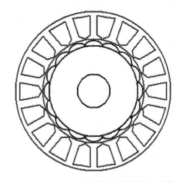

图 3-4-22　18-16j 电机同心圆磁钢　　　　图 3-4-23　18-16j-1 电机偏心圆磁钢，槽口已改进

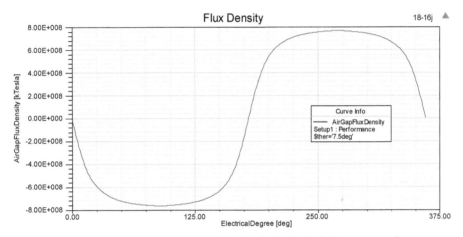

图 3-4-24　18-16j 电机气隙磁通密度波形

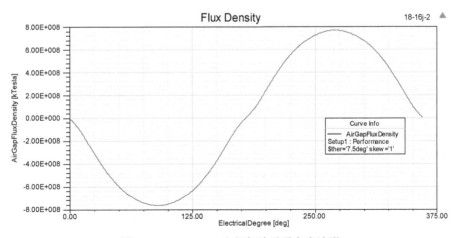

图 3-4-25　18-16j-2 电机气隙磁通密度波形

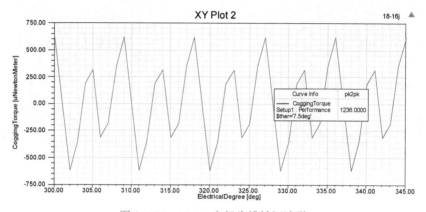

图 3-4-26　18-16j 电机齿槽转矩波形

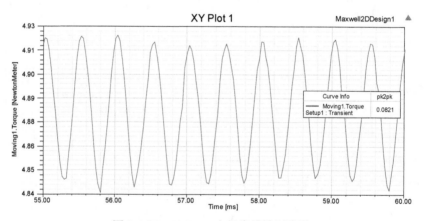

图 3-4-27　18-16j-1 电机齿槽转矩波形

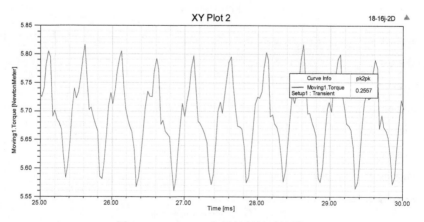

图 3-4-28　18-16j 电机转矩波动波形

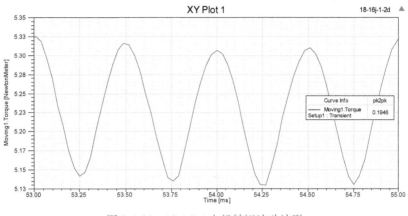

图 3-4-29　18-16j-1 电机转矩波动波形

可见，**改进电机的气隙磁通密度波形的正弦度是改善电机转矩波形的正弦度的重要方法**。

3.4.10　转子直极错位与电机转矩波动

当电机定子或转子斜一定的圆心角 θ，或是说斜一定的槽数，那么电机的转矩波动会减弱很多。斜槽数与电机槽极配合有关。斜槽角度也是齿槽转矩的圆心角 θ，有

定子或转子斜槽角：$\theta = \dfrac{360°}{\mathrm{LCM}(Z, p)}$

一个电机不斜槽，则产生的转矩波动主要是由电机的槽极配合决定的。要消除转矩波动，应该减小电机齿槽转矩圆心角 θ。

1. 12 槽 10 极电机，圆心角 $\theta = 6°$

1）不直极错位，如图 3-4-30 所示。

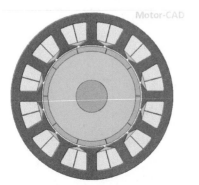

图 3-4-30　12 槽 10 极电机结构图

转矩波动曲线如图 3-4-31 所示。

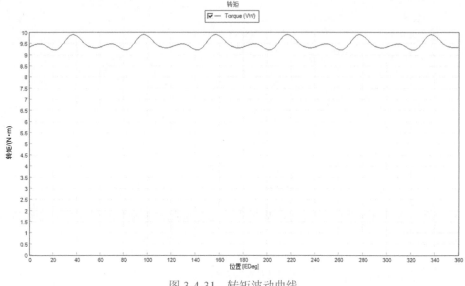

图 3-4-31　转矩波动曲线

转矩波动曲线计算数值见表 3-4-6。

表 3-4-6　转矩波动曲线计算表

平均转矩（virtual work）/（N·m）	9.4821
平均转矩（loop torque）/（N·m）	9.41
转矩波动（MsVw）/（N·m）	0.62815
转矩波动（MsVw）（%）	6.633

12 槽 10 极电机不错位的转矩波动也很好，仅有 6.6633%。

2）12 槽 10 极电机进行 2 段直极错位，设置如图 3-4-32 所示。

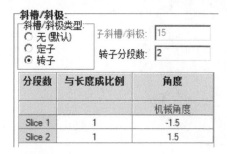

图 3-4-32　2 段直极错位设置

图 3-4-33 为 2 段直极错位转矩波动曲线。

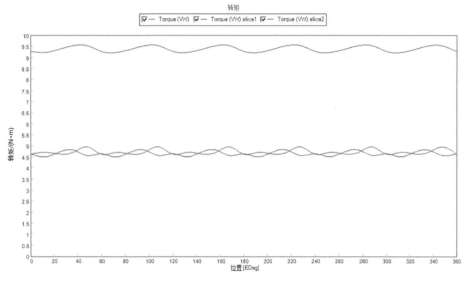

图 3-4-33　2 段直极错位转矩波动曲线

计算结果见表 3-4-7。

表 3-4-7　转矩波动曲线计算表

平均转矩（virtual work）/（N·m）	9.3921
平均转矩（loop torque）/（N·m）	9.3302
转矩波动（MsVw）/（N·m）	0.34459
转矩波动（MsVw）（%）	3.6673

因此 12 槽 10 极电机只要经过 2 段直极错位，转矩波动仅有 3.6673%。

2. 12 槽 8 极电机，圆心角 $\theta = 15°$

用一个圆心角 θ 较大的槽极配合电机，例如 12 槽 8 极，圆心角 $\theta = 15°$，结构如图 3-4-34 所示。

1）12 槽 8 极电机不直极错位的转矩波动曲线如图 3-4-35 所示。

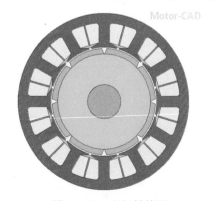

图 3-4-34　电机结构图

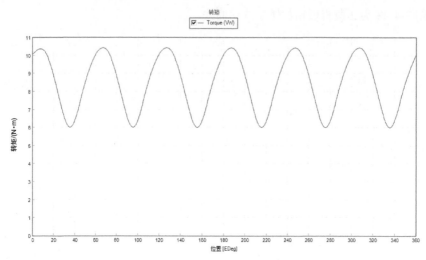

图 3- 4-35　12 槽 8 极电机不直极错位的转矩波动曲线

计算结果见表 3-4-8。

表 3-4-8　不直极错位的转矩计算表

平均转矩（virtual work）/（N·m）	8.4565
平均转矩（loop torque）/（N·m）	8.3386
转矩波动（MsVw）/（N·m）	4.1839
转矩波动（MsVw）（%）	49.049

2）12 槽 8 极电机 2 段直极错位的转矩波动曲线如图 3-4-36 所示。

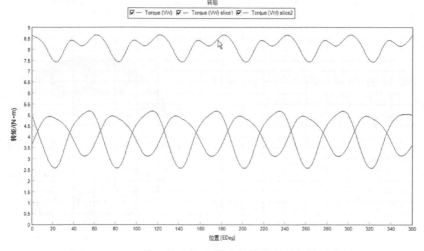

图 3-4-36　12 槽 8 极电机 2 段直极错位的转矩波动曲线

计算结果见表 3-4-9。

表 3-4-9　直极错位的转矩波动计算表

平均转矩（virtual work）/（N·m）	8.1553
平均转矩（loop torque）/（N·m）	8.0532
转矩波动（MsVw）/（N·m）	1.181
转矩波动（MsVw）（%）	14.49

3）12 槽 8 极电机 3 段直极错位转矩波动曲线如图 3-4-37 所示。

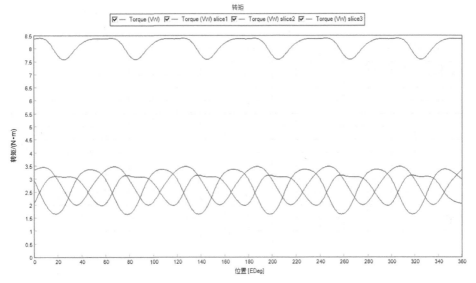

图 3- 4-37　12 槽 8 极电机 3 段直极错位的转矩波动曲线

计算结果见表 3-4-10。

表 3-4-10　3 段直极错位的转矩计算表

平均转矩（virtual work）/（N·m）	8.1306
平均转矩（loop torque）/（N·m）	8.0025
转矩波动（MsVw）/（N·m）	0.79587
转矩波动（MsVw）（%）	9.7013

4）12 槽 8 极电机 4 段直极错位转矩波动曲线如图 3-4-38 所示。

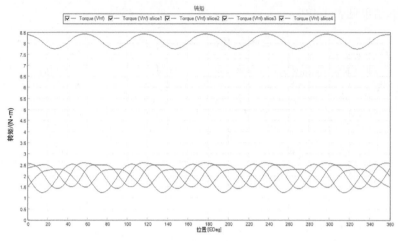

图 3-4-38   12 槽 8 极电机 4 段直极错位的转矩波动曲线

计算结果见表 3-4-11。

表 3-4-11   4 段直极错位的转矩波动计算表

平均转矩（virtual work）/（N·m）	8.1106
平均转矩（loop torque）/（N·m）	7.9825
转矩波动（MsVw）/（N·m）	0.64382
转矩波动（MsVw）（%）	7.9426

5）12 槽 8 极电机 12 段直极错位转矩波动曲线如图 3-4-39 所示。

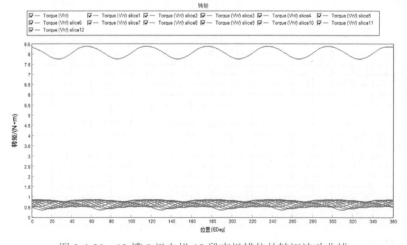

图 3-4-39   12 槽 8 极电机 12 段直极错位的转矩波动曲线

计算结果见表 3-4-12。

表 3-4-12　12 段直极错位的转矩波动计算表

平均转矩（virtual work）/（N·m）	8.081
平均转矩（loop torque）/（N·m）	7.9636
转矩波动（MsVw）/（N·m）	0.58179
转矩波动（MsVw）（%）	7.2035

6）12 槽 8 极电机 15 段直极错位转矩波动曲线如图 3-4-40 所示。

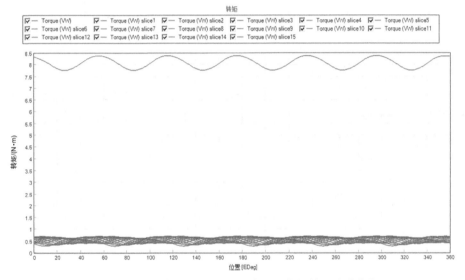

图 3-4-40　12 槽 8 极电机 15 段直极错位的转矩波动曲线

计算结果见表 3-4-13。

表 3-4-13　15 段直极错位的转矩波动计算表

平均转矩（virtual work）/（N·m）	8.0809
平均转矩（loop torque）/（N·m）	7.9628
转矩波动（MsVw）/（N·m）	0.58813
转矩波动（MsVw）（%）	7.2126

对以上 12 槽 8 极电机从不直极错位到 2 段再到 15 段直极错位的电机转矩波动进行统计，并制作直极错位与转矩波动的统计表，见表 3-4-14。

表 3-4-14   直极错位段数与转矩波动统计表

直极错位段数	0	2	3	4	12	15
转矩波动（%）	49.049	14.49	9.7013	7.9426	7.2035	7.2126

图 3-4-41 是转子直极错位段数与转矩波动关系曲线。

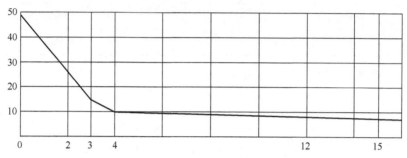

图 3-4-41   转子直极错位段数与转矩波动关系曲线

从上面分析看，如果**电机槽极配合的圆心角 θ 过大，则单纯想用加多转子分段数来削弱电机的转矩波动是很困难的，转矩波动不能逼近 0**。从理论上讲，只有转子分割无限分段，直极错位才能与定子斜槽的效果相等。

但是如果电机槽极配合的圆心角 θ 小于 5°，电机的转矩波动情况就大不一样了。

例如：18 槽 16 极，圆心角 $\theta = 2.5°$。图 3-4-42 是 18 槽 16 极电机齿槽转矩波动曲线。

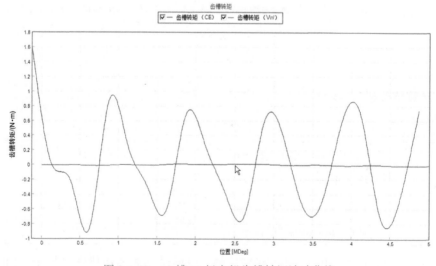

图 3-4-42   18 槽 16 极电机齿槽转矩波动曲线

图 3-4-43 是 18 槽 16 极电机转矩波动曲线。

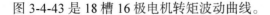

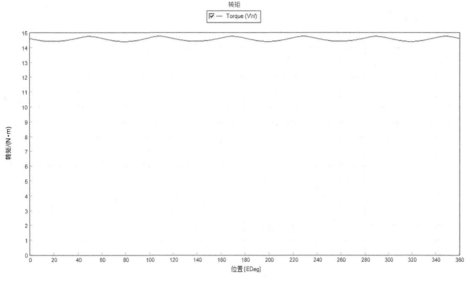

图 3-4-43　18 槽 16 极电机转矩波动曲线

计算结果见表 3-4-15。

表 3-4-15　18 槽 16 极电机转矩波动计算表

平均转矩（virtual work）/（N·m）	14.566
平均转矩（loop torque）/（N·m）	14.463
转矩波动（MsVw）/（N·m）	0.37293
转矩波动（MsVw）（%）	2.5644
齿槽转矩波动（Ce）/（N·m）	2.4945
齿槽转矩波动（Vw）/（N·m）	0.028341

齿槽转矩容忍度为 $\dfrac{0.028341/2}{14.566} = 0.0973\%$；

转矩波动为 2.5644%；

18 槽 16 极电机，圆心角 θ 为 2.5°，在 5° 之内，其齿槽转矩和转矩波动就非常小，不必进行转子直极错位。

小结如下：

1）圆心角 θ 在 5° 之内的槽极配合电机的齿槽转矩、转矩波动较小。

2）圆心角 θ 稍大于 5°，则可以用转子多段直极错位来减小电机的齿槽圆心角 θ，使电机的齿槽圆心角 θ 控制在 5° 之内。

3）圆心角 θ 过大，大于 5° 较多，能用较多段转子直极错位减小电机的齿槽

圆心角 θ ，但是不能较大地减弱电机的转矩波动，还应考虑电机的加工工艺及成本，太多段数的转子直极错位是不可取的。

4）转子直极错位对齿槽转矩减弱转矩波动效果好。

3.4.11 兼顾齿槽转矩和转矩波动的方法

1）选择合理的齿槽转矩小的槽极配合，即圆心角 θ 较小，应小于 5° 之内，**槽极相近**，使电机的齿槽转矩的正弦度本身就好，这样不用采取很多削弱电机齿槽转矩和转矩波动的措施，电机的齿槽转矩和转矩波动也可比较好。

2）查看电机的转矩波动波形，如果波形正弦度不好，则改进电机槽形、磁钢形状等，改善电机的气隙磁通密度波形的正弦度，从而使电机的转矩波动得到改善。

3）利用转子直极错位分段计算法，进行电机分段。分段后的圆心角 θ 在 3° 左右，那么电机的转矩波动会得到很好的改善。

3.5 槽极配合与感应电动势

电机的感应电动势是电机性能参数中的一个重要指标，其数值的大小和波形直接影响着电机的性能，电机的感应电动势是电机谐波的综合反映，也是评判电机性能、取用材料和加工工艺的依据，而感应电动势的大小与波形的正弦度与电机的槽极配合有很大的关系。

3.5.1 电机的感应电动势

电机的感应电动势 E 在电机设计中是很重要的参数，感应电动势贯穿电机机械特性、内部磁链和电机性能的检验、判断中。在电机设计中由于影响电机的感应电动势 E 只与电机的磁链有关，所以能准确计算，并用感应电动势及其常数就可非常方便和准确地考核电机的相关参数。因此在电机设计中，必须要重视电机的感应电动势及其常数。现在电机设计软件都可以计算电机感应电动势并显示其曲线。

3.5.2 电机感应电动势的求取

下面分别用 RMxprt、Maxwell-2D 软件求取 130 永磁同步电机的感应电动势。

1）用 RMxprt 计算求取如图 3-5-1 所示。

FULL-LOAD DATA	
Maximum Line Induced Voltage (V):	247.284
Root-Mean-Square Line Current (A):	4.86041
Root-Mean-Square Phase Current (A):	4.86047
Armature Thermal Load (A^2/mm^3):	245.217
Specific Electric Loading (A/mm):	39.6244
Armature Current Density (A/mm^2):	6.18854
Frictional and Windage Loss (W):	75
Iron-Core Loss (W):	19.8633
Armature Copper Loss (W):	76.2645
Total Loss (W):	171.128
Output Power (W):	1300.31
Input Power (W):	1471.44
Efficiency (%):	88.37

图 3-5-1　130 永磁同步电机感应电动势

图 3-5-2 是感应电动势曲线。

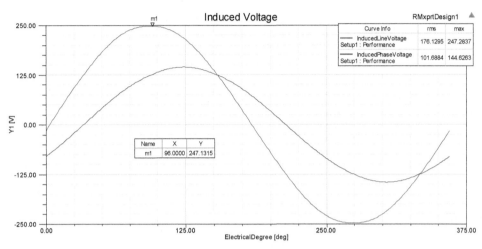

图 3-5-2　130 永磁同步电机感应电动势曲线

对 12 槽 8 极电机 2 段直极不错位，感应电动势曲线如图 3-5-3 所示。

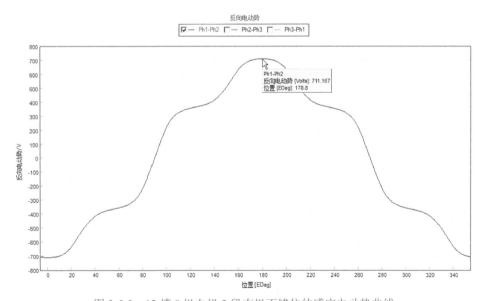

图 3-5-3　12 槽 8 极电机 2 段直极不错位的感应电动势曲线

对 12 槽 8 极电机 2 段直极错位，感应电动势曲线如图 3-5-4 所示。

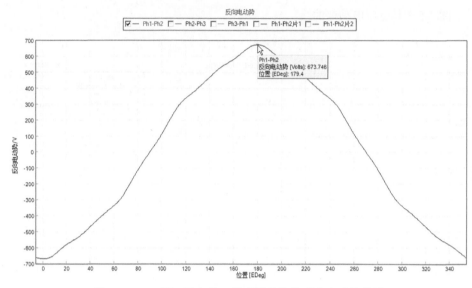

图 3-5-4　12 槽 8 极电机 2 段直极错位的感应电动势曲线

图 3-5-5 是 12 槽 8 极电机 6 段直极错位的感应电动势曲线。

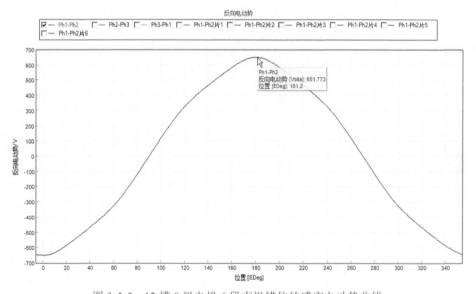

图 3-5-5　12 槽 8 极电机 6 段直极错位的感应电动势曲线

对 12 槽 10 极电机不直极错位，感应电动势曲线如图 3-5-6 所示。

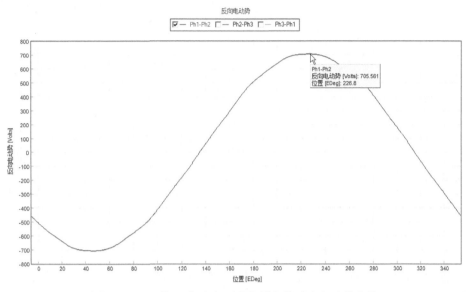

图 3-5-6　12 槽 10 极电机不直极错位的感应电动势曲线

2）用 Maxwell-2D 分析方法也可以求取电机空载感应电动势，求取感应电动势的幅值为 266.2046V，如图 3-5-7 所示。

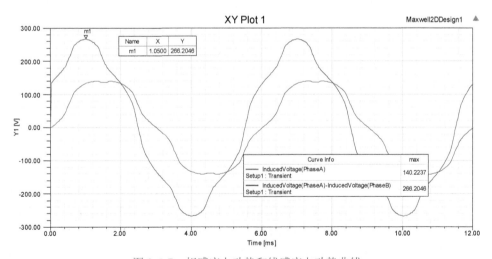

图 3-5-7　相感应电动势和线感应电动势曲线

下面用 Maxwell-2D 方法求转子多段直极错位的感应电动势。

3 段直极错位后的感应电动势如图 3-5-8 所示。

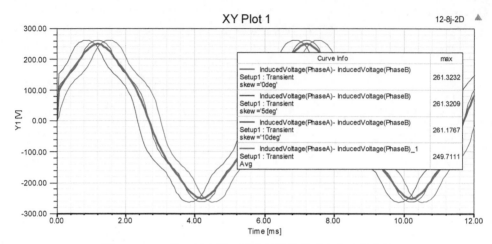

图 3-5-8　12 槽 8 极电机 3 段直极错位的感应电动势曲线

对 12 槽 8 极电机,分 3 段感应电动势波形的正弦度改善不明显。就算分 6 段,感应电动势波形正弦度也改变不大,如图 3-5-9 所示。

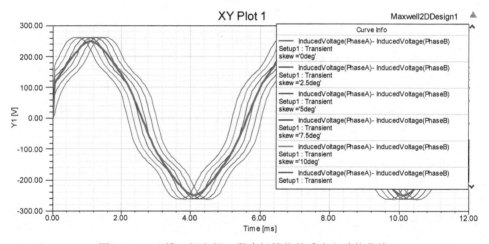

图 3-5-9　12 槽 8 极电机 6 段直极错位的感应电动势曲线

电机的槽极配合对电机感应电动势波形的正弦度影响极大,换一种电机的槽极配合,如 12-10j($C_T = 2, \theta = 6°$)就小,转子不直极错位,电机的感应电动势波形就很好,无须分段直极错位。这时用 RMxprt 计算电机没有斜槽和多段直极错位感应电动势曲线,正弦度已经非常好了。

用 Maxwell-2D 方法计算 12-10j 电机转子 2 段直极错位电机的感应电动势,其波形的正弦度就很好。如果 2 段直极错位,合成波形与不错位波形相差不大,如图 3-5-10 所示。

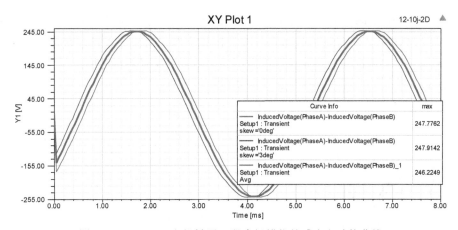

图 3-5-10　12-10j 电机转子 2 段直极错位的感应电动势曲线

电机槽极配合得好，电机分段错位不一定是为了使感应电动势正弦度得到改善，而是能很好改善电机的齿槽转矩。

3）用 Motor-CAD 软件求取。使用 Motor-CAD 软件对电机感应电动势的求取，无论不斜槽或转子直极错位，都是非常方便的，只要在软件上设置好电机是否斜槽或直极错位即可。图 3-5-11 是用 Motor-CAD 软件得出的电机结构和感应电动势曲线。

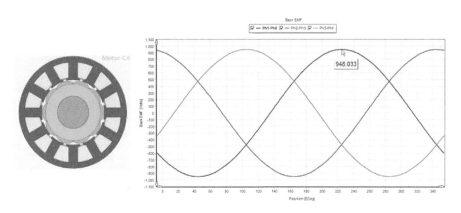

图 3-5-11　用 Motor-CAD 软件得出的 12-10j 感应电动势曲线

Motor-CAD 软件是用 2D 方法求取电机的感应电动势，操作上非常方便，并且可以对电机斜槽或转子直极错位进行 2D 场分析。

3.5.3　电机感应电动势波形讨论

为了很好地对永磁同步电机进行矢量控制，其感应电动势波形应该是尽量好的正弦波。感应电动势波形的形状与电机的结构有关，特别是和电机转子的磁钢形式有非常大的关系。

1）相同定子的永磁同步电机，转子不同，一个是径向内嵌式磁钢，一个是切向内嵌式磁钢，另外一个是表贴式凸极磁钢，下面分别是 3 种电机的感应电动势，很明显表贴式凸极磁钢转子的感应电动势波形更接近正弦波形状，非常平滑。图 3-5-12 ~ 图 3-5-14 是不同转子形状的感应电动势波形。

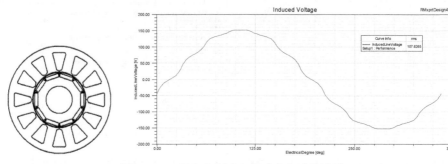

图 3-5-12　径向内嵌式电机感应电动势波形

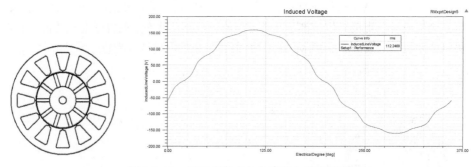

图 3-5-13　切向内嵌式电机感应电动势波形

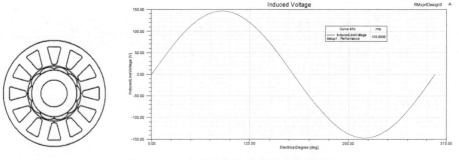

图 3-5-14　表贴式电机感应电动势波形

2）电机的感应电动势波形受电机槽极配合的评价因子 C_T 影响很大。同样是 12 槽，一个是 8 极（$C_T = 4$），一个是 10 极（$C_T = 2$），那么感应电动势波形的正弦度是不一样的，如图 3-5-15 和图 3-5-16 所示。

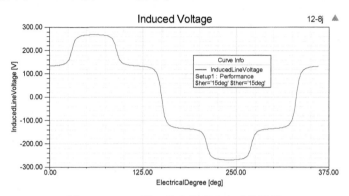

图 3-5-15　12 槽 8 极电机感应电动势波形

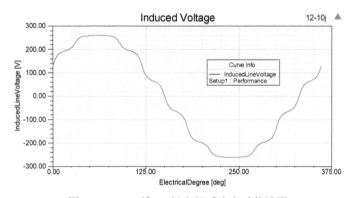

图 3-5-16　12 槽 10 极电机感应电动势波形

电机的感应电动势波形不是转子磁钢越多越好，如 12-16j（$C_T = 4$），其感应电动势波形的正弦度和 12-8j（$C_T = 4$）的一样，而 12-14j（$C_T = 2$）的和 12-10j（$C_T = 2$）的几乎相同，如图 3-5-17、图 3-5-18 所示。

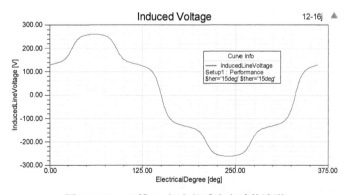

图 3-5-17　12 槽 16 极电机感应电动势波形

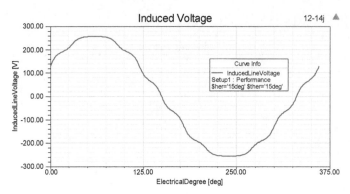

图 3-5-18　12 槽 14 极电机感应电动势波形

　　因此，**要使电机的感应电动势波形的正弦度好，首先要挑选电机评价因子 C_T 小的槽极配合，在相同的评价因子中，再选用圆心角 θ 小的槽极配合。**

　　3）电机定子斜槽或转子多段直极错位是改善电机感应电动势正弦度的最彻底的方法。电机的斜槽或转子多段直极错位对电机的感应电动势正弦度影响很大。下面是 3kW 永磁同步电机的转子变化分析。

　　电机直极的感应电动势：注意定子槽口高和槽肩角都较小，如图 3-5-19 所示。

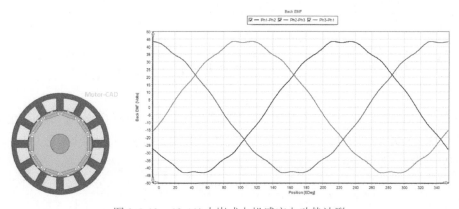

图 3-5-19　12-10j 内嵌式电机感应电动势波形

　　改变转子形状（这样的形状在松下电机中有类似结构），对电机的感应电动势的波形影响不大，如图 3-5-20 所示。

　　如果**电机直极不斜槽，仅改变电机的槽口高和槽肩角，对感应电动势正弦度有一定影响**，如图 3-5-21 所示。

　　如果电机转子直极错位（2 段），虽然电机槽口与槽肩角较小，但是对电机的感应电动势正弦度改善较好，如图 3-5-22 所示。

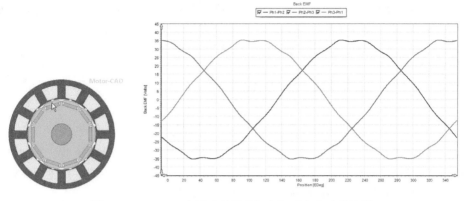

图 3-5-20　12-10j 内嵌式转子凸极电机感应电动势波形

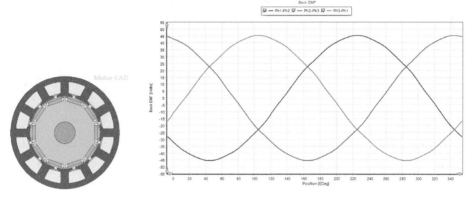

图 3-5-21　12 槽 10 极内嵌式转子定子槽口改变感应电动势波形

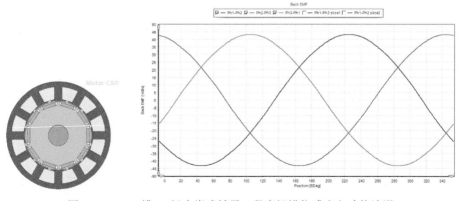

图 3-5-22　12 槽 10 极内嵌式转子 2 段直极错位感应电动势波形

因此电机的感应电动势波形与电机的槽极配合、槽口槽形和转子直极错位有相当大的关系，在设计电机时要充分考虑电机结构及参数，以使感应电动势波形最佳。

3.5.4 电机的空载与负载的感应电动势

永磁同步电机的感应电动势为 $E = \dfrac{N\Phi}{60} n$，一旦电机制成，电机的磁链 $N\Phi$ 是固定的，感应电动势 E 大小仅和转速 n 有关。永磁同步电机从空载到负载状态，如果电源频率不变，电机转速恒定不变，则电机的感应电动势始终不变。**只要电源频率相同，永磁同步电机的空载和负载的感应电动势是相同的。**

3.5.5 电机槽极配合的圆心角 θ 对感应电动势的影响

图 3-5-23 ~ 图 3-5-25 是相同定子 12-4j 、12-8j 和 12-14j 电机的感应电动势的比较。

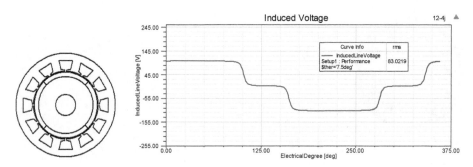

图 3-5-23　12-4j 电机感应电动势波形（$\theta = 30°$）

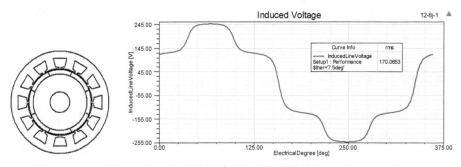

图 3-5-24　12-8j 电机感应电动势波形（$\theta = 15°$）

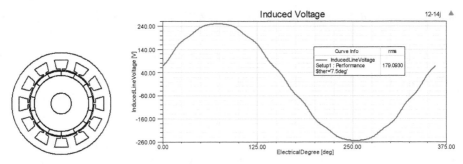

图 3-5-25　12-14j 电机感应电动势波形（$\theta = 4.29°$）

计算结果见表 3-5-1。

表 3-5-1　不同圆心角时 3 种电机感应电动势波形对比数据

	θ	RMS	波形正弦度
12-4j	30°	83.02	差
12-8j	15°	170.06	较差
12-14j	4.29°	179.09	较好

综上分析，电机的感应电动势与槽极配合有关，**圆心角 θ 对感应电动势的波形影响很大，圆心角 θ 越小，感应电动势的幅值和波形的正弦度就越好**。如果电机槽极配合的圆心角 θ 大，该电机就存在感应电动势正弦度差的先天不足，要后天补足，需要花费大量的精力。

如 18-20j 电机的圆心角 $\theta = 2°$，该电机的感应电动势正弦度本身就很好，无须再采取把磁钢进行偏心等措施。永磁同步电机的伺服系统需要电机的感应电动势正弦度好，因此设计时选取电机槽极配合的圆心角 θ 要小，如图 3-5-26 所示。

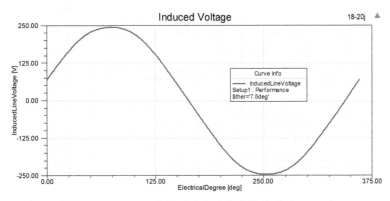

图 3-5-26　18-20j 电机感应电动势波形曲线（$\theta = 2°$）

要求感应电动势波形的正弦度要好，这和电机转矩波动一样，不能单靠转子

直极错位来解决，电机的圆心角 θ 要小，这也是使感应电动势波形正弦度好的方法之一。

许多永磁同步电机控制器厂家要求电机感应电动势正弦度好，电机控制效果好，因此在设计时要选用圆心角 θ 小的槽极配合电机。

3.5.6 感应电动势的设置技术

内嵌式转子的 D、Q 轴的反应电抗相差大，对电机弱磁调速起很大作用，但是在直槽时其感应电动势波形的正弦度不太好，这样控制器的矢量控制算法就比较复杂，要求高。否则会带来振动、噪声等问题。从上节看改善内嵌式转子的感应电动势波形的正弦度，可以从如下方面着手：

1）选用圆心角 θ 较小的槽极配合；

2）增加槽口高和增大槽肩角，减少磁通密度的饱和度；

3）进行电机斜槽或转子多段直极错位，这是改善正弦度的最好措施。

电机的转子磁钢结构很大程度影响了电机的感应电动势波形，这在设计电机时要加以考虑。

3.5.7 测试电机感应电动势控制电机的性能

设计永磁同步电机后，算出电机的感应电动势 E，按设计数据进行永磁同步电机的试制，对试制出来的永磁同步电机进行发电机感应电动势的测量，如果测出的感应电动势 E 的大小与设计时的感应电动势 E 相差很大，那么就是电机生产中的某些环节出了问题。

首先检查设计中是否有哪些环节出现问题，一直检查到没有问题为止。其次再检查制造过程中的电机结构、材料是否与设计数据相同，再检查电机绕组匝数和接线是否正确，转子磁钢材料是否是设计所指定的材料，材料供应商是否给错了磁钢牌号等，这样最终会做出一个与我们设计相近的永磁同步电机。

所以在永磁同步电机的设计和制造过程中，电机设计人员必须重点关注电机的感应电动势，只要抓住了感应电动势，那么设计和制造过程就不会出现很大的偏差。

3.6 槽极配合的电机谐波

3.6.1 谐波的基本介绍

如果一个标准的正弦波电压或电流发生了畸变，则可以用一个标准的正弦波电压或电流和多个不同频次的标准正弦波电压或电流来表示，它们的电压或电流合成就是这个畸变了的正弦波电压或电流。这个标准的正弦波称为基波，其他不同频次的波形称为谐波。下图紫色的电压波形，通过傅里叶级数分解，可以认为该波形由一个基波（正弦波）和两个谐波所替代，实际上波形仍只有一个梯形波，功能上可以认为 3 个正弦波的共同作用与这个梯形波作用相同，如图 3-6-1 所示。

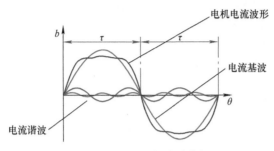

图 3-6-1　电机的波形分解

波形频率与基波的频率相同，谐波频率与基波频率的比值称为谐波次数。其频率比基波频率高，是基波频率的整数倍，所以谐波是一种高次波。

永磁同步电机一般采用正弦控制的三相电源，理论上电机输入的电压和电流应该是理想的正弦波。但是由于用脉宽调制（PWM）和其他各种原因引起电机输入的电压和电流发生了畸变，含有大量的高次谐波。另外引起永磁同步电机谐波的因素很多，从电机方面分析，有气隙磁场的畸变、转速的变化、齿槽转矩等。

谐波会对电机运行产生严重的影响，使电机运行时产生振动和噪声，温度升高，因此削弱电机的谐波是非常重要的。

3.6.2　用 MotorSolve 软件求取谐波的方法

用软件如 MotorSolve 求取电机的谐波还是非常方便的，可以看出电机的电流通过傅里叶变换后的基波与谐波的幅值，如图 3-6-2 和图 3-6-3 所示。

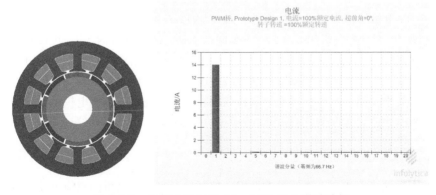

图 3-6-2　12 槽 8 极电机（$\theta = 15°$）电流谐波分析

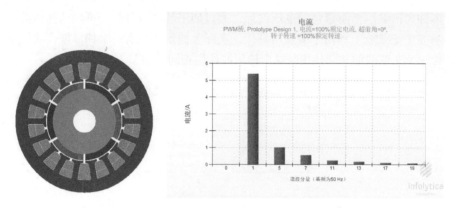

图 3-6-3　18 槽 6 极电机（$\theta = 20°$）电流谐波分析

可以看出，电机的圆心角 θ 小，电机的高次谐波就少。在 18 槽 6 极电机中，可以明显看出存在 5、7、11、13、17、19 等高次谐波，特别是 5 次、7 次谐波明显，这对电机运行质量有很大影响。如果用合适的槽极配合，电机圆心角 θ 小，则高次谐波成分就少，电流波形与基波相近，主要是基波起作用，这样电机运行的转矩波动就会小。

另外，电机的谐波与电机转速有关，转速越高，谐波越大。电机高次谐波对电机转矩没有太大影响，但高次谐波电流会使电机电流增加，相对来说电机的损耗就大，因此减少电机的高次谐波对电机性能有很大好处。

如果电机的气隙磁通密度波形是正弦波，电机的控制器比较优良，产生的电流谐波较少，设计时注意电机的感应电动势波形、电机绕组导体的电压波形，减小电机的齿槽转矩，那么谐波就能够减到很小，特别是 5 次、7 次谐波，那么电机的转矩波动、噪声、温升就会得到较大改善。

3.6.3　电机评价因子与电机谐波的关系

12-10j 电机的感应电动势波形的正弦度比 12-8j 的要好得多，12-8j 电机的评价因子 $C_T = 4$，12-10j 电机的 $C_T = 2$，不是同一级别，因此评价因子 C_T 可以作为判断电机高次谐波对电机影响的依据之一，但是设计时必须用软件对电机进行进一步谐波分析为妥。可以用电机的感应电动势波形的正弦度的好坏来分析电机的高次谐波的多少和大小，感应电动势的波形的正弦度越好，就说明了影响电机运行性能的高次谐波就小。

3.6.4　削弱电机高次谐波的方法

在永磁同步电机中，由于控制原因，控制器厂家要求电机的感应电动势波形的正弦度要好，即电机的高次谐波要少，那么**电机设计人员在设计时应该选取评价因**

子 C_T 和圆心角 θ 较小的槽极配合以降低电机的高次谐波，以求使电机的感应电动势波形的正弦度好，满足控制器的要求，使电机的运行良好。也可以用其他办法，如改变电机磁钢的形状等使感应电动势波形正弦度得到改善，从而使电机的高次谐波变小。

在电机设计时要分析感应电动势波形，试制样品电机后要测定感应电动势及其波形，看波形是否与设计时的波形要求相近，是否达到设计的要求。通常软件计算的电机感应电动势波形不会有多大的出入，如不符，则必须进行多方面的检查，对某些结构进行调整。一般如果用评价因子 C_T、圆心角 θ 选好的电机槽极配合，采取一些改善感应电动势正弦度的措施，用软件计算的感应电动势波形好，高次谐波就少，电机的运行质量就高。

3.7　槽极配合对电机最大输出功率的影响

3.7.1　电机槽极比与最大输出功率倍数的关系

作者提出槽极比的观点，相同的电机体积和"裂比"，不同电机的槽极比对电机性能有较大的影响。电机的槽极比越大，则电机输出功率倍数就越大。

从表 3-7-1 可以看出，同一体积的永磁同步电机，由于电机的槽极配合不同，虽然电机额定点性能相同，但是电机的最大输出功率就相差很大。

表 3-7-1　不同槽极比电机的最大输出功率统计

电机槽极配合	18-16j	24-16j	48-16j	72-16j	72-12j
槽极比	1.125	1.5	3	4.5	6
最大输出功率 /kW	189.378	294.434	379.226	420.260	433.049

电机的"槽极比"只是电机最大输出功率的一种表征量，电机最大输出功率还与其他因素有关。

因此有些电机设计，为了使电机能够输出更大的最大输出功率，采用较大的槽极比，如电动汽车，比亚迪、特斯拉汽车中电机的槽极比都达到了 9，做成了多槽少极电机。如 18-16j 的槽极比只有 1.125，这是"分数槽集中绕组"的特点，这样电机的"原始最大输出功率倍数"不会很大。

3.7.2　槽数相同，极数减少，最大输出功率增加

永磁同步电机槽数相同，极数递增，电机最大转矩变化，用 12-8j、12-10j、12-14j、12-16j 讨论。永磁同步电机额定点都能达到，主要看电机最大转矩的大小。

在仿制电机时，电机设计中电机长度、定子外径和内径（裂比）、磁钢与导磁

材料牌号相同（实际材料参数不见得相同）的条件下，绕组在全绕组条件、并联支路数相同，绕组槽满率相同，只要确保电机感应电动势相同，这样仿制出的电机性能与样机性能相差无几。

电机设计时，一般是按以上原则设计的，即在电机定子外径确定后，再确定定子内径（裂比确定），因此在电机选择定子槽数后，电机的齿、轭磁通密度基本就确定了，这样确定电机定子冲片形状、电机的槽满率、电流密度时设计目标值，同类电机基本上就确定了，因此电机选择槽极配合非常关键。

在电机定子的外径和裂比确定后，必须选择电机的槽数，槽数多少关系到电机加工工艺、电机性能。确定好电机槽数后电机极数少些为好，并要挑一个电机绕组系数高，C_T、θ 小的槽极配合，这样电机最大输出功率和齿槽转矩都能照顾到。

槽数相同，极数越少，电机的槽极比越大，电机最大输出功率大，见表 3-7-2。

表 3-7-2　槽数相同极数不同电机的性能比较

电机槽极配合	12-8j	12-10j	12-14j	12-16j
槽极比	1.5	1.2	0.85	0.75
定子绕组系数	0.866	0.933	0.933	0.866
齿槽转矩 /（N·m）	0.95	0.44	0.39	0.93
最大输出功率 /W	7651.63	7062.94	5704.25	5092.56
最大输出功率比	5.88	5.43	4.39	3.102
转矩评价因子 C_T	4	2	2	4
圆心角 θ/（°）	15	6	4.28	7.5

3.7.3　极数确定，槽数增加，最大输出功率增加

图 3-7-1 是 16 极不同槽数配合的电机结构。

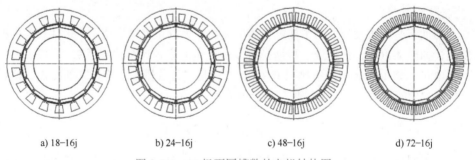

a) 18-16j　　b) 24-16j　　c) 48-16j　　d) 72-16j

图 3-7-1　16 极不同槽数的电机结构图

表 3-7-3 是 16 极不同槽数电机的最大输出功率比较。

表 3-7-3   16 极不同槽数电机的最大输出功率比较

电机槽极配合	18-16j	24-16j	48-16j	72-16j
槽极比	1.125	1.5	3	4.5
额定输出功率 /kW	117.8	117.8	117.8	117.8
齿槽转矩 / (N·m)	0.662919	10.305	36.2379	2.15903
最大输出功率 /W	189378	294434	379226	420260

提高电机最大功率的方法有:

1) 槽数相同,极数越少,电机最大输出功率越大。

2) 极数相同,槽数增加,最大输出功率增加。

3) 拉大电机"槽极比",电机"槽极比"越大,则电机的最大输出功率就越大。

因此选取原则:先选极数,再选尽量多的槽数。

3.8 评价因子、圆心角与电机大小无关

电机槽极配合中的评价因子 C_T 和圆心角 θ 与电机的定子直径无关,即不管电机大小,只要电机的评价因子、圆心角相等,则电机的齿槽转矩容忍度、转矩波动都是相同的。

因此不管电机大小,只要选取电机评价因子 C_T 和圆心角 θ 较小的槽极配合,那么这样做出的电机照样齿槽转矩容忍度、转矩波动会较小。

因此如果一个电机的齿槽转矩容忍度、转矩波动容忍度好,把这个电机结构放大或缩小,这样放大或缩小的电机的运行质量也会好,不必要电机大,一定要选择槽多一些,电机小,槽选择少一些。电机直径 210mm,是 48 槽 44 极,当电机减小到 120mm 就变为 24 槽 22 极。假设 24 槽 22 极的齿槽转矩、转矩波动的容许值确认是可以的,那么不见得 210mm 时就不好用 24 槽 22 极,或者挑一个如 36 槽的评价因子 C_T 和圆心角 θ 较小槽极配合兼顾大小的电机,如 36 槽 34 极,把电机冲片缩放即可,毕竟电机极数多,效率、功率因数、最大转矩倍数会减小,工艺也复杂。何况 120mm 做 36 槽也是常见的。

第 4 章

电机绕组系数和转矩的计算

4.1 电机绕组系数计算

在许多的电机著作中都谈及了电机的绕组系数 K_{dp} 的计算，在电机设计中计算电机绕组有效导体根数时大都会考虑绕组系数的问题，我们对此需要有清晰的认识。

本书重点介绍永磁电机，主要是无刷电机和永磁同步电机的槽极配合，这两种永磁电机的绕组与三相交流感应电机的绕组是相同的，因此研究永磁电机的绕组系数得出的结论完全适用于交流感应电机。

作者针对当前电机绕组系数的分析和计算方法，提出了一些观点供大家一起讨论。

4.1.1 电机绕组系数的概念

从经典电机绕组系数理论看，电机一相各绕组在定子上位置分布不同、绕组节距不同，那么绕组产生的合成感应电动势是不同的。

在一个基本的单元电机中，以等元件绕组为例，如果每极每相槽数为 q，那么就有 q 个线圈串联成一个线圈组。每两个相邻的线圈在磁场中的位移距离是 α 电角度，所以线圈的感应电动势相量也彼此相隔 α 电角度，由于 q 个线圈的电动势的相量相等，又依次移过 α 电角度，因此相加之后构成正多边形的一部分，我们把它做成一个外接圆，并以 R 为外接圆半径，如图 4-1-1 所示。

由图 4-1-1 可以计算出

$$E_q = 2R\sin\frac{q\alpha}{2}$$

而外接圆每个线圈电动势为

$$E_y = 2R\sin\frac{\alpha}{2}$$

所以，$E_q = E_y \dfrac{\sin\dfrac{q\alpha}{2}}{\sin\dfrac{\alpha}{2}} = qE_y \dfrac{\sin\dfrac{q\alpha}{2}}{q\sin\dfrac{\alpha}{2}} = qE_yK_d$

$$K_d = \frac{\sin\dfrac{q\alpha}{2}}{q\sin\dfrac{\alpha}{2}} \qquad\qquad (4\text{-}1\text{-}1)$$

称 K_d 为电机线圈的分布系数。

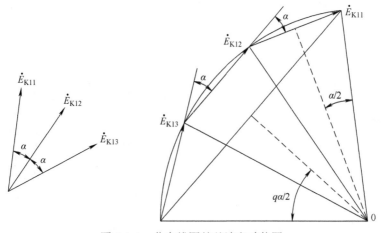

图 4-1-1　分布线圈的基波电动势图

可以这样来理解，如果每极每相槽数为 q，那么就有 q 个线圈串联成一个线圈组，每个线圈相邻 α 电角度，它们的总感应电动势和在电机同一位置的 q 个线圈的总感应电动势之比就叫作线圈的分布系数：

$$K_d = \frac{E_q}{qE_y} = \frac{\sin\dfrac{q\alpha}{2}}{q\sin\dfrac{\alpha}{2}} \qquad\qquad (4\text{-}1\text{-}2)$$

可以认为，在基本单元电机中，电机的齿槽分布、感应电动势相量图和磁电动势相量图以基本单元电机中一对极为一个周期。重复 t 个单元电机的次数。在一个单元电机内，把绕组线圈依次重叠起来，如果各线圈中心不重合，分别相差 α 电角度，则线圈的电动势和与各线圈中心重合的电动势之比就是线圈的分布系数。

绕组每槽电角度 $\alpha = \dfrac{360° P}{Z}$，每槽电角度的等效最小角 $\beta = |180° - \alpha|$，则线圈短

距系数 $K_\mathrm{p} = \cos\dfrac{\beta}{2}$，绕组系数 $K_\mathrm{dp} = K_\mathrm{d}K_\mathrm{p}$。 （4-1-3）

作者重点强调，计算电机的绕组系数时认为电机绕组是均匀的，每个电机含有的基本单元的绕组是相等的。如果离开这个观点，以上电机的绕组系数计算是有误差的。基于这种绕组系数的计算公式解决了大部分电机绕组系数的计算问题。

往往会发现，在有些电机著作中，计算特殊绕组分布的电机绕组系数会出错。如在一著作中介绍某一电机的绕组系数计算：

> 齿数　$Q_1 = 9$　极对数　$P = 5$　节距　$y = 1$　绕组系数　$K_\mathrm{dp} = K_\mathrm{d}K_\mathrm{p} = 1 \times 0.98 = 0.98$

这样计算出的绕组系数值是有些问题的，由于9槽10极的分数槽集中绕组是奇数槽，不能用单层绕组，只能用双层绕组，绕组不管是全极或半极绕组，9槽5对极的正确的绕组系数值分别如图4-1-2和图4-1-3所示。

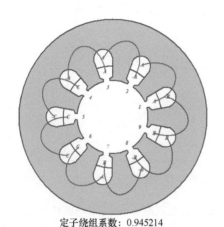

定子绕组系数：0.945214

图 4-1-2　9槽10极半极绕组

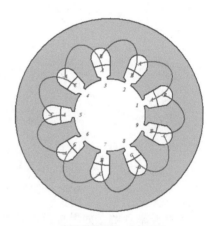

定子绕组系数：0.831207

图 4-1-3　9槽10极全极绕组

9槽10极绕组系数为0.98，大概是由绕组系数概念认识上的问题引起计算上的错误，在多本著作中均出现过此类问题。电机绕组系数是电机最基础的理论，对此必须要理解清楚，因此有必要详细介绍和分析此概念并提出正确的计算方法。

4.1.2　分数槽集中绕组的绕组系数

电机绕组分为分数槽集中绕组和分布绕组，本文分别对这两种绕组的绕组系数进行分析和探讨。

分数槽集中绕组是无刷电机和永磁同步电机中常用的一种绕组形式，分数槽集中绕组电机有许多区别于其他电机的特点，特别是绕组。分数槽集中绕组电机有许多优点，但是分数槽集中绕组的形式和具体绕组并不是一目了然的，所以刚接触这类电机的技术人员不易了解清楚，而相关著作和论文对绕组系数的提法也不太统一。有时同一个分数槽集中绕组电机，不同人计算出的结果还是有些差别的。

在大部分电机的设计程序计算中，取用了绕组系数的概念，因此作者想把对绕组系数的看法介绍出来，供读者参考。

4.1.2.1　用单元电机概念计算电机绕组系数的方法

用**现有的单元电机的概念**来计算电机的绕组系数是比较经典的方法，即把一个分数槽集中绕组永磁同步电机看作是由一个或多个相同的单元电机组成，每个单元电机又把它看作是一对极组成的虚拟电机，以虚拟单元电机来计算分数槽集中绕组永磁同步电机的绕组系数。

例 1：已知分数槽集中绕组永磁同步电机的槽数 $Z = 51$，$P = 23$，求该电机绕组系数。

1）电机单元电机个数：$q_1 = \dfrac{Z}{2mP} = \dfrac{51}{6 \times 23} = \dfrac{Z_0 t}{2m \times p_0 t}$　（其中 $t = 1$）；

2）单元电机槽数：$Z_J = \dfrac{Z}{t} = \dfrac{51}{1} = 51$　（这个电机仅有 1 个单元电机）；

3）单元电机内每相线圈个数：$N_J = \dfrac{Z_J}{3} = \dfrac{51}{3} = 17$；

4）单元电机内每个线圈的电夹角：$\alpha' = \dfrac{180° - 120°}{N_J} = \dfrac{60°}{17} = 3.5294117°$；

5）线圈分布系数：

$$K_d = \dfrac{\sin\left(N_J \dfrac{\alpha'}{2}\right)}{N_J \sin \dfrac{\alpha'}{2}} = \dfrac{\sin\left(17 \times \dfrac{3.5294117°}{2}\right)}{17 \sin \dfrac{3.5294117°}{2}} = \dfrac{\sin 30°}{17 \sin 1.76470585°} = \dfrac{0.5}{0.5235159} = 0.955081;$$

6）电机的每槽电角度：$\alpha = \dfrac{360° P}{Z} = \dfrac{360° \times 23}{51} = 162.3529°$；

7）每槽电角度的等效最小角：$\beta = |180° - \alpha| = |180° - 162.3529°| = 17.647°$；

8）线圈短距系数：$K_p = \cos \dfrac{\beta}{2} = \cos\left(\dfrac{17.647°}{2}\right) = \cos 8.8235° = 0.988165$；

9）线圈绕组系数：$K_{dp} = K_p K_d = 0.988165 \times 0.955081 = 0.943778$(正确)。

用 Maxwell-RMxprt 软件计算：Stator Winding Factor: 0.943778

但是同样用单元电机概念计算下面的槽极分配的分数数槽集中绕组永磁同步电机的绕组系数就有问题。

例 2：已知分数槽集中绕组永磁同步电机的槽数 $Z = 12$，极数 $2P = 14$，绕组排列如图 4-1-4 所示，用**单元电机概念**求该电机绕组系数。

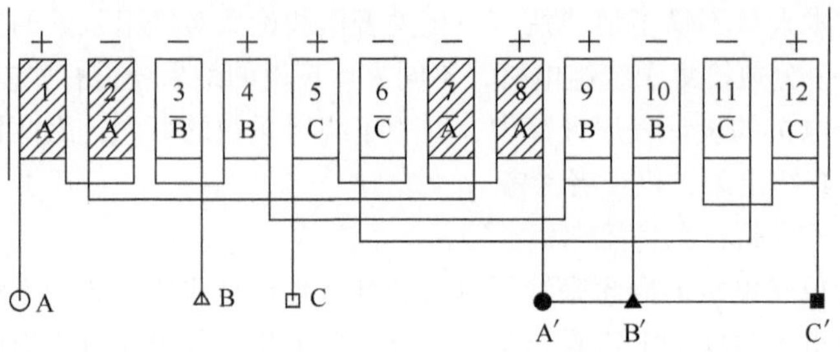

图 4-1-4   电机绕组图（$m = 3$、$Z = 12$、$2P = 14$）

1）电机**单元电机**数：

$$q_1 = \frac{Z}{2mP} = \frac{Z_0 t}{2m \times p_0 t} = \frac{12}{2m \times 7} = \frac{12 \times 1}{2m \times 7 \times 1} = \frac{12t}{2m \times 7t}, \quad t = 1$$

因此该电机只有 1 个单元电机；

2）单元电机的线圈个数：$Z_J = \dfrac{Z}{t} = \dfrac{12}{1} = 12$；

3）单元电机内每相线圈个数：$N_J = \dfrac{Z_J}{3} = \dfrac{12}{3} = 4$（见图 4-1-4）；

4）单元电机内每个线圈的电夹角：$\alpha' = \dfrac{180° - 120°}{N_J} = \dfrac{60°}{4} = 15°$；

5）线圈分布系数：

$$K_d = \frac{\sin\left(N_J \dfrac{\alpha'}{2}\right)}{N_J \sin \dfrac{\alpha'}{2}} = \frac{\sin\left(4 \times \dfrac{15°}{2}\right)}{4 \sin \dfrac{15°}{2}} = \frac{\sin 30°}{4 \sin 7.5°} = \frac{0.5}{4 \times 0.130526} = 0.95766;$$

6）电机的每槽电角度：$\alpha = \dfrac{360°P}{Z} = \dfrac{360° \times 7}{12} = 210°$；

7）每槽电角度的等效最小角：$\beta = |180° - \alpha| = |180° - 210°| = 30°$；

8）线圈短距系数：$K_p = \cos \dfrac{\beta}{2} = \cos\left(\dfrac{30°}{2}\right) = \cos 15° = 0.96593$；

9）线圈绕组系数：$K_{dp} = K_p K_d = 0.96593 \times 0.95766 = 0.92503$。

实际该电机的绕组系数为 0.93301。

用 RMxprt 软件计算：| Stator Winding Factor:　　　　　　　　　　　0.933013 |

这样槽极配合的绕组系数不能用单元电机的概念求取。因此用单元电机的概念和方法计算电机绕组系数，只适合于一相绕组极性排列是对称均布的电机。

4.1.2.2　绕组基本单元概念的提出

作者提出**"绕组基本单元"**的概念用以计算电机绕组系数。

电机槽数 Z 与磁钢数 $2P$ 之比的最简分数的倍数 t 即称为电机的**"绕组基本单元"**。

$$q_1 = \frac{Z}{2P} = \frac{a}{b} \times t \qquad\qquad (4\text{-}1\text{-}4)$$

式中，Z 是齿数；$2P$ 是磁钢数；$\dfrac{a}{b}$ 是最简分数；t 是绕组基本单元数。

实际上**"绕组基本单元数"**是**电机槽极的最大公约数**：$t = \mathrm{GCD}(Z,2P)$。

例：$m = 3$，$Z = 12$，$2P = 10$，有

$$q_1 = \frac{Z}{2P} = \frac{12}{10} = \frac{6 \times 2}{5 \times 2} = \frac{6t}{5t} \quad t = 2,\ t = \mathrm{GCD}(12,10) = 2$$

该电机的**"绕组基本单元"**为 2，见图 4-1-5 所示的绕组分区简图。

```
  +-   -+   +-  |  -+   +-   -+
  A    B    C   |  A    B    C
```

图 4-1-5　具有两个绕组基本单元的电机绕组简图

图 4-1-6 是具有一个绕组基本单元的电机绕组图。

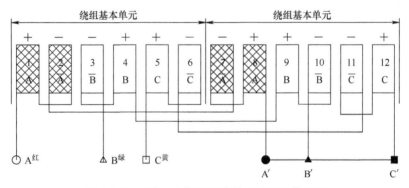

图 4-1-6　具有一个绕组基本单元的电机绕组图

在一个分数槽集中绕组电机中有一个或多个绕组形式相同的单元，这种单元作者称其为**绕组基本单元**。

已知：$m = 3$，$Z = 9$，$2P = 10$。明显可以看出每个绕组基本单元中每相都有相同绕法的三个线圈。因此该电机的绕组基本单元为 1。$t = \mathrm{GCD}(9,10) = 1$。

$q_1 = \dfrac{Z}{2P} = \dfrac{9}{10} = \dfrac{9t}{10t} = \dfrac{9}{10}t$，$t = 1$，见图 4-1-7 所示的电机绕组简图。

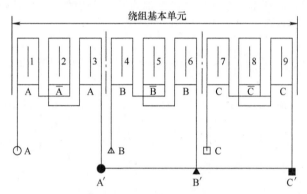

图 4-1-7　电机绕组简图

图 4-1-8 是具有一个绕组基本单元的电机绕组图。

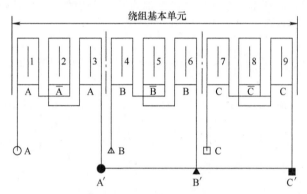

图 4-1-8　具有一个绕组基本单元的电机绕组图

例：$m = 3$，$Z = 18$，$P = 7$（$p = 14$）。

用单元电机概念看：

$$q_1 = \frac{Z}{2mP} = \frac{18}{2m \times 7} = \frac{Z_0 t}{2mp_0 t} = \frac{18t}{2m \times 7t} = \frac{3}{7}, \quad t = 1,$$

$q = \dfrac{18}{7}$ 是最简分数，该电机只有 1 个单元电机。

用分区概念看：

分区数 $K = |18 - 14| = 4$

用绕组基本单元观点看：

$$q_1 = \frac{Z}{2P} = \frac{18}{14} = \frac{9t}{7t} = \frac{9}{7}t, \quad t = 2, \quad t = \mathrm{GCD}(18, 14) = 2$$

可以清晰地看出它是由两个"绕组**分布形式**相同"的**绕组基本单元**组成，如图 4-1-9 所示。

"**绕组基本单元**"代表了该电机的"绕组的基本形式"，因此电机的绕组系数可以根据电机的"绕组基本单元"来计算。

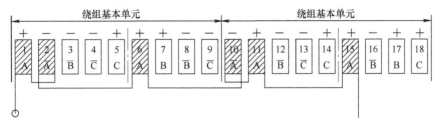

图 4-1-9　具有两个绕组基本单元的电机绕组图

"绕组基本单元"和单元电机、分区的概念是不同的。电机槽极配合：$Z = 18$，$P = 7$，电机的单元电机个数是 1，从分区角度看，该电机有 4 个分区，"绕组基本单元"数是 2。

4.1.2.3　用绕组基本单元概念计算电机绕组系数

作者提出用电机**"绕组基本单元"**的概念方法计算电机的绕组系数，这种方法简捷、方便、直观、不易出错、精度好。下面举几个例子来阐述作者的计算方法。

例 1：已知分数槽集中绕组永磁同步电机的槽数 $Z = 12$，$P = 7$。图 4-1-10 是 12 槽 14 极具有两个绕组基本单元的电机绕组图，求该电机绕组系数。

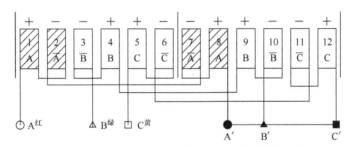

图 4-1-10　12 槽 14 极具有两个绕组基本单元的电机绕组图

1）电机**绕组基本单元**数：$q_1 = \dfrac{Z}{2P} = \dfrac{12}{14} = \dfrac{6 \times 2}{7 \times 2} = \dfrac{6t}{7t} = \dfrac{6}{7}$，$t = 2$，因此该电机有两个绕组基本单元，也可以用求取电机槽 Z、$2P$ 的最大公约数 $t = \mathrm{GCD}(12,14) = 2$ 来求取；

2）**绕组基本单元**的线圈个数：$Z_J = \dfrac{Z}{t} = \dfrac{12}{2} = 6$；

3）**绕组基本单元**内每相线圈个数：$N_J = \dfrac{Z_J}{3} = \dfrac{6}{3} = 2$；

4）**绕组基本单元**内每个线圈电夹角：$\alpha' = \dfrac{180° - 120°}{N_J} = \dfrac{60°}{2} = 30°$；

5）线圈分布系数：$K_\mathrm{d} = \dfrac{\sin\left(N_\mathrm{J}\dfrac{\alpha'}{2}\right)}{N_\mathrm{J}\sin\dfrac{\alpha'}{2}} = \dfrac{\sin\left(2\times\dfrac{30°}{2}\right)}{2\sin\dfrac{30°}{2}} = \dfrac{\sin30°}{2\sin15°} = 0.965925826$；

6）电机的每槽电角度：$\alpha = \dfrac{360°P}{Z} = \dfrac{360°\times7}{12} = 210°$；

7）每槽电角度的等效最小角：$\beta = |180°-\alpha| = |180°-210°| = 30°$；

8）线圈短距系数：$K_\mathrm{p} = \cos\dfrac{\beta}{2} = \cos\left(\dfrac{30°}{2}\right) = \cos15° = 0.965925826$；

9）线圈绕组系数：$K_\mathrm{dp} = K_\mathrm{p}K_\mathrm{d} = 0.965925826\times0.965925826 = 0.9330127$。

用 RMxprt 软件计算：| Stator Winding Factor: | 0.933013 |

例 2：已知分数槽集中绕组永磁同步电机的槽数 $Z = 51$，$P = 23(2P = 46)$，求该电机绕组系数。

1）电机"绕组基本单元"个数 $q_1 = \dfrac{Z}{2P} = \dfrac{51}{46} = \dfrac{51t}{46t} = \dfrac{51\times1}{46\times1}$，$t = 1, t = \mathrm{GCD}(51,46) = 1$；

2）**绕组基本单元**槽数：$Z_\mathrm{J} = \dfrac{Z}{t} = \dfrac{51}{1} = 51$（在这个电机中只有 1 个绕组基本单元）；

3）**绕组基本单元**内每相线圈个数：$N_\mathrm{J} = \dfrac{Z_\mathrm{J}}{m} = \dfrac{51}{3} = 17$；

4）**绕组基本单元**内每个线圈电夹角：$\alpha' = \dfrac{180°-120°}{N_\mathrm{J}} = \dfrac{60°}{17} = 3.5294117°$；

5）线圈分布系数：

$$K_\mathrm{d} = \dfrac{\sin\left(N_\mathrm{J}\dfrac{\alpha'}{2}\right)}{N_\mathrm{J}\sin\dfrac{\alpha'}{2}} = \dfrac{\sin\left(17\times\dfrac{3.5294117°}{2}\right)}{17\sin\dfrac{3.5294117°}{2}} = \dfrac{\sin30°}{17\sin1.76470585°} = \dfrac{0.5}{0.5235159} = 0.955081$$；

6）电机的每槽电角度：$\alpha = \dfrac{360°P}{Z} = \dfrac{360°\times23}{51} = 162.3529°$；

7）每槽电角度的**等效最小角**：$\beta = |180°-\alpha| = |180°-162.3529°| = 17.647°$；

8）线圈短距系数：$K_\mathrm{p} = \cos\dfrac{\beta}{2} = \cos\left(\dfrac{17.647°}{2}\right) = \cos8.8235° = 0.988165$；

9）线圈绕组系数：$K_\mathrm{dp} = K_\mathrm{p}K_\mathrm{d} = 0.988165\times0.955081 = 0.943778$。

用以上方法计算电机线圈的绕组系数比较简单，且其结果和用 Maxwell-RMxprt 软件计算的结果完全一致。

顺便说一下，Maxwell-RMxprt 程序中求取的电机绕组系数是正确的，作者用大量的各种形式绕组的算例进行过验证。

图 4-1-11 是用 RMxprt 软件计算的 $Z=51$、$P=23$ 的绕组系数结果，见图 4-1-11 第一行箭头所指的数据。

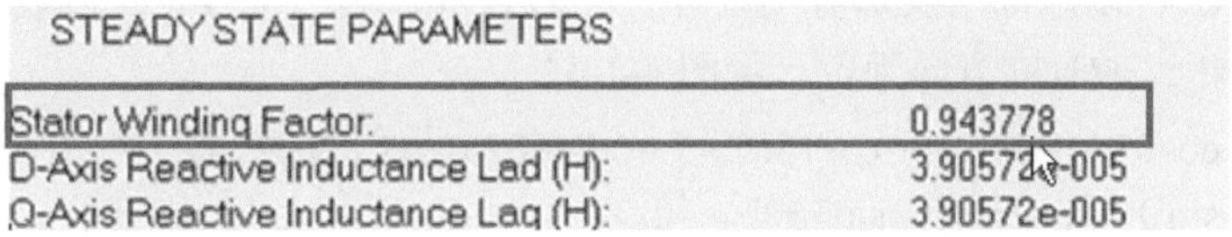

STEADY STATE PARAMETERS

Stator Winding Factor:	0.943778
D-Axis Reactive Inductance Lad (H):	3.90572e-005
Q-Axis Reactive Inductance Laq (H):	3.90572e-005

图 4-1-11　$Z=51$、$P=23$ 的绕组系数计算结果

4.1.2.4　以绕组线圈为单元的电机绕组系数计算方法

这里介绍一种用"**绕组基本单元**"的观点以**线圈为单元**的电机绕组系数计算方法，计算结果和用 RMxprt 软件计算的结果完全一致。

例：已知分数槽集中绕组永磁同步电机的槽数 $Z=12$，$2P=10$，求该电机绕组系数。

电机绕组展开图如图 4-1-12 所示。

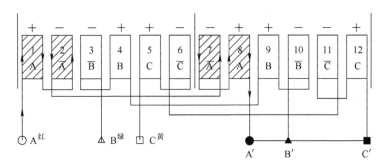

图 4-1-12　电机绕组图（$m=3$，$Z=12$，$2P=10$）

$$q_1=\frac{Z}{2P}=\frac{12}{10}=\frac{6t}{5t}=\frac{6\times2}{5\times2},\quad t=2,\quad t=\mathrm{GCD}(12,10)=2,\ \textbf{绕组基本单元为 2；}$$

每槽电角度：$\alpha=\dfrac{360°P}{Z}=\dfrac{360°\times5}{12}=150°$；

A 相感应电动势由 4 个极上绕组的感应电动势串联而成：

$$e_A(t)=e_1(t)+e_2(t)+e_7(t)+e_8(t)=V_m\sin P(\theta+\Phi)\tag{4-1-5}$$

该电机是两个绕组基本单元，绕组基本单元的线圈个数是相等的，绕组基本单元的每相绕组的极性数量相同，只是位置不同，不影响绕组感应电动势合成的计算值，所以只需要求一个绕组基本单元，也可以把整个电机 A 相线圈的感应电动势相加。

1）求一个**"绕组基本单元"**A 相线圈的分布系数 K_d。

$$K_{\mathrm{d}} = \frac{1}{N_{\mathrm{coil}}}\left|\sum_{k=1}^{N_{\mathrm{coil}}}\mathrm{e}^{-\mathrm{j}\alpha_k}\right| = \frac{1}{2}\left|(1\angle0° + 1\angle150°)\right| = 0.96592582 \tag{4-1-6}$$

计算方法：以虚部与实部分别计算，然后合成，其中符号正负以线圈中电流顺时针方向为正，逆时针方向为负，见图 4-1-12。

实部：$\cos0° - \cos\alpha = 1 - \cos150° = 1 + 0.8660254 = 1.8660254$；

虚部：$\sin0° - \sin\alpha = 0 - \sin150° = -0.5$；

即 $K_{\mathrm{d}} = \dfrac{1}{2} \times \sqrt{1.8660254^2 + (-0.5)^2} = 0.96592582$。

2）求整个电机的 A 相线圈的分布系数 K_{d}。

实部：$\cos0° - \cos\alpha - \cos6\alpha + \cos7\alpha = 1 - \cos150° - \cos(6\times150°) + \cos(7\times150°) = 1 + 0.8660254 + 1 + 0.86602540508 = 3.732$；

虚部：$\sin0° - \sin\alpha - \sin6\alpha + \sin7\alpha = 0 - \sin150° - \sin(6\times150°) + \sin(7\times150°) = -1$；

即 $K_{\mathrm{d}} = \dfrac{1}{4} \times \sqrt{3.7320508^2 + (-1)^2} = 0.96592582$。

3）求短距系数 K_{p}：

$\beta = 180° - 150° = 30°$

$K_{\mathrm{p}} = \cos\left(\dfrac{\beta}{2}\right) = \cos\left(\dfrac{30°}{2}\right) = 0.96592582$。

4）求绕组系数 K_{dp}：$K_{\mathrm{dp}} = K_{\mathrm{d}}K_{\mathrm{p}} = 0.96592582 \times 0.96592582 = 0.93301268$。

用 RMxprt 软件计算：`Stator Winding Factor:`　　　　　　`0.933013`

作者以上面介绍的原理和公式，用 Excel 表做了一个计算表，读者可以根据上面介绍的公式制作这样的 Excel 表。

1）需要将电机的相数、槽数和极对数填上，见表 4-1-1。

表 4-1-1　$m = 3$、$Z = 12$、$2P = 10$ 时绕组系数精确计算

电机绕组系数的计算（精确计算法）				
A 相绕组个数顺序	相数 m	槽数 Z	极对数 P	绕组基本单元	计算基本单元
	3	12	5	2	2
	A 相绕组顺序编号	绕组线圈正反	绕组角度 /°	余弦值	正弦值
1	1	1	0.000	1.00000	0.00000
2	2	−1	150.000	0.86603	−0.50000
3	7	−1	900.000	1.00000	0.00000
4	8	1	1050.000	0.86603	−0.50000
	分布系数 K_{d1}	短距系数 K_{p1}	绕组系数 K_{dp}	余弦值之和	正弦值之和
	0.96593	0.96593	0.933013	3.73205	−1.00000
	正切值	正切角度 /(°)	偏机械角度 /(°)	每槽电角度 /(°)	每相绕组个数
	−0.267949192	−15	−3	150.000	4

上面的计算程序中，只要分别填入相数、槽数、极对数、绕组基本单元、A 相绕组顺序编号、绕组线圈正反，即可求出基本单元、绕组角度、余弦值、正弦值、分布系数 K_{d1}、短距系数 K_{p1}、**绕组系数** K_{dp}、偏机械角度、每槽电角度、每相绕组个数。

用 RMxprt 软件计算绕组系数：| Stator Winding Factor:　　　　　　　　0.933013

2）用分区线圈概念计算。该电机是两个分区，分区绕组排列相同，只要电机 A 相一个分区线圈，如果电机分区绕组排列不同，那么就要填整个一个分区（即一个电机）的槽数和磁钢数以及整个分区 A 相线圈数，计算见表 4-1-2。

表 4-1-2　$m = 3$、$Z = 12$、$2P = 10$ 时绕组系数分区概念计算

电机绕组系数的计算（精确计算法）				
A 相绕组个数顺序	相数 m	槽数 Z	极对数 P	基本单元	计算基本单元
	3	**12**	**5**	**2**	**1**
	A 相绕组顺序编号	绕组线圈正反	绕组角度 /（°）	余弦值	正弦值
1	**1**	**1**	0.000	1.00000	0.00000
2	**2**	**−1**	150.000	0.86603	−0.50000
3			−150.000	0.00000	0.00000
4			−150.000	0.00000	0.00000
	分布系数 K_{d1}	短距系数 K_{p1}	绕组系数 K_{dp}	余弦值之和	正弦值之和
	0.96593	**0.96593**	**0.933013**	**1.86603**	**−0.50000**
	正切值	正切角度 /(°)	偏机械角度 /(°)	每槽电角度 /(°)	每相绕组个数
	−0.267949192	**−15**	**−3**	**150.000**	**4**

用 RMxprt 软件计算：| Stator Winding Factor:　　　　　　　　0.933013
以上几种方法的计算结果是一致的。

3）如果分区线圈个数不一致，那么必须以电机"绕组基本单元"计算。

如 51 槽 46 极，5 个分区，每分区绕组个数不相同，其**"绕组基本单元"**为 $t =$ GCD(51,46) = 1，因此必须把 5 个分区全部绕组计算。

图 4-1-13 是 51 槽 46 极的 A 相绕组排列。

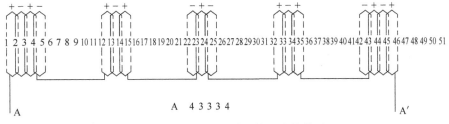

图 4-1-13　A 相 5 个分区绕组个数排列

分数槽集中绕组电机绕组系数的计算见表 4-1-3。

表 4-1-3　$m = 3$、$Z = 51$、$2P = 46$ 时绕组系数分区概念计算

分数槽集中绕组电机绕组系数的计算（精确计算法）				
A 相绕组个数顺序	相数 m	槽数 Z	极对数 P	每槽电角度	每相绕组个数
	3	**51**	**23**	162.353°	**17**
	A 相绕组顺序编号	绕组线圈正反	绕组角度 /(°)	余弦值	正弦值
1	**1**	**1**	0.000	1.00000	0.00000
2	**2**	**−1**	162.353	0.95294	0.30315
3	**3**	**1**	3210.206	0.81620	0.57777
4	**4**	**−1**	487.059	0.60263	0.79802
5	**12**	**1**	1785.882	0.96980	0.24391
6	**13**	**−1**	1948.235	0.85022	0.52643
7	**14**	**1**	2110.588	0.65062	0.75940
8	**22**	**−1**	3409.412	0.98297	0.18375
9	**23**	**1**	3571.765	0.88101	0.47309
10	**24**	**−1**	3734.118	0.69613	0.71791
11	**32**	**1**	5032.941	0.99242	0.12289
12	**33**	**−1**	5195.294	0.90847	0.41796
13	**34**	**1**	5357.647	0.73901	0.67370
14	**42**	**−1**	6656.471	0.99810	0.06156
15	**43**	**1**	6818.824	0.93247	0.36124
16	**44**	**−1**	6981.176	0.77908	0.62692
17	**45**	**1**	7143.529	0.55236	0.83360
	分布系数 K_{d1}	短距系数 K_{p1}	电机绕组系数 K_{dp}	余弦值之和	正弦值之和
	0.95508	0.98817	**0.94378**	14.30444	7.68132

用 RMxprt 软件计算：Stator Winding Factor:　　　　　0.943778

这种方法计算电机线圈的绕组系数非常正确，能对电机的各种绕组，包括不相同的分区绕组数的电机绕组的绕组系数进行正确计算，这种方法理论概念清楚、正确。计算绕组系数要对各个绕组进行编号，再根据各相绕组的排布及电机齿数和磁钢数及实部和虚部进行分别计算，用 Excel 编排的程序进行计算就显得非常方便。

4.1.2.5　分数槽集中绕组绕组系数的分析

1.分布系数计算

1）分布系数 K_d 常用公式为

$$K_d = \frac{\sin\left(q\dfrac{\beta}{2}\right)}{q\sin\dfrac{\beta}{2}}$$

分数槽集中绕组的分布系数，有的书上推荐 $K_\mathrm{d} = 1$，这样就避免了上面用单元电机齿数 Z_0 引起的计算问题。

现在各种书上给出的电机分数槽集中绕组的绕组系数值有时相同，有时不同，但只要各个分区电机线圈个数相同，一般给出的绕组系数基本相同，但在电机只有一个单元电机（$t = 1$），实际上有多个分区，而且分区中的电机线圈个数不同时，给出的计算值就不同了。

2）分布系数如绕组电动势的计算公式：$K_\mathrm{d} = \dfrac{1}{N} \left| \displaystyle\sum_{k=1}^{N} \mathrm{e}^{-\mathrm{j}\alpha_k} \right|$。$Z = 51$、$P = 23$ 时的分布系数 $K_\mathrm{d} = 0.9551$，短距系数 $K_\mathrm{p} = 0.9882$，电机绕组系数 $K_\mathrm{dp} = 0.94378$。

3）用平均分布系数求分布系数：

$$K_\mathrm{d} = \frac{\sin\left(N_\mathrm{F} \dfrac{\beta}{2}\right)}{N_\mathrm{F}\sin\dfrac{\beta}{2}} = \frac{\sin\left(3.4 \times \dfrac{17.647°}{2}\right)}{3.4\sin\dfrac{17.647°}{2}} = \frac{\sin 30°}{3.4\sin 8.8235°} = 0.9587,$$

计算误差：$\Delta = \left| \dfrac{0.9551 - 0.9587}{0.9551} \right| = 0.003769 = 0.38\%$。

电机分区线圈个数不一样时，用分区概念的平均分布系数计算法与精确分布系数计算法的计算误差还是相当小的。

2. 绕组分析方法

下面进行各种绕组分析方法的比较。

如 $m = 3, Z = 18, P = 7$（$p = 14$），该电机只有一个单元电机，$q = \dfrac{18}{7}$ 是最简分数，分区数 $K = |18 - (2 \times 7)| = 4$，绕组基本单元数为 2，$\mathrm{GCD} = 2$。

1）用分区法分析，线圈排列如图 4-1-14 所示。

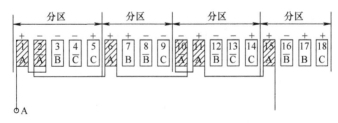

图 4-1-14　18-14j 电机绕组图（三相分区法）

2）用"**绕组基本单元**"观点分析，线圈排列如图 4-1-15 所示。

3）用"**单元电机**"观点分析，线圈排列如图 4-1-16 所示。

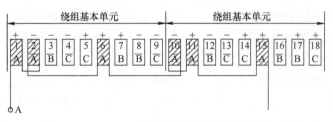

图 4-1-15　18-14j 电机绕组图（绕组基本单元法）

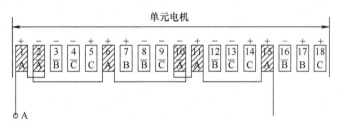

图 4-1-16　18-14j 电机绕组图（三相单元电机法）

4）用 RMxprt 软件计算电机绕组是这样排列的，实际生产中也是这样排列的，但是槽标记应该 1 移到 18，2 移到 1，3 移到 2，以此类推。绕线方向也改为 1 进 2 出等这样与生产习惯相符，如图 4-1-17 所示。

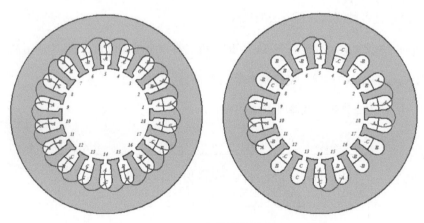

图 4-1-17　18-14j 电机绕组图（RMxprt）

5）用"**星形矢量法**"观点分析，线圈排列如图 4-1-18 所示。

从这种线圈排列方法看，还是用"**绕组基本单元**"计算法比较直观、易懂。星形矢量法虽然是经典分析法，但槽数多了看不清，而且排列出来的还不是电机的实际绕组排列分布，不过计算出的电机绕组系数和其他两种相同。

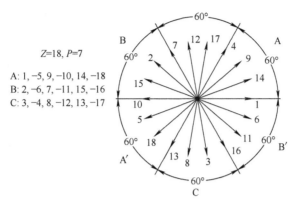

图 4-1-18　三相永磁同步电机绕组图（星形矢量法）

3. 绕组系数计算

（1）RMxprt 软件计算法（见图 4-1-19）

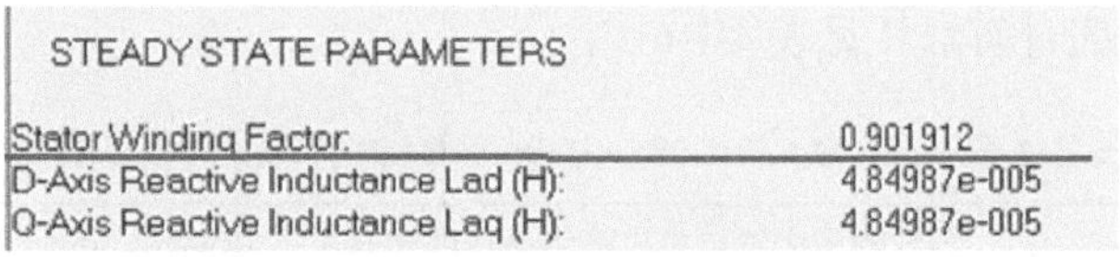

STEADY STATE PARAMETERS

Stator Winding Factor:	0.901912
D-Axis Reactive Inductance Lad (H):	4.84987e-005
Q-Axis Reactive Inductance Laq (H):	4.84987e-005

图 4-1-19　计算的绕组系数

（2）精确计算法

1）全电机计算（见表 4-1-4）

表 4-1-4　$m = 3$、$Z = 18$、$2P = 14$ 时绕组系数全电机精确计算

分数槽集中绕组电机绕组系数的计算（精确计算法）					
A 相绕组个数顺序	相数 m	槽数 Z	极对数 P	每槽电角度	每相绕组个数
	3	**18**	**7**	140.000°	6
	A 相绕组顺序编号	绕组角度 /(°)	绕组线圈正反	余弦值	正弦值
1	**1**	0.000	1	1.00000	0.00000
2	**2**	140.000	−1	0.76604	0.64279
3	**6**	700.000	1	0.93969	0.34202
4	**10**	1260.000	−1	1.00000	0.00000
5	**11**	1400.000	1	0.76604	0.64279
6	**15**	1960.000	−1	0.93969	0.34202
	分布系数 K_{d1}	短距系数 K_{p1}	绕组系数 K_{dp}	余弦值之和	正弦值之和
	0.95980	0.93969	**0.901912**	5.41147	1.96962

2）半电机计算（见表 4-1-5）。

表 4-1-5　m = 3、Z = 18、$2P$ = 14 时绕组系数半电机精确计算

分数槽集中绕组电机绕组系数的计算（精确计算法）				
A 相 2 分区电机线圈顺序	相数 m	槽数 Z	极对数 P	每槽电角度	每相绕组个数
	3	**9**	**3.5**	140.000°	**3**
	A 相绕组顺序编号	绕组角度 /(°)	绕组线圈正反	余弦值	正弦值
1	**1**	0.000	1	1.00000	0.00000
2	**2**	140.000	−1	0.76604	0.64279
3	**6**	700.000	1	0.93969	0.34202
	分布系数 K_{d1}	短距系数 K_{p1}	绕组系数 K_{dp}	余弦值之和	正弦值之和
	0.95980	0.93969	**0.901912**	2.70574	0.98481

（3）星形矢量计算法（见表 4-1-6）

表 4-1-6　m = 3、Z = 18、$2P$ = 14 时绕组系数矢量法计算

分数槽集中绕组电机绕组系数的计算（矢量法）				
A 相绕组个数顺序	相数 m	槽数 Z	极对数 P	每槽电角度	每相绕组个数
	3	**18**	**7**	140.000°	6
	A 相绕组顺序编号	绕组角度 /(°)	绕组线圈正反	余弦值	正弦值
1	**1**	0.000	1	1.00000	0.00000
2	**5**	560.000	−1	0.93969	0.34202
3	**9**	1120.000	1	0.76604	0.64279
4	**10**	1260.000	−1	1.00000	0.00000
5	**14**	1820.000	1	0.93969	0.34202
6	**18**	2380.000	−1	0.76604	0.64279
	分布系数 K_{d1}	短距系数 K_{p1}	绕组系数 K_{dp}	余弦值之和	正弦值之和
	0.95980	0.93969	**0.901912**	5.41147	1.96962

（4）绕组基本单元计算法

如 Z = 18，P = 7，求该电机绕组系数。

1）电机绕组基本单元数：$q_1 = \dfrac{Z}{2P} = \dfrac{18}{14} = \dfrac{9 \times 2}{7 \times 2} = \dfrac{9t}{7t} = \dfrac{9}{7}$，$t = 2$，$t = \mathrm{GCD}(18,14) = 2$，因此该电机有 2 个绕组基本单元；

2）绕组基本单元的线圈个数：$Z_J = \dfrac{Z}{t} = \dfrac{18}{2} = 9$；

3）绕组基本单元内每相线圈个数：$N_J = \dfrac{Z_J}{3} = \dfrac{9}{3} = 3$；

4）绕组基本单元内每个线圈电夹角：$\alpha' = \dfrac{180° - 120°}{N_J} = \dfrac{60°}{3} = 20°$；

5）线圈分布系数：$K_d = \dfrac{\sin\left(N_J \dfrac{\alpha'}{2}\right)}{N_J \sin \dfrac{\alpha'}{2}} = \dfrac{\sin\left(3 \times \dfrac{20°}{2}\right)}{3 \sin \dfrac{20°}{2}} = \dfrac{\sin 30°}{3 \sin 10°} = 0.959795$；

6）电机的每槽电角度：$\alpha = \dfrac{360°P}{Z} = \dfrac{360° \times 7}{18} = 140°$；

7）每槽电角度的等效最小角：$\beta = |180° - \alpha| = |180° - 140°| = 40°$；

8）线圈短距系数：$K_p = \cos \dfrac{\beta}{2} = \cos\left(\dfrac{40°}{2}\right) = \cos 20° = 0.93969262$；

9）线圈绕组系数：$K_{dp} = K_p K_d = 0.93969262 \times 0.959795 = 0.901912$。

（5）**单元电机**计算法

如 $Z = 18$，$P = 7$，绕组接线图如图 4-1-20 所示。

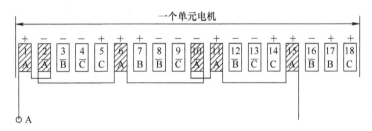

图 4-1-20　一个单元电机中的 A 相线圈接线图

1）电机单元电机数：

$$q_1 = \dfrac{Z}{2mP} = \dfrac{Z_0 t}{2mp_0 t} = \dfrac{18}{2m \times 7} = \dfrac{18 \times 1}{2m \times 7 \times 1} \quad t = 1，因此该电机只有 1 个单元电机；$$

2）单元电机的线圈个数：$Q = \dfrac{Z}{t} = \dfrac{18}{1} = 18$；

3）单元电机内每相线圈个数：$q = \dfrac{Q}{3} = \dfrac{18}{3} = 6$；

4）单元电机内每个线圈电夹角：$\alpha' = \dfrac{180° - 120°}{q} = \dfrac{60°}{6} = 10°$；

5）线圈分布系数：

$$K_d = \frac{\sin\left(q\frac{\alpha'}{2}\right)}{N_J \sin\frac{\alpha'}{2}} = \frac{\sin\left(6\times\frac{10°}{2}\right)}{6\times\sin\frac{10°}{2}} = \frac{\sin 30°}{6\sin 5°} = 0.956142;$$

6）电机的每槽电角度：$\alpha = \dfrac{360°P}{Z} = \dfrac{360°\times 7}{18} = 140°;$

7）每槽电角度的等效最小角：$\beta = |180° - \alpha| = |180° - 140°| = 40°;$

8）线圈短距系数：$K_p = \cos\dfrac{\beta}{2} = \cos\left(\dfrac{40°}{2}\right) = \cos 20° = 0.939693;$

9）线圈绕组系数：$K_{dp} = K_p K_d = 0.939693\times 0.956142 = 0.898477$（**有误差**）。

上面介绍了多种计算分数槽集中绕组永磁同步电机绕组系数的方法，列表 4-1-7 分析。

表 4-1-7　各种绕组系数的计算方法的分析

序号	计算方法	计算精度	方法难易
1	电机设计软件	计算正确	简捷、明了
2	精确计算法	计算正确	用 Excel 计算简易
3	**绕组基本单元**计算法	计算正确	计算简单
4	分区法	计算正确（分区绕组相同时）	计算简单
5	**单元电机计算法**	部分槽极配合，计算有误差	计算容易
6	星形矢量计算法	计算正确，分数槽集中绕组的线圈排列和实际绕组排列有不同	计算麻烦，特别是电机齿数多后太容易混淆

从表 4-1-7 看出：常用的**"单元电机计算法"**有其局限性，在部分槽极配合的绕组计算时有较大的计算误差；其他的计算方法各有特点，计算难易不同。

绕组基本单元计算法是值得被采用的方法，其有如下优点：

1）计算时原始数据用得少，只需要电机的槽数和磁钢数就可以计算电机的平均绕组系数，无须考虑电机有多少个单元电机数。

2）不用把电机的绕组排列图画出来，就可以知道电机的绕组系数，不受绕组排列的影响。更不需要用矢量法很麻烦地画出线圈不常用的排列。

3）最关键的是在设计电机时可以很快判断哪一种电机的槽极配合的绕组系数是最优的，是一种优化电机绕组系数的槽极配合的判别方法。特别是在绕组基本单元数和单元电机数不一样时尤为方便、精确。

4）计算精度较高，计算简单、快捷，非常适合一线技术人员。

分区法计算电机的绕组系数很直观，便于设计电机时选用定子齿和转子磁钢与绕组之间的配合。

4.1.3 大节距绕组的绕组系数

大节距绕组是把一组线圈绕在多个齿上，如何求分布绕组的绕组系数呢？我们可以看到永磁无刷电机、同步电机的三相大节距绕组的绕组形式和三相交流电机基本相同，有整数槽和分数槽之分。计算方法都相同，读者可以参考一些权威的三相电机著作。这里简要介绍大节距绕组的绕组系数的计算。

4.1.3.1 大节距绕组的短距系数计算

电机**短距系数**的概念：短距线圈两根导线的距离为 β 电角度，每一匝的两根导线的空间距离比线圈整距时缩短了（$180°-\beta$）电角度，导线中感应电动势在时间相位上也相差（$180°-\beta$）电角度，根据相量图，可以求得短距线圈的每匝电动势：

$$E_y = 2E_{n1}\cos\frac{\beta}{2} = 2E_{n1}K_p$$

因此，短距系数 $K_p = \cos\dfrac{\beta}{2}$。

$$\beta = \left(1 - \frac{y}{\tau}\right) \times \pi = \left(\pi - \pi \times \frac{y}{\tau}\right), \ (y\text{ 是线圈节距，} \tau \text{ 是极距)},$$

$$K_p = \cos\left(\frac{\beta}{2}\right) = \cos\left(\frac{\pi - \pi \times \dfrac{y}{\tau}}{2}\right) = \cos\left(\frac{\pi}{2} - \frac{\pi}{2} \times \frac{y}{\tau}\right) = \sin\left(\frac{\pi}{2} \times \frac{y}{\tau}\right),$$

所以**大节距绕组的"短距系数 K_p"**可以用"节距与极距之比"的关系来计算，即 $K_p = \sin\left(\dfrac{y}{\tau} \times \dfrac{\pi}{2}\right)$。

表 4-1-8 是一般三相大节距绕组单个线圈短距系数参考表，从表中看出节距与极距比越大，则短距系数越大。

表 4-1-8　一般三相大节距绕组单个线圈的短距系数参考表

$\dfrac{y}{\tau}$	$\dfrac{2}{3}$	$\dfrac{3}{4}$	$\dfrac{7}{9}$	$\dfrac{5}{6}$	$\dfrac{8}{9}$	1
短距系数 K_p	0.8660	0.92388	0.93969	0.96593	0.984813	1

$\dfrac{y}{\tau}$ 是如何计算的呢？可以用"槽数"来表示电机线圈的节距 y 和极距 τ，那么它们的比是一个常数。电机极距 $\tau = \dfrac{Z}{2P}$，线圈节距 $y = $ 线圈跨齿数。

这样电机的极距和线圈节距可以在同一个"槽数"的量值下进行比较。

如三相永磁同步电机，$m = 3$，$Z = 24$，$P = 2$，其绕组分布如图 4-1-21 所示。

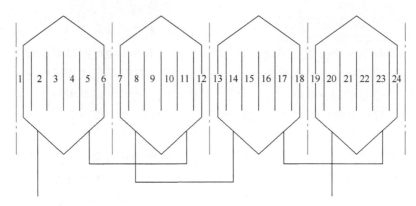

图 4-1-21　$m=3$、$Z=24$、$P=2$ 时一相绕组分布图

从图 4-1-21 可以看出：

电机极距 $\tau = \dfrac{Z}{2P} = \dfrac{24}{4} = 6$，线圈节距 $y=$ 线圈跨齿数 $=5$，$\dfrac{y}{\tau} = \dfrac{5}{6}$。

$$K_{\mathrm{p}} = \sin\left(\frac{y}{\tau} \times \frac{\pi}{2}\right) = \sin\left(\frac{5}{6} \times \frac{\pi}{2}\right) = 0.965925$$

注意，$\left(\dfrac{y}{\tau} \times \dfrac{\pi}{2}\right)$ 为弧度，在用计算器计算时，$\left(\dfrac{y}{\tau} \times \dfrac{\pi}{2}\right)$ 应化为角度，

$\left(\dfrac{y}{\tau} \times \dfrac{\pi}{2}\right) \times \dfrac{180°}{\pi} = \left(\dfrac{5}{6} \times \dfrac{\pi}{2}\right) \times \dfrac{180°}{\pi} = 75°$，$\sin 75° = 0.965925$。

注意：用 Excel 表计算时，$\left(\dfrac{y}{\tau} \times \dfrac{\pi}{2}\right)$ 应该用弧度参与计算。

4.1.3.2　大节距绕组的分布系数的计算

1）电机单元电机个数：$q_1 = \dfrac{Z}{2mP} = \dfrac{51}{6 \times 23} = \dfrac{Z_0 t}{2m \times p_0 t}$；

2）单元电机槽数：$Z_{\mathrm{J}} = \dfrac{Z}{t}$；

3）单元电机内每相线圈个数：$N_{\mathrm{J}} = \dfrac{Z_{\mathrm{J}}}{m}$；

4）单元电机内每个线圈电夹角：$\alpha' = \dfrac{180° - 120°}{N_{\mathrm{J}}}$；

5）线圈分布系数：$K_{\mathrm{d}} = \dfrac{\sin\left(N_{\mathrm{J}} \dfrac{\alpha'}{2}\right)}{N_{\mathrm{J}} \sin\dfrac{\alpha'}{2}}$。

4.1.3.3　用绕组基本单元求单层大节距绕组的绕组系数

如三相永磁同步电机，$m = 3$，$Z = 24$，$P = 2$，单层绕组，绕组分布如图 4-1-22 所示，GCD(24.4) $= 4$，因此绕组基本单元为 4。

图 4-1-22　24 槽 4 极电机绕组分布图

24 槽 4 极永磁同步电机的三相绕组中一相绕组（单层绕组）电流流向图如图 4-1-23 所示。

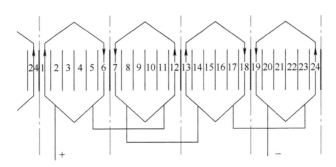

图 4-1-23　$m = 3$、$Z = 24$、$2P = 4$ 时一相绕组电流流向图

电机极距 $\tau = \dfrac{Z}{2P} = \dfrac{24}{4} = 6$，线圈节距 $y =$ 线圈跨槽数 $= 5$，$\dfrac{y}{\tau} = \dfrac{5}{6}$，用公式 $K_p = \sin\left(\dfrac{y}{\tau} \times \dfrac{\pi}{2}\right)$ 计算，那么电机线圈的短距系数为 $K_p = \sin\left(\dfrac{y}{\tau} \times \dfrac{\pi}{2}\right) = \sin\left(\dfrac{5}{6} \times \dfrac{\pi}{2}\right) = 0.965925$。

电机 **"绕组基本单元"** 数：$q_1 = \dfrac{Z}{2P} = \dfrac{24}{2 \times 2} = \dfrac{6 \times 4}{1 \times 4} = \dfrac{6t}{1t} = 6$，$t = 4$，该电机有 4 个绕组基本单元。

1）**绕组基本单元**内的三相线圈个数：$Z_J = \dfrac{Z}{2t} = \dfrac{24}{2 \times 4} = 3$；

2）**绕组基本单元**内每相线圈个数：$N_J = \dfrac{Z_J}{m} = \dfrac{3}{3} = 1$；

3）**绕组基本单元**内每个线圈电夹角：$\alpha' = \dfrac{180° - 120°}{N_J} = \dfrac{60°}{1} = 60°$；

4）线圈分布系数：$K_d = \dfrac{\sin\left(N_J \dfrac{\alpha'}{2}\right)}{N_J \sin\dfrac{\alpha'}{2}} = \dfrac{\sin\left(1 \times \dfrac{60°}{2}\right)}{1 \times \sin\dfrac{60°}{2}} = \dfrac{\sin 30°}{1 \times \sin 30°} = 1$；

5）短距系数 $K_p = \sin\left(\dfrac{y}{\tau} \times \dfrac{\pi}{2}\right) = \sin\left(\dfrac{5}{6} \times \dfrac{\pi}{2}\right) = 0.965925$；

6）线圈绕组系数：$K_{dp} = K_p K_d = 0.965925 \times 1 = 0.965925$。

在**"绕组基本单元"**中，只有一个线圈，而且线圈中心与 6 个槽的中心重合，该线圈的节距为 $y = 5$，极距 $\tau = 6$，因此线圈属于短距线圈，短距系数 $K_p = 0.965925$，绕组分布系数 $K_d = 1$，从这个求取绕组系数的方法看**"绕组基本单元"**的概念可以用于正确求取集中绕组和大节距绕组的绕组系数。

用 RMxprt 软件计算： | Stator Winding Factor: | 0.965926 |

有些著作中为什么认为**单层绕组电机的短距系数是 1**？下面进行分析。

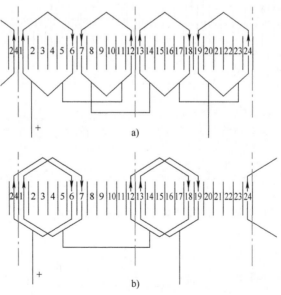

图 4-1-24 $m = 3$、$Z = 24$、$2P = 4$ 时单层绕组短距和全节距电流分布比较

单层绕组的各相电动势是直接相加的，所以短距并不会影响合成电动势，虽然图 4-1-24 中上下图的线圈排列不一样，节距不一样，但是上下图中在槽内的线圈导体的电流流向和功能是完全相同的，即上图短节距（1~6，$y = 5$）的单层线圈可以等效于等节距（1~7，$y = 6$ 的庶极线圈。而图 4-1-24b 的庶极线圈的短距系数为 1。所以可以这样说：**单层叠绕绕组的短距系数均为 1。**

4.1.3.4 用 maxwell 软件求单层大节距绕组的绕组系数

用 Maxwell-RMxprt 软件计算绕组系数是非常方便的。

1）$m = 3$、$Z = 24$、$P = 2$ 时永磁同步电机绕组形式一，如图 4-1-25 和图 4-1-26 所示。

Stator Winding Factor:	0.965926
Stator-Teeth Flux Density (Tesla):	0.958244
Rotor-Teeth Flux Density (Tesla):	1.55665
Stator-Yoke Flux Density (Tesla):	1.61386
Rotor-Yoke Flux Density (Tesla):	0.485621
Air-Gap Flux Density (Tesla):	0.660281

图 4-1-25　24 槽 4 极短距绕组分布图　图 4-1-26　用 Maxwell 软件计算的短距绕组系数值

2）$m = 3$、$Z = 24$、$P = 2$ 时永磁同步电机绕组形式二，如图 4-1-27 和图 4-1-28 所示。

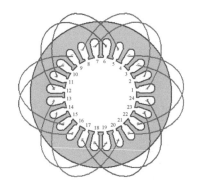

Stator Winding Factor:	0.965926
Stator-Teeth Flux Density (Tesla):	0.949669
Rotor-Teeth Flux Density (Tesla):	1.54272
Stator-Yoke Flux Density (Tesla):	1.59484
Rotor-Yoke Flux Density (Tesla):	0.479896
Air-Gap Flux Density (Tesla):	0.654372

图 4-1-27　24 槽 4 极全节距绕组分布图　图 4-1-28　用 Maxwell 软件计算的全节距绕组系数值

作者用 maxwell 软件进行不同绕组形式的同一个电机的绕组系数计算，从图中的计算结果看，单层绕组的两种绕组形式（单层短距绕组、单层全节距绕组）的绕组系数相同，都是 0.965926，用单层短距绕组的短距系数均为 1 来理解、处理、计算大节距绕组的绕组系数是正确的。

注意：$m = 3$、$Z = 24$、$P = 2$ 时电机绕组系数为 $K_{dp} = 0.965926$，而不是有的著作中给出的 $K_{dp} = 0.9330$。

4.1.3.5 感应电动势法求单层大节距绕组的绕组系数

用感应电动势法求取电机绕组系数是非常直观的，适用于各种不同绕组求取绕组系数。下面介绍感应电动势法求取绕组系数的方法。

先求出图 4-1-29 所示电机线圈的分布系数。

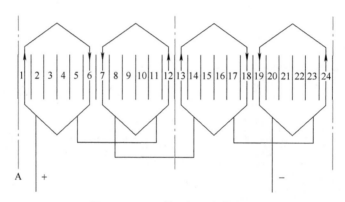

图 4-1-29 24 槽 4 极一相绕组图

用感应电动势法计算分数槽集中绕组的分布系数，因为集中绕组线圈集中绕在一个齿上，计算时可以将每个线圈的电动势相加，在计算电机大节距绕组时，由于线圈绕在多个齿上，绕组的绕线形式千变万化，因此**绕组的电动势以电机绕组在每个槽内的导体作为基本单元的感应电动势矢量相加来计算**。

A 相感应电动势由 4 个线圈的 8 个槽内**导体**的感应电动势矢量相加而成：

$$e_A(t) = e_1(t) - e_6(t) - e_7(t) + e_{12}(t) + e_{13}(t) - e_{18}(t) - e_{19}(t) + e_{24}(t) = V_m \sin P(\theta + \Phi)$$

因为两个单元分区是相等的线圈个数，所以只要求一半就行，如果不等，那么就要把整个电机 A 相线圈的感应电动势相加。根据绕组基本单元的概念，只要求一个线圈的两个边的反电动势就可以了。

现在用整个 A 相线圈的各槽内导体感应电动势法求绕组的分布系数。

1）求电机的每槽电角度：$\alpha = \dfrac{360° \times P}{Z} = \dfrac{360° \times 2}{24} = 30°$

如果求整个电机的 A 相线圈的分布系数 K_d，即

$$K_d = \frac{1}{N_{线圈导体槽个数}} \left| \sum_{k=1}^{N_{线圈导体槽个数}} e^{-j\alpha_k} \right|$$

实部：

$$\cos 0° - \cos 5\alpha - \cos 6\alpha + \cos 11\alpha + \cos 12\alpha - \cos 17\alpha - \cos 18\alpha + \cos 23\alpha$$

$$= 1 - \cos 150° - \cos 180° + \cos 330° + \cos 360° - \cos 510° - \cos 540° + \cos 690°$$

$$= 1 + 0.86603 + 1 + 0.86603 + 1 + 0.86603 + 1 + 0.86603 = 7.46410$$

虚部：

$$\sin 0° - \sin 5\alpha - \sin 6\alpha + \sin 11\alpha + \sin 12\alpha - \sin 17\alpha - \sin 18\alpha + \sin 23\alpha$$

$$= 1 - \sin 150° - \sin 180° + \sin 330° + \sin 360° - \sin 510° - \sin 540° + \sin 690°$$

$$= 0 - 0.5 + 0 - 0.5 + 0 - 0.5 + 0 - 0.5 = -2$$

$$K_d = \frac{1}{8} \times \sqrt{7.46410^2 + (-2)^2} = 0.965926$$

用**绕组单边为基本单元在各槽位置内的感应电动势矢量合成的观点求取电机的绕组系数，因此不存在电机的短距系数、全极、半极、双层、单层的问题，电机绕组的分布系数就是电机的绕组系数。**

用手工计算非常麻烦，可用 Excel 列表，只要输入电机相数、槽数、极对数，并输入每相绕组在槽内的电流方向，就立刻获得该电机的分布系数、短距系数和绕组系数，见表 4-1-9，计算非常快捷、方便。

表 4-1-9　$m = 3$、$Z = 24$、$2P = 4$ 时感应电动势法绕组系数的计算

电机绕组系数的计算（精确计算法）					
A 相绕组个数顺序	相数 m	槽数 Z	极对数 P	每槽电角度	每相绕组槽数
	3	**24**	**2**	**30.000°**	**8**
	A 相绕组在槽顺序编号	绕组线圈正反	绕组角度 /(°)	余弦值	正弦值
1	**1**	**1**	0.000	1.00000	0.00000
2	**6**	**-1**	150.000	0.86603	-0.50000
3	**7**	**-1**	180.000	1.00000	0.00000
4	**12**	**1**	330.000	0.86603	-0.50000
5	**13**	**1**	360.000	1.00000	0.00000
6	**18**	**-1**	510.000	0.86603	-0.50000
7	**19**	**-1**	540.000	1.00000	0.00000
8	**24**	**1**	690.000	0.86603	-0.50000
	分布系数 K_{d1}	短距系数 K_{p1}	绕组系数 K_{dp}	余弦值之和	正弦值之和
	0.965926	**1.00000**	**0.965926**	**7.46410**	**-2.00000**

用 RMxprt 软件计算：　Stator Winding Factor:　　　　　　　　0.965926

2）求单层大节距绕组的短距系数：$K_p = 1$。

3）求出电机线圈的绕组系数：$K_{dp} = K_d K_p = 0.965926 \times 1 = 0.965926$。

因此可以看出单层绕组的短距系数为 1，分布系数等于电机的绕组系数。因为图 4-1-30 所示两种绕组形式在计算中是完全一样的，所以其分布系数是完全相同的，

这也证明了单层绕组线圈的短距绕组的绕组系数和全节距绕组的绕组系数相等，并等于 1。

下面介绍如何用感应电动势法求解绕组全节距分布的绕组系数。图 4-1-30 是 24 槽 4 极一相全节距绕组排列接线图。

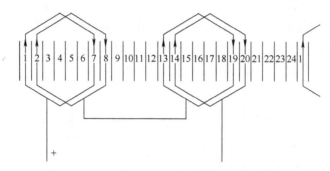

图 4-1-30　24 槽 4 极一相全节距绕组排列接线图

表 4-1-10 是 24 槽 4 极电机感应电动势法绕组系数计算表。

用 RMxprt 软件计算：Stator Winding Factor:　　　　　0.965926

用求取绕组导体边在各槽的感应电动势，可以很理性地计算电机各种绕组线圈的分布系数，即绕组的绕组系数，这个方法是很好的，如电机具有不同的绕组层数、不同的绕组节距、不同的绕组显极和庶极，也能精确求解。

如 $m = 3$，$Z = 24$，$2P = 4$，$y = 4$，庶极，绕组分布如图 4-1-31 所示。

表 4-1-10　$m = 3$、$Z = 24$、$2P = 4$ 时感应电动势法全节距绕组系数计算

绕组系数通用计算法（槽导体计算法）					
A 相绕组个数顺序	相数 m	槽数 Z	极数 P	每槽电角度	每相绕组槽数
	3	**24**	**4**	**30.000°**	**16**
	A 相绕组在槽顺序编号	绕组电流正反	绕组角度 $/(°)$	余弦值	正弦值
1	**1**	**1**	0.000	1.00000	0.00000
2	**2**	**1**	30.000	0.86603	0.50000
3	**7**	**−1**	180.000	1.00000	0.00000
4	**8**	**−1**	210.000	0.86603	0.50000
5	**13**	**1**	360.000	1.00000	0.00000
6	**14**	**1**	390.000	0.86603	0.50000
7	**19**	**−1**	540.000	1.00000	0.00000
8	**20**	**−1**	570.000	0.86603	0.50000
	分布系数 K_{d1}	短距系数 K_{p1}	绕组系数 K_{dp}	余弦值之和	正弦值之和
	0.965926	**1.00000**	**0.965926**	**7.46410**	**2.00000**

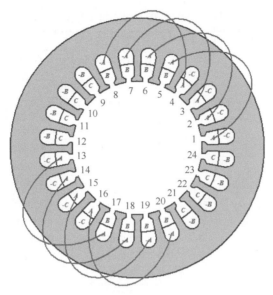

图 4-1-31　24 槽 4 极绕组分布图

24 槽 4 极绕组排列接线图如图 4-1-32 所示。

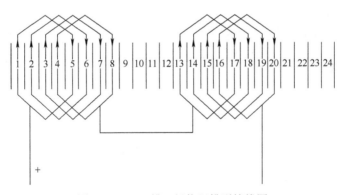

图 4-1-32　24 槽 4 极绕组排列接线图

表 4-1-11 是 24 槽 4 极电机绕组系数的计算表（精确计算法）。

用 RMxprt 软件计算：Stator Winding Factor:　　　　　　0.724444

对 15 槽 4 极电机这种不对称绕组，用求取绕组导体边在各槽的感应电动势方法来求取电机绕组系数很方便、准确。

如 $m=3$，$Z=15$，$2P=4$，$y=3$，显极，绕组分布如图 4-1-33 所示。

表 4-1-11　三相 24 槽 4 极电机绕组系数的计算

电机绕组系数的计算（精确计算法）				
A 相绕组个数顺序	相数 *m*	槽数 *Z*	极对数 *P*	每槽电角度	每相绕组槽数
	3	**24**	**2**	**30.000°**	**16**
	A 相绕组在槽顺序编号	绕组电流正反	绕组角度 /(°)	余弦值	正弦值
1	**1**	**1**	0.000	1.00000	0.00000
2	**2**	**1**	30.000	0.86603	0.50000
3	**3**	**1**	60.000	0.50000	0.86603
4	**4**	**1**	90.000	0.00000	1.00000
5	**5**	**−1**	120.000	0.50000	−0.86603
6	**6**	**−1**	150.000	0.86603	−0.50000
7	**7**	**−1**	180.000	1.00000	0.00000
8	**8**	**−1**	210.000	0.86603	0.50000
9	**13**	**1**	360.000	1.00000	0.00000
10	**14**	**1**	390.000	0.86603	0.50000
11	**15**	**1**	420.000	0.50000	0.86603
12	**16**	**1**	450.000	0.00000	1.00000
13	**17**	**−1**	480.000	0.50000	−0.86603
14	**18**	**−1**	510.000	0.86603	−0.50000
15	**19**	**−1**	540.000	1.00000	0.00000
16	**20**	**−1**	570.000	0.86603	0.50000
	分布系数 K_{d1}	短距系数 K_{p1}	绕组系数 K_{dp}	余弦值之和	正弦值之和
	0.724444	**1.00000**	**0.724444**	**11.19615**	**3.00000**

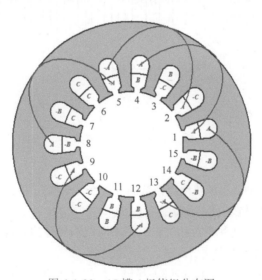

图 4-1-33　15 槽 4 极绕组分布图

图 4-1-34 是 15 槽 4 极绕组排列接线图。

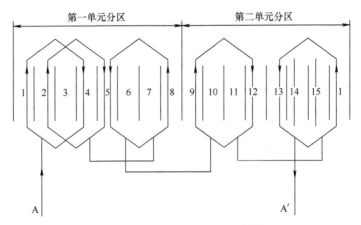

图 4-1-34　15 槽 4 极绕组排列接线图

两个分区绕组不等, 用全电机计算, 见表 4-1-12。

表 4-1-12　三相 15 槽 4 极绕组系数精确计算

电机绕组系数的计算（精确计算法）				
	相数 m	槽数 Z	极对数 P	每相绕组槽数	每槽电角度
A 相绕组个数顺序	**3**	**15**	**2**	**10**	**48.000°**
	A 相绕组在槽顺序编号	绕组电流正反	绕组角度 /(°)	余弦值	正弦值
1	**1**	**1**	0.000	1.00000	0.00000
2	**2**	**1**	48.000	0.66913	0.74314
3	**4**	**-1**	144.000	0.80902	-0.58779
4	**5**	**-1**	192.000	0.97815	0.20791
5	**5**	**-1**	192.000	0.97815	0.20791
6	**8**	**1**	336.000	0.91355	-0.40674
7	**9**	**1**	384.000	0.91355	0.40674
8	**12**	**-1**	528.000	0.97815	-0.20791
9	**13**	**-1**	576.000	0.80902	0.58779
10	**1**	**1**	0.000	1.00000	0.00000
	分布系数 K_{d1}	短距系数 K_{p1}	绕组系数 K_{dp}	余弦值之和	正弦值之和
	0.909854	**1.00000**	**0.909854**	**9.04870**	**0.95106**

用 RMxprt 软件计算：Stator Winding Factor: 0.909854

对 30 槽 4 极，这是一种波对称绕组，$m = 3$，$Z = 30$，$2P = 4$，$y = 6$，显极，GCD(30,4) = 2，即该电机基本绕组单元为 2，绕组分布如图 4-1-35 所示。

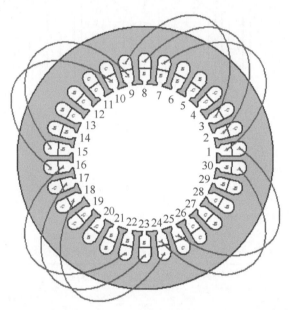

图 4-1-35　30 槽 4 极绕组分布图

图 4-1-36 是 30 槽 4 极绕组排列接线图。

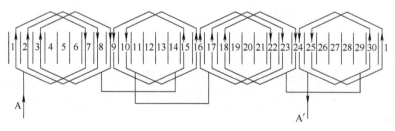

图 4-1-36　30 槽 4 极绕组排列接线图

基本绕组单元为 2，可以用全绕组计算，也可以用基本单元计算。现用电机全绕组计算，见表 4-1-13。

用 RMxprt 软件计算：Stator Winding Factor: 0.909854

从上面各种绕组用绕组导体的感应电动势法计算来看，不管绕组形式、排布如何，计算出的绕组系数都是正确的。

表 4-1-13　三相 30 槽 4 极绕组系数精确计算

		电机绕组系数的计算（精确计算法）			
A 相绕组个数顺序	相数 m	槽数 Z	极对数 P	每相绕组槽数	每槽电角度
	3	**30**	**2**	**20**	**24.000°**
	A 相绕组在槽顺序编号	绕组电流正反	绕组角度 $I/(°)$	余弦值	正弦值
1	**1**	**1**	0.000	1.00000	0.00000
2	**2**	**1**	24.000	0.91355	0.40674
3	**3**	**1**	48.000	0.66913	0.74314
4	**7**	**−1**	144.000	0.80902	−0.58779
5	**8**	**−1**	168.000	0.97815	−0.20791
6	**9**	**−1**	192.000	0.97815	0.20791
7	**9**	**−1**	192.000	0.97815	0.20791
8	**10**	**−1**	216.000	0.80902	0.58779
9	**15**	**1**	336.000	0.91355	−0.40674
10	**16**	**1**	360.000	1.00000	0.00000
11	**16**	**1**	360.000	1.00000	0.00000
12	**17**	**1**	384.000	0.91355	0.40674
13	**18**	**1**	408.000	0.66913	0.74314
14	**22**	**−1**	504.000	0.80902	−0.58779
15	**23**	**−1**	528.000	0.97815	−0.20791
16	**24**	**−1**	552.000	0.97815	0.20791
17	**24**	**−1**	552.000	0.97815	0.20791
18	**25**	**−1**	576.000	0.80902	0.58779
19	**30**	**1**	696.000	0.91355	−0.406736643
20	**1**	**1**	0.000	1.00000	0.00000
	分布系数 K_{d1}	短距系数 K_{p1}	绕组系数 K_{dp}	余弦值之和	正弦值之和
	0.909854	**1.00000**	**0.909854**	**18.09740**	**1.90211**

4.1.3.6 用感应电动势法计算绕组基本单元的分布系数

可以只计算绕组基本单元的一组线圈的分布系数，如下是求一组线圈两个槽的感应电动势之和，其分布系数还为 0.965926，这证明了用绕组基本单元可以最简单地求出电机线圈的绕组系数。图 4-1-37 是 24 槽 4 极一相绕组排列接线图。

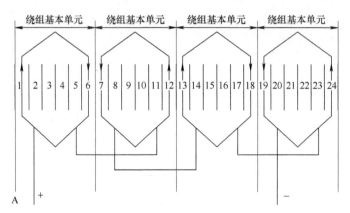

图 4-1-37　24 槽 4 极一相绕组排列接线图

用感应电动势法对基本绕组单元系数进行计算，见表 4-1-14。

表 4-1-14　$m = 3$、$Z = 24$、$2P = 4$ 时感应电动势法基本绕组单元系数的计算

电机绕组系数的计算（精确计算法）					
A 相绕组个数顺序	相数 m	槽数 Z	极对数 P	相绕组基本单元槽数	每槽电角度
	3	**24**	**2**	**2**	**30.000°**
	A 相绕组在槽顺序编号	绕组电流正反	绕组角度 /(°)	余弦值	正弦值
1	**1**	**1**	0.000	1.00000	0.00000
2	**6**	**−1**	150.000	0.86603	−0.50000
	分布系数 K_{d1}	短距系数 K_{p1}	绕组系数 K_{dp}	余弦值之和	正弦值之和
	0.965926	**1.00000**	**0.965926**	**1.86603**	**−0.50000**

用感应电动势法同样可以求取分数槽集中绕组的绕组系数，这样应看绕组在每槽的感应电动势的方向。

对 12 槽 10 极，$m = 3$，$Z = 12$，$2P = 10$，双层绕组，绕组分布如图 4-1-38 所示。用感应电动势法对基本绕组单元系数进行计算。

图 4-1-39 是 12 槽 10 极绕组排列接线图。

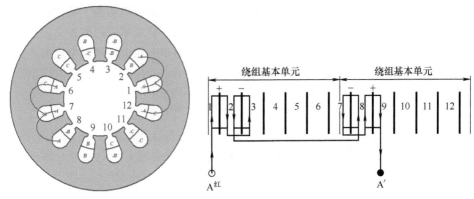

图 4-1-38　12 槽 10 极电机绕组分布图　　图 4-1-39　12 槽 10 极电机绕组排列接线图

表 4-1-15 是对 12 槽 10 极电机用感应电动势法计算全绕组的绕组系数计算表。

表 4-1-15　12 槽 10 极电机用感应电动势法计算绕组系数

电机绕组系数的计算（感应电动势法）					
A 相绕组顺序	相数 m	槽数 Z	极数 P	层数	每槽电角度	每相绕组槽数
	3	**12**	**10**	**2**	**150.000°**	**8**
	A 相绕组在槽顺序编号	绕组电流正反	绕组角度 /(°)	余弦值	正弦值	绕组基本单元
1	**1**	**1**	0.000	1.00000	0.00000	**2**
2	**2**	**−1**	150.000	0.86603	−0.50000	选取基本单元个数
3	**2**	**−1**	150.000	0.86603	−0.50000	**2**
4	**3**	**1**	300.000	0.50000	−0.86603	计算绕组槽数
5	**7**	**−1**	900.000	1.00000	0.00000	**8**
6	**8**	**1**	1050.000	0.86603	−0.50000	
7	**8**	**1**	1050.000	0.86603	−0.50000	
8	**9**	**−1**	1200.000	0.50000	−0.86603	
	分布系数 K_{d1}	短距系数 K_{p1}	绕组系数 K_{dp}	余弦值之和	正弦值之和	
	0.933013	**1.00000**	**0.933013**	**6.46410**	**−3.73205**	

用 RMxprt 软件计算：Stator Winding Factor:　　　　　　　　0.933013

作者讲述了用多种观点和方法分析和计算永磁同步电机的绕组系数的情况，不管是以绕组为基本单元还是以绕组单边为基本单元，用**感应电动势法**求取电机绕组的绕组系数都是非常方便的。

用感应电动势法求取绕组每单边在电机不同槽内位置的电动势，不存在绕组的短距系数。**绕组的分布系数就是电机绕组的绕组系数，绕组单边的位置决定了绕组是双层、单层、全绕组和半绕组的形式，这种方法对单节距分数槽集中绕组和大节距分布绕组计算绕组系数都适用。**这种方法比一般书上介绍的用公式求取绕组系数方法要可靠和准确，与用 RMxprt 求取的结果完全一致。

可以看出用不同的方法都可以求出永磁同步电机的绕组系数，只是难易程度不同。读者可以以将几本电机著作对照看一下，从而对电机绕组系数有一个深入了解。

电机设计是一种实用技术，用现有的特别是 RMxprt 软件可以快速计算电机各种槽极配合的绕组系数，既直观又准确。

4.1.3.7 大节距绕组双层绕组系数

大节距绕组分双层绕组和单层绕组，其中又分全分布绕组（显极）和半分布绕组（庶极），主要是与大节距绕组系数、节距有关，在一般的槽极配合中，绕组系数与节距大小有关，绕组的短节距和长节距的绕组系数是不同的，全节距的绕组系数会比短节距的绕组系数大，因此存在选取节距的问题。另外，绕组又分全绕组和半绕组，全绕组比半绕组的绕组系数大，双层绕组与单层绕组的绕组系数又有较大的差别。因此，用一般的表格不能列出大节距绕组的绕组系数。如果选定绕组节距与极距近似，那么可以列出大节距绕组的绕组系数。最好是用 RMxprt 软件计算电机绕组的绕组系数，这样既方便又正确。部分大节距双层绕组的绕组系数见表 4-1-16（读者可以用 RMxprt 软件算出自己需要的槽极配合的绕组系数）。

表 4-1-16 大节距双层绕组的绕组系数

极数	大节距双层绕组系数													
	槽数													
	6 全	6 半	9 全	9 半	12 全	12 半	15 全	15 半	18 全	18 半	21 全	21 半	24 全	24 半
2	0.866	0.75	0.945	0.831	0.933	0.808	0.91	0.792	0.902	0.781	0.828	0.719	0.829	0.718
4	0.866	0.866	0.945	0.831	1	0.866	0.909	0.792	0.945	0.831	0.890	0.773	0.836	0.724
6	####	####	0.866	0.866	1	0.354	0.878	0.777	1	0.866	0.897	0.890	0.871	0.759
8					0.866	0.866	0.951	0.828	0.945	0.831	0.989	0.772	1	0.866
10							0.866	0.866	0.945	0.818	0.953	0.837	0.925	0.801
12					####	####			0.866	0.866	0.897	0.795	1	0.354
14											0.866	0.866	0.925	0.801
16													0.866	0.866

4.1.3.8　大节距单层绕组绕组系数

大节距单层绕组的绕组个数要比双层绕组少一半，一个槽内只有一个线圈，所以具有绕组下线工艺简单、一个槽内不存在相间绝缘问题等优点。表 4-1-17 给出了大节距单层绕组的绕组系数。

表 4-1-17　大节距单层绕组的绕组系数

极数	大节距单层绕组系数													
	槽数													
	6全	6半	9全	9半	12全	12半	15全	15半	18全	18半	21全	21半	24全	24半
2	1	1			0.966	0.966			0.96	0.96			0.958	0.958
4					1	1			0.945				0.966	0.966
6									1	1				
8													1	1

大节距电机有如下特征：

1）大节距绕组，双层绕组分布形式适用电机各种极槽配合，可以求出各种配合的绕组系数。大节距单层绕组形式较少，只有偶数槽与电机各种极才能形成正确的槽极配合。

2）双层槽大节距的绕组系数在全绕组时比半绕组时要高，但是全绕组要比半绕组的绕组个数多一倍，绕组下线复杂。

3）单层槽大节距的绕组系数较大，在 0.95~1 之间，特别是极数较少（如 2、4、6、8 极）的电机，适用于高速电机。

4）每槽与不同极配合，并不都适合做成各种电机，如果电机双层绕组的极数与槽数较多，那么电机的节距就较小，如果节距为 2，这样和单节距集中绕组相近，绕组系数均为 0.866，但这样的绕组下线工艺比单节距集中绕组复杂。如 18-12j，其节距不能为 3，只能为 2。

4.1.4　单节距电机的绕组系数

在单节距绕组中，电机的绕组全极和半极会给电机的绕组系数带来较大的差别（见表 4-1-18），在 RMxprt 软件中，电机的绕组系数关系到电机实际有效导体数。下面分析单节距集中绕组在全极和半极时的区别。

表 4-1-18　集中绕组全极、半极的绕组系数

集中绕组全极、半极的绕组系数（1）

极数\槽数	6（全）	6（半）	9（全）	9（半）	12（全）	12（半）	15（全）	15（半）	18（全）	18（半）	21（全）	21（半）	24（全）	24（半）
2	0.5	0.433	0.328	0.288	0.25	0.217	0.199	0.173	0.167	0.144	0.142	0.123	0.125	0.108
4	0.866	0.866	0.616	0.543	0.5	0.433	0.389	0.339	0.328	0.288	0.281	0.244	0.25	0.216
6	###	###	0.866	0.866	0.707	0.25	0.543	0.481	0.5	0.433	0.399	0.354	0.361	0.314
8	0.866	0.866	0.945	0.831	0.866	0.866	0.711	0.619	0.617	0.542	0.538	0.467	0.5	0.433
10	0.5	0.433	0.945	0.831	0.933	0.808	0.866	0.866	0.735	0.636	0.65	0.564	0.582	0.504
12			0.866	0.866	###	###	0.878	0.778	0.866	0.866	0.7195	0.637	0.7071	0.25
14			0.6169	0.543	0.933	0.808	0.951	0.829	0.902	0.781	0.866	0.866	0.7597	0.657
16			0.3282	0.288	0.866	0.866	0.961	0.829	0.945	0.8312	0.889	0.772	0.866	0.866
18					0.707	0.25	0.878	0.778	###	###	0.897	0.795	0.871	0.759
20					0.5	0.433	0.866	0.866	0.945	0.831	0.953	0.827	0.933	0.808
22					0.25	0.217	0.711	0.619	0.902	0.781	0.953	0.827	0.949	0.822
24							0.543	0.481	0.866	0.866	0.897	0.795	###	###
26							0.389	0.399	0.735	0.636	0.889	0.772	0.949	0.822
28								0.713	0.617	0.542	0.866	0.866	0.933	0.808
30									0.5	0.433	0.7195	0.637	0.871	0.759
32									0.328	0.288	0.65	0.564	0.866	0.866
34									0.617	0.144	0.538	0.467	0.7597	0.657

（续）

集中绕组全极、半极的绕组系数（2）

极数	槽数													
	27（全）	27（半）	30（全）	30（半）	33（全）	33（半）	36（全）	36（半）	39（全）	39（半）	42（全）	42（半）	45（全）	45（半）
2	0.11	0.096	0.100	0.086	0.090	0.078	0.083	0.072	0.076	0.066	0.071	0.061	0.066	0.057
4	0.22	0.191	0.199	0.173	0.180	0.156	0.166	0.144	0.153	0.132	0.142	0.123	0.132	0.115
6	0.328	0.288	0.294	0.253	0.267	0.232	0.25	0.216	0.226	0.197	0.211	0.183	0.198	0.173
8	0.428	0.371	0.389	0.338	0.355	0.307	0.328	0.288	0.302	0.262	0.281	0.244	0.263	0.228
10	0.52	0.455	0.5	0.433	0.437	0.375	0.404	0.349	0.374	0.324	0.349	0.302	0.328	0.288
12	0.616	0.542	0.543	0.48	0.513	0.445	0.5	0.433	0.415	0.362	0.399	0.354	0.389	0.338
14	0.694	0.602	0.640	0.554	0.590	0.511	0.548	0.474	0.510	0.422	0.5	0.433	0.448	0.388
16	0.766	0.664	0.710	0.619	0.659	0.571	0.616	0.542	0.573	0.497	0.538	0.467	0.506	0.438
18	0.866	0.866	0.747	0.6217	0.669	0.581	0.707	0.25	0.591	0.525	0.573	0.508	0.542	0.480
20	0.877	0.761	0.866	0.866	0.778	0.674	0.735	0.636	0.688	0.597	0.650	0.564	0.616	0.542
22	0.915	0.794	0.873	0.756	0.866	0.866	0.783	0.678	0.739	0.641	0.700	0.606	0.663	0.574
24	0.945	0.831	0.878	0.777	0.863	0.749	0.866	0.866	0.735	0.641	0.719	0.637	0.710	0.619
26	0.953	0.827	0.935	0.81	0.902	0.782	0.866	0.75	0.866	0.866	0.789	0.683	0.752	0.652
28	0.953	0.827	0.951	0.828	0.928	0.804	0.901	0.781	0.862	0.747	0.866	0.866	0.791	0.686
30	0.945	0.831	####	####	0.877	0.771	0.933	0.808	0.865	0.74	0.857	0.743	0.866	0.866
32	0.915	0.794	0.951	0.828	0.954	0.827	0.945	0.831	0.917	0.795	0.889	0.772	0.858	0.743
34	0.877	0.761	0.935	0.81	0.954	0.827	0.952	0.824	0.935	0.811	0.913	0.79	0.885	0.767
36	0.866	0.866	0.878	0.777	0.939	0.771	####	####	0.886	0.774	0.897	0.795	0.878	0.777
38	0.766	0.664	0.873	0.756	0.928	0.804	0.952	0.824	0.954	0.827	0.945	0.818	0.926	0.803
40			0.866	0.866	0.902	0.782	0.945	0.831	0.954	0.827	0.953	0.827	0.945	0.831
42			0.747	0.621	0.805	0.749	0.933	0.808	0.937	0.818	####	####	0.951	0.828
44					0.866	0.866	0.901	0.781	0.935	0.811	0.953	0.827	0.954	0.827
46					0.778	0.674	0.8665	0.75	0.917	0.795	0.945	0.818	0.954	0.827

由表 4-1-18 可以看出：

1）单节距集中绕组，可以适应电机各种极槽配合。

2）只有极槽配合 q 是整数的单节距集中绕组的绕组系数较大（绿色背景包围区域）。

3）整数槽大节距的槽极配合不适宜做成单节距绕组，其绕组系数很小。

4）每槽与电机不同极配合，其绕组系数呈对称分布，最外边为 $q = 1$，其绕组系数为 0.866，最内的 $q<1$，最中间的绕组系数最大。全极绕组比半极绕组的绕组系数要高 10% 左右。

5）电机的绕组系数呈上下对称分布，外边同样的单节距集中绕组，全极的绕组系数比半极的绕组系数要大，不管极槽怎样配合，中间的绕组系数在全极时均达 0.95 以上，半极绕组系数最小仅为 0.80 左右。

4.1.4.1 单节距分区分布的绕组个数

前面已经讲到单节距绕组中部分电机可以**用分区法**分析，一个电机最小可以由一个分区电机组成，也可以由多个分区电机组成，当一个电机分区数 K_F 是偶数时，则分区电机绕组可以串联或并联；当一个电机分区数 K_F 是奇数时，分区电机绕组一般只能串联。

电机一个分区中有 A、B、C 三组绕组，分区中的总绕组数至少是 3 的整数倍，电机每分区三相绕组个数为 $FZP = \dfrac{Z}{(Z-p)}$。

作者计算了各种槽极配合电机单节距绕组的绕组系数，列成表 4-1-19，表中浅绿色背景的是"分数槽集中绕组"，这些电机的分区中，绕组个数总和都是 3 的倍数。

从表中可以看出，只有浅绿色背景的槽极配合的单节距电机才能在一个单元分区中三相绕组数是 3 的倍数，这样就组成了一个完整的分区单元电机，这种分区电机又称为"基本分区电机"，从这种基本单元电机可以推广出多种新的槽极配合的分区整数槽集中绕组电机。

如 6 槽 4 极，分区数为 2，那么基本分区电机为 3 槽 2 极，这样用 3 槽 2 极的基本分区电机可以延伸出一系列的含有相同基本分区电机的多种槽极配合的分区整数槽集中绕组电机，如 3 槽 2 极、6 槽 4 极、9 槽 6 极、12 槽 8 极、15 槽 10 极、18 槽 12 极…45 槽 30 极…这一系列电机的基本分区电机都是相同的，都含有相同的三相绕组 A、B、C，每相一个绕组。如果该系列绕组的分区数是偶数，则各个基本分区的绕组可以进行串、并联连接，组成各种绕组转接方式，以适应电机高电压或大电流的需要。

表 4-1-19　单元分区单节距绕组的绕组个数 FZP

极数	槽数													
	6	**9**	**12**	**15**	**18**	**21**	**24**	**27**	**30**	**33**	**36**	**39**	**42**	**45**
2	1.5	1.29	1.2	1.15	1.13	1.105	1.091	1.08	1.071	1.06	1.059	1.054	1.05	1.047
4	**3**	1.8	1.5	1.36	1.29	1.235	1.2	1.174	1.154	1.14	1.125	1.114	1.105	1.098
6	####	**3**	2	1.67	1.5	1.4	1.333	1.286	1.25	1.22	1.2	1.181	1.167	1.154
8	**−3**	9	**3**	2.14	1.8	1.615	1.5	1.42	1.364	1.32	1.286	1.258	1.235	1.216
10	−1.5	**−9**	6	**3**	2.25	1.909	1.714	1.588	1.5	1.43	1.385	1.344	1.313	1.286
12	−1	**−3**	####	5	**3**	2.333	2	1.8	1.667	1.57	1.5	1.444	1.4	1.364
14	−0.75	−1.8	**−6**	15	4.5	**3**	2.4	2.077	1.875	1.74	1.636	1.56	1.5	1.45
16	−0.6	−1.3	**−3**	**−15**	9	4.2	**3**	2.455	2.143	1.94	1.8	1.695	1.615	1.552
18	−0.5	−1	−2	−5	####	7	4	**3**	2.5	2.2	2	1.857	1.75	1.667
20	−0.43	−0.8	−1.5	**−3**	**−9**	21	6	3.857	**3**	2.54	2.25	2.052	1.909	1.8
22	−0.38	−0.7	−1.2	−2.1	−4.5	**−21**	12	5.4	3.75	**3**	2.571	2.294	2.1	1.957
24	−0.33	−0.6	−1	−1.7	**−3**	−7	#####	9	5	3.67	**3**	2.6	2.333	2.143
26	−0.3	−0.5	−0.9	−1.4	−2.3	−4.2	**−12**	27	7.5	4.71	3.6	**3**	2.625	2.368
28	−0.27	−0.5	−0.8	−1.2	−1.8	**−3**	**−6**	**−27**	15	6.6	4.5	3.545	**3**	2.647
30	−0.25	−0.4	−0.7	−1	−1.5	−2.33	−4	**−9**	####	11	**6**	4.333	3.5	**3**
32	−0.23	−0.4	−0.6	−0.9	−1.3	−1.91	−3	−5.4	**−15**	33	**6**	5.571	4.2	3.462
34	−0.21	−0.4	−0.5	−0.8	−1.1	−1.62	−2.4	−3.86	−7.5	**−33**	18	7.8	5.25	4.091
36	−0.2	−0.3	−0.5	−0.7	−1	−1.4	−2	**−3**	−5	−11	####	13	7	5
38	−0.19	−0.3	−0.5	−0.7	−0.9	−1.24	−1.71	−2.45	−3.75	−6.6	**−18**	**39**	10.5	6.429
40	−0.18	−0.3	−0.4	−0.6	−0.8	−1.11	−1.5	−2.08	**−3**	−4.7	**−9**	**−39**	21	**9**
42	−0.17	−0.3	−0.4	−0.6	−0.8	−1	−1.33	−1.8	−2.5	−3.7	**−6**	−13	####	15
44	−0.16	−0.3	−0.4	−0.5	−0.7	−0.91	−1.2	−1.59	−2.14	**−3**	−4.5	−7.8	**−21**	45
46	−0.15	−0.2	−0.4	−0.5	−0.6	−0.84	−1.09	−1.42	−1.88	−2.5	−3.6	−5.57	−10.5	**−45**
48	−0.14	−0.2	−0.3	−0.5	−0.6	−0.78	−1	−1.29	−1.67	−2.2	**−3**	−4.33	−7	**−15**
50	−0.14	−0.2	−0.3	−0.4	−0.6	−0.72	−0.92	−1.17	−1.5	−1.9	−2.57	−3.55	−5.25	**−9**
52	−0.13	−0.2	−0.3	−0.4	−0.5	−0.68	−0.86	−1.08	−1.36	−1.7	−2.25	**−3**	−4.2	−6.43
54	−0.13	−0.2	−0.3	−0.4	−0.5	−0.64	−0.8	−1	−1.25	−1.6	−2	−2.6	−3.5	−5
56	−0.12	−0.2	−0.3	−0.4	−0.5	−0.6	−0.75	−0.93	−1.15	−1.4	−1.8	−2.29	**−3**	−4.09

4.1.4.2　单节距绕组的槽极配合的选取

在电机中，选用单节距绕组的电机（即分数槽集中绕组电机）已经形成共识，这类电机有许多优点，如槽极配合可以相近，可以选较大的极数，可以做成低速电机和大转矩电机，可以做成拼块式电机，槽满率可以做得很高，相同输出功率的电机体积可以减小得很多等。一般我们看到这类电机都选用表 4-1-19 中绿色背景的槽极配合，称为分数槽集中绕组电机，实际这些电机的分区中的绕组都是 3 的倍数

（相对三相而言），那么表4-1-19中的白色背景的槽极配合的电机，包括那些常用的分布绕组电机是否也可以做成单节距绕组电机呢？答案是肯定的，但是基本分区中的绕组数一般小于3，说明基本分区不可能组成一个完整的分区电机，如12槽4极，如用单节距集中绕组形式，会出现如下问题：

1）基本分区绕组不是相数的整数倍，绕组分布不均匀，增加了绕组下线工艺的难度；

2）电机的绕组系数会有较大程度的下降，如12槽4极的全绕组单节距绕组形式的绕组系数仅为0.5，这会引起电机主要参数的下降，这对电机性能是不利的。

因此，一般单节距电机（分数槽集中绕组电机）宜选用绿色背景的槽极配合为妥。

4.2　电机转矩的计算

4.2.1　永磁同步电机的内功率因数角

永磁同步电机交、直轴上的磁阻**通常不相等**，同一电枢磁动势作用在不同位置，遇到的磁阻不同。用双反应理论看，把电枢磁动势分解为作用在直轴上的直轴电枢反应磁动势和作用在交轴上的交轴电枢反应磁动势，**通常磁动势是不等的**。

$$F_{ad} = F_a \sin\gamma \qquad (4\text{-}2\text{-}1)$$

$$F_{aq} = F_a \cos\gamma \qquad (4\text{-}2\text{-}2)$$

式中，γ **是内功率因数角**，定义为电枢电流 I 和空载电动势 $\dot{E}_0$ 之间的夹角，F_a 是电枢绕组磁动势，有

$$F_a = \frac{\sqrt{2}mN_1K_{dp}}{\pi p}I \qquad (4\text{-}2\text{-}3)$$

式中，N_1 是每相串联匝数；m 是相数；K_{dp} 是基波绕组系数。

只要求出交、直轴磁阻，就可以求出直轴电枢反应产生的磁通 Φ_{ad} 和交轴电枢反应产生的磁通 Φ_{aq}。电枢电流 i 可分解为直轴分量 i_d 和交轴分量 i_q，即

$$\begin{cases} I_d = I\sin\gamma \\ I_q = I\cos\gamma \end{cases} \qquad (4\text{-}2\text{-}4)$$

它们分别产生不相等的直、交轴电枢磁动势 F_{ad} 和 F_{aq}。

电流 I_s 与感应电动势的夹角，又称为电流角，因为该电流一般是超前 V_q 轴电压，又称为超前角。

永磁同步电机的矢量图有多种状态，现介绍其中一种状态，说明电机矢量之间的关系，如图 4-2-1 所示。

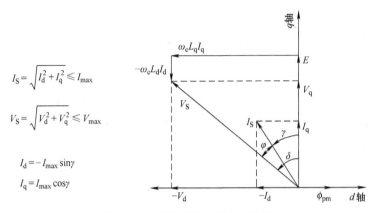

$I_S=\sqrt{I_d^2+I_q^2}\leqslant I_{max}$
$V_S=\sqrt{V_d^2+V_q^2}\leqslant V_{max}$
$I_d=-I_{max}\sin\gamma$
$I_q=I_{max}\cos\gamma$
q轴
$\omega_e L_q I_q$
$-\omega_e L_d I_d$
E
V_q
V_S
I_S
I_q
γ
φ
δ
$-V_d$
$-I_d$
ϕ_{pm}
d轴

图 4-2-1　永磁同步电机的矢量图

$$\gamma=\arctan\left(\frac{I_d}{I_q}\right) \tag{4-2-5}$$

由图 4-2-1 得

$$\gamma=\delta-\varphi$$

式中，γ 是内功率因数角；δ 是转矩角；φ 是功率因数角。

各种永磁同步电机在不同工况下，电机的内功率因数角都是存在的，而且是不同的。

4.2.2　内功率因数角 γ 求取方法一

用 RMxprt 软件得到永磁同步电机的转矩计算参数如图 4-2-2 所示。

Power Factor:	0.999541
IPF Angle (degree):	-11.5909
NOTE: IPF Angle is Internal Power Factor Angle.	
Synchronous Speed (rpm):	2500
Rated Torque (N.m):	4.96859
Torque Angle (degree):	13.3276

图 4-2-2　电机转矩计算参数

由功率因数 $\cos\varphi=0.999541$ 计算得功率因数角 $\varphi=1.73604°$。

求电机内功率因数角 γ：

因为转矩角 δ 是 E 和 V_S 的夹角，为 13.3276°，已经确定，该电机 I_S 应在第一

象限，其功率因数角是 1.73604°，所以其内功率因数角为

$$\gamma = \varphi - \delta = 1.73604° - 13.3276° = -11.59156°$$

与用 RMxprt 软件计算的内功率因数角 −11.5909° 相同，只是计算舍取误差。内功率因数角在计算时有负值，但是 $I_d^2 + I_q^2 = I_s^2$ 始终存在。不考虑电流矢量，那么

$\gamma = \arctan\left(\dfrac{I_d}{I_q}\right)$ 就成立，**这样在输入电流源公式中 γ 取正值。**

电流 I_s 与感应电动势 E 的夹角称为电流角，即内功率因数角。因为该电流一般是超前 V_q 轴电压，故称为超前角，内功率因数角就是超前角。

4.2.3   内功率因数角 γ 求取方法二

用 RMxprt 软件求出该电机的两个电流 I_d、I_q 值，计算电机内功率因数角，如图 4-2-3 所示。

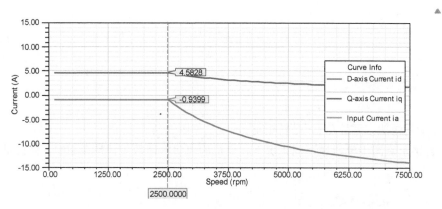

图 4-2-3   电机转速 - 电流曲线（RMxprt）

$$\gamma = \arctan\left(\frac{I_d}{I_q}\right) = \arctan\left(\frac{-0.9399}{4.5828}\right) = -11.59023°$$

在输入电流源公式中 γ 取正值。

4.2.4   电机转矩和转矩波动的求取

1. 用 Maxwell-RMxprt 软件求取转矩

当用 RMxprt 软件完成计算后，就会显示电机的转矩和相关参数。

下面以结构比较复杂的 12 槽 4 极内嵌式永磁同步电机（见图 4-2-4）为例进行介绍。

电机计算书中的转矩参数如图 4-2-5 所示。

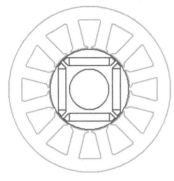

Power Factor:	0.842216
IPF Angle (degree):	10.8401
NOTE: IPF Angle is Internal Power Factor Angle.	
Synchronous Speed (rpm):	18000
Rated Torque (N.m):	3.97192
Torque Angle (degree):	21.7851

图 4-2-4　12-4j 电机结构图　　　　图 4-2-5　电机转矩计算参数

由功率因数 $\cos\varphi = 0.842216$ 计算得功率因数角 $\varphi = 32.62513111$。

因为转矩角 δ 是 E 和 V_S 的夹角，为 $21.7851°$，已经确定，该电机 I_S 应在第一象限，其功率因数角才会是 $32.6251°$，所以其内功率因数角为：

$$\gamma = \varphi - \delta = 32.6251° - 21.7851° = 10.84°$$

用 RMxprt 软件求出该电机的两个电流 I_d、I_q 值，并计算电机内功率因数角，如图 4-2-6 所示。

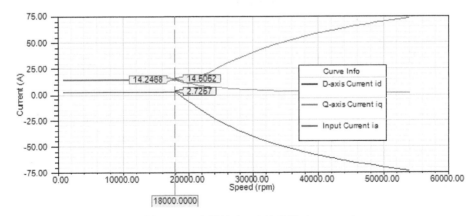

图 4-2-6　电机转速 - 电流曲线（RMxprt）

$$\gamma = \arctan\left(\frac{I_\mathrm{d}}{I_\mathrm{q}}\right) = \arctan\left(\frac{2.7257}{14.2468}\right) = 10.8309°$$

电机转矩为 3.97192N·m，内功率因数角为 $10.8401°$，转矩角为 $21.7851°$。用 RMxprt 软件不能看出转矩波动，必须用 Maxwell 2D 分析来看。

在 Maxwell 2D 分析中有电压源和电流源两种求取转矩的方法。

用电压源计算电机的转矩曲线，可以看到转矩波形的振荡，因为是电压源，所以求出的该电机超前角为零时的转矩值和转矩波动，要比用 RMxprt 软件计算的值大，如图 4-2-7 和图 4-2-8 所示。

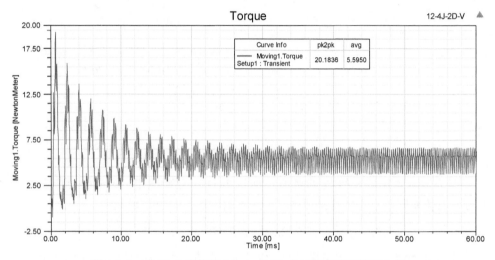

图 4-2-7　对 12-4j 电机用 Maxwell 2D 电压源求取的转矩曲线

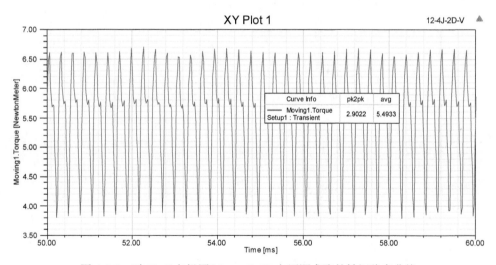

图 4-2-8　对 12-4j 电机用 Maxwell 2D 电压源求取的转矩稳态曲线

用 RMxprt 软件计算的转矩值为 3.97192N·m，用电压源计算的转矩（avg）为 5.4933N·m，$\Delta_T = \left| \dfrac{5.4933 - 3.97192}{3.97192} \right| = 0.383 \times 100\% = 38.3\%$，相差太大，不能作

为电机额定转矩计算依据，两者不能相对比，但是能看到转矩的振荡状况和转矩波动状况，可以用于设计分析。

也可以用 Maxwell 2D 的**电压源公式**的方法求取电机的转矩：

例：电压源公式为：

A 相：**291.489*** sin（2*pi*600*time + **21.7851***pi/180）；

B 相：291.489* sin（2*pi*600*time + 21.7851*pi/180 − 2*pi/3）；

C 相：291.489* sin（2*pi*600*time + 21.7851*pi/180 − 4*pi/3）。

由 $\dfrac{357}{\sqrt{3}} \times \sqrt{2} = 291.489\text{V}$，这里输入了相电压幅值 **291.489V**，输入了转矩角 **21.7851°**，电源频率为 **600Hz**。

用电压源看电机的转矩波动，可以很好地评价电机转矩的初始振荡情况和转矩波动好坏，如图 4-2-9 所示。

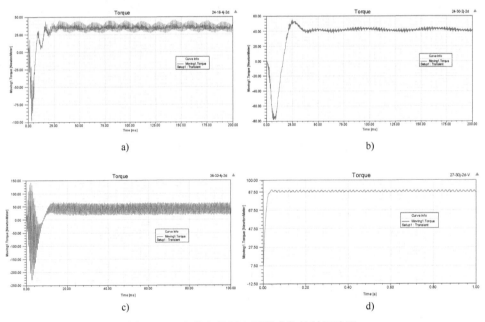

图 4-2-9　多种电机用电压源求取的转矩波形

看图 4-2-9，用电压源看电机转矩波形姿态是非常清楚的，最好的转矩波形应该是图 4-2-9d。

如 18-16j-1、18-16j-2 同一电机，只是在 18-16j-1 的磁钢上做了一些凸极，转矩波动在电压源的转矩波形的变化就非常明显，如图 4-2-10 和图 4-2-11 所示，这对电机设计人员确定电机结构和分析齿槽转矩、削弱电机转矩波动有非常好的作用。

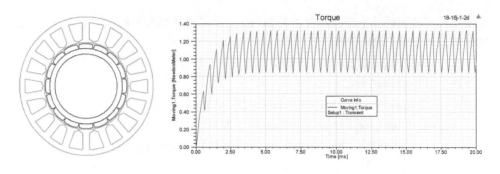

图 4-2-10　18-16j-1 磁钢结构与转矩波动

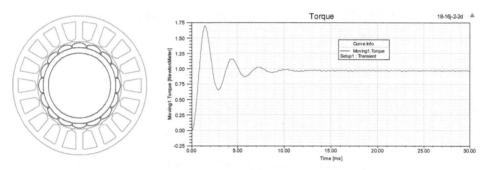

图 4-2-11　18-16j-2 磁钢结构与转矩波动

2. 用 Maxwell 2D 电流源求取电机的转矩

具体求取方法如下：

① 编写 A、B、C 相电流公式后

A 相：20.5112 * sin（2*pi* 600 *time+ 10.8401 *pi/180 ）；

B 相：20.5112 * sin（2*pi* 600 *time+ 10.8401 *pi/180-2*pi/3 ）；

C 相：20.5112 * sin（2*pi* 600 *time+ 10.8401 *pi/180-4*pi/3 ）。

这里输入了**相电流幅值**为 **20.5112A**（Y 型绕组相电流等于绕电流），**电源频率**为 **600Hz**，输入**内功率因数角**为 **10.8401°**，如图 4-2-5 中的内功率因数角值。

相电流幅值为 $14.5041A \times \sqrt{2} = 20.5112A$，如图 4-2-12 所示。

Maximum Line Induced Voltage (V):	453.503
Root-Mean-Square Line Current (A):	14.5041
Root-Mean-Square Phase Current (A):	14.5041

图 4-2-12　电机电流计算

分别代入电流公式框，如图 4-2-13 所示。

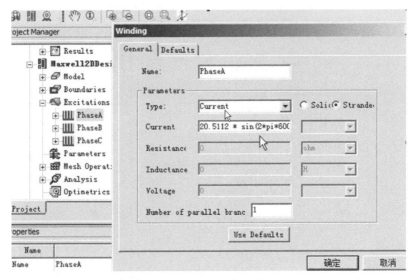

图 4-2-13　电流源公式设置

即可以计算出 Maxwell 2D 转矩曲线，如图 4-2-14 所示。

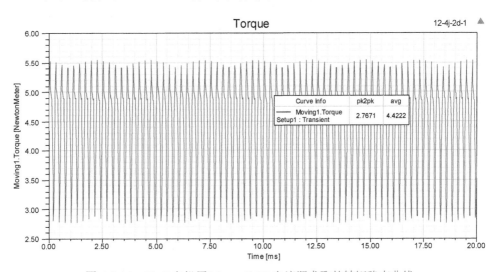

图 4-2-14　12-4j 电机用 Maxwell 2D 电流源求取的转矩稳态曲线

② 也可以单击 Maxwell 2D 下拉菜单，如图 4-2-15 所示。

单击后填入参数后确认：

用 RMxprt 软件得到额定电流：Root-Mean-Square Line Current (A):　　　　14.5041

因此其幅值为 $I_{max} = \sqrt{2} \times 14.5A = 20.5112A$，工作频率为 600Hz。

Gamma(γ) 的取值用**内功率因数角**代入，即 10.8401°，如图 4-2-16 中箭头所指。

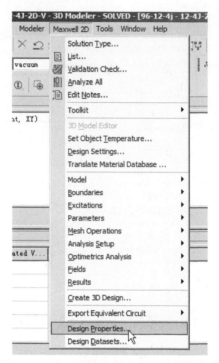

图 4-2-15　Maxwell 2D 参数化设置一

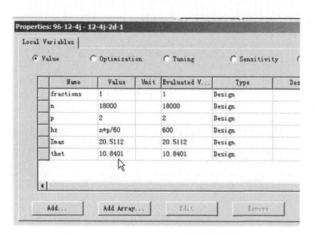

图 4-2-16　Maxwell 2D 参数化设置二

③ 也可以如图 4-2-17 所示设置。

转速和极对数可不设置，hz 处直接填入数值 600。

在 RMxprt 软件中已经设置转速，一键生成 Maxwell 2D 时直接代入，如图 4-2-18 所示。

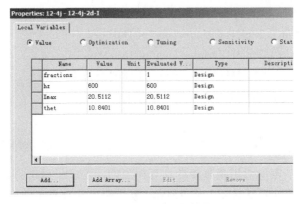

图 4-2-17　Maxwell 2D 参数化设置三

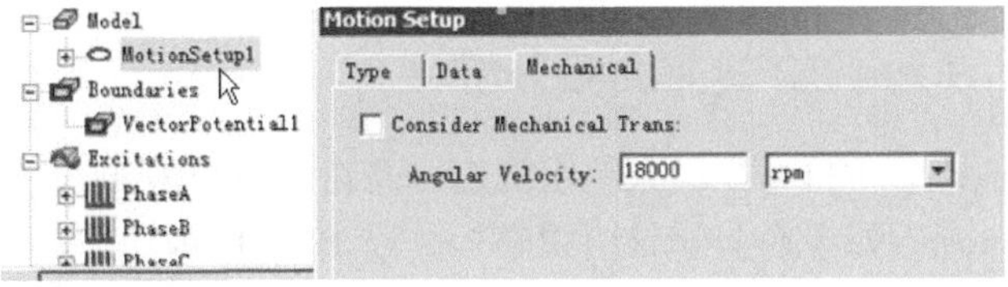

图 4-2-18　Maxwell 2D 运行时的转速输入框（自动生成，可输入）

极对数不必要输入，因为极对数 $P = \dfrac{60\mathrm{Hz}}{n}$。

然后进行电流源设置，如图 4-2-19 所示。

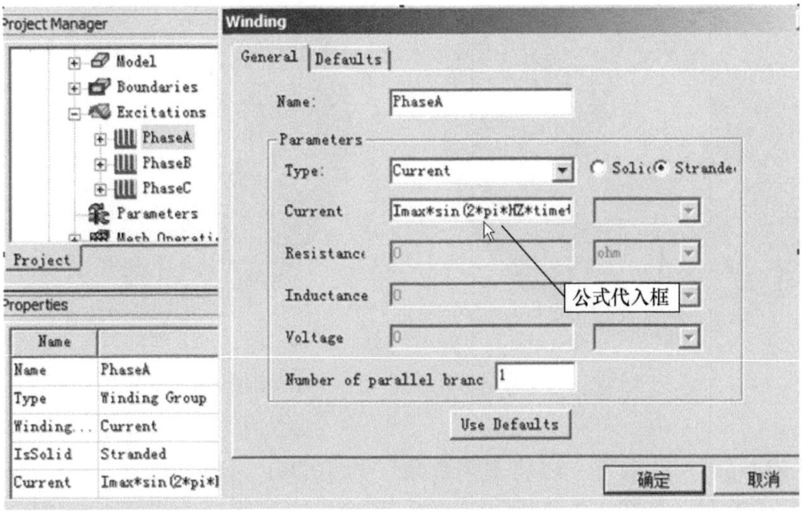

图 4-2-19　电流源公式设置

分别将下列公式复制到图 4-2-19 箭头所指每相电流框中：

A 相：Imax*sin（2*pi*HZ*time+Thet*pi/180）

B 相：Imax*sin（2*pi*HZ*time+Thet*pi/180-2*pi/3）

C 相：Imax*sin（2*pi*HZ*time+Thet*pi/180+2*pi/3）

进行 Maxwell 2D 运算，两种设置的结果是一样的。

计算转矩相对误差：

$$\Delta_\mathrm{T} = \left| \frac{4.4222 - 3.97192}{3.97192} \right| = 0.1133 \times 100\% = 11.33\%，还有一定的差距。$$

这个误差不一定说明用路算和场算有相当的误差，只是说明 Maxwell 2D 计算的转矩不是额定工作点的转矩，用 RMxprt 软件路方法计算出的内功率因数角是有误差的，代入 Maxwell 2D 电流源计算时计算到的转矩不是电机的额定转矩（$T = 9.5493 P_2/n$），因此造成了这样的误差。

4.2.5 MotorSolve 2D 转矩曲线分析

有一种内嵌式、少槽、少极大节距绕组，高速（18000r/min）整数槽，槽极配合电机，用 MotorSolve 软件计算该电机转矩，以 10.841° 内功率因数角作为超前角代入，图 4-2-20 是 12 槽 4 极电机结构和绕组排布图。

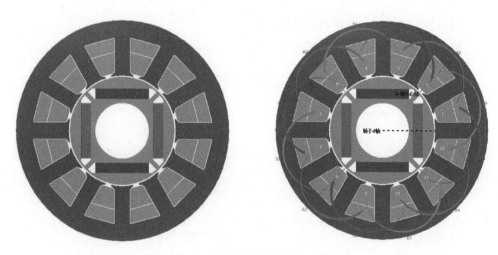

图 4-2-20　12-4j 电机结构和绕组排布图

用 RMxprt 软件求得"内功率因数角"为 10.841°，将其作为"超前角"代入 MotorSolve 软件，如图 4-2-21 所示。

运动分析计算结果如图 4-2-22 所示。

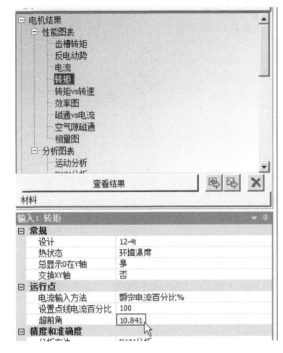

图 4-2-21　MotorSolve 软件中的超前角输入

运动分析

	12-4j
转矩 (N·m)	3.47
输入功率 (kW)	6.87
输出功率 (kW)	6.55
效率 (%)	95.3
RMS线电压 (V)	287
RMS线电流 (A)	14.5
RMS电流密度 (A/mm²)	3.26
功率因数	0.953

图 4-2-22　用 MaxwellSolve 软件
求取电机转矩

图 4-2-23 是电机转矩曲线。

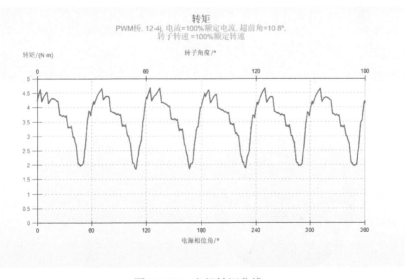

图 4-2-23　电机转矩曲线

图 4-2-24 是从电机转矩曲线中导出参数的图示。

图 4-2-25 是导出的 Excel 表格，并求转矩平均值。

	电枢相位角 (°)	转子角度 (°)	转矩 (N·m)
1	0	0	4.22
2	0.5	0.25	4.31
3	1	0.5	4.38
4	1.5	0.75	4.44
5	2	1	4.5
6	2.5	1.25	4.55
7	3	1.5	4.6
8	3.33	1.67	4.63
9	3.83	1.92	4.5
10	4.33	2.17	4.37
11	4.83	2.42	4.25
12	4.95	2.47	4.21
13	5.45	2.72	4.25

图 4-2-24　从电机转矩曲线中导出参数

	A	B 电源相位角 (°)	C 转子角度 (°)	D 转矩 (N·m)
846	845	356.8425378	178.42127	3.551007
847	846	357.3425378	178.67127	3.713548
848	847	357.8425378	178.92127	3.8645
849	848	358.3425378	179.17127	4.002567
850	849	358.8425378	179.42127	4.127111
851	850	359.2005945	179.6003	4.20758
852	851	359.7005945	179.8503	4.189065
853	852	359.9411624	179.97058	4.173522
854	853	360	180	4.192246
855				3.531786

图 4-2-25　在导出的 Excel 表格中
求转矩平均值

$$\Delta_{\mathrm{T}} = \left| \frac{3.531786 - 3.47}{3.47} \right| = 0.0178 \times 100\% = 1.78\%$$

　　将 RMxprt 软件求得的"内功率因数角"作为"超前角"代入 MotorSolve 软件，用理想电源求取的转矩与 Maxwell 2D 求取的转矩是一致的，这个误差不一定说明用路算和场算有相当的误差，只是说明 Maxwell 2D 计算的转矩不是额定工作点的转矩，用 RMxprt 软件路方法计算出的内功率因素是有误差的，代入 Maxwell 2D 电流源计算时计算到的转矩不是电机的额定转矩，（$T = 9.5493 P_2/n$），代入 Maxwell 2D 的内功率因数角作为超前角计算得到的转矩后，要对超前角进行修正，避免计算误差。

4.2.6　Motor-CAD 2D 转矩曲线分析

　　对于内嵌式、少槽、少极大节距绕组，高速（18000r/min）整数槽，槽极配合电机，其用 Motor-CAD 软件生成的电机结构和绕组排布图如图 4-2-26 所示。

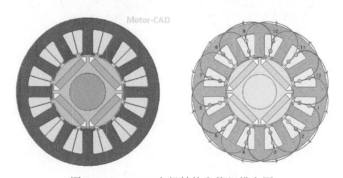

图 4-2-26　12-4j 电机结构和绕组排布图

图 4-2-27 是输入超前角的图示。

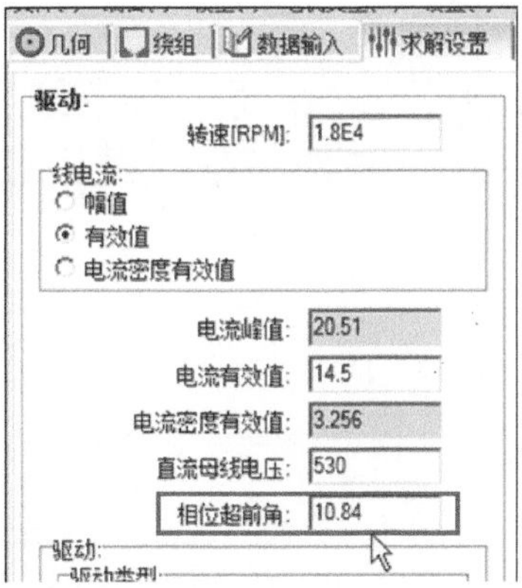

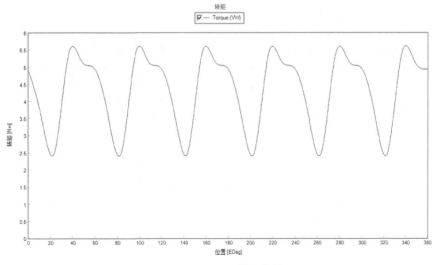

图 4-2-27　设置输入超前角

电机转矩曲线如图 4-2-28 所示。

图 4-2-28　电机转矩曲线

数据输出的电磁性能如图 4-2-29 所示。

用**轴转矩**比较：$\Delta_T = \left|\dfrac{3.9302 - 3.97192}{3.97192}\right| = 0.0105 \times 100\% = 1.05\%$，这和用 RMxprt 软件计算的结果非常相近了。

将用 RMxprt 软件求得的"内功率因数角"作为"超前角"代入 Motor-CAD 软件，求取的转矩与用 RMxprt 软件求取的转矩是一致的。图 4-2-30 是计算出的电机转矩 - 转速曲线。

最大可能转矩(DQ) (超前脚 14.69 EDeg)	4.3329	Nm
平均转矩 (virtual work)	4.3142	Nm
平均转矩 (loop torque)	4.2897	Nm
转矩波动(MsVw)	2.7715	Nm
转矩波动(MsVw) [%]	64.307	%
齿槽转矩波动(Ce)	2.0723	Nm
齿槽转矩波动(Vw)	1.9207	Nm
恒转矩转速限值 (超前脚 10.84 EDeg)	20629	rpm
空载转速	21729	rpm
Speed limit for zero q axis current	INF	rpm

电磁功率	8123.8	Watts
输入功率	8154.2	Watts
总损耗(额定)	745.94	Watts
输出功率	7408.2	Watts
系统效率	90.852	%

轴转矩	3.9302	Nm

图 4-2-29　数据输出的电磁性能

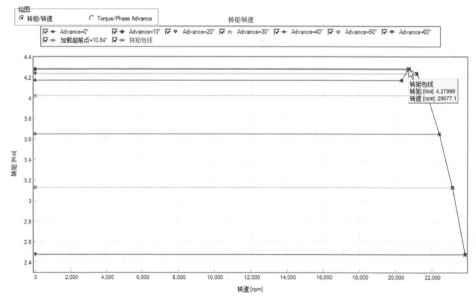

图 4-2-30　电机转矩 - 转速曲线

　　从转速 - 转矩曲线看，超前角为 10.84° 时电机的最大转矩为 4.28N·m，与 Maxwell 2D 电流源计算的 4.42N·m 相近。

$$\Delta_T = \left| \frac{4.28 - 4.42}{4.42} \right| = 0.0316 \times 100\% = 3.16\%$$，非常接近，这里还有两种软件可能包括设置稍许误差在内。

　　因此可以看出：**求取电机的转矩和转矩波动用内功率因数角是合理的，内功率**

因数角就是电流角和超前角。

4.2.7　电机实例计算

下面以 48 槽 40 极永磁同步电机为例证明内功率因数角是电流角和超前角。

对于表贴式、多槽、多极分数槽集中绕组，低速（120r/min），槽极配合的电机，其电机结构和绕组排布如图 4-2-31 所示。

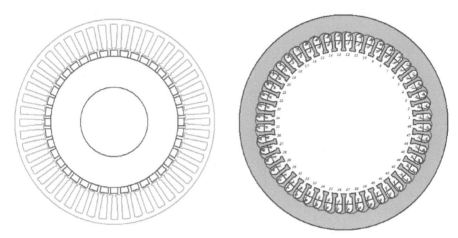

图 4-2-31　48-40j 电机结构和绕组排布图

计算出的内功率因数角如图 4-2-32 所示。

Power Factor:	0.982071
IPF Angle (degree):	-9.18121
NOTE: IPF Angle is Internal Power Factor Angle.	
Synchronous Speed (rpm):	120
Rated Torque (N.m):	89.0268
Torque Angle (degree):	20.0472

图 4-2-32　电机转矩参数

计算出该电机的内功率因数为"负值"，在电流源公式中取"正值"。

将上面数据输入公式，以电流源进行 2D 计算。

可以在电流源的电流框中直接输入公式，不用在 Maxwell 2D 下拉菜单中设置参数：

4.4*1.4142 * sin（2*pi*40*time+**9.18121***pi/180）

4.4*1.4142 * sin（2*pi*40*time+**9.18121***pi/180-2*pi/3）

4.4*1.4142 * sin（2*pi*40*time+**9.18121***pi/180-4*pi/3）

转矩计算结果如图 4-2-33 所示。

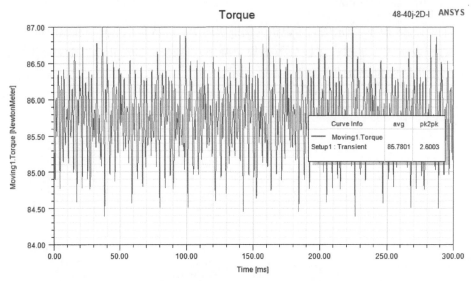

图 4-2-33　Maxwell 2D 计算的转矩曲线

下面是用 RMxprt 软件计算的该电机负载参数：

FULL-LOAD DATA

Maximum Line Induced Voltage（V）：215.475

Root-Mean-Square Line Current（A）：4.39711

Root-Mean-Square Phase Current（A）：4.39711

Armature Current Density（A/mm^2）：6.62554

Armature Copper Loss（W）：405.434

Total Loss（W）：445.353

Output Power（W）：1118.74

Input Power（W）：1564.1

Efficiency（%）：71.5265

Power Factor：0.982071

IPF Angle（degree）：−9.18121

NOTE：IPF Angle is Internal Power Factor Angle.

Synchronous Speed（rpm）：120

Rated Torque（N.m）：89.0268

Torque Angle（degree）：20.0472

样机实测数据见表 4-2-1。

表 4-2-1　48-40j 电机性能测试表

48-40j-120rmp 电机测试数据

客户名称		额定功率	0		
电机编号	1	额定电压	0		
额定转矩	0	额定转速	0		
测试人员		测试日期	2023/3/24		

序号	编号	电压	电流	输入功率	转矩	转速	输出功率	效率	功率因数	频率
46	0001	196.0	4.04	1279	74.109	120	931.3	72.81	0.932	39.9
47	0001	196.4	4.17	1334	76.298	120	958.8	71.87	0.940	39.9
48	0001	199.8	4.32	1386	78.848	120	990.9	71.49	0.928	40.1
49	0001	200.7	4.45	1448	81.421	120	1023	70.65	0.936	40.1
50	0001	203.1	4.59	1492	83.917	120	1055	70.71	0.924	40.1
51	0001	204.2	4.71	1552	86.417	120	1086	69.97	0.931	40.1
52	**0001**	**207.2**	**4.87**	**1607**	**88.977**	**120**	**1118**	**69.57**	**0.919**	**39.9**
53	0001	209.1	5.01	1670	91.679	120	1152	68.98	0.920	40.0
54	0001	211.2	5.17	1737	94.293	120	1185	68.22	0.918	40.0
55	0001	211.8	5.29	1792	96.815	120	1216	67.86	0.924	40.0
56	0001	214.6	5.43	1859	99.295	120	1247	67.08	0.921	40.0

实测数据与软件计算数据的对比见表 4-2-2。

表 4-2-2　RMxprt 计算和样机数据对比

	电压 /V	电流 /A	输入功率 /W	输出功率 /W	转矩 / (N·m)	转速 (r/min)	效率 (%)	功率因数
RMxprt 计算	207	4.3971	1564.1	1118.74	86.7801	120	0.7152	0.9821
样机实测	207.20	4.87	1607.00	1118.00	88.977	120.00	0.70	0.92
相对误差	0.001	0.108	0.027	0.001	0.025	0.000	0.027	0.064

注：表中转矩对比是用内功率因数角代入电流源公式，用 Maxwell 2D 计算值与实测值对比得来的。

4.2.8 电机软件计算

（1）用 Motor-CAD 软件进行实例证明

图 4-2-34 是 48 槽 40 极电机结构和绕组排布图。

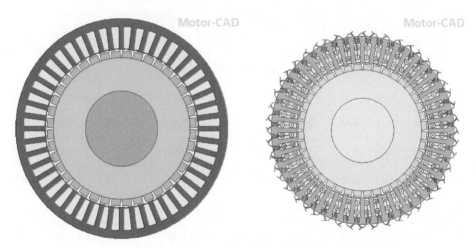

图 4-2-34　48-40j 电机结构和绕组排布图

求解设置时将 9.181° 内功率因数角输入超前角框中，如图 4-2-35 所示。

图 4-2-35　求解设置输入数据

该电机的转矩曲线如图 4-2-36 所示。

图 4-2-37 箭头所指的是超前角为 9.181° 的转速 - 转矩曲线。

图 4-2-38 是超前角 - 转矩曲线，在超前角为 10° 时，转矩在 85N·m 上面一点。

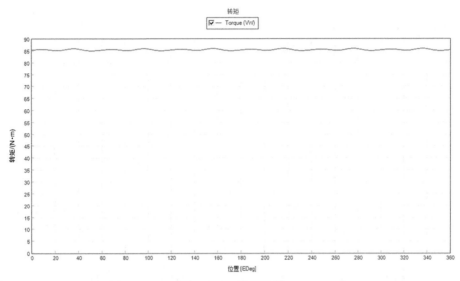

图 4-2-36　转矩曲线

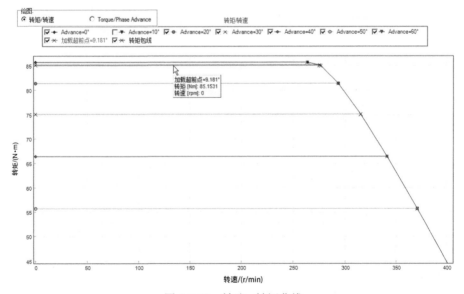

图 4-2-37　转速 - 转矩曲线

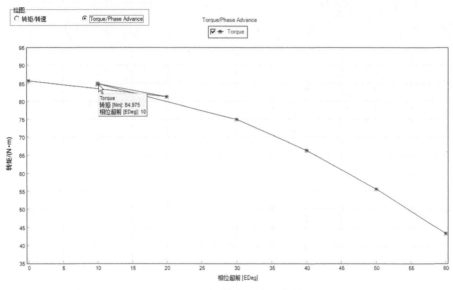

图 4-2-38   超前角 - 转矩曲线

图 4-2-39 是数据输出的电磁性能，可以看到电机转矩，我们取轴转矩为电机输出转矩基准。

Variable	Value	Units
最大可能转矩(DQ) (超前脚 2.102 EDeg)	85.8	Nm
平均转矩 (virtual work)	85.409	Nm
平均转矩 (loop torque)	84.551	Nm
转矩波动(MsVw)	0.88253	Nm
转矩波动(MsVw) [%]	1.0316	%
齿槽转矩波动(Ce)	7.883	Nm
齿槽转矩波动(Vw)	0.87589	Nm
恒转矩转速限值 (超前脚 9.181 EDeg)	275.19	rpm
空载转速	309.22	rpm
Speed limit for zero q axis current	INF	rpm

电磁功率	1075	Watts
输入功率	1363.9	Watts
总损耗(额定)	315.31	Watts
输出功率	1048.6	Watts
系统效率	76.883	%
轴转矩	83.448	Nm

图 4-2-39   数据输出的电磁性能

Motor-CAD 与 RMxprt 计算对比：

$$\Delta_{\mathrm{T}} = \left| \frac{83.448 - 86.78}{86.78} \right| = 0.038 \times 100\% = 3.8\%$$

Motor-CAD 与实测计算对比：

$$\Delta_{\mathrm{T}} = \left| \frac{83.448 - 88.977}{88.977} \right| = 0.062 \times 100\% = 6.2\%$$

下面用 Maxwell 2D 求取 12-8j 电机的电流源的转矩，由于篇幅关系，简要进行介绍。

（2）用 Maxwell 软件计算

以表贴式分数槽集中绕组、中速电机（2500r/min）为例，图 4-2-40 是 12-8j 电机结构与绕组排布。

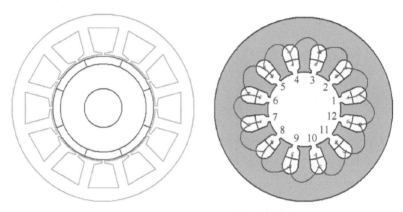

图 4-2-40　12-8j 电机结构绕组排布图

计算结果如图 4-2-41 所示。

GENERAL DATA	
Rated Output Power (kW):	1.3
Rated Voltage (V):	176
Number of Poles:	8
Frequency (Hz):	166.667
FULL-LOAD DATA	
Maximum Line Induced Voltage (V):	257.739
Root-Mean-Square Line Current (A):	4.57215
Root-Mean-Square Phase Current (A):	4.57215
Armature Thermal Load (A^2/mm^3):	144.526
Specific Electric Loading (A/mm):	29.4393
Armature Current Density (A/mm^2):	4.9093
Frictional and Windage Loss (W):	45
Iron-Core Loss (W):	22.3724
Armature Copper Loss (W):	47.4167
Total Loss (W):	114.789
Output Power (W):	1300.7
Input Power (W):	1415.49
Efficiency (%):	91.8905
Power Factor:	0.999574
IPF Angle (degree):	-11.3501
NOTE: IPF Angle is Internal Power Factor Angle.	
Synchronous Speed (rpm):	2500
Rated Torque (N.m):	4.96832
Torque Angle (degree):	13.0225

图 4-2-41　12-8j 电机参数计算结果

电机额定电流幅值为$I_{max}=\sqrt{2}\times4.57215=6.4659$A，图 4-2-42 是电机用 2D 电流源计算转矩输入的参数化数据，thet 导入时采用了“内功率因数角”正值：

A 相：**Imax** * sin（pz*pi* **hz***time+**thet** *pi/180）

B 相：**Imax** * sin（pz*pi* **hz***time+**thet** *pi/180-2*pi/3）

C 相：**Imax** * sin（pz*pi* **hz***time+**thet** *pi/180-4*pi/3）

Properties: 12-8j - Maxwell2DDesign1

Local Variables

Value　Optimization　Tuning　Sensitivity

Name	Value	Unit	Evaluated V...	Type
fractions	1		1	Design
hz	166.667		166.667	Design
Imax	6.4659		6.4659	Design
thet	11.35		11.35	Design

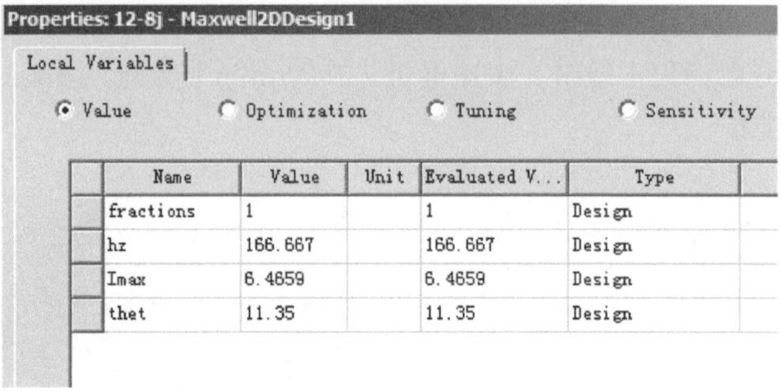

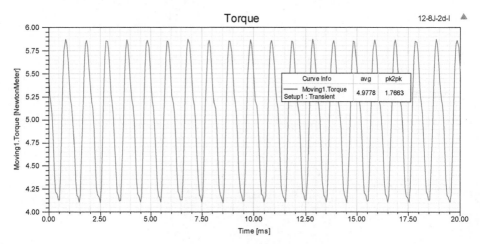

图 4-2-42　电机用 2D 计算输入参数化数据

图 4-2-43 是用 Maxwell 2D 电流源求取的电机转矩曲线。

图 4-2-43　用 Maxwell 2D 求取的电机转矩曲线

电机用 2D 场计算转矩与用 RMxprt 路计算转矩的相对误差：

$$\Delta_T=\left|\frac{4.9778-4.96832}{4.96832}\right|=0.0019\times100\%=0.19\%$$

这个误差非常小。

（3）用 Motor-CAD 软件计算（见图 4-2-44）

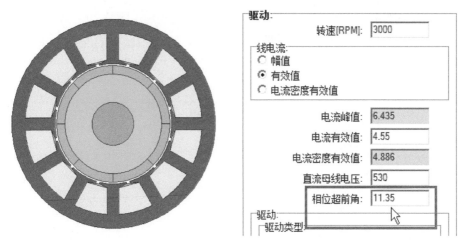

图 4-2-44 电机结构图与超前角输入

注意：这里超前角输入的是用 RMxprt 计算出的内功率因数角正值代入。
计算结果如图 4-2-45 所示。

Variable	Value	Units
最大可能转矩(DQ) (超前脚 10.18 EDeg)	5.1331	Nm
平均转矩 (virtual work)	5.1726	Nm
平均转矩 (loop torque)	5.0993	Nm
转矩波动(MsVw)	1.3139	Nm
转矩波动(MsVw) [%]	25.252	%
齿槽转矩波动(Ce)	0.55385	Nm
齿槽转矩波动(Vw)	0.69851	Nm
恒转矩转速限值 (超前脚 11.35 EDeg)	5382.7	rpm
空载转速	4745.9	rpm
Speed limit for zero q axis current	INF	rpm

电磁功率	1634.6	Watts
输入功率	1693.5	Watts
总损耗(额定)	120.91	Watts
输出功率	1572.5	Watts
系统效率	92.86	%

轴转矩	5.0056	Nm

图 4-2-45 数据输出的电磁性能

$$\Delta_T = \left| \frac{5.0056 - 4.96832}{4.96832} \right| = 0.0075 \times 100\% = 0.75\%$$

这个误差非常小。

图 4-2-46 是电机超前角 - 转矩曲线。

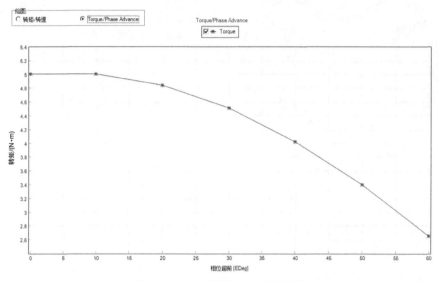

图 4-2-46　电机超前角 - 转矩曲线

从图 4-2-46 可以看出电机超前角在 0°～12° 区间，转矩都在 5N·m 左右的水平，也是电机输出的最大转矩。从图 4-2-47 可以看出，该电机的超前角的设置是此时电机输出转矩最大。

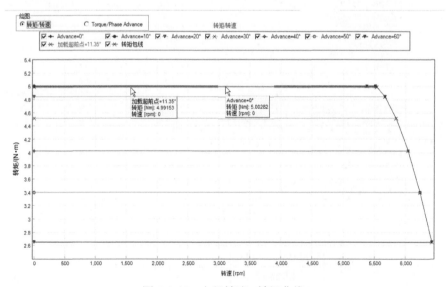

图 4-2-47　电机转速 - 转矩曲线

应该说把内功率因数角作为超前角代入电流源公式计算还是可信的，误差不大。

上面用多种软件对多槽多极、大节距、分数槽集中绕组、表贴式、内嵌式、高速、中速、低速多种典型电机的转矩进行了计算，并与样机和电机软件数据进行对比，说明用内功率因数角作为超前角代入软件计算电机转矩是合理的。这在 RMxprt、Motor-CAD、MotorSolve 电机设计软件上得到了验证。

4.2.9 转矩角、内功率因数角导入 2D 计算的误差分析与修正方法

设计师用 RMxprt 软件算出的转矩、电流，与用 2D 计算出的转矩、电流有时相差很大。在 Maxwell 软件中用路计算出的转矩角、内功率因数角导入 2D 计算电机的各项参数是有误差的，用 2D 计算出的转矩也不正好是电机的额定转矩（$T = 9.5493P_2/n$），有时误差比较大，因此不在相同的额定转矩点上的参数肯定与额定转矩点的参数有差异，有时会差异很大。

必须对用 2D 计算时的电压源或电流源的公式中的转矩角、内功率因数角进行修正，直到用 2D 求出的转矩是电机所设定的额定转矩 T 后，再分析电机 2D 时的各项参数，这样各种参数才是电机额定转矩 T 下的 2D 分析参数。这时修改后的转矩角、内功率因数角才是 2D 分析的额定点的真正的数值。这时用 2D 计算出的电流值与用 RMxprt 软件计算出的电流等数值会相近。MotorSolve、Motor-CAD 软件是直接用 2D 计算的，计算中，电机设置的是电机母线工作电压、电机转速、电机有效电流、电机的超前角。

该电机必须先设置 2D 分析时的电机超前角和工作电流，因此这样求解，电机会计算出不是我们所要求额定转矩 T 和额定功率下 P_2 的一个目标电机，如果一定要求在我们规定的额定转速、输出功率、额定电流下的目标电机，那么必须先设置一个超前角（可以用 RMxprt 软件中求取的作为参考），确定电机的转速、允许的工作电流（可以用 RMxprt 软件中求取的作为参考）后进行计算，这样计算出电机的输出功率、电机输入电压，设计者根据计算结果调整超前角、电流以求达到我们所需要的额定功率、额定转速下的电机和该电机的输入电压。

为了解释电机在引用路中的参数对 2D 参数求解结果的误差及其修正，特增加如下部分。

例：对于 12 槽 10 极电机切向磁钢，其电机结构和绕组图如图 4-2-48 所示。

用 RMxprt 软件计算的主要参数：

Dated Output Power (kW): 0.4

Rated Voltage (V): 102

Number of Poles: 10

Frequency (Hz): 250

Maximum Line Induced Voltage (V): 145.488

Root-Mean-Square Line Current (A): 2.51596

Root-Mean-Square Phase Current (A): 2.51596

Efficiency (%): 88.5744

Power Factor: 0.993107

IPF Angle (degree): −**28.7956**

NOTE: IPF Angle is Internal Power Factor Angle.

Synchronous Speed (rpm): 3000

Rated Torque (N.m): 1.27343

Torque Angle (degree): 35.5266

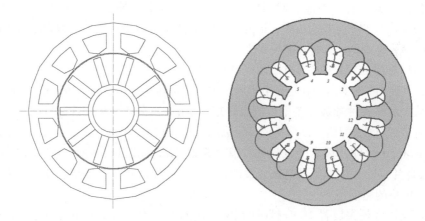

图 4-2-48　转子切向磁场电机结构和绕组排布

用该模块一键生成 2D：

查看 A、B、C 相电压源公式，如图 4-2-49 所示。

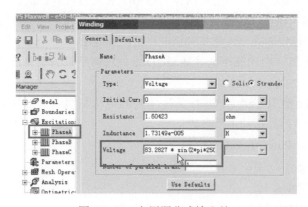

图 4-2-49　电压源公式输入处

软件自动用电压源生成如下公式：

83.2827*sin(2*pi***250***time + **35.5266**)

83.2827*sin(2*pi***250***time + **35.5266** − 2*pi/3)

83.2827*sin(2*pi***250***time + **35.5266** − 4*pi/3)

注意，83.2827 是相电压的幅值（线电压为 102V），250 是电源频率，35.5266 是引用 RMxprt 的转矩和转矩角。

如把电压源公式改为

U*sin(2*pi***HZ***time + **delta**)

U*sin(2*pi***HZ***time + **delta***pi/3)

U*sin(2*pi***HZ***time + **delta** − 4*pi/3)

分别对 **U**、**HZ**、**delta** 赋值，如图 4-2-50 所示。

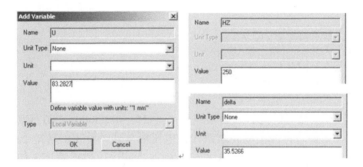

图 4-2-50　对 U、HZ、delta 赋值

在 Maxwell 2D 下拉菜单出现"Design Properties..."并单击，出现如图 4-2-51 所示界面。

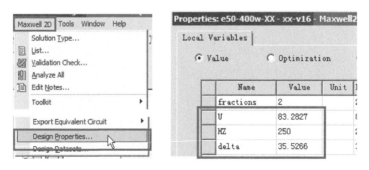

图 4-2-51　U、HZ、delta 的另一种输入方式

这样转矩角 delta 的数值就可以在这里随意改动。

用 2D 计算出的平均转矩为 2.4487N·m，与 RMxprt 软件计算出的 1.27343N·m

两者相差近一倍，如图 4-2-52 所示。

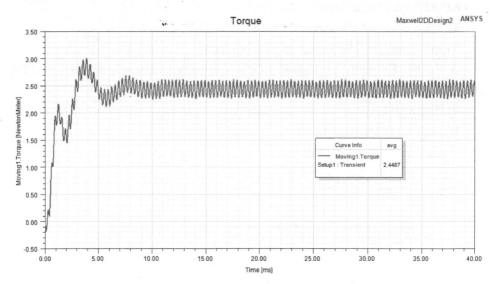

图 4-2-52　用 2D 电压源计算的转矩曲线

电机额定转矩可以计算为：$T = 9.55P_2/n = 9.55 \times 400/3000 = 1.2733\text{N} \cdot \text{m}$。

说明用 RMxprt 软件算出的转矩角代入电压源公式计算出的转矩 2.4487N·m 工作点不是电机额定转矩 1.2733N·m 下的工作点，所以电流也有很大误差，2D 计算出的电流为 5.1A，如图 4-2-53 所示。

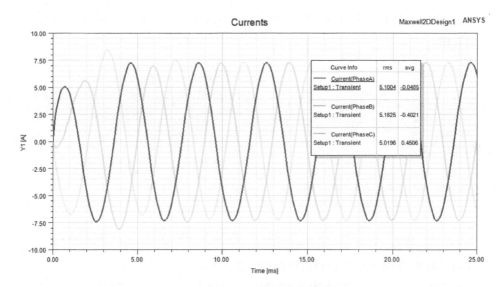

图 4-2-53　用 2D 电压源计算的电流曲线

RMxprt 软件用路计算出的电流为 2.51596A，与用 RMxprt 2D 计算出的电流 5.1A，两者相差近一倍，如图 4-5-54 所示。

两者相差太多了，并不是说电机的路算精度不如场算。只是路算的是电机额定点参数，而用 RMxprt 软件计算的转矩角代入的 2D 计算出的参数并不是电机的额定点而已，只要调整输入电机的电流源公式中的转矩角，两种算法的各参数值相差不是太多。

当转矩角 delta 调整为 16.2° 时，2D 计算的转矩为：1.2413N·m，已与 1.2757N·m 相近了，不必再进行修正，如图 4-2-55 所示。

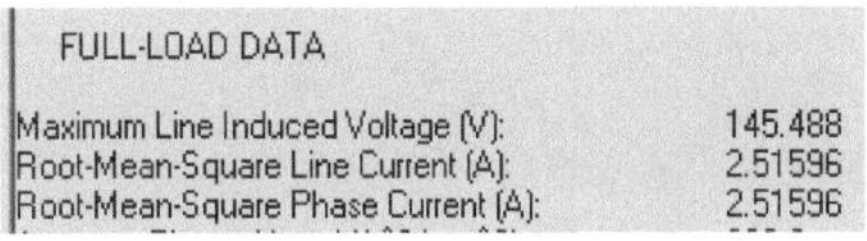

FULL-LOAD DATA	
Maximum Line Induced Voltage (V):	145.488
Root-Mean-Square Line Current (A):	2.51596
Root-Mean-Square Phase Current (A):	2.51596

图 4-2-54　用 RMxprt 计算的电流

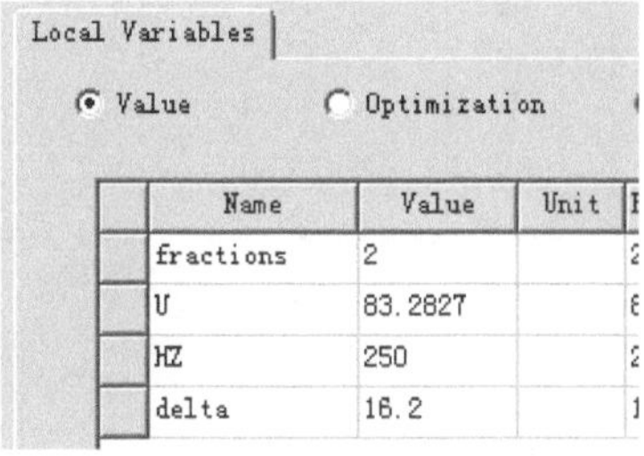

Local Variables

◉ Value　　○ Optimization

Name	Value	Unit
fractions	2	
U	83.2827	
HZ	250	
delta	16.2	

图 4-2-55　delta 值的设置

如输入电流源公式分别是：

A 相：83.2827*sin(2*pi*250*time + **16.2** *pi/180)

B 相：83.2827*sin(2*pi*250*time + **16.2***pi/180 − 2*pi/3)

C 相：83.2827*sin(2*pi*250*time + **16.2***pi/180 − 4*pi/3)

如图 4-2-56 所示，电机平均转矩为 1.2757N·m，与 1.27343N·m 相近了，可以调整得更相近。

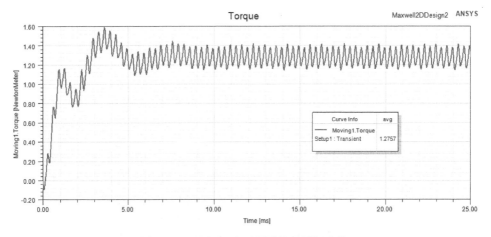

图 4-2-56　用 2D 电压源计算的转矩曲线

电机电流为 2.4475A，与 RMxprt 软件计算出的 2.51596A 相近了，如图 4-2-57 所示。

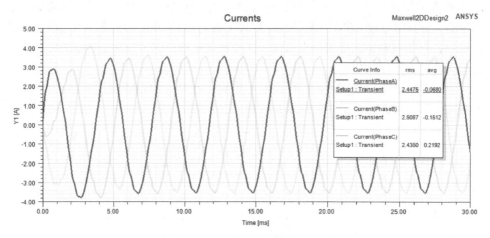

图 4-2-57   用 2D 电压源计算的电流曲线

电机机械输出功率 400.7744W，与电机 400W 非常相近了，如图 4-2-58 所示。

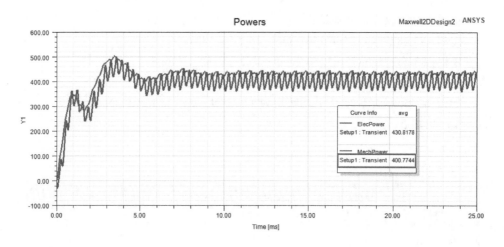

图 4-2-58   用 2D 电压源计算电磁、机械输出功率曲线

如果**用电流源计算**，电流是用从 RMxprt 计算出的电流代入公式，就是说该电机取用线电流有效值约为 2.515A（星形联结绕组），即相电流有效值：相电流幅值 $=2.515\times\sqrt{2}=3.556$A，提前角取正值：28.7956° 代入**电流源公式**：

A 相：**2.515*sqrt(2)***sin(2*pi*250*time + **28.7956***pi/180)

B 相：**2.515*sqrt(2)***sin(2*pi*250*time + **28.7956***pi/180-2*pi/3)

C 相：2.515*sqrt(2)*sin(2*pi*250*time + **28.7956***pi/180-4*pi/3)

根据电流源公式求取电机转矩为 1.786N·m，与 1.27343N·m 有较大的相差，如图 4-2-59 所示。

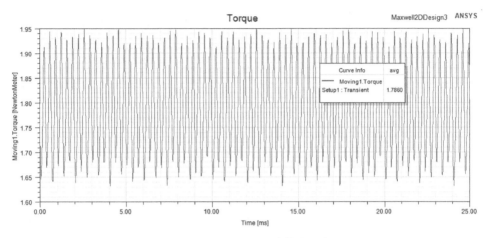

图 4-2-59　用 2D 电流源计算转矩曲线

说明取用了 RMxprt 软件路算的电流、超前角这两个参数，用 2D 计算切向磁钢的电机转矩与额定转矩比往往还是有较大的偏差。因此要调整电机工作电流或者电机的超前角才能达到电机的额定转矩，这样不确定的因素比电压源的要多，使得电机输出功率、输入电机电压不是我们的目标值。但同时也使电机参数的调整带来了更多的灵活性。

特别是 Motor-CAD、MotorSolve 等用场设计电机的软件，是要设置电机的工作电流、超前角才能计算，设计前设置这两者是较为难以准确地确定的，作者是依靠 RMxprt 路计算出的额定电流和内功率因数角代入计算的，计算结果往往不能与 RMxprt 的路计算的参数相同，用 Motor-CAD 导入电流和超前角的设置，如图 4-2-60 所示。

其结果电机的转矩仅为 1.16446N·m，是达不到 1.27343N·m 的，如图 4-2-61 所示。

如果要达到 3000r/min 转速时，转矩为 1.27343N·m，其超前角要 11.25° 时才能使输出功率在 400W 左右，其他参数与 RMxprt 软件计算的参数相近，所以还是要

图 4-2-60　Motor-CAD 导入电流和超前角的设置

调整相应参数，如图 4-2-62 所示。

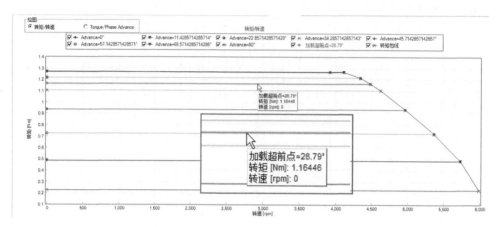

图 4-2-61　不同超前角的电机转速 - 转矩曲线

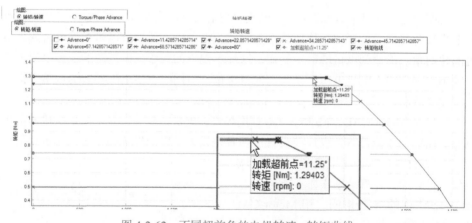

图 4-2-62　不同超前角的电机转速 - 转矩曲线

　　当超前角不变，增加电机的输入电流，则电机的转矩及输出功率相应会增大，这里不再讲述。

　　1）将 RMxprt 软件求出的转矩角代入 Maxwell 2D 电压源计算公式中后，计算转矩和转矩波动的思路是可行的，前提是两种算法的转矩应该相等，即用 2D 算出的电机转矩必须与路算的转矩相同的情况下，再求取其他 2D 参数，否则要对转矩角进行修正。

2）将 RMxprt 软件求出的内功率因数角代入 Maxwell 2D 电流源计算公式中的电流角 γ（Gamma）后，计算转矩和转矩波动的思路也是可行的，前提是两种算法的转矩应该相等，即用 2D 算出的电机转矩必须与路算的转矩相同的情况下，再求取其他 2D 参数，否则要对超前角（内功率因数角）进行修正。

3）用 RMxprt 软件求出的内功率因数角代入 Motor-CAD、MotorSolve 的超前角计算电机的转矩和转矩波动的方法也是可行的，但是必须根据计算出的转矩与额定转矩相比较，进行修正。

4）转矩角和超前角改变，电机瞬态转矩波形会发生变化，即转矩波动会变化。

5）相同的模块用不同版本计算出来的转矩角和内功率因数角也有差别，有时相差不小。所以本节仅是介绍了一种从路算一键转换到 2D 场分析的情况，某些参数还得调整后才行，总之调整比不调整要好。

第 5 章

永磁电机结构设计方法与技巧

5.1 电机结构的主要参数和设计方法

现在一般都用电机设计软件设计电机，电机设计软件不管是路或场计算，都还是一种以核算为主的电机核算软件，在设计电机时，电机设计者必须建立一个电机模块，这个模块中的各个初始参数也必须由人工输入，这些输入参数包括电机额定工作点、电机定子和转子的外形、槽极配合、结构尺寸等，设计人员有一些必须要关注的参数点，要输入合适的电机参数，使这些参数与电机设计目标参数相近，这样设计出的电机容易成功，而且设计和计算过程比较简捷，这是一种实用的电机设计方法。

电机设计本身是一门应用科学，在具体设计中，电机工程师们追求的是快速、高效、简易、精准的设计方法和结果。下面介绍电机设计时设计人员应该关注的要点和实用设计方法，以便能顺利地设计出符合要求的电机。

5.1.1 电机设计分析的方法介绍

电机设计归纳起来有如下几类：

1）电机分析制造；

2）电机改制；

3）电机系列设计；

4）电机全新设计。

电机设计方法可以分为以下几种：

1）电机核算改进法；

2）电机目标设计法；

3）电机推算法。

下面分别介绍电机的具体分析、设计方法。

5.1.2　电机的测评

电机的测评工作在电机设计、生产中很重要，是对一个电机的运行性能、制造工艺、电机材质、外观等一系列的评判。电机的测评，不光是对某些样机要有能力进行测评，而且对自己设计生产的电机也要进行测评，通过电机的测评可以分析出该电机的主要参数、性能的优劣，还能看出样机的优秀设计思路，从中消化、吸收样板电机中的先进设计、制造理念，为我所用。世界上的科技发展就是吸取前人的经验，从而进行去粗取精，去伪存真，古为今用、洋为中用的一个过程，电机的发展也离不开这个规律。

电机设计工作者自己设计、生产的电机也需要进行全面详细的测评，这主要是评判生产的电机是否符合自己设计的要求，如果不符合，则要对测评的结果进行分析，从而找出生产的电机与自己设计的电机性能不符合的原因。

电机测评应该分三大方面：

一是按照电机标准要求去对电机进行测评，判断电机是否符合电机的国家标准、行业标准或者企业标准。

二是电机设计、生产工作者抓住电机的机械特性、运行特性两个电机本质来判断电机的优劣。特别是两个电机都符合电机的某一标准范围，两个电机孰优孰劣，那么就应该从电机的机械特性、运行特性的角度来评判。

三是通过具体分析被测样机的设计结构、磁路、电路、材料、零件加工工艺等方面来判断被测电机的设计、制造水平。

1. 电机测评依据

电机测评是要有依据的，各种电机标准就是电机测评的依据之一。我们可以按照相关电机标准的各项条款对电机进行测评，这些电机的标准包括国家标准、行业标准和企业标准。

电机的国家标准是国内电机的通用标准，通用化程度高、提纲挈领，是电机必须遵守的总则。电机行业标准是按电机的国家标准进行行业电机细化而制定的更具体的行业电机的标准。有时某些新型电机，生产时间短，生产量少，各厂生产的相同性能的电机不一致，大都不能统一、规划，可能连行业标准都没有，这样生产企业为了规范工厂的生产，必须制定相应的企业标准，来规范本厂生产的产品。有些电机在某些企业中有了企业标准，有些电机生产企业没有企标但可以借鉴别的企业的企业标准来执行或者对该标准进行修订，成为适合自己企业的电机标准来进行规范本企业的电机产品的质量和生产。

产品标准的制定必须要考虑产品的现实性和前沿性，用产品标准的现实性来规范企业的产品生产，用产品标准的前沿性来引导企业产品的发展。

电机产品的标准不只是一个，用多个标准来规范电机各方面的生产和质量，其中还规范对电机的测评。

各种电机的标准会不断完善，因此电机标准也会进行修订，标准号会不断更改。我们要尽量用新的标准去测评电机。

对电机进行测评是电机设计、生产工作者必备的技能，如果一般电机设计工作者拿到一个电机或者自己生产的电机，不知道如何判断和分析出该电机的主要参数、性能的优劣，这是一个技能问题。

2. 测评电机的机械特性

下面作者主要介绍如何从电机的机械特性判断电机优劣的一些考量。

电机的机械特性体现在电机的机械特性曲线上。图 5-1-1 是无刷电机机械特性曲线，该曲线是以电机转矩作自变量，见 X 轴坐标，而因电机转矩引起变化的因变量有 $T-n$，$T-I$，$T-\eta$，$T-P_2$，见 Y 轴坐标。给电机一个转矩（0.6N·m），那么电机会给出转矩-转速曲线 $T-n$ 上相应转速 2340.4138r/min、转矩-电流曲线 $T-I$ 上相应电流 7.6178A、转矩-效率曲线 $T-\eta$ 上相应效率 0.8041、转矩-输出功率曲线点 $T-P_2$ 上相应输出功率 146.9942W。随着电机负载变化，因变量会相应做出变化。值得关注的是电机额定工作的参数，考核额定工作点的效率和输出功率以及电机的最大效率、最大输出功率。电机额定点的效率高、输出功率大是我们所希望的。如果两个电机输入相同的转矩，那么电机在额定点的效率高、输出功率大的电机为优。在图 5-1-1 的机械特性曲线上，我们可以求出电机的空载电流 $I_0 = 0.5831\text{A}$，则电机的转矩常数为

$$K_{\text{T}} = \frac{T}{I - I_0} = \frac{0.6\text{N}\cdot\text{m}}{7.6178\text{A} - 0.5831\text{A}} = 0.0853\text{N}\cdot\text{m/A}$$

这样电机的感应电动势常数为

$$K_{\text{E}} = \frac{K_{\text{T}}}{9.5493} = 0.008936\text{V/(r/min)}$$

因为 $K_{\text{E}} = \dfrac{E}{n}$，所以该电机额定转速 n_{N} 下的感应电动势幅值 E 就可以求出：

$$E = K_{\text{E}}n_{\text{N}}$$

$K_{\text{T}} = \dfrac{N\Phi}{2\pi}$，当电机的有效导体根数知道的话，那么电机的工作磁钢就知晓了：

$$\Phi = \frac{2\pi K_{\text{T}}}{N}$$

一个电机结构确定后，那么电机的工作磁通 Φ 就确定了，如果该电机要求达到规定的转矩常数，那么只要通过这个公式即可以求出电机的有效导体根数：

$$N = \frac{2\pi K_{\text{T}}}{\Phi}$$

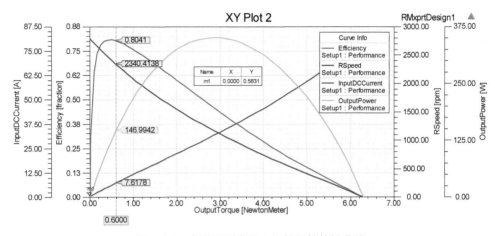

图 5-1-1　永磁无刷直流电机的机械特性曲线

永磁同步电机的分析原理也是一样的，这里不做讲解了。

对一个永磁电机的测评是很复杂的，特别是对某一电机内部结构的测评。总的一句话就是要把样板电机分析透，分析得越深刻、对样板电机的设计者的设计理念理解得越透彻，把优秀的设计理念消化吸收，这样才能有所继承和超越。

3. 样板电机的测评过程

下面介绍对一台样板永磁无刷电机的分析的基本过程，仅供参考。

一台样板电机要求技术人员进行测评分析，分析该样板电机的主要性能、设计的优点，这种情况是非常普遍的。如新能源汽车性能测评、新能源汽车电机的测评是非常重大的测评项目，投入很大、工作量很大，但是这些测评工作必须做。许多国外样机代表了国外当前的电机设计和制造水平，工厂要达到这样的水平是不容易的。我们的目的是学习别人好的先进的设计理念、设计方法用于自己的电机设计生产、工作中。如果对一台样板电机分析得很细致，那么我们便可以在样板电机中学到非常多的新的东西和新的设计理念，可以提高自己设计电机的修养和设计水平。

一般测评一台样板电机要按如下的步骤来进行：

1）尽量了解清楚并记录好样板电机的各项技术指标、使用环境、外形及安装尺寸，把电机的铭牌记录留档，分清该样机的型号和主要技术指标。尽量找出该公司的产品样本，根据该电机的型号寻找相关的技术参数和外形尺寸、电机控制器型号，并要找出行业同类电机的技术指标进行对比。了解该样机代表该公司什么时期的产品和水平，该产品与行业产品的技术有哪些相同点和不同点，该电机属于行业中的什么水平，如果觉得该产品已经过时，则购买新一代同类产品进行分析制造。

2）在电机拆检前，要对其进行运行试验，并要测出电机的机械特性曲线、感应电动势幅值及波形，求出电机的 K_E、K_T，用 $K_E = \dfrac{E_{\text{agv}}}{n}$ 计算公式求出该电机所谓的

"反电动势常数" [V/k（r/min）]，与样机的反电动势常数 [V/（r/min）] 进行单位换算和对比，看其电机是否达到标定的"反电动势常数"指标，用 $K_T = \dfrac{T}{I_N - I_0}$ 计算公式求出电机的转矩常数，与样机标定的转矩常数相比，判断样机是否达到这样定义的转矩常数 $K_T = \dfrac{T}{I}$。

正确判断电机单位转矩所用的电流，测量电机的齿槽转矩，空载和负载时的振动、噪声及杂声情况，并测出该电机的噪声声级、空载和负载的温升，必要时还要测出电机的时间常数。拆开电机，对各种零件的相关位置进行记录和分析。

3）对电机进行感应电动势波形的检测，从而可以求出电机的感应电动势常数、转矩常数，根据感应电动势波形，可以判断出电机的运行质量等。

4）对电机的齿槽转矩进行判断或测量。

5）测绘电机外形尺寸，并与样机说明书中的外形尺寸进行对比，特别是电机安装尺寸。

6）拆开电机，对电机各种零件的相关位置进行记录和分析。

7）画出样机的总装图、尺寸链，分析原样机的总设计意图及工作原理。

8）对可以不损坏而拆下的零件进行测绘，分析该零件的加工工艺及材料组成，必要时对吃不透的零件材料进行理化分析，得出其材料的牌号、成分及组成，了解该材料的采购渠道，是否可以用同类材料替代，并分析其利弊；特别要注意的是电机转子相关的形状和材料。

9）对磁钢必须进行表面磁通密度和磁钢与转子的工作磁通的测量和分析，并推断出磁钢的材料性能和牌号，必要时对磁钢性能进行测检，了解该材料的采购渠道，是否可以用同类材料替代，并分析其利弊。

10）分析和判断电机的槽满率、绕组下线工艺，观看、判断电机槽绝缘材料。

11）分析和记录电机的特种加工工艺，磁钢的固持工艺及电机的用胶工艺。

12）尽量在定子不拆检的情况下认真分析定子的绕组线径、节距和绕组接线形式、端部长度。

13）拆检确定样机绕组形式、排布方法，绕组串并联、绕组并联支路数、绕组并联根数、线径、槽满率、绕组绝缘等级、绕组漆层厚度，分析各零件的材料、加工精度、公差配合，判断零件加工工艺。

14）建立电机模块，对电机模块进行计算，判断电机各项性能与测评样机性能是否符合。

5.1.3　电机的改制

电机的改制一般指在原样机上改变该电机的额定工作点，即改变工作电压、转速、输出功率，使电机变成另一个电机，而电机的输出功率不应变化太大。如改制电机的转矩大于样机，因为电机的体积与输出转矩成正比，会显得负载不够，如改制电机在保证转矩不变的情况下，大大提高额定转速，这样电机的输出功率就变大，相应的电机单位体积的损耗就大，那么电机的温升会相应提高。如果原样机参数有余地，则可以提高这些参数，否则就要改变电机长度。一般改制电机最好改小不改大，这样使电机性能能够得到保证。

电机改制可以用推算法，这是比较准的，因为利用原电机，电机的冲片、转子冲片、磁钢都是原电机的，所以电机的磁路就是原先的磁路，电机各部分的磁路场分布都是一样的，磁压降、气隙磁场分布都和原电机一样，电机改制基本只改动电机的绕组 N、电机长度 L，有时改变一下磁钢牌号，特别是改变磁钢的剩磁 B_r。

在电机中，电机的工作磁通 Φ 与电机长度 L、磁钢剩磁 B_r 成正比。

电机改制最简单的是：

1）如改变电压，因为感应电动势常数 $K_E = \dfrac{N\Phi}{60} = \dfrac{E}{n}$，要改变电机的输入电压，只要相应改变电机的绕组匝数，改变线径保证电机槽满率不变即可。

2）无刷电机如要改变工作转速，绕组则成反比改变即可，改变线径保证电机槽满率不变。永磁同步电机的工作转速仅与电机输入电压的频率有关，与电机结构无关。

3）如果要使电机输入电压与转速同时改变，可以按上面方法 1）和方法 2），分两步实施即可。

5.1.4 电机系列设计

电机系列设计一般是指机座号相同，即电机定子、转子冲片结构不变的条件下，利用该电机定子、转子冲片及磁钢，对电机进行不同工作电压、转速、转矩的改变，做成系列电机。

在系列电机中，电机的输出功率会变化，但是磁路没有变化，电机的工作磁通 Φ 应该与电机长度 L 成正比。

冲片相同的系列同步电机推算，即冲片、转子结构和材料不变，电机长度和绕组改变（系列电机设计）。

下面介绍系列电机的推算方法。

原电机：

24V、0.448N·m、5500r/min、4 匝、1.29 线径，4 根并绕，$L = 52$mm。

现要推算电机：

24V、2N·m、250r/min，冲片相同，求绕组定子长度、绕组匝数和线径。

电机的体积和参数的关系：

$$D_i^2 L = \frac{3 T_N' D_i \times 10^4}{B_r \alpha_i K_{FE} \times Z A_S \times K_{SF} j}$$

如果电机定子和转子尺寸不变：

$$D_i Z A_S K_{SF} j B_r \alpha_i K_{FE} = \frac{3 T_N' \times 10^4}{L}$$

式中，D_i 是定子内径（cm）；L 是定子长（cm）；T_N' 是额定电磁转矩（N·m）；B_r 是磁钢剩磁（T）；α_i 是磁钢极弧系数；K_{FE} 是定子铁心叠压系数；Z 是定子齿数；A_S 是定子半片槽面积（mm²）；j 是电流密度（A/mm²）；K_{SF} 是槽满率。

这样利用电机冲片，电机转矩不同，要达到同样的电流密度 j 和槽满率 K_{SF}，那么电机长度必须相应改变。

1. 电机长度推算

电机转矩与长度成正比：

$$\frac{T_{N1}}{L_1} = \frac{T_{N2}}{L_2}$$

$$L_2 = \frac{T_{N2} L_1}{T_{N1}}$$

$$\frac{0.448}{52} = \frac{2}{L_2}, \quad L_2 = \frac{2}{0.448} \times 52 = 232 \text{mm}$$

2. 绕组匝数

永磁同步电机的感应电动势常数：

$$K_E = \frac{U}{n_1} = \frac{N_1 \Phi}{60}$$

$$U = \frac{N \Phi n}{60}$$

$$N_1 = \frac{60U}{n_1 \Phi}$$

可以推导出

$$\frac{W_2}{W_1} = \frac{n_1 L_1 U_2}{n_2 L_2 U_1}$$

电压相同时，可以把上面公式中的电压比去掉，推算更简捷（永磁电机都适用）：

$$W_2 = \frac{n_1 L_1}{n_2 L_2} W_1 = \frac{5500 \times 52}{250 \times 232} \times 4 = 19.7 \approx 20 \text{匝}$$

式中，K_E 是感应电动势常数（V/（r/min））；U 是额定电压（V）；n 是额定转速（r/min）；N 是绕组有效导体根数；Φ 是工作磁通（Wb）；W 是绕组匝数。

3. 绕组线径

不同转矩 T 和转矩常数 K_T、相同电流密度 j 下的线径：

$$K_T = \frac{N\Phi}{2\pi} \propto NL \propto \frac{T}{I}, \ \ NL \propto \frac{T}{I}, \ \ I \propto \frac{T}{NL}$$

$$j = \frac{4I}{\pi d^2}, \ \ a_2 a_2' d_2^2 = \frac{4I_2}{\pi j}, \ \ d_2^2 = \frac{4T_2}{a_2 a_2' \pi j N_2 L_2},$$

$$\frac{d_2^2}{d_1^2} = \frac{I_2}{I_1} = \frac{a_1 a_1' T_2 N_1 L_1}{a_2 a_2' T_1 N_2 L_2}$$

$$d_2 = \sqrt{\frac{a_1 a_1' T_2 W_1 L_1}{a_2 a_2' T_1 W_2 L_2}} d_1 = \sqrt{\frac{1 \times 4 \times 2 \times 4 \times 52}{1 \times 1 \times 0.448 \times 20 \times 232}} \times 1.29 = 1.15 \text{mm}$$

式中，K_T 是转矩常数（N·m/A）；T 是电机计算转矩（N·m）；d 是绕组线径（mm）；I 是电流（A）；a 是绕组并联支路数；a' 是绕组导体并联根数。

计算结果： 定子、转子长为 232mm，绕组匝数（每齿）为 20 匝，绕组线径为 1.15mm（裸线），单根。

这种方法避免了求电流、磁通带来的不确定因素。

注意： 推算公式中，相同参数之比，单位只要一致即可。

下面将以上的推算公式用 Excel 编了一个程序（见表 5-1-1），推算过程简捷、方便，即使推算多种电机方案也非常迅速。

表 5-1-1　系列电机计算程序表

冲片相同系列电机的求取					
求长度					
T_1/(N·m)	L_1/mm	T_2/(N·m)	L_2/mm		
0.448	52	2	232.14		
求匝数					
n_1/(r/min)	L_1/mm	W_1/ 匝数	n_2/(r/min)	L_2/mm	W_2/ 匝数
5500	51.1	4	250	232	19.38
求线径					
T_1/(N·m)	W_1/ 匝数	L_1/mm	a_1（绕组并联支路数）	a_1'（导体并联根数）	d_1/mm
0.448	4	51.1	1	4	1.29
T_2/(N·m)	W_2	L_2/mm	a_2	a_2'	d_2/mm
2	20	232	1	1	1.144

表 5-1-1 应用的公式如下，读者可以编一个，用起来非常方便。

求长度：$L_2 = \dfrac{T_{N2}L_1}{T_{N1}}$；

求匝数：$W_2 = \dfrac{n_1 L_1}{n_2 L_2} W_1$；

求线径：$d_2 = \sqrt{\dfrac{a_1 a_1' T_2 W_1 L_1}{a_2 a_2' T_1 W_2 L_2}}\, d_1$。

对 130 永磁同步电机，用米格样机进行了新样机的推算，作者也编了一个程序，只要把数据填完，即刻就能得到结果，非常准确、快速，见表 5-1-2。

表 5-1-2　电机推算设计及实例数据

	米格	电压	转矩	额定转速	电流控制	输出功率	L	匝数	线径	接线形式	反电动势/1Krpm	反电动势米格 V
130	130ST-M05025	220	5	2500	5	1.31	42	286	0.5	4 并	68	68
推算样机	130ST-M15015	220	15	1500	10	2.36	110	180	0.67	4 并	112V	114

冲片相同系列电机的推算求取法（无刷和永磁同步电机）										
U1	T1	n1	Br1	ALF1	Ksf1	j1	a1	a1′	L1	W1	d1
220	5	2500	1.23	0.72	0.58	6.22	4	2	42	286	0.5
U2	T2	n2	Br2	ALF2	Ksf2	j2	a2	a2′	L2	W2	d2
220	15	1500	1.23	0.72	0.58	6.22	4	2	126.00	158.89	0.67

调整定子长	L2	W2	d2	$W_2 = L_1 W_1 / L_2$　$d_2 = \sqrt{\dfrac{W_1}{W_2}}\, d_1$
	110	182	0.627	

其中计算程序如下：

L2 = T2*Br1*ALF1*Ksf1*j1*L1/T1/Br2/ALF2/Ksf2/j2

w2 = U2*n1*Br1*ALF1*L1*W1/U1/n2/Br2/ALF2/L2

d2 = SQRT(T2*a1*a1′*j1*W1*Br1*ALF1*L1/T1/a2/a2′/j2/W2/Br2/ALF2/L2 ）*d1

式中，U1 是电机计算电压（V）；T1 是电机额定转矩（N·m）；n1 是电机额定转速（r/min）；Br1 是转子磁钢剩磁（T）；ALF1 是极弧系数；Ksf1 为槽满率；j1 为电流密度（A/mm²）；a1 是绕组并联支路数；a1′ 是绕组并联根数；L1 是电机定子长度；W1 是槽内绕组匝数；d1 是绕组线径；L2 是电机定子推算长度；W2 是槽内绕组推算匝数；d2 是绕组推算线径。

表 5-1-2 中 130ST-M05025 是样机参数，130ST-M15015 的是推算电机得出的数据。

推算后的电机长度进行了缩短，由 126 改为 110，因此绕组和线径必须做出相应调整，推算出匝数为 182，实选用为 180 匝，线径为 0.627mm，实选用 0.67mm。经过推算的样机没有进行调整，直接测试，电机性能完全达到设计目标。

通过这个程序，只要填好样机参数和推算电机的目标参数，就能即刻算出推算电机的定子长度、槽内绕组匝数和绕组线径，改变任何参数，也能瞬间得出推算电机新方案。

在推算中，样机的 Br1、ALF1、Ksf1、j1 都可以不深究，不必要精确确定，因为在系列电机中这些参数应该是一样的，所以在以上 Excel 程序设计表中任意设置一个相同值，这样计算出的新电机的这些值会与原样机实际值相同，这是电机推算的优点。

5.1.5　有参照电机的全新设计

电机全新设计就是要设计一个全新电机，电机工作点与其他电机完全不同。

作者认为用推算法可以解决大部分全新电机的设计问题，前提是有一个运行质量和电机参数均得到认可的电机。

结构形式相同，冲片大小不同和性能不同电机的推算介绍：其中电机的功率体积（定子直径 D 和长度 L），转矩常数 K_T 和感应电动势 K_E 不同。如果有了一个认为各项设计均合理的电机，可以依据这个电机推算出一个功率、转速、转矩与样机相差较大的电机，由于受到系列电机的功率、性能等范围的限制，这样不可能再用相同直径的电机冲片，必须加大定子或缩小定子直径。对电机冲片和磁钢等电机结构进行缩放，电机长度也进行 K 倍缩放，即

$$\frac{D_{i2}}{D_{i1}} = K, \ \frac{L_2}{L_1} = K$$

式中，K 是电机缩放系数。

当两个电机结构形状、冲片相同，"裂比"相同，则定子内径之比等于定子外径之比：

$$\frac{D_{i2}}{D_{i1}} = \frac{L_2}{L_1} = K$$

K 与电机转矩 T 有关：

$$K = \sqrt[4]{\frac{T_2}{T_1}}$$

$$K_{T2} = \frac{\varPhi_2 N_2}{2\pi}, \quad K_{T1} = \frac{\varPhi_1 N_1}{2\pi}, \quad \frac{K_{T2}}{K_{T1}} = \frac{N_2}{N_1}K^2$$

$$W_2 = \frac{K_{T2}}{K_{T1}}\frac{L_1}{L_2}\frac{W_1}{K}$$

绕组线径:

$$d_2 = \sqrt{\frac{N_1}{N_2}}Kd_1$$

如果调整长度 L_2' 时,冲片相同, A_S 面积相同。

$$\frac{A_{S2}}{A_{S1}} = \frac{N_2'\dfrac{\pi d_2'^2}{4}}{N_2\dfrac{\pi d_2^2}{4}} = 1$$

$$d_2' = \sqrt{\frac{N_2}{N_2'}}d_2$$

当电机的转矩常数 K_T 和冲片形状相同时:

$$\frac{K_{T2}'}{K_{T2}} = \frac{L_2'}{L_2}\frac{N_2'}{N_2} = 1$$

调整定子长度,绕组导体根数和线径的关系:

$$N_2' = \frac{L_2}{L_2'}N_2$$

$$d_2' = \sqrt{\frac{N_2}{N_2'}}d_2$$

按照上述原理编制了一个计算程序,见表 5-1-3。

表 5-1-3 电机冲片缩放程序例

冲片缩放计算程序输入数据							
T_1/(N·m)	T_2/(N·m)	K_{T1}/(N·m/A)	K_{T2}/(N·m/A)	D_1/mm	W_1	L_1/mm	d_1/mm
5	12	0.02	0.06	50	100	30	0.5
计算结果					调整长度		
K	D_2/mm	L_2/mm	W_2	d_2/mm	L_2'/mm	W_2'	d_2'/mm
1.245	62.23	37.34	193.65	0.359	40.00	180.771	0.372

$$K = \sqrt[4]{\frac{T_2}{T_1}}, \quad D_2 = KD_1, \quad L_2 = KL_1, \quad W_2 = \frac{K_{T2}}{K_{T1}} \frac{L_1}{L_2} \frac{W_1}{K}, \quad d_2 = \sqrt{\frac{N_1}{N_2}} d_1$$

这个程序的优点是不计算电机的电压、电流、转速、磁钢参数，只要缩放电机的结构、材料与样机相同，其中 K_T 决定了电机的机械特性，T 决定了电机的额定点的负载，该程序输入数据最少，所以也是一种推算法的新尝试。

电机推算法在工厂中应用非常简便，推算非常准确，将推算法用 Excel 编成程序，则推算新电机及多种方案是很简捷的事情。

5.1.6　没有参照电机的全新设计

没有参照电机的电机全新设计比较麻烦，电机设计人员要有一些设计经验。电机的许多参数要人为确定，会给电机设计初学者带来一些困难。

5.1.6.1　电机的额定工作点

在电机设计中，电机经常运行的点称为额定工作点，这个用户必须要提供，额定工作点包括额定工作电压、额定输出功率、额定转速等主要参数。

在 Maxwell-RMxprt 软件中，电机设计时必须设置一个额定工作点，如图 5-1-2 所示。

Operation Type	Motor	
Load Type	Const Torque	
Rated Output Power	1500	W
Rated Voltage	280	V
Rated Speed	2000	rpm
Operating Temperature	75	cel

图 5-1-2　额定工作点参数

电机额定工作点意味着电机经常在这个点运行，可能是一个恒工作点。也有电机经常在一个工作区域内运行，那么必须确定在区域的某一个点上进行性能计算，然后取区域中多个不同的点（不同的负载点）进行计算，分析电机的各种参数变化情况，以及电机是否能承受这些工况。

一般无刷电机用恒转矩模式计算，而永磁同步电机用恒功率模式计算，这样电机设计、调整才会快速、准确。

电机的额定电压、额定转速、额定输出功率是必须在电机设计前先确定的。设置了恒功率后，则电机的输出转矩为

$$T = \frac{9.5493P_2}{n} \tag{5-1-1}$$

在永磁同步电机中，转速 n 和转矩常数 K_T 是确定的，这样也可以求出电机的

工作电压：

$$U \approx nK_{\mathrm{E}} = nK_{\mathrm{T}}/9.5493 \qquad (5\text{-}1\text{-}2)$$

如果永磁同步电机的转速为 3800r/min，转矩常数 $K_{\mathrm{T}} = 0.5\mathrm{N} \cdot \mathrm{m/A}$：

$$U \approx nK_{\mathrm{E}} = nK_{\mathrm{T}}/9.5493 = 3800 \times 0.5/9.5493 = 198.96\mathrm{V}$$

这是求取电机工作电压的一种估算方法。

有些场合，为了无刷电机取用较小的工作电流，那么电机的电源电压就要较高，当电源电压较高时，电机的空载转速 n_0 会相应提高（ $n_0 \approx U/K_{\mathrm{E}}$ ），综合转速 n 和反电动势常数 K_{E}，从而决定电机的电源电压，这也是电机设计人员经常采用的方法。

5.1.6.2 电机定子外径的确定

常规的电机定子外径与电机输出功率有关，输出功率越大，定子外径相应变大。电机定子外径与电机机座号相对应。

确定电机定子外径有多种方法：

1）参考同类电机定子的外径，如我国 Y2 三相交流感应电机是国家标准化的，也是经过实践检验的，而且电机的功率范围大，参考意义强，为此有相似额定工作点的无刷电机或永磁同步电机的定子外径可以作为参考。

2）与要设计的额定点相似的电机的定子外径作为参考。用户没有给出定子外形尺寸要求，可以参照同类性能的永磁同步电机的定子外形尺寸。

例如，从某一工厂的永磁同步电机的技术条件中可以看出，不同电机的机座号（定子外径）对应着电机的额定转矩和输出功率，可以根据用户提出的电机额定转矩和输出功率确定电机的定子直径，见表 5-1-4。

表 5-1-4 机座号与输出功率、转矩的关系

机座号	60	80	90	110	130	150	180
输出功率 /kW	0.2 ~ 0.6	0.4 ~ 1	0.75 ~ 1	0.6 ~ 1.8	1 ~ 3.8	3.8 ~ 5.5	2.7 ~ 2.9
转矩 / (N·m)	0.64 ~ 1.9	1.27 ~ 4	2.4 ~ 4	2 ~ 6	4 ~ 15	15 ~ 27	17.2 ~ 27

有已知电机，知道该电机的额定转矩 T_1 和定子直径 D_1，永磁同步电机放大 K 倍后（结构相同的大电机和小电机的结构尺寸比例是 K ），其转矩放大 K^4 倍，因此：

$$D_2 = D_1 \sqrt[4]{\frac{T_2}{T_1}} = D_1 \sqrt[4]{K} \qquad (5\text{-}1\text{-}3)$$

例：已知某电机转矩为 8N·m，定子外径为 100mm，要求设计的电机转矩为 20N·m，求电机的外径大概为多少？

$$D_2 = D_1 \sqrt[4]{\frac{T_2}{T_1}} = 100 \times \sqrt[4]{\frac{20}{8}} = 125.74\text{mm}$$

3）电机定子外径的确定，最好与样机尺寸靠近，或者与标准尺寸靠近，如计算值为 125.74mm，定子外径可以往 130mm 靠。下面是 Y2 系列三相交流感应电机的参数，这样可以往 Y2-90S 电机上靠。电机定子尺寸往偏大选，能有较大的槽面积。这样对电机性能有利，对电机最大输出功率比较有利，见表 5-1-5。

表 5-1-5　Y2 系列电机主要参数

电机型号	输出功率 /kW	定子外径 /mm	定子内径 /mm	裂比	定子槽数	电机极数	铁心长度 /mm	细长比
Y2-631-2	0.18	96	50	0.521	18	2	36	2.67
Y2-632-2	0.25	96	50	0.521	18	2	42	2.29
Y2-631-4	0.12	96	58	0.604	24	2	42	2.29
Y2-711-2	0.37	110	58	0.527	18	2	40	2.75
Y2-711-4	0.25	110	67	0.609	24	2	45	2.44
Y2-711-6	0.18	110	71	0.645	27	6	60	1.83
Y2-801-2	0.75	120	67	0.558	18	2	60	2
Y2-801-4	0.55	120	75	0.625	24	4	60	2
Y2-801-6	0.37	120	78	0.65	36	6	65	1.85
Y2-90S-2	1.5	130	72	0.554	18	2	80	1.63
Y2-90S-4	1.1	130	80	0.615	24	4	75	1.73
Y2-90S-6	0.75	130	86	0.662	36	6	85	1.53
Y2-100L-2	3	155	84	0.542	24	2	90	1.72
Y2-100L1-4	2.2	155	98	0.632	36	4	90	1.72
Y2-100L-6	1.5	155	106	0.684	36	6	85	1.82
Y2-100L1-8	0.75	155	106	0.684	48	8	70	2.21
Y2-112M-2	4	175	98	0.56	30	2	90	1.94
Y2-112M-4	4	175	110	0.629	36	4	120	1.46
Y2-112M-6	2.2	175	120	0.686	36	6	95	1.84
Y2-112M-8	1.5	175	120	0.686	48	8	95	1.84
Y2-132S1-2	5.5	210	116	0.552	30	2	90	2.33
Y2-132S-4	5.5	210	136	0.648	36	4	105	2
Y2-132S-6	3	210	148	0.705	36	6	85	2.47
Y2-132S-8	2.2	210	148	0.705	48	8	85	2.47

（续）

电机型号	输出功率 /kW	定子外径 /mm	定子内径 /mm	裂比	定子槽数	电机极数	铁心长度 /mm	细长比
Y2-160M1-2	11	260	150	0.577	30	2	115	2.26
Y2-160M-4	11	260	170	0.654	36	4	135	1.93
Y2-160M-6	7.5	260	180	0.692	36	6	120	2.17
Y2-160M1-8	4	260	180	0.692	48	8	85	3.06
Y2-180M-2	22	290	165	0.569	36	2	165	1.76
Y2-180M-4	18.5	290	187	0.645	48	4	170	1.71
Y2-180L-6	15	290	205	0.707	54	6	170	1.71
Y2-180L-8	11	290	205	0.707	48	8	165	1.76
Y2-200L1-2	30	327	187	0.572	36	2	160	2.04
Y2-200L-4	30	327	210	0.642	48	4	195	1.68
Y2-200L1-6	18.5	327	230	0.703	54	6	160	2.04
Y2-200L-8	15	327	230	0.703	48	8	175	1.87
Y2-225M-2	45	368	210	0.571	36	2	175	2.1
Y2-225S-4	37	368	245	0.666	48	4	180	2.04
Y2-225M-6	30	368	260	0.707	54	6	180	2.04
Y2-225S-8	18.5	368	260	0.707	48	8	160	2.3
Y2-250M-2	55	400	225	0.563	36	2	190	2.11
Y2-250M-4	55	400	260	0.65	48	4	205	1.95
Y2-250M-6	37	400	285	0.713	72	6	190	2.11
Y2-280S-2	75	445	255	0.573	42	2	185	2.41
Y2-280S-4	75	445	300	0.674	60	4	215	2.07
Y2-280S-6	45	445	325	0.73	72	6	180	2.47
Y2-315S-2	110	520	300	0.577	48	2	250	2.08
Y2-315S-4	110	520	350	0.673	72	4	280	1.86
Y2-315S-6	75	520	375	0.721	72	6	245	2.12
Y2-315S-8	55	520	390	0.75	72	8	230	2.26
Y2-315S-10	45	520	390	0.75	90	10	230	2.26
Y2-355M-2	250	590	327	0.554	48	2	410	1.44
Y2-355M-4	250	590	400	0.678	72	4	420	1.4
Y2-355M1-6	160	590	423	0.717	72	6	370	1.59
Y2-355M1-8	132	590	445	0.754	72	8	400	1.48
Y2-355M1-10	110	590	445	0.754	90	10	380	1.55

这些都是数十年前的统一设计，虽然是交流感应电机，但是与无刷电机、永磁

同步电机的额定点相同的条件下，因为效率相差不是很大，这样可以粗略地选取相应的电机体积结构。一般相同输出功率的永磁无刷电机和永磁同步电机的体积比感应电机的体积要小些。

5.1.6.3 电机的细长比

通过 K_T 和槽满率 K_{SF} 概念，可以推导出电机气隙体积截面的求取公式：

$$D_i L = \frac{3 T_N' \times 10^4}{B_r \alpha_i K_{FE} Z A_S K_{SF} j} \qquad (5\text{-}1\text{-}4)$$

电机的定子外径 D 与定子铁心长 L 之比称为电机的"细长比"：

$$\xi = D/L \qquad (5\text{-}1\text{-}5)$$

固定的电机有一定的细长比，有些电机是扁电机，那么其细长比就大，有的电机需要电机转动惯量小，那么其细长比就小。一般电机的细长比可选为 2 左右，但是特殊电机，如 DDR 电机的细长比就较大，而高速主轴电机的细长比较小。细长比选大些，电机槽面积就大，对电机性能和绕组下线工艺都有好处。

5.1.6.4 电机定子内径的确定

电机内径的选取也是比较重要的，电机内径与外径之比称为"裂比"，一个电机的定子内外径比是有一定范围的，电机"裂比"在 0.45～0.7，不可能定子外径一定时，定子内径很大或很小。"裂比"有一定的范围，如果"裂比"大，电机的转子相应就大，这样的电机成了"铁"电机，工作磁通大，定子槽面积小，容不下多少绕组，电机的有效导体数就少，这时转子的外径就大，电机的转动惯量相应就大，这样的电机就是所谓的大惯量电机。反之，如果定子内径小，其"裂比"就小，这样就成了"铜"电机，电机的转动惯量就小。正常的"裂比"范围为 0.45～0.65。许多低转速、大转矩的电机的"裂比"往往大于 0.65，见表 5-1-6。

表 5-1-6 惯量与裂比

惯量分类	低转动惯量	中转动惯量	高转动惯量
裂比	0.45～0.55	0.55～0.65	0.65 以上

我们可以参考表 5-1-6 设计电机的内径，**如果要求电机转动惯量小，因为电机的"裂比"是一个范围，那么电机的定子外径相应会小，如果电机功率要大，则电机的"细长比"会小，电机变成细长电机。**

有些少槽少极电机的"裂比"不可能做得很大，如 6 槽 4 极电机，如"裂比"为 0.7，齿磁通密度为 1.8T 时，轭磁通密度还有 2.1T，此时槽面积几乎为 0，这样的电机结构是极不合理的。参照一些同类电机结构非常有必要，这样会使我们少走许多弯路。

每极的极弧长 $= \dfrac{\pi D_i}{2P}$

电机齿磁通密度 $B_Z = \alpha_i B_r \left(1 + \dfrac{S_t}{b_t}\right)$　　　　　　　　　　　　　（5-1-6）

$$\dfrac{S_t}{b_t} = \dfrac{B_Z}{\alpha_i B_r} - 1 \qquad S_t + b_t = \dfrac{\pi D_i}{Z}$$

式中，P 是电机极对数；S_t 是电机气隙槽宽（cm）；b_t 是定子气隙齿宽（cm）。

解上面两个方程：

$$S_t = \left(\dfrac{B_Z}{\alpha_i B_r} - 1\right) b_t, \ S_t + b_t = \left(\dfrac{B_Z}{\alpha_i B_r} - 1\right) b_t + b_t = b_t\left(\dfrac{B_Z}{\alpha_i B_r}\right) = \dfrac{\pi D_i}{Z}$$

$$b_t\left(\dfrac{B_Z}{\alpha_i B_r}\right) = \dfrac{\pi D_i}{Z}$$

所以

$$D_i = \dfrac{Z b_t B_Z}{\pi \alpha_i B_r} \qquad\qquad\qquad （5-1-7）$$

也可以看作

$$\pi D_i \alpha_i B_r = Z b_t B_Z$$

即电机气隙磁通密度等于电机总的齿磁通密度。

下面介绍求取 12 槽 8 极电机的定子内径 D_i。图 5-1-3 是 12 槽 8 极电机的槽形和参数图。

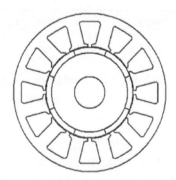

Auto Design	☐	
Parallel T...	☑	
Tooth Width	7.31	mm
Hs0	1	mm
Hs1	0.8	mm
Hs2	10.5	mm
Bs0	2.5	mm
Rs	1	mm

图 5-1-3　12 槽 8 极电机的槽形参数

图 5-1-4 是 12 槽 8 极电机磁钢、磁通密度和转子参数。

图 5-1-5 是 12 槽 8 极电机的定子结构参数。

PERMANENT MAGNET DATA

Residual Flux Density (Tesla):	1.23
Coercive Force (kA/m):	890

NO-LOAD MAGNETIC DATA

Stator-Teeth Flux Density (Tesla):	1.78436
Stator-Yoke Flux Density (Tesla):	1.83402
Rotor-Yoke Flux Density (Tesla):	0.710445
Air-Gap Flux Density (Tesla):	0.928983
Magnet Flux Density (Tesla):	1.00516

ROTOR DATA

Minimum Air Gap (mm):	0.4
Inner Diameter (mm):	18
Length of Rotor (mm):	195.5
Stacking Factor of Iron Core:	0.95
Type of Steel:	DW540_50
Polar Arc Radius (mm):	24.6
Mechanical Pole Embrace:	1
Electrical Pole Embrace:	0.943372

Name	Value	Unit
Outer Diameter	85.85	mm
Inner Diameter	50	mm
Length	195.5	mm
Stacking Factor	0.97	
Steel Type	DW465_50	
Number of Slots	12	
Slot Type	3	
Skew Width	0	

图 5-1-4　12 槽 8 极电机磁钢、磁通密度和　　　图 5-1-5　12 槽 8 极电机定子结构参数
　　　　　 转子参数

这样，电机的内径 D_i 与上面电机各参数的关系就能计算出来：

$$D_i = \frac{Zb_tB_Z}{\pi\alpha_iB_r} = \frac{12 \times 7.31 \times 1.78436}{\pi \times 0.943372 \times 1.23} = 42.9\text{mm}$$

实际上通过电机齿上线圈的磁通密度小于 RMxprt 计算出的齿磁通密度，1.78436T 是电机齿上的最高磁通密度，往往在电机齿的斜肩处，如图 5-1-6 所示。

 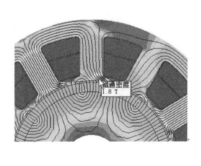

图 5-1-6　电机磁通密度场分析

如果我们取 $B_Z = 1.67\text{T}$，电机的内孔就会较大，电机裂比就大些：

$$D_i = \frac{Zb_tB_Z}{\pi\alpha_iB_r} = \frac{12 \times 7.31 \times 1.67}{\pi \times 0.67 \times 1.23} = 56.6\text{mm}$$

对于单节距绕组来讲，电机轭宽可以设计略大于电机齿宽的一半。其原因是，电机轭部经常有固定螺孔，或者有氩弧焊凹槽，相对来讲轭部磁路就窄了，这样对齿磁通密度有较大的影响，从而对电机的工作磁通产生影响。

对于少极分布绕组电机，电机的轭宽要大于电机绕组节距数齿宽的一半略多。对于少极电机，电机的绕组节距（绕组跨齿数）较大，因此节距内齿宽总和也较大，电机的轭宽也较宽。轭宽窄，磁通密度高，则轭部磁压降就大，磁阻就大，电机损耗就大，电机效率会降低。

5.1.6.5 电机定子槽极配合选择的原则

第 2、3 章详细讲述了电机槽极配合与电机性能结构方面的各种关系，介绍了电机的槽极配合的选择方法。归纳如下：

1）高速电机极数要少；

2）低速电机槽数和极数要多；

3）选槽极配合要选电机评价因子 C_T 和圆心角 θ 小的电机，这样电机的齿槽转矩、转矩波动会小，电机的感应电动势波形的正弦度要好；

4）选择绕组系数较大的槽极配合。

5.1.6.6 电机转子结构的选择

永磁同步电机的转子的磁钢有径向磁钢和切向磁钢之分。

图 5-1-7 所示电机的磁钢结构是表贴式磁钢转子形式。也有转子结构采用内嵌式磁钢（内置式）的，如图 5-1-8 和图 5-1-9 所示。如果要用其他转子磁钢结构或者转子结构比较复杂，就需要把结构导入程序。

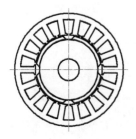 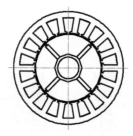 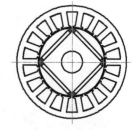

图 5-1-7　径向磁钢　　　　图 5-1-8　切向磁钢　　　　图 5-1-9　内嵌式磁钢

在 MotorSolve 和 Motor-CAD 软件中，转子的磁钢结构较多，供设计人员的选择余地就大，设置、选择和计算较方便。电机性能计算直接就是 2D 场计算，计算也很简捷和方便。异形磁钢的图形导入和材料设置用 MotorSolve 软件比较方便。

永磁同步电机的电抗参数 X_{ad} 和 X_{aq} 与转子结构相关。其中直轴电枢反应电抗 X_{ad} 与电机转矩幅值大小和失步转矩倍数相关。电磁转矩中的磁阻转矩也取决于交、直轴电枢反应电抗 X_{aq} 与 X_{ad} 之差。相差越大，电机的磁阻转矩幅值就越大，永磁同步电机的功率密度和过载能力相应得到提高。特别需要弱磁扩速的电机，电机的电

枢反应的电抗参数 X_{ad} 和 X_{aq} 要相差大些为好，宜取用内嵌式一字形或 V 字形磁钢的转子。

表贴式磁钢的永磁同步电机在弱磁提速方面虽不及内嵌式磁钢，但是有其特点，表贴式磁钢的永磁同步电机用一些方法也可以实现额定转速以外的提速。一般电机的转子结构形式确定后，就需要考虑电机磁钢的厚度选择问题。磁钢厚度选择有以下 3 个原则：

1）磁钢用料最少；

2）在电机数倍最大负载时磁钢不至于退磁；

3）要确保磁钢的机械强度，电机在生产和使用过程中不至于发生碎裂现象。

5.2　电机的软件快速设计

电机设计软件常用方法有磁路法或场分析法，有的软件路、场可结合计算，选用磁路法计算结构、性能，然后用场分析法求取磁路法不易求取的参数或更"正确"地分析各种参数。用 Maxwell-RMxprt、MotorSolve 软件就可以进行这样的操作。还有 Motor-CAD 软件是用场分析法求取电机的各个参数。

RMxprt 软件中有一般典型电机模块，用磁路法可以对电机进行建模，求出电机的结构、主要参数，功能强大，人机对话强，某些参数能自动算出，只要能对电机的主要参数的设计、设置和评判做到心中有数，并能熟练掌握该软件的设计方法及步骤，就能够实现电机的快速设计。

用 Maxwell 软件设计电机是基于电磁场分析，其 2D 电磁场分析是一种从"场"的角度比较精确求取电机工作磁通的设计方法，Maxwell-RMxprt 软件是从磁场"路"的角度设计电机的，设计思路比较简洁，电机设计的各方面考虑得比较详细，输出的内容和形式丰富完整。用 Maxwell-RMxprt 软件的"路"计算某些数值的精度和用有限元的"场"计算相比较为接近，计算结果与样机制造后的测试结果比较符合设计目标。

更重要的一点是，RMxprt 软件虽然是一个电机核算软件，但是该软件在设定好额定参数、槽极配合、定转子结构后能自动对定子开槽，自动计算出电机槽形和绕组，得到合理的齿密、轭磁通密度以及满足电机额定性能的绕组参数。**RMxprt 软件是一个以电机核算为主的电机设计软件，不能自动生成最佳的电机槽极配合，槽极配合必须人工设置。**我们可以在确定电机定子内外径、长度及转子结构尺寸、磁钢结构尺寸后，**设定几种较好的电机槽极配合**，计算出结果进行对比，选定电机设计最佳方案作为电机设计最终结果。这是非常好的电机设计方法，也是应该优选的方法。

下面用以上思路介绍用 RMxprt 软件设计电机，看看如何用 RMxprt 软件自动设计槽形、绕组参数，优化电机的槽极配合达到较佳的电机设计结果。

设计一个永磁同步伺服电机，主要要求与米格 130ST-M15015 永磁同步电机相同，额定工作点为：**电源电压 AC 220V，额定转矩为 15N·m，额定转速为 1500r/min。**

分析：电机的输出功率为

$$P_2 = \frac{Tn}{9.5493} = \frac{15 \times 1500}{9.5493} = 2356\text{W}$$

初定电机：名义输出功率为 2.3kW，转速为 1500r/min，电机电源电压为 AC 220V（输入控制器电压）。

1. 电机外径 D 的选取

参考国内同类电机，米格电机产品资料见表 5-2-1。

表 5-2-1　130 系列伺服电机参数表

电机型号	130ST M04025	130ST M05025	130ST M06025	130ST M07725	130ST M10010	130ST M10015	130ST M10025	130ST M15015	130ST M15025
额定功率 /kW	1.0	1.3	1.5	2.0	1.0	1.5	2.6	2.3	3.8
额定线电压 /V	220	220	220	220	220	220	220	220	220
额定线电流 /A	4.0	5.0	6.0	7.5	4.5	6.0	10	9.5	13.5
额定转速 /(r/min)	2500	2500	2500	2500	1000	1500	2500	1500	2500
额定转矩 /(N·m)	4	5.0	6	7.7	10	10	10	15	15
峰值转矩 /(N·m)	12	15	18	22	20	25	25	30	30
反电动势 /[V/(1000r/min)]	72	68	65	68	140	103	70	114	67
转矩系数 /(N·m/A)	1.0	1.0	1.0	1.03	2.2	1.67	1.0	1.58	1.11
转子惯量 /(kg·m²)	0.85×10^{-3}	1.06×10^{-3}	1.26×10^{-3}	1.53×10^{-3}	1.94×10^{-3}	1.94×10^{-3}	1.94×10^{-3}	2.77×10^{-3}	2.77×10^{-3}

从表 5-2-1 中看到 130ST-M15015 电机的性能与设计电机要求相同，因此其他参数可以参照该型号电机的参数，如额定线电流 9.5A、峰值转矩 30N·m、反电动势 114V/（1000r/min）等。

130ST-M15015 电机的机座号为 130，即机壳为 130mm×130mm（方），因此电机

外径应小于 130mm，如果机壳最小厚度为 4mm，则电机定子外径 $D = 130 - (2 \times 4) = 122mm$。

2. 定子内径 D_i 的选取

按电机惯量大小选取，一般没有惯量特殊要求的电机取中惯量，见表 5-2-2。

表 5-2-2　惯量与裂比

惯量分类	低转动惯量	中转动惯量	高转动惯量
裂比	0.45 ~ 0.55	0.55 ~ 0.65	0.65 以上

因为该电机是伺服电机，所以电机惯量应该小些，低惯量范围为 0.45 ~ 0.55，取该范围的值 0.55。

$D_i = 0.55D = 0.55 \times 122 = 67.1mm$，取整 $D_i = 67mm$，这样电机定子内径就确定了。

定子长度的估算对米格电机 130 系列，转速为 1500r/min 时，LA = 213mm。

用米格电机说明书外形图，导入 Caxa 画图软件，按说明书提供的长度尺寸（LA = 213mm）与 Caxa 量出的尺寸（866.2mm），按比例求出判别定子长度，如图 5-2-1 所示。

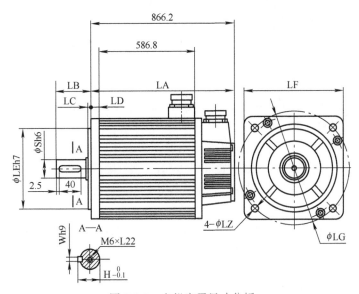

图 5-2-1　电机定子尺寸分析

由 $\dfrac{213}{866.2} = \dfrac{x}{586.8}$，得 $x = \dfrac{213 \times 586.8}{866.2} = 144.29mm$，所以电机机壳长大概为 144.29mm，电机如果用分数槽集中绕组，那么绕组端部高不会超过 15mm，因此定子长在 110mm 左右。

设转子与定子同长为 L = 110mm，则转子的转动惯量初估为 $1.6974 \times 10^{-3} \mathrm{kg \cdot m^2}$，

不会达到米格说明书上所说的 $2.77 \times 10^{-3} \mathrm{kg \cdot m^2}$，还有可能样机的"裂比"要大些，即定子内径要大些，待获得设计结果后修正。转子轴相对转子来说，轴的转动惯量影响不大，见表 5-2-3。

表 5-2-3　转动惯量计算表

转子转动惯量			
R_1/mm	L_1/mm	ρ_1/(g/cm³)	J/(kg · m²)
33.5	110	7.8	0.001697409

3. 电机槽极的选取

电机槽极的选取也较为关键，参考松下的同类电机一般取 12 槽 8 极、12 槽 10 极。12 槽 8 极有效工作磁通大些，最大输出功率大，绕组排列有规律、不复杂，但是齿槽转矩较 12 槽 10 极的大。我们将 12 槽 8 极、12 槽 10 极作为该电机槽极配合的选项，通过软件对不同槽极配合和结构、绕组进行改进，获得较优的电机性能。

如果把转子磁钢偏心削角，转子 2 段直极错位，那么电机的齿槽转矩会变小，电机感应电动势波形的正弦度也会变好，因此选用 12 槽 8 极表贴式转子。

4. 电机定子冲片型式的选取

电机定子冲片用整块的还是 T 形拼块式的，取决于电机和整个电机工艺的考量。整块冲片由于槽内要留有喷嘴通道，因此槽满率低、槽口大，这样电机的体积要大，而且电机的齿槽转矩会大，转矩波动大，感应电动势波形正弦度差。如果选用 T 形拼块式定子，其槽满率高，这样使相同额定点的电机的体积最小。

5. 磁钢的材料选取

现在永磁同步电机用烧结钕铁硼磁钢非常普遍了，这次采用 38SH 进行设计。38SH 是永磁同步电机常用牌号，如果用 35SH，则气隙磁通要小，要达到相同的转矩常数 K_T，电机绕组导体数要多，则绕组电阻变大，损耗增大。

6. 定子转子冲片材料的确定

用常规的 DW465-50 材料，也可以用 DW300-35，但是性能和损耗相差不大，在没有严格的效率要求下，选 DW465-50 冲片材料，电机成本会下降较多。

7. 磁通密度的取值

用 RMxprt 软件计算，电机的齿磁通密度指的是齿中最高部位的磁通密度，一般在齿翼部位，不等于齿部的最高磁通密度，因此齿磁通密度设计只要小于 2T 即可。磁通密度设置的参考值，定子齿取 1.5 ~ 1.9T，定子轭取 1.2 ~ 1.5T，转子轭取 1.3 ~ 1.6T。电机轭磁密略低于齿磁通密度是合理的，轭部磁路较长，磁阻较大，而且定子轭部会有氩弧焊槽，或有螺钉孔，相应磁通密度高，所以增大轭宽，轭磁通密度比齿磁通密度低些，也是从这几方面考虑的。电机磁通密度低，电机的效率、功率因数会略高。

8. 永磁同步电机工程模型的引入

RMxprt 软件基于电机等效电路和磁路的设计理念来计算、仿真各种电机模型，具有建立模型简单快捷、输出参数多、参数调整方便等优点，同时具有一定的设计精度和可靠性，此外又为进一步的二维和三维有限元求解奠定了基础，熟悉使用 RMxprt 软件模块可在电机设计上事半功倍。在 RMxprt 软件中，可以引入软件中的典型电机工程模型，引入后再把该模型的各项参数修改为需要的参数，待参数全部修改完成后，对新的无刷电机工程模型进行计算就可以，这样设置少、错误少、建模速度快，非常方便，能够满足大多数无刷电机的设计需要。

Maxwell 软件安装文件中 Examples 目录下提供各种典型的电机模块，如无刷电机目录："C:\Program Files\AnsysEM\Maxwell16.0\Win64\Examples\RMxprt\assm"，选取 assm-1 模块作为电机的参考模块，在这个模块基础上进行目标建模，图 5-2-2 是电机结构图。

1）将模块改名为 130-12-8j，另存目录，如图 5-2-3 所示。

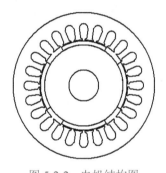

图 5-2-2　电机结构图

图 5-2-3　模块另存名

2）输入电机额定数据，如图 5-2-4 所示。

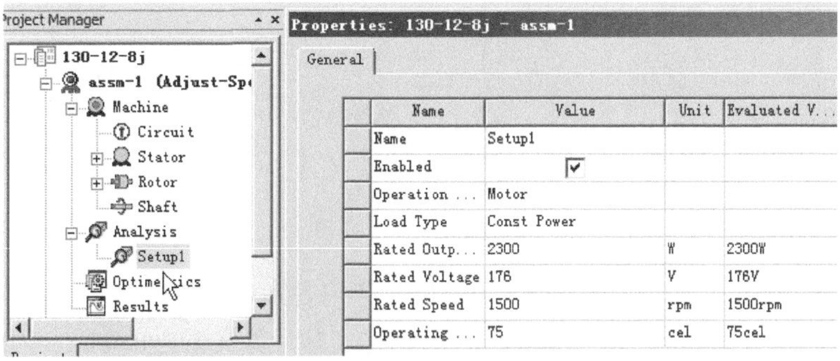

Name	Value	Unit	Evaluated V...
Name	Setup1		
Enabled	☑		
Operation ...	Motor		
Load Type	Const Power		
Rated Outp...	2300	W	2300W
Rated Voltage	176	V	176V
Rated Speed	1500	rpm	1500rpm
Operating ...	75	cel	75cel

图 5-2-4　电机额定数据输入

关于用 **AC 理想电源模式**，输入计算电压不考虑控制器压降，应该为 AC 179.52V，计算电压选 AC 176V，见表 5-2-4。

表 5-2-4　电机电源计算模式的电压关系

单相电源输入				三种通电形式的等效电压其电机性能基本相同		
U_1 输入交流电压 /V	U_2 整流后的脉冲直流（平均值）电压 /V	U_d 整流滤波后直流电压（最大幅值）/V	K（考虑滤波负载和压降）单相 $K=0.95\sim0.97$	PWM 计算电压 /V	DC 计算电压 /V	AC 输入电机线电压有效值 /V
220	198.00	311.13	1.00	311.13	220.0	179.52

转子设置 8 极、内转子结构。关于损耗，这里摩擦损耗包括风摩耗设置原则：

$$摩擦损耗 = \frac{P_2(1-\eta)}{4} = \frac{2300\times(1-0.9)}{4} = 57.5\text{W}$$

取 55W，把该参数放在一项中就可以了。

额定计算点在 1500r/min，绕组采用星形联结，如图 5-2-5 所示。

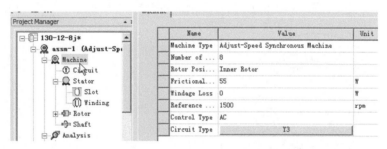

图 5-2-5　电机损耗计算模式等设置

3）定子设置，如图 5-2-6 所示。

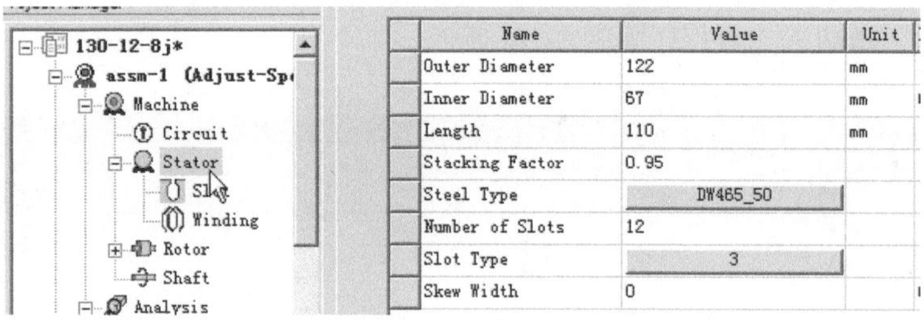

图 5-2-6　定子设置

4）转子设置，如图 5-2-7 所示。电机转子用表贴式，那么要用 304 不锈钢套，钢套厚为 0.18～0.2mm，留 0.4mm 气隙，这样实际计算气隙为 0.6mm。因此转子外径 = 67−2×0.6 = 65.8mm，轴取 26mm，冲片取 DW465-50，叠压系数为 0.95，磁钢 1 号形状。RMxprt 软件没有钢套设置项，因为是不锈钢套，所以基本不影响电机计算性能。但是 MotorSolve、Motor-CAD 软件就有钢套设置项。

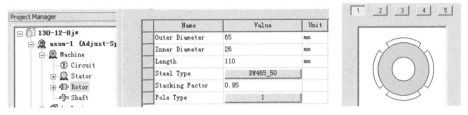

图 5-2-7　转子设置

5) 初定定子冲片槽形。定子槽形设置可以用两种方法，一种是人工设置，计算出磁密后再修改槽形；另一种为软件自动设置，自动开槽，计算后如磁通密度不妥，再修改槽形。为了使读者能了解这两种方法，下面分别介绍。

① 人工设置槽形方法，如图 5-2-8 所示。

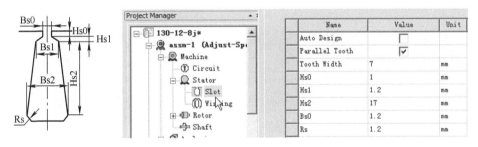

图 5-2-8　定子槽形设置位置

可以用下面公式初步估算无刷电机的齿宽 b_t：

设：$D_i = 6.5\text{cm}$，$Z = 12$，$B_z = 1.8\text{T}$，$B_r = 1.23\text{T}$，$\alpha_i = 0.72$

由 $Zb_tB_z = \pi D_iB_r\alpha_i$，得

$$b_t = \frac{\pi D_iB_r\alpha_i}{ZB_z} = \frac{\pi \times 6.5 \times 1.23 \times 0.72}{12 \times 1.8} = 0.83\text{cm} = 8.3\text{mm}$$

槽形设置如图 5-2-9 所示。

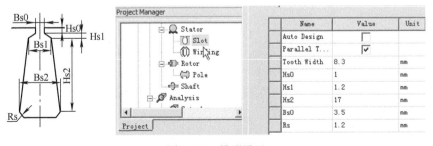

图 5-2-9　槽形设置

图 5-2-10 是定子冲片图。

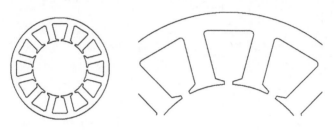

图 5-2-10 定子冲片图

绕组设置：把槽内导体数、漆包线漆皮厚、线径都设置为 0，这样软件可以自动计算出绕组数据，如图 5-2-11 所示。

 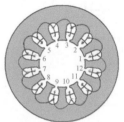

图 5-2-11 绕组设置

设置槽满率，如图 5-2-12 所示。

磁钢设置：先设置磁钢为 NdFe35 [相当于 38SH，我们也可以自己建一个 38SH 磁钢材料（RMxprt 软件中为 NdFe35，如图 5-2-13 所示），再进行计算]，$B_r = 1.23T$，磁钢厚 3.5mm，极弧系数为 1，不偏心。

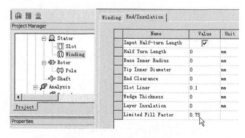

图 5-2-12 槽满率设置

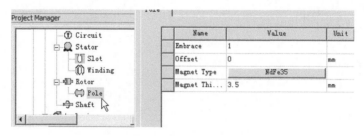

图 5-2-13 磁钢设置

转子形状如图 5-2-14 所示。

转轴设置成导磁，见图 5-2-15 箭头所指处。

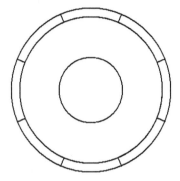

图 5-2-14　转子形状

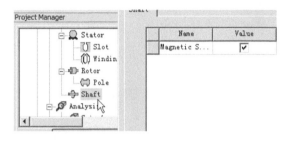

图 5-2-15　轴材质设置

这样电机结构设置基本完成，可以进行电机计算。图 5-2-16 所示为人工开槽电机结构图。

这样电机就设置完成，可以获得电机设计结果。

② 如果电机自动开槽，则勾选"Auto Design"，见图 5-2-17 箭头所指。

单击图 5-2-17 中的"确定"按钮后，如图 5-2-18 所示。

图 5-2-19 和图 5-2-20 是人工开槽和自动开槽的尺寸参数对比。

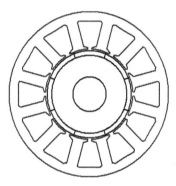

图 5-2-16　人工开槽电机结构

自动开槽，齿宽和槽高略有增大，把自动开槽的槽参数输入软件后生成如图 5-2-21 和图 5-2-22 所示。

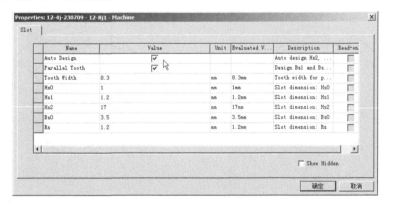

图 5-2-17　设置成自动开槽

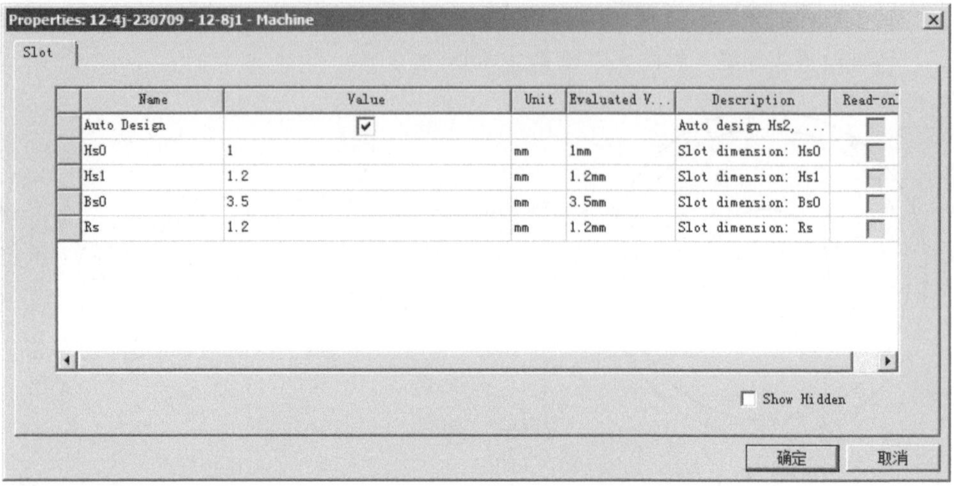

Properties: 12-4j-230709 - 12-8j1 - Machine

Slot

Name	Value	Unit	Evaluated V...	Description	Read-on!
Auto Design	☑			Auto design Hs2, ...	☐
Hs0	1	mm	1mm	Slot dimension: Hs0	☐
Hs1	1.2	mm	1.2mm	Slot dimension: Hs1	☐
Bs0	3.5	mm	3.5mm	Slot dimension: Bs0	☐
Rs	1.2	mm	1.2mm	Slot dimension: Rs	☐

☐ Show Hidden

确定   取消

图 5-2-18　自动开槽仅需输入不多的数据

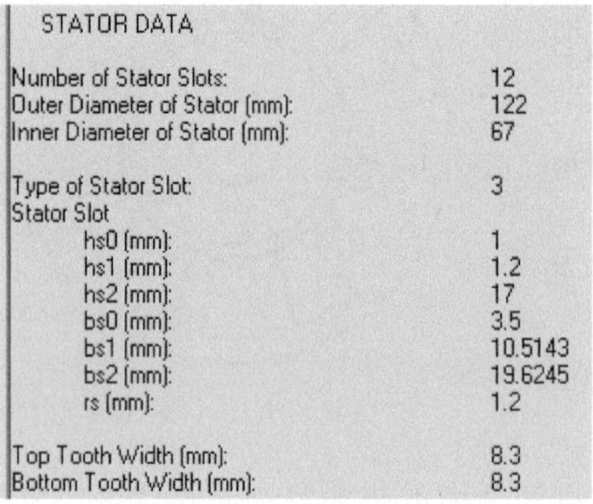

STATOR DATA

Number of Stator Slots:	12
Outer Diameter of Stator (mm):	122
Inner Diameter of Stator (mm):	67
Type of Stator Slot:	3
Stator Slot	
hs0 (mm):	1
hs1 (mm):	1.2
hs2 (mm):	17
bs0 (mm):	3.5
bs1 (mm):	10.5143
bs2 (mm):	19.6245
rs (mm):	1.2
Top Tooth Width (mm):	8.3
Bottom Tooth Width (mm):	8.3

图 5-2-19　人工开槽尺寸

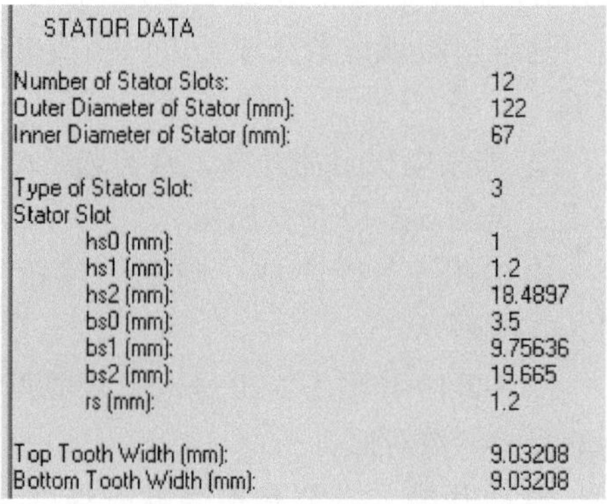

STATOR DATA

Number of Stator Slots:	12
Outer Diameter of Stator (mm):	122
Inner Diameter of Stator (mm):	67
Type of Stator Slot:	3
Stator Slot	
hs0 (mm):	1
hs1 (mm):	1.2
hs2 (mm):	18.4897
bs0 (mm):	3.5
bs1 (mm):	9.75636
bs2 (mm):	19.665
rs (mm):	1.2
Top Tooth Width (mm):	9.03208
Bottom Tooth Width (mm):	9.03208

图 5-2-20　自动开槽尺寸

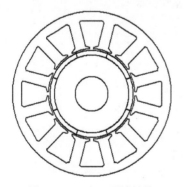

图 5-2-21　人工开槽结构

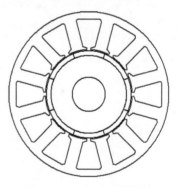

图 5-2-22　自动开槽结构

电机绕组随槽形改变，绕组参数自动改变以达到电机额定性能的要求，如图 5-2-23 和图 5-2-24 所示。

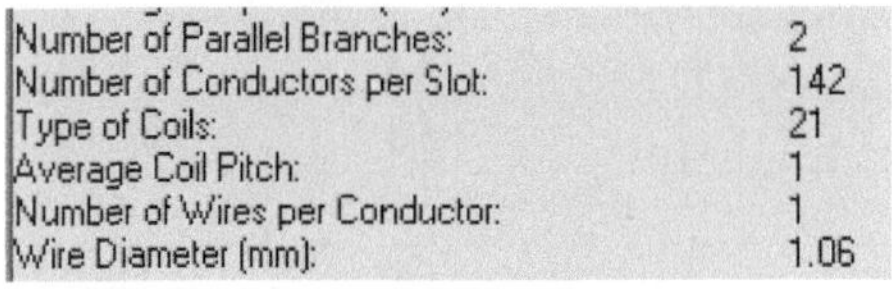

```
Number of Parallel Branches:        2
Number of Conductors per Slot:      142
Type of Coils:                      21
Average Coil Pitch:                 1
Number of Wires per Conductor:      1
Wire Diameter (mm):                 1.06
```

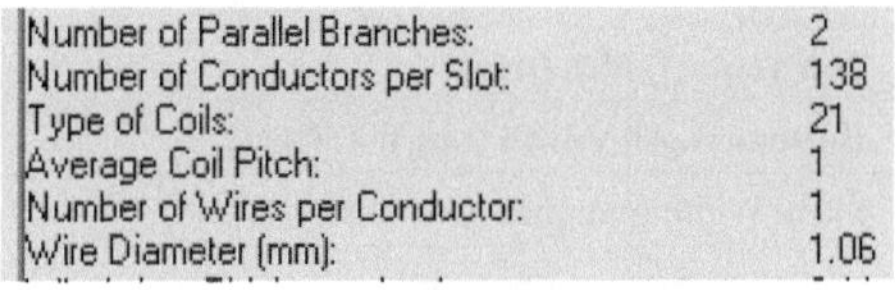

```
Number of Parallel Branches:        2
Number of Conductors per Slot:      138
Type of Coils:                      21
Average Coil Pitch:                 1
Number of Wires per Conductor:      1
Wire Diameter (mm):                 1.06
```

图 5-2-23　人工开槽绕组参数　　　　　图 5-2-24　自动开槽绕组参数

自动开槽后，槽导体根数略有减少，用人工开槽与自动开槽的模块计算电机性能，见表 5-2-5。

表 5-2-5　电机性能计算表

ADJUSTABLE-SPEED PERMANENT MAGNET SYNCHRONOUS MOTOR DESIGN		
GENERAL DATA	人工开槽	自动开槽
Rated Output Power (kW):	**2.3**	**2.3**
Rated Voltage (V):	**176**	**176**
Number of Poles:	**8**	**8**
Frequency (Hz):	**100**	**100**
Frictional Loss (W):	55	55
Windage Loss (W):	0	0
Rotor Position:	Inner	Inner
Type of Circuit:	Y3	Y3
Type of Source:	Sine	Sine
Domain:	Frequency	Frequency
Operating Temperature (C):	75	75
STATOR DATA		
Number of Stator Slots:	12	12
Outer Diameter of Stator (mm):	122	122
Inner Diameter of Stator (mm):	67	67
Type of Stator Slot:	3	3
Stator Slot		
hs0 (mm):	1	1
hs1 (mm):	1.2	1.2
hs2 (mm):	**17**	**18.4897**
bs0 (mm):	3.5	3.5
bs1 (mm):	**10.5143**	**9.75636**
bs2 (mm):	19.6245	19.665
rs (mm):	1.2	1.2

（续）

ADJUSTABLE-SPEED PERMANENT MAGNET SYNCHRONOUS MOTOR DESIGN		
STATOR DATA		
Top Tooth Width (mm):	**8.3**	**9.03208**
Bottom Tooth Width (mm):	**8.3**	**9.03208**
Skew Width (Number of Slots):	0	0
Length of Stator Core (mm):	110	110
Stacking Factor of Stator Core:	0.95	0.95
Type of Steel:	DW465_50	DW465_50
Designed Wedge Thickness (mm):	1.20004	1.94209
Slot Insulation Thickness (mm):	0.1	0.1
Layer Insulation Thickness (mm):	0.1	0.1
End Length Adjustment (mm):	0	0
Number of Parallel Branches:	2	2
Number of Conductors per Slot:	142	138
Type of Coils:	21	21
Average Coil Pitch:	1	1
Number of Wires per Conductor:	1	1
Wire Diameter (mm):	1.06	1.06
Wire Wrap Thickness (mm):	0.11	0.11
Slot Area (mm^2):	291.02	306.431
Net Slot Area (mm^2):	269.902	278.329
Limited Slot Fill Factor (%):	75	75
Stator Slot Fill Factor (%):	**72.0202**	**67.8723**
Coil Half-Turn Length (mm):	134.816	134.982
Wire Resistivity (ohm.mm^2/m):	0.0217	0.0217
ROTOR DATA		
Minimum Air Gap (mm):	1	1
Inner Diameter (mm):	26	26
Length of Rotor (mm):	110	110
Stacking Factor of Iron Core:	0.95	0.95
Type of Steel:	DW465_50	DW465_50
Polar Arc Radius (mm):	32.5	32.5
Mechanical Pole Embrace:	1	1
Electrical Pole Embrace:	0.91373	0.91373
Max. Thickness of Magnet (mm):	3.5	3.5
Width of Magnet (mm):	24.151	24.151
Type of Magnet:	NdFe35	NdFe35
Type of Rotor:	1	1
Magnetic Shaft:	Yes	Yes

（续）

ADJUSTABLE-SPEED PERMANENT MAGNET SYNCHRONOUS MOTOR DESIGN		
PERMANENT MAGNET DATA		
Residual Flux Density (Tesla):	1.23	1.23
Coercive Force (kA/m):	890	890
STEADY STATE PARAMETERS		
Stator Winding Factor:	0.866025	0.866025
D-Axis Reactive Reactance Xad (ohm):	1.08121	1.02116
Q-Axis Reactive Reactance Xaq (ohm):	1.08121	1.02116
Armature Phase Resistance at 20C (ohm):	0.387227	0.376783
NO-LOAD MAGNETIC DATA		
Stator-Teeth Flux Density (Tesla):	**1.81215**	**1.70205**
Stator-Yoke Flux Density (Tesla):	**1.3691**	**1.74359**
Rotor-Yoke Flux Density (Tesla):	**0.63657**	**0.65063**
Air-Gap Flux Density (Tesla):	0.79057	0.808031
Magnet Flux Density (Tesla):	0.876931	0.896299
No-Load Line Current (A):	**0.21658**	**0.3855**
No-Load Input Power (W):	88.7291	94.2012
Cogging Torque (N·m):	**2.55104**	**2.66498**
FULL-LOAD DATA		
Maximum Line Induced Voltage (V):	**260.956**	**259.207**
Root-Mean-Square Line Current (A):	**8.03096**	**8.02068**
Root-Mean-Square Phase Current (A):	8.03096	8.02068
Armature Current Density (A/mm^2):	**4.55026**	**4.54443**
Total Loss (W):	**179.54**	**182.236**
Output Power (W):	**2301.36**	**2301.19**
Input Power (W):	**2480.9**	**2483.43**
Efficiency (%):	**92.7631**	**92.6619**
Power Factor:	**0.99975**	**0.99987**
Synchronous Speed (rpm):	**1500**	**1500**
Rated Torque (N·m):	**14.6509**	**14.6498**
Torque Angle (degree):	13.5606	13.9365
Maximum Output Power (W):	**8662.67**	**8473.55**

　　至此，两种不同开槽方法电机的主要技术要求均已达到目标设定值。

　　设计一个永磁同步电机，用人工开槽和自动开槽方法，电机主要要求已经全部达到电源电压为 AC 220V，额定转矩为 15N·m，额定转速为 1500r/min，输出功率为 2.3kW。

　　机械特性曲线如图 5-2-25 所示。

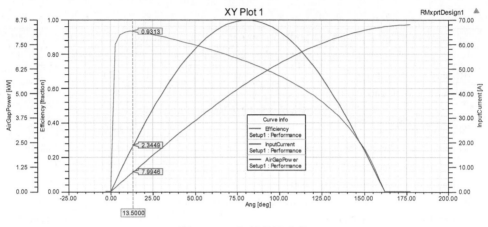

图 5-2-25   机械特性曲线

感应电动势曲线如图 5-2-26 所示。

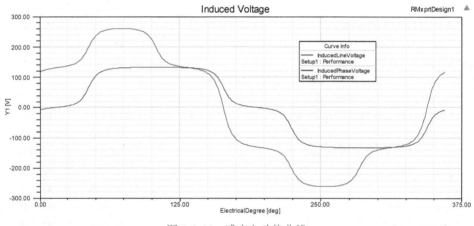

图 5-2-26   感应电动势曲线

问题分析一

电机的感应电动势的波形正弦度非常不好，如果该永磁同步电机作为伺服电机使用，其感应电动势正弦度差会对控制器的控制带来很大影响，因此要进行正弦度的改进设计。

齿槽转矩曲线如图 5-2-27 所示。

齿槽转矩容忍度为 $\dfrac{5.1021/2}{14.65} = 0.174 \times 100\% = 17.4\%$。

问题分析二

电机的齿槽转矩容忍度为 17.4%，齿槽转矩太大，容忍度不好，要改进设计。

瞬态转矩曲线和转矩波动曲线如图 5-2-28 所示。

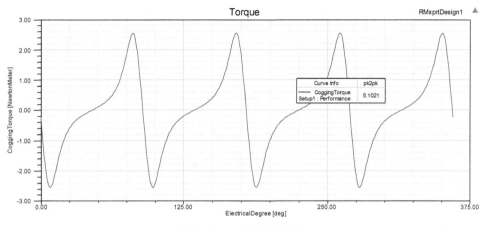

图 5-2-27 齿槽转矩曲线

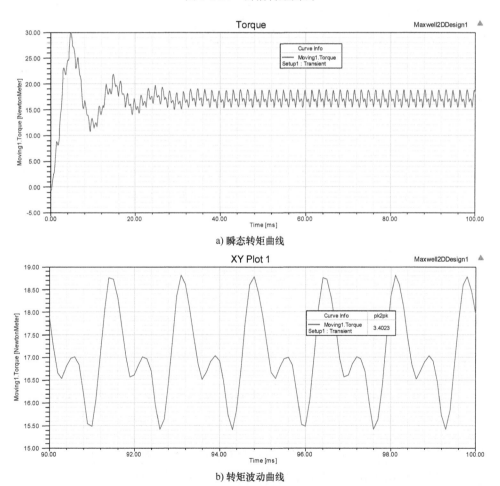

a) 瞬态转矩曲线

b) 转矩波动曲线

图 5-2-28 瞬态转矩曲线和转矩波动曲线

转矩波动 $= \dfrac{3.4023}{14.65} = 0.2322$，转矩波动也大。

问题分析三

电机转矩波动太大。

对 12-8j 电机结构进行改进，对**磁钢进行凸极改进**，如图 5-2-29 所示。

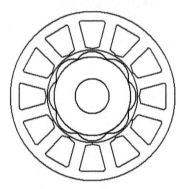

图 5-2-29　12 槽 8 极电机结构改进图

图 5-2-30 是改进磁钢后的齿槽转矩曲线。

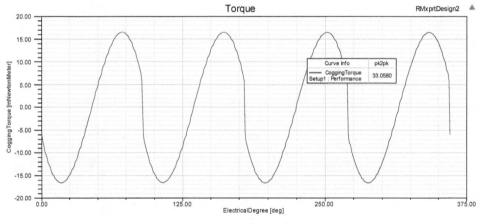

图 5-2-30　齿槽转矩曲线

齿槽转矩容忍度为 $\dfrac{0.033058/2}{14.65} = 0.00113 \times 100\% = 0.113\%$，齿槽瞬态转矩相当小，如图 5-2-31 所示。

转矩波动为 $\dfrac{2.1583}{14.65} = 0.147$，转矩波动也得到改善，如图 5-2-32 所示。

下面用 12-10j 的槽极配合对电机进行设计。图 5-2-33 为 12 槽 10 极电机结构。

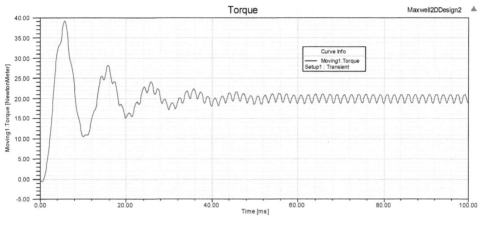

图 5-2-31　瞬态转矩曲线

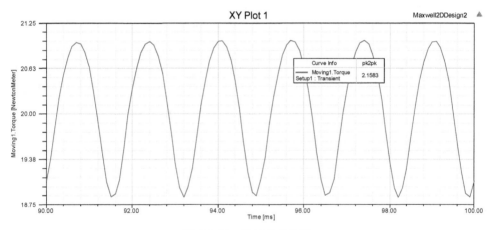

图 5-2-32　转矩波动曲线

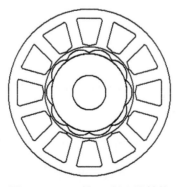

图 5-2-33　12 槽 10 极电机结构

图 5-2-34、图 5-2-35 分别是电机的感应电动势和齿槽转矩曲线。

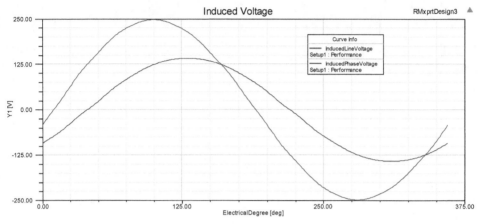

图 5-2-34　感应电动势曲线

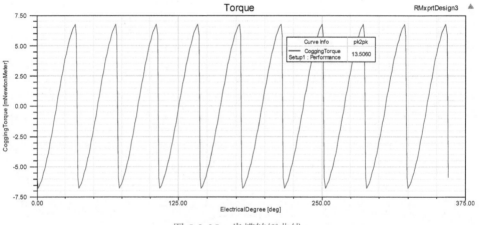

图 5-2-35　齿槽转矩曲线

齿槽转矩容忍度为 $\dfrac{0.0135/2}{14.65} = 0.00046 \times 100\% = 0.046\%$，齿槽转矩相当小，可忽略不计，如图 5-2-36 所示。

转矩波动为 $\dfrac{0.8554}{14.65} = 0.058$，转矩波动非常好，如图 5-2-37 所示。

表 5-2-6 是 12 槽 8 极和 12 槽 10 极的电机性能比较。

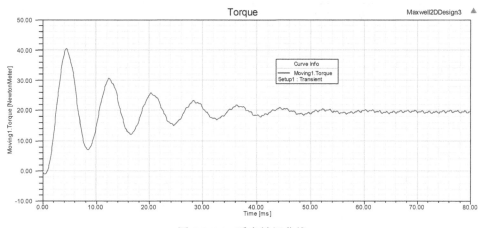

图 5-2-36　瞬态转矩曲线

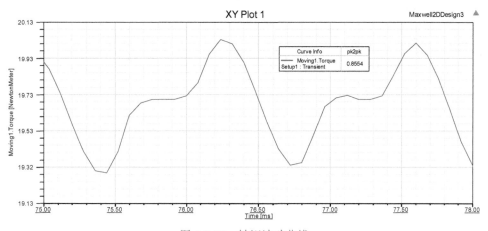

图 5-2-37　转矩波动曲线

表 5-2-6　12 槽电机性能计算比较

ADJUSTABLE-SPEED PERMANENT MAGNET SYNCHRONOUS MOTOR DESIGN			
	12-8j	12-8j- 改	12-10j
GENERAL DATA			
Rated Output Power (kW):	**2.3**	**2.3**	**2.3**
Rated Voltage (V):	**176**	**176**	**176**
Number of Poles:	**8**	**8**	**10**
Frequency (Hz):	100	100	125
Frictional Loss (W):	45	45	45

（续）

ADJUSTABLE-SPEED PERMANENT MAGNET SYNCHRONOUS MOTOR DESIGN			
	12-8j	**12-8j- 改**	**12-10j**
STATOR DATA			
Number of Stator Slots:	**12**	**12**	**12**
Outer Diameter of Stator (mm):	122	122	122
Inner Diameter of Stator (mm):	67	67	67
Type of Stator Slot:	3	3	3
Stator Slot			
hs0 (mm):	1	1	1
hs1 (mm):	1.2	1.2	1.2
hs2 (mm):	17	17	17
bs0 (mm):	3.5	0.5	0.5
bs1 (mm):	10.5143	10.5383	10.5383
bs2 (mm):	19.6245	19.6486	19.6486
rs (mm):	1.2	1.2	1.2
Top Tooth Width (mm):	8.3	8.3	8.3
Bottom Tooth Width (mm):	8.3	8.3	8.3
Skew Width (Number of Slots):	**0**	**0**	**0**
Length of Stator Core (mm):	110	110	110
Stacking Factor of Stator Core:	0.95	0.95	0.95
Type of Steel:	DW465_50	DW465_50	DW465_50
Designed Wedge Thickness (mm):	1.20004	1.20002	1.20002
Slot Insulation Thickness (mm):	0.1	0.1	0.1
Layer Insulation Thickness (mm):	0.1	0.1	0.1
End Length Adjustment (mm):	0	0	0
Number of Parallel Branches:	2	2	2
Number of Conductors per Slot:	**142**	**160**	**146**
Type of Coils:	21	21	21
Average Coil Pitch:	1	1	1
Number of Wires per Conductor:	1	1	1
Wire Diameter (mm):	**1.06**	**1**	**1.06**
Wire Wrap Thickness (mm):	0.11	0.11	0.11
Slot Area (mm^2):	291.02	286.671	286.671
Stator Slot Fill Factor (%):	**72.0202**	**72.9244**	**73.9318**
ROTOR DATA			
Minimum Air Gap (mm):	**1**	**1**	**1**
Inner Diameter (mm):	26	26	26
Length of Rotor (mm):	110	110	110
Stacking Factor of Iron Core:	0.95	0.95	0.95

（续）

ADJUSTABLE-SPEED PERMANENT MAGNET SYNCHRONOUS MOTOR DESIGN			
	12-8j	**12-8j- 改**	**12-10j**
ROTOR DATA			
Type of Steel:	DW465_50	DW465_50	DW465_50
Polar Arc Radius (mm):	32.5	13.5	11.5
Mechanical Pole Embrace:	1	1	1
Electrical Pole Embrace:	**0.91373**	**0.642224**	**0.647169**
Max. Thickness of Magnet (mm):	**3.5**	**4**	**4**
Width of Magnet (mm):	24.151	23.9546	19.1637
Type of Magnet:	NdFe35	NdFe35	NdFe35
Type of Rotor:	1	1	1
PERMANENT MAGNET DATA			
Residual Flux Density (Tesla):	**1.23**	**1.23**	**1.23**
Coercive Force (kA/m):	**890**	**890**	**890**
STEADY STATE PARAMETERS			
Stator Winding Factor:	**0.86603**	**0.86603**	**0.93301**
D-Axis Reactive Reactance Xad (ohm):	1.08121	1.25575	0.970894
Q-Axis Reactive Reactance Xaq (ohm):	1.08121	1.25575	0.970894
NO-LOAD MAGNETIC DATA			
Stator-Teeth Flux Density (Tesla):	**1.81215**	**1.681**	**1.52094**
Stator-Yoke Flux Density (Tesla):	**1.3691**	**1.05071**	**0.86162**
Rotor-Yoke Flux Density (Tesla):	0.636567	0.501156	0.410967
Cogging Torque (N.m):	**2.55104**	**0.016529**	**0.006753**
FULL-LOAD DATA			
Maximum Line Induced Voltage (V):	**260.956**	**245.593**	**247.61**
Root-Mean-Square Line Current (A):	**7.9956**	**8.31944**	**8.42259**
Armature Current Density (A/mm^2):	**4.53022**	**5.29632**	**4.77215**
Total Loss (W):	168.74	193.507	173.38
Output Power (W):	**2301.36**	**2300.91**	**2300.87**
Input Power (W):	**2470.1**	**2494.42**	**2474.25**
Efficiency (%):	**93.1687**	**92.2424**	**92.9926**
Power Factor:	**0.99974**	**0.97386**	**0.95384**
Synchronous Speed (rpm):	**1500**	**1500**	**1500**
Rated Torque (N · m):	**14.6509**	**14.6481**	**14.6478**
Torque Angle (degree):	13.5006	34.3143	40.3905
Maximum Output Power (W):	**8672.67**	**3882.24**	**3443.9**
Estimated Rotor Inertial Moment (kg m^2):	0.001504	0.001504	0.001504

从上面综合分析，通过电机结构和槽极配合的合理改进和选择，电机主要技术参数变化不大，但是电机的齿槽转矩和转矩波动下降较多，使电机的机械特性质量和运行质量得到明显改善。

由表 5-2-7 可知，要达到 130ST-M15015 主要电机性能，差别在于峰值转矩，如果不考虑电机齿槽转矩和转矩波动，那么 12-8j-1 就能够达到全部电机性能，电机的磁钢是同心圆磁钢，电机工作磁通大、最大转矩大，但是电机感应电动势波形的正弦度相当不好。如果考虑电机的齿槽转矩和转矩波动，将电机槽口改小、磁通偏心削角甚至改变极槽配合，那么电机感应电动势波形的正弦度、齿槽转矩和转矩波动会得到很大的改善，但是电机的最大输出功率（峰值转矩）会减小，达不到 130ST-M15015 的指标。

表 5-2-7　设计电机与参照样机性能比较分析

电机型号	130ST-M15015 原样机	12-8j-1 初始设计	12-8j-2 凸极改进	12-10j-1 槽极配合改进
额定功率 /kW	2.3	**2.3**	**2.3**	**2.3**
额定线电压 /V	220（电源值）	**176（设计值）**	**176（设计值）**	**176（设计值）**
额定线电流 /A	9.5	**7.9956**	**8.3194**	**8.4226**
额定转速 /（r/min）	1500	**1500**	**1500**	**1500**
额定转矩 /（N·m）	15	**14.6509**	**14.6481**	**14.6478**
峰值转矩 /（N·m）	30	**55.212**	**24.715**	**21.925**
反电动势 /[V/(1000r/min)]	114（241.8）	**260.956**	**245.593**	**247.61**
转矩系数 /（N·m/A）	1.58	**1.661**	**1.563**	**1.576**
转子惯量 /（kg·m^2）	2.77×10^{-3}	**0.001504**	**0.001504**	**0.001504**

注：峰值转矩 $T_{\max} = \dfrac{9.55 P_{\max}}{n}$，其中 $P_{\max}$ 为最大输出功率。

如何在确保电机主要参数指标的条件下提高电机的峰值转矩，一般可以有如下方法：

1）增加电机体积，在冲片不变的条件下加长电机定、转子长度；本电机的定子外径和定子长已经基本确定，因此第一种方法不大可能实施。

2）在电机结构不变时，减少绕组导体数。电机的匝数减少，会使电机的功率因数降低。在一些对电机功率因数没有多大限制及电机在设计加工完成后发现电机的最大输出功率（转矩）达不到，要增加电机最大输出功率，可以用该方法进行补救。

3）在定子外径不变的条件下，加大定子内径，即改变电机的裂比可以增加电机的最大输出功率。本例样机的转子转动惯量为 $2.77 \times 10^{-3}\mathrm{kg \cdot m^2}$，而现在设计电机的转子转动惯量为 $1.504 \times 10^{-3}\mathrm{kg \cdot m^2}$，因此估计样机的转子外径要比设计选用的转子外径大，可以适当加大电机转子外径，使电机的最大转矩增加。

　　表 5-2-8 是分别用减少绕组导体数和加大电机裂比的方法对 12-10j 设计的模块进行改进的性能参数对比。

表 5-2-8　12 槽 10 极电机改进设计性能比较

ADJUSTABLE-SPEED PERMANENT MAGNET SYNCHRONOUS MOTOR DESIGN			
File: Setup1.res	12-10j-1 原设计	12-10j-2 减少绕组	12-10j-3 加大裂比
GENERAL DATA			
Rated Output Power (kW):	2.3	2.3	2.3
Rated Voltage (V):	176	176	176
Number of Poles:	10	10	10
Frequency (Hz):	125	125	125
STATOR DATA			
Number of Stator Slots:	12	12	12
Outer Diameter of Stator (mm):	122	122	122
Inner Diameter of Stator (mm):	**67**	**67**	**76 裂比加大**
Type of Stator Slot:	3	3	3
Stator Slot			
hs0 (mm):	1	1	1
hs1 (mm):	1.2	1.2	1.2
hs2 (mm):	17	17	15
bs0 (mm):	0.5	0.5	0.5
bs1 (mm):	10.5383	10.5383	12.9499
bs2 (mm):	19.6486	19.6486	20.9884
rs (mm):	1.2	1.2	1.2
Top Tooth Width (mm):	**8.3**	**8.3**	**8.3**
Bottom Tooth Width (mm):	8.3	8.3	8.3
Skew Width (Number of Slots):	0	0	0
Length of Stator Core (mm):	**110**	**110**	**110**
Stacking Factor of Stator Core:	0.95	0.95	0.95
Type of Steel:	DW465_50	DW465_50	DW465_50
Number of Conductors per Slot:	**146**	**108 减少匝数**	**126**
Wire Diameter (mm):	**1.06**	**1.25**	**1.12**
Stator Slot Fill Factor (%):	**73.9318**	**73.8939**	**70.734**
ROTOR DATA			
Minimum Air Gap (mm):	1	1	1
Inner Diameter (mm):	26	26	26
Length of Rotor (mm):	110	110	110
Stacking Factor of Iron Core:	0.95	0.95	0.95

（续）

ADJUSTABLE-SPEED PERMANENT MAGNET SYNCHRONOUS MOTOR DESIGN			
File: Setup1.res	12-10j-1 原设计	12-10j-2 减少绕组	12-10j-3 加大裂比
ROTOR DATA			
Type of Steel:	DW465_50	DW465_50	DW465_50
Polar Arc Radius (mm):	11.5	11.5	16
Mechanical Pole Embrace:	1	1	1
Electrical Pole Embrace:	0.647169	0.647169	0.6972
Max. Thickness of Magnet (mm):	4	4	4
Width of Magnet (mm):	19.1637	19.1637	21.9911
Type of Magnet:	NdFe35	NdFe35	NdFe35
Type of Rotor:	1	1	1
Magnetic Shaft:	Yes	Yes	Yes
PERMANENT MAGNET DATA			
Residual Flux Density (Tesla):	1.23	1.23	1.23
Coercive Force (kA/m):	890	890	890
NO-LOAD MAGNETIC DATA			
Stator-Teeth Flux Density (Tesla):	1.52094	1.52094	1.78812
Stator-Yoke Flux Density (Tesla):	0.861623	0.861623	1.5763
Cogging Torque (N·m): 齿槽转矩	**0.00675**	**0.00675**	**0.01414 裂比加大后**
FULL-LOAD DATA			
Maximum Line Induced Voltage (V):	247.61	183.163	247.701
Root-Mean-Square Line Current (A):	8.42137	10.8672	8.09005
Armature Current Density (A/mm^2):	4.77146	4.4277	4.10578
Total Loss (W):	173.35	168.589	159.79
Output Power (W):	**2300.87**	2300.43	**2300.77**
Input Power (W):	2474.22	2462.01	2460.56
Efficiency (%):	**92.9938**	93.4368	**93.5059**
Power Factor:	**0.95396**	0.735572 匝数减少后	**0.98185**
Synchronous Speed (rpm):	1500	1500	1500
Rated Torque (N·m):	**14.6478**	14.645	**14.6471**
Torque Angle (degree):	40.3474	27.4166	27.8778
Maximum Output Power (W): 最大输出功率 P_{max}	**3446.78**	**4753.35**	**4735.05**
样机最大峰值转矩 30N·m	**21.94289**	**30.26078**	**30.14428**
		峰值转矩达到要求	
Estimated Rotor Inertial Moment (kg m^2):	0.001504	**0.001504**	**0.002526**

表 5-2-9 是电机设计改进方案的性能总结。

表 5-2-9　设计改进总结

电机型号	130ST-M15015	12-10j-1	12-10j-2	12-10j-3
	样机	原设计	匝数减少	裂比增加
额定功率 /kW	2.3	2.3	2.3	2.3
额定线电压 /V	220（电源值）	176（设计值）	176（设计值）	176（设计值）
额定线电流 /A	9.5	8.4226	10.5478	8.09005
额定转速 /（r/min）	1500	1500	1500	1500
额定转矩 /（N·m）	15	14.6478	14.6473	14.6471
峰值转矩 /（N·m）	30	21.94289	30.26078	30.14428
反电动势 /[V/（1000r/min）]	114（241.8）	247.61	183.163	247.701
转矩系数 /（N·m/A）	1.58	1.576	1.166	1.577
转子惯量 /（kg·m²）	2.77×10^{-3}	0.001504	0.001504	0.002526

根据表 5-2-9，合理增大电机定子的内径及裂比增大的设计（12-10j-3）参数全部达到样机性能要求，或略优于样机。

图 5-2-38 ~ 图 5-2-42 是 12-10j-3 电机的各种特性曲线。

齿槽转矩曲线如图 5-2-38 所示。

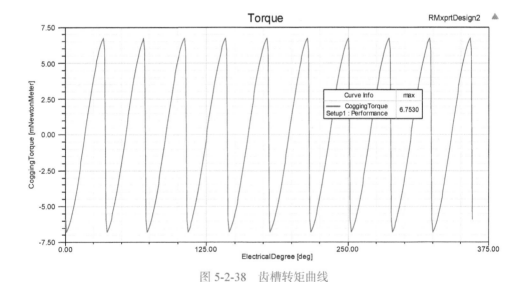

图 5-2-38　齿槽转矩曲线

齿槽转矩容忍度为 $\dfrac{0.006753}{14.6471} = 0.00046 \times 100\% = 0.046\%$，虽然不斜槽和转子错位，但齿槽转矩是非常小的，可以忽略不计。

瞬态转矩曲线如图 5-2-39 所示。

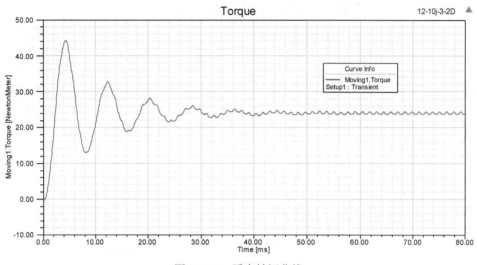

图 5-2-39   瞬态转矩曲线

转矩波动曲线如图 5-2-40 所示。

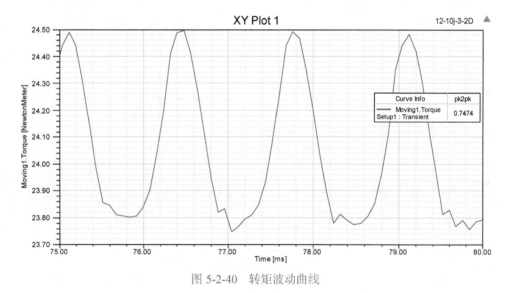

图 5-2-40   转矩波动曲线

转矩波动容忍度 $= \dfrac{0.7474}{14.6471} = 0.05 \times 100\% = 5\%$，在转矩波动的合理范围之内。

感应电动势和机械特性曲线分别如图 5-2-41 和图 5-2-42 所示。

至此，12-10j-3 电机的设计方案可以作为选定的方案。

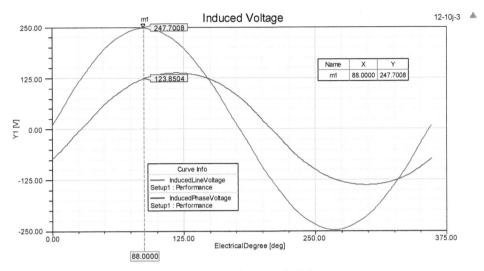

图 5-2-41　感应电动势曲线

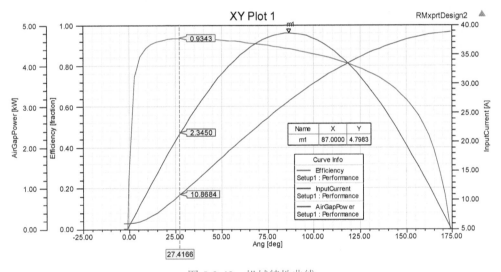

图 5-2-42　机械特性曲线

设计总结：

从这个设计看，掌握了电机设计基本方法后，设计一个电机并不太困难。从这个设计看，电机说明书的技术条件中不能提供电机设计的全部信息，如果没有样机，电机的主要参数达到后，还有许多其他参数不一定达到，这样在考核两个电机另外一些指标时会出现较大的不同。因此有必要对样机进行测试、分析，以便深入理解样机设计者的设计理念。从样机中得到的信息越多，设计出的电机与样机性能越接近并且有可能好于样机，设计时考虑问题越细越好。

5.3 永磁无刷电机简捷设计步骤（采用 RMxprt 软件）

1）电机性能输入，并用恒转矩设置计算，设置槽满率。

2）优化冲片和磁钢，调整冲片的齿磁通密度和轭磁通密度及其他尺寸。

3）电机性能初算，调整电机长度，确定合理体积（额定点到最大效率点或其他点）。

4）改变匝数和线径，调整电机转速和电流密度到设计目标值，注意槽满率超差。

5）保持线径，减少槽内导体根数，改变定子长度使电机槽满率达到要求。

6）改变定子长度，做一次转速微调。

设计举例：

原电机：750W，DC 280V，2000r/min，12-8j。

目标电机：1500W，DC 280V，2000r/min，12-8j，原冲片内外径不变，要求槽满率为 65%，电流密度为 5A/mm^2。

图 5-3-1 是 12 槽 8 极电机结构。

1. 电机性能输入，并用恒转矩设置计算

输入电机设计要素，如图 5-3-2 所示，并计算。

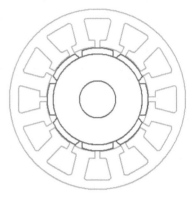

图 5-3-1　12 槽 8 极电机结构图

	Name	Setup1		
	Enabled	☑		
	Operation ...	Motor		
	Load Type	Const Torque		
	Rated Outp...	1000	W	1000W
	Rated Voltage	280	V	280V
	Rated Speed	2000	rpm	2000rpm
	Operating ...	75	cel	75cel

图 5-3-2　电机输入额定参数

2. 优化冲片，调整齿磁通密度和轭磁通密度（冲片其他设置略）

1）计算齿磁通密度：原 b_t = 5.5mm，B_Z = 2.026T。

2）调整齿磁通密度：调整到 1.8T。

原 b_t = 5.5mm，B_Z = 2.026T；

$$b_{t2} = \frac{2.026}{1.8} \times 5.5 = 6.19\text{mm}，计算得 B_Z = 1.88\text{T}；$$

$$b_{t3} = \frac{1.88}{1.8} \times 6.19 = 6.47\text{mm}，计算得 B_Z = 1.83\text{T}；$$

$b_{t4} = \dfrac{1.83}{1.8} \times 6.47 = 6.58\text{mm}$，计算得 $B_Z = 1.78359\text{T}$。

3）调整轭宽：调整到 1.54T。

原 $B_j = 1.21348\text{T}$（轭宽与槽高不成正比），调整槽高，$H_{S2} = 10.5\text{mm}$，使 $B_j = 1.54692\text{T}$。

4）调整槽形、槽口尺寸和磁钢形状和牌号如下：

NO-LOAD MAGNETIC DATA

Stator-Teeth Flux Density (Tesla): 1.78359

Stator-Yoke Flux Density (Tesla): 1.54692

调整槽形、槽口尺寸和磁钢形状后的电机结构如图 5-3-3 所示。

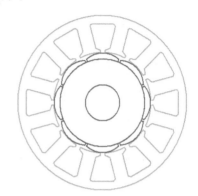

3. 恒转矩电机性能初算（通过计算能看出额定点在机械特性曲线的位置，判断电机体积合理与否）

1）**设置线圈**：设置 $N = 0$，$d = 0$。

2）**设置槽满率**：如 0.65（槽满率设置后，用 RMxprt 软件自动计算导体根数时会确保在设定的槽满率内）。

图 5-3-3　调整槽形、槽口尺寸和磁钢形状后的电机结构

3）**恒转矩计算**（设置恒转矩后，用 RMxprt 软件计算后会确保该转矩的电机性能），计算结果如图 5-3-4 所示。

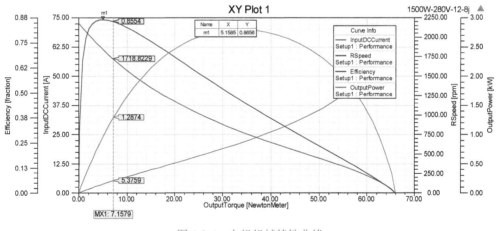

图 5-3-4　电机机械特性曲线

4. 调整电机长度到最大效率点

查看图 5-3-4 所示的该电机的机械特性曲线，取额定转矩点，看效率点在最大

效率点左边还是右边，如果要求电机额定点在最大效率点附近，在左边要按比例增加长度，在右边要按比例减少长度。再进行一次计算。经过这样的调整，计算出的电机体积基本达到要求。

1）调整定子长：使额定点在最大效率点附近。

$$L = \frac{7.1579}{5.1585} \times 80 = 111mm$$

再次计算电机性能，得到图 5-3-5。

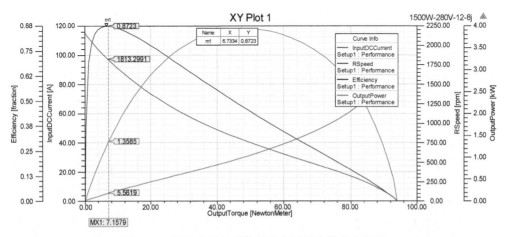

图 5-3-5　调整定子长度使额定点到最大效率点附近

2）电机计算参数如下：

每个槽的导体根数：76　　　　　　净槽面积（mm²）：109.598

平均线圈间距：1　　　　　　　　　设定槽满率（%）：65

每条导体的导线数：1　　　　　　　定子槽满率（%）：62.5833

导线直径（mm）：0.9　　　　　　　额定转速（r/min）：1813.13

槽面积（mm²）：134.799　　　　　　额定转矩（N·m）：7.15917

5. 调整电机转速（并达到指定输出功率）和电流密度到设计目标值，但引起槽满率超差

1）调整电机绕组槽内导体有效根数：调整 N，使电机转速达到 2000r/min。

$N_2 = \dfrac{1813.13}{2000} \times 76 = 68.89$，槽内保持偶数，取 68，线径 0.9mm，如图 5-3-6 所示，并计算。

2）计算结果如下：

定子槽满率（%）：55.9956　　　　　额定转速（r/min）：2025.93

电枢电流密度（A/mm²）：8.47471　　额定转矩（N·m）：7.15934

Name	Value	Unit
Winding Layers	2	
Winding Type	Whole-Coiled	
Parallel Branches	1	
Conductors per Slot	68	
Coil Pitch	1	
Number of Strands	1	
Wire Wrap	0.05	mm
Wire Size	Diameter: 0.9mm	

图 5-3-6　绕组槽内导体根数的调整

3）调整绕组：要求设计电流密度为 5A/mm²，调整线径和槽内导体根数，保持槽满率不变。

$$d_2 = \sqrt{\frac{8.47471}{5}} \times 0.9 = 1.17\text{mm}$$

输入绕组根数 $N = 68$，线径 $d = 1.17$，代入 RMxprt 计算得

平均输入电流（A）：6.22406　　　　输入功率（W）：1742.74

电枢电流有效值（A）：5.39647　　　效率（%）：89.2445

电枢电流密度（A/mm²）：5.01936　　额定转速（r/min）：2074.01

输出功率（W）：1555.3　　　　　　额定转矩（N·m）：7.161

但是槽满率会超差：

设定槽满率（%）：65

定子槽满率（%）：92.3477

6. 使电机槽满率达到要求（绕组绕线工艺需要），用电机定子长度来调整

使槽满率达到要求：使电机性能不变，保持线径，减少槽内导体根数，增加定子长度。

$$N = \frac{65}{92.3477} \times 68 = 47.8，\text{取 } 48$$

$$L = \frac{92.3477}{65} \times 111 = 157.7\text{mm}，\text{取 } 158\text{mm}。$$

计算得

每槽导体根数 48　　　　　　　输入电流（A）：6.53415

导体直径（mm）：1.17　　　　电流有效值（A）：5.36905

槽楔厚（mm）：0.05　　　　　电流密度（A/mm²）：4.99385

槽面积（mm²）：134.799　　　输出功率（W）：1601.4

净槽面积（mm²）：109.598　　输入功率（W）：1829.56

设定槽满率（%）：65　　　　　效率（%）：87.5294

槽满率（%）：65.1866　　　　　额定转速（r/min）：2137.73

定子齿磁密（T）：1.7828　　　额定转矩（N·m）：7.15352

定子轭磁密（T）：1.54623

7. 改变定子长度，做一次转速微调

槽内绕组数据不动，增加定子长度，降低转速。

$L = \dfrac{2137.73}{2000} \times 158 = 168.8\text{mm}$，取 169mm 并计算得

每个槽的导体根数：48

导体线径（mm）：1.17

设定槽满率（%）：65

槽满率（%）：65.1866

定子齿磁密（T）：1.78253

定子轭磁密（T）：1.546

输入平均电流（A）：6.15722

电流有效值（A）：5.01561

电流密度（A/mm²）：4.66511

输出功率（W）：1505.73

输入功率（W）：1724.02

效率（%）：87.3382

额定转速（r/min）：2010

额定转矩（N·m）：7.15355

注意，电流密度略低，槽满率略高，可以略微减小绕组线径，即可全部达到设计要求。但是电流密度小些好，槽满率仅高了 0.1866%，不必再进行调整了。

实质上，功率增加 1 倍，冲片不变，长度增加 1 倍。

5.4　永磁同步电机简捷设计步骤（采用 RMxprt 软件）

1. 输入主要参数：电机输出功率、三相线电压、电机转速

确定永磁同步电机技术要求，如电机槽数、极数、绕组形式和排列等。

注意事项：

1）电机槽极配合的选取，选取评介因子 C_T、圆心角 θ 较小的槽极配合；

2）分数槽集中绕组与分布绕组；

3）绕组形式与排列；

4）绕组的极数和定位转矩与转矩波动的分析；

5）电机电源、控制器、电机之间的关系；

6）电机的机械特性曲线；

7）电机槽数与转子极数的选取。

2. 冲片磁路和磁钢的磁路设计

确定电机定子外径 D，确定定子内径 D_i，从而确定了电机的裂比 $\dfrac{D_i}{D}$，转子磁钢牌号、形式，气隙槽宽与齿宽比 $\dfrac{S_t}{b_t}$，从而求出电机齿磁通密度，并使定子轭磁通密度小于定子齿磁通密度。

注意事项：

1）电机定子外径的选取；

2）如何确定电机的内径；

3）如何求取电机的裂比；

4）裂比大小与电机性能的关系；

5）槽形的选取和 RMxprt 槽形的对应；

6）RMxprt 中的圆底槽的设置；

7）电机转子磁钢形式的选取原则；

8）电机定子齿磁通密度的认识和选取原则；

9）电机轭磁通密度的认识和选取；

10）电机齿磁通密度的简易求取；

11）电机槽面积的认识和求取。

3. 额定转矩电机性能初算

通过计算可以看出额定点在机械特性曲线的位置，判断电机体积合理与否。

4. 设置 $N = 0$，$d = 0$

设置槽满率，如 0.75（槽满率设置后，用 RMxprt 软件自动计算导体根数时会确保在设定的槽满率内），用恒功率进行计算（设置恒功率后，用 RMxprt 软件计算后会确保该功率（转矩）的电机性能）。

5. 调整电机长度到最大功率是额定点需要的倍数

查看该电机的机械特性曲线，取额定转矩点的功率与电机最大功率进行比较，调整定子长，使电机长度到最大功率是额定点需要的倍数，如额定点需要左调，则加长定子，需要右调，则缩短定子。用 RMxprt 软件自动计算电机绕组，求出电机的槽内导体根数和线径，并计算电机性能，得到图 5-4-1 所示的机械特性曲线。

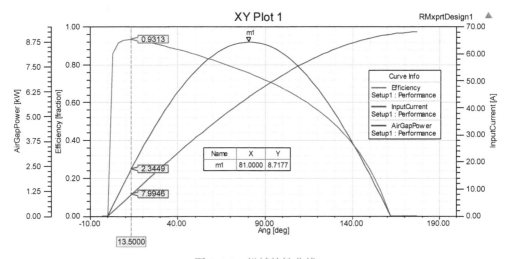

图 5-4-1　机械特性曲线

6.求取绕组数据（绕组匝数和导体线径）

这时计算出的电机感应电动势与电机输入线电压的幅值相近，这时电机的功率因数接近于1。根据设计要求，改变电机绕组匝数，使感应电动势与输入线电压的幅值比达到设计要求。

1）判别电流密度，改变线径，达到要求的电流密度。

计算后，电机的电流密度若与设计要求有差距，应改变绕组线径，再进行电机性能计算，使电机电流密度达到设计要求。

注意事项：

① 电流密度的认识和设置；

② 线径与电流密度的关系。

2）判别电机槽满率，调整槽内绕组导体根数，求出调整比。

计算出电机的槽满率，与要求的槽满率相比，当线径确定后，槽满率与槽内导体根数成正比，要减小槽满率，那么相应减小槽内导体数，求出导体根数的调整比

$k = \dfrac{调整前槽内导体根数}{调整后槽内导体根数}$，以满足槽满率的工艺要求，再进行计算，并加以确认。

注意事项：

① 槽满率和槽利用率的认识；

② 槽满率的设置。

3）用调整比 k 调整电机长度。

因为 $K_T = \dfrac{N\Phi}{2\pi}$，要保持电机 K_T 不变，只要磁链 $N\Phi$ 的乘积不变，在冲片确定的情况下 Φ 的改变与电机长度成正比，所以相应调整电机长度，$L_{调整后} = kL_{调整前}$。

4）以上调整基本能达到设计要求，进行计算并查看各主要技术指标，如果仍有出入，则继续进行微调。

第6章

永磁电机槽极配合的设计应用

6.1 少槽电机槽极配合的设计

有两类电机的槽极配合较为特殊，一类是少槽电机，另一类是多槽电机。

电机的槽数有多有少，槽数多少各有利弊。有一类电机因电机定子外径小，要使电机生产工艺简单化，就必须把电机定子的槽数减少，也有的电机定子外径大，但是要求定子简单化，或做成拼块式冲片，采用了定子槽数少的冲片，这类电机就属于少槽电机。有一类电机要高速运行，那电机转子极数不能太多，为了定子简单化，使电机有较好的槽极配合，会采用少槽电机。槽数少对应的电机极数就少，因此电机结构简单，生产工艺相应就简单。

少槽电机用于输出较小功率的驱动电机中，除采用3槽2极的特殊槽极配合外，定子是6槽、9槽、12槽、18槽的电机应该算是常用的少槽电机了，一般认为定子在18槽之内的电机都是少槽电机，这类电机的定子槽数比较少，绕组少而排列简单，绕组下线方便，工艺性好。

少槽电机不见得电机功率全是小的，也有数千瓦、数十千瓦的电机采用少槽。少槽电机分**单节距电机**和**多节距电机**。单节距电机和多节距电机在绕组上有所不同，电机的槽极配合也存在差异。少槽电机的槽极配合在电机设计时需重点考虑，只有将少槽电机的槽极配合处理好，这样虽然电机槽数少，电机运行质量同样会做得很好。下面分别介绍这两种电机的应用设计。

6.1.1 单节距少槽电机

单节距绕组的绕制和排列简单，定子可以做成整体式冲片，也可以做成拼块式冲片，因为电机槽数少，做整块式和拼块式冲片工艺都很简单。因此在中小型电机中较多采用少槽电机，大家也比较熟悉。

电机行业用少槽电机经常采用单节距"分数槽集中绕组"，从表6-1-1看在**分区中三相绕组数是3的倍数**，如果电机是少槽，那么分数槽集中绕组的槽极配合，能够形成独立完整的分区的电机不多，仅有数种配合。既要槽数少，又要极数少，则只有如下有绿色背景的几种槽极配合较为合适。

表 6-1-1　单节距少槽电机的分区三相绕组数、C_T、θ

极数	分数槽集中绕组分区内三相绕组数 /C_T/θ				
	槽数				
	6	9	12	15	18
4	3/2/30				
6	######	3/3/20	2/6/30		
8	3/2/15	9/1/5	3/4/15		
10		9/1/4	6/2/6	3/5/12	
12		3/3/10	######		3/6/10
14			6/2/4.28	15/1/1.71	
16			3/4/7.5	15/1/1.5	9/2/2.5

　　这些槽极配合都可以做成电机，但是呈现出的电机性能各有不同，可以用本书介绍的知识进行设计分析。

　　表 6-1-1 所示绿色背景的槽极配合，如果要求电机的齿槽转矩小，即首先要考虑 C_T 要小，然后考虑相同 C_T 下的圆心角 θ 要小，那么"少槽分数槽集中绕组电机"的槽极配合采用表中粗黑框中的槽极配合较好。

　　即　6 槽：4 极、8 极；

　　　　9 槽：6 极、8 极、10 极；

　　　　12 槽：8 极、10 极、14 极；

　　　　15 槽：14 极、16 极；

　　　　18 槽：16 极。

　　实践也证明，12 槽 8 极的齿槽转矩远远没有 12 槽 10 极的齿槽转矩好，转矩波动也差。但 12 槽 8 极的槽极配合也有其优点，被广泛采用。

6.1.1.1　少槽电机的分析

　　6 槽电机一般用于小型驱动电机，6 槽电机有 4 极和 8 极配合。

　　电机的冲片分析：

　　1）6-4j 电机的"裂比"（D_i/D）不能太大，一般应在 0.5 左右，磁钢 B_r 不可选取较大。如果"裂比"大，磁钢性能较高，那么定子的齿宽应该较大，相反槽面积就很小，根本放不下多少绕组。

　　2）如果"裂比"大，每极的极弧就为 90°，如果用烧结磁钢，那么既浪费材料，又容易破碎。

　　3）一般的小负载电机，可做成环状黏结钕铁硼磁钢 GM8 ~ GM10，厚 4mm 左右，气隙 0.4mm 左右。典型 6 槽 4 极电机结构及尺寸如图 6-1-1 所示。

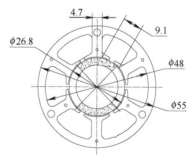

图 6-1-1　6 槽 4 极电机结构

4）6 槽、9 槽、12 槽槽极配合的绕组系数见表 6-1-2。

表 6-1-2　6 槽、9 槽、12 槽槽极配合的绕组系数

极数	槽数					
	6（全）	6（半）	9（全）	9（半）	12（全）	12（半）
4	0.866	0.866				
6	#####	#####	0.866	0.866		
8	0.866	0.866	0.9452	0.831	0.866	0.866
10			0.9452	0.831	0.933	0.808
12			0.866	0.866	#####	#####
14					0.933	0.808
16					0.866	0.866

以上 6 槽的槽极配合的绕组系数较小，仅 0.866，9 槽和 12 槽的绕组系数有可能超过 0.9，全极的比半极的绕组系数要高些，能用全极时，绕组尽量选用全极形式。

5）两种槽极配合的评价因子 C_T 相等，但是两齿齿槽转矩波动个数不一样，见表 6-1-3。

表 6-1-3　C_T/ 两齿转矩波动个数

极数	槽数		
	6	9	12
4	2/4		
6		3/4	
8	2/8	1/16	4/4
10		1/20	2/10
12		3/8	
14			2/14
16			4/8

6）电机的圆心角 θ 不一样，显然 6 槽 8 极的圆心角 θ 要比 6 槽 4 极的小，齿槽转矩相应要小，最大输出功率也会小些，见表 6-1-4。

7）环形磁钢充磁后磁场基本上呈正弦分布，磁钢性能也弱，因此电机的齿槽转矩不明显，为了在相同的体积得到较大的输出功率，一般选用 6 槽 4 极的配合，采用环形黏结钕铁硼磁钢结构，齿槽转矩问题用斜极磁钢充磁来解决，其"裂比" D_i/D 在 0.5 左右。

8）用 RMxprt 软件计算时，磁钢不能显示圆柱体内磁性充磁磁场分布情况，即不能体现圆柱磁钢的充磁磁通密度波形，如果用圆柱体黏结磁钢，电机磁钢选极弧系数为 0.63 左右，或者把四块磁钢削角，形成面包形磁钢形式，取代圆柱体黏结磁钢形式，用于计算电机性能，这样用 RMxprt 软件计算的电机性能才会与实际电机性能相符。

表 6-1-4　电机槽极配合圆心角 θ

极数	槽数		
	6	9	12
2			
4	30°		
6		20°	
8	15°	5°	15°
10		4°	6°
12		10°	
14			4.28°
16			

总结如下：

1）6 槽的槽极配合可以用 6 槽 4 极或 6 槽 8 极；

2）用黏结环形磁钢，斜极充磁能减小齿槽转矩；

3）6 槽电机如果要求额定输出功率大，那么就要考虑用烧结钕铁硼磁钢。

6.1.1.2　无刷电机设计的分析

下面介绍 6 槽电机的具体设计。

设计目标：定子外径 61mm，12V，80W，6500r/min，6 槽无刷电机。

设计分析：

1）用定子外径 61mm 设计一个无刷电机，输出功率要达 80W，由于输出功率较大，因此不能用黏结钕铁硼磁钢，必须用烧结钕铁硼磁钢，设计采用 38SH。

2）电机输出功率较大，要使电机的"裂比"大些，因此考虑 $D_i/D > 0.5$，D_i/D 取 0.53 的中惯量电机。

3）尽量减少电机齿槽转矩，可以采用定子斜槽或转子斜极以消除齿槽转矩。

4）尽量把气隙放大（气隙为 1.5mm），减少齿槽转矩，使运行平稳。

5）采用表贴式平行磁钢，平行充磁，尽量使磁钢充饱和、不退磁。

6）定、转子冲片用 DW300-35，尽量减少铁心涡流，以减少损耗，提高效率。

7）采用机绕，因此槽满率仅选用 0.35 左右。

8）电流密度控制在 6A/mm² 以下。

9）采用 6 槽 4 极、6 槽 8 极两种电机结构，这是为了证明 RMxprt 电机设计中的工作磁通用的是气隙磁通，性能与电机极数关系不大，但是极数多，齿磁通密度会降低，因此寻求在齿磁通密度相近的条件下，增加极数，减少齿宽，增加槽面积，使槽内可以多放导体数，或者线径加粗，使绕组电阻降低，减少损耗。或者在电流密度基本不变的情况下，保持 K_T 不变，即磁链 $N\Phi$ 不变，槽内导体数 N 增加了，这样电机长度可以减少（本例是线径保持不变，目的是减少定子长度）。

10）设计时将额定点设计到效率最高点。

11）进行无刷电机瞬态转矩的 2D 分析，证明无刷电机的转矩波动较大。

6.1.1.3　6 槽 4 极电机设计

无刷电机额定点的设置，**最好用恒转矩设置**，如图 6-1-2 箭头所指，这样将电机额定点调整到最大效率点，以使电机设计过程方便、快速。图 6-1-3 是 6 槽 4 极电机结构和绕组分布图。

Name	Value	Unit	Evaluated V...	Description	Read-only
Name	Setup1				☑
Enabled	☑				☐
Operation Type	Motor			Motor or generator	☑
Load Type	Const Torque			Mechanical load type	☐
Rated Output Power	0.08	kW	0.08kW	Rated mechanical ...	☐
Rated Voltage	12	V	12V	Applied rated AC ...	☐
Rated Speed	6500	rpm	6500rpm	Given rated speed	☐
Operating Temperature	75	cel	75cel	Operating tempera...	☐

图 6-1-2　80W、6 槽 4 极无刷电机额定性能设置

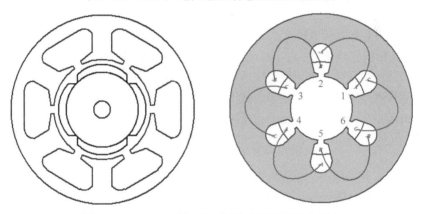

图 6-1-3　80W、6 槽 4 极无刷电机结构及绕组排布

图 6-1-4 是该电机的机械特性曲线。

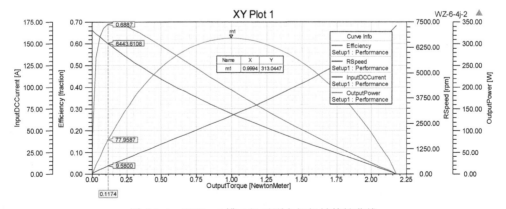

图 6-1-4　80W、6 槽 4 极无刷电机机械特性曲线

瞬态转矩波动曲线如图 6-1-4 所示。

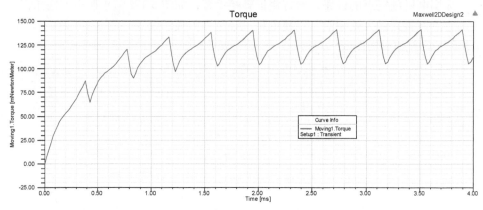

图 6-1-5　80W、6 槽 4 极无刷电机瞬态转矩波动曲线

6.1.1.4　6 槽 8 极电机设计

6 槽 4 极的磁钢弧度大了些，如果把 6 槽 4 极改成 6 槽 8 极，这样两个电机都是两个分区的"分数槽集中绕组"电机，定子绕组排布、接线不变，磁钢弧度变小了，因为齿磁通密度计算的是单个磁钢的磁通通过单个齿引起的磁通密度，所以电机转子极数多后，齿磁通密度就相应减小，齿宽减小，槽面积增加。这样同样的转矩常数 K_T，$K_\mathrm{T} = \dfrac{N\varPhi}{2\pi}$，电机槽内有更多的导体数，因此电机的工作磁通可以减小，即电机长度 L 可以减小，相应地就降低了电机材料成本。这是一种实用的电机设计思路，下面进行具体介绍。图 6-1-6 是 80W、6 槽 8 极无刷电机结构。

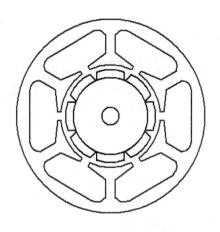

图 6-1-6　80W、6 槽 8 极无刷电机结构

电机的机械特性曲线如图 6-1-7 所示。

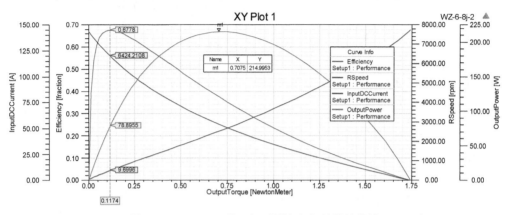

图 6-1-7　80W、6 槽 8 极无刷电机机械特性曲线

两例额定点都设计在效率最高点附近，这是比较理想的。

其瞬态转矩曲线如图 6-1-8 所示。

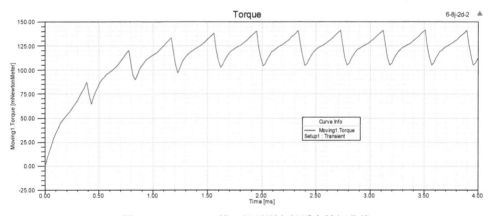

图 6-1-8　80W、6 槽 8 极无刷电机瞬态转矩曲线

6.1.1.5　两种 6 槽电机设计性能计算

对 80W、6 槽 4 极和 6 槽 8 极电机性能进行计算，计算数据见表 6-1-5。

表 6-1-5　电机性能计算

BRUSHLESS PERMANENT MAGNET DC MOTOR DESIGN		
File: Setup1.res	**6-4j**	**6-8j**
GENERAL DATA		
Rated Output Power (kW):	0.08	0.08
Rated Voltage (V):	12	12

（续）

BRUSHLESS PERMANENT MAGNET DC MOTOR DESIGN		
File: Setup1.res	**6-4j**	**6-8j**
GENERAL DATA		
Number of Poles:	**4**	**8**
Given Rated Speed (rpm):	6500	6500
Frictional Loss (W):	5	5
Windage Loss (W):	0	0
Rotor Position:	Inner	Inner
Type of Load:	Constant Torque	Constant Torque
STATOR DATA		
Number of Stator Slots:	6	6
Outer Diameter of Stator (mm):	61	61
Inner Diameter of Stator (mm):	32.5	32.5
Type of Stator Slot:	3	3
Stator Slot		
hs0 (mm):	1	1
hs1 (mm):	0.8	0.8
hs2 (mm):	5	5
bs0 (mm):	2.8	2.8
bs1 (mm):	12.9206	16.8466
bs2 (mm):	18.6941	22.6201
rs (mm):	3	3
Top Tooth WiCTh (mm):	6.8	3.4
Bottom Tooth WiCTh (mm):	6.8	3.4
Skew Width (Number of Slots)	**0.5**	**0.25**
Length of Stator Core (mm):	**20**	**14.2**
Stacking Factor of Stator Core:	0.97	0.97
Type of Steel:	**DW310_35**	**DW310_35**
Number of Parallel Branches:	2	2
Number of Conductors per Slot:	**70**	**88**
Type of Coils:	22	22
Average Coil Pitch:	1	1
Number of Wires per Conductor:	**1**	**1**
Wire Diameter (mm):	**0.72**	**0.72**
Wire Wrap Thickness (mm):	0.09	0.09
Slot Area (mm^2):	140.345	173.323
Net Slot Area (mm^2):	131.256	162.664
Stator Slot Fill Factor (%):	**34.9903**	**35.4945**

（续）

BRUSHLESS PERMANENT MAGNET DC MOTOR DESIGN		
File: Setup1.res	**6-4j**	**6-8j**
ROTOR DATA		
Minimum Air Gap (mm):	**1.5**	**1.5**
Inner Diameter (mm):	6	6
Length of Rotor (mm):	**20**	**14.2**
Stacking Factor of Iron Core:	0.97	0.97
Type of Steel:	DW315_50	DW315_50
Polar Arc Radius (mm):	12.25	12.25
Mechanical Pole Embrace:	0.8	0.8
Electrical Pole Embrace:	0.751947	0.731572
Max. Thickness of Magnet (mm):	2.5	2.5
WiCTh of Magnet (mm):	16.6744	9.02531
Type of Magnet:	**N38SH**	**N38SH**
Type of Rotor:	2	2
Magnetic Shaft:	Yes	Yes
PERMANENT MAGNET DATA		
Residual Flux Density (Tesla):	1.23	1.23
Coercive Force (kA/m):	920	920
STEADY STATE PARAMETERS		
Stator Winding Factor:	**0.866025**	**0.866025**
NO-LOAD MAGNETIC DATA		
Stator-Teeth Flux Density (Tesla):	**1.60939**	**1.68709**
Stator-Yoke Flux Density (Tesla):	1.19631	0.692975
Cogging Torque (N·m):	**1.18E-13**	**0.00059**
FULL-LOAD DATA		
Average Input Current (A):	**9.5879**	**9.70471**
Root-Mean-Square Armature Current (A):	4.42239	4.7875
Armature Current Density (A/mm^2):	**5.4309**	**5.87927**
Total Loss (W):	35.7832	37.4685
Output Power (W):	**79.2716**	**78.9879**
Input Power (W):	115.055	116.456
Efficiency (%):	**68.899**	**67.8261**
Rated Speed (rpm):	**6442.86**	**6422.92**
Rated Torque (N·m):	0.117492	0.117436
Locked-Rotor Torque (N·m):	**2.17511**	**1.74015**
Locked-Rotor Current (A):	170.891	145.381

根据两种槽极配合设计出的电机，性能都达到了设计要求，6 槽 8 极电机仅起动转矩小了些。但 6 槽 8 极的定子、转子长度为 14mm，小于 6 槽 4 极的定子、转子长度 20mm，1 − (14/20) = 30%，节省了电机 30% 的材料成本（包括铁、铜和磁钢材料），这对工厂来讲非常可观。

6.1.1.6　电机的斜槽的分析

本节对电机的斜槽做了较详细的分析，以说明一些电机理论细节上的问题。从一般电机著作对电机消除齿槽转矩的斜槽计算得知，斜槽电机 6 槽 4 极应该斜 0.5 槽，6 槽 8 极应该斜 0.25 槽，理论上齿槽转矩能够完全消除。但是根据 Maxwell-RMxprt 软件的参数化分析、计算，似乎完全消除电机齿槽转矩的最小斜槽数未必能完全消除电机的齿槽转矩。

对 6 槽 8 极电机斜槽从 0 ~ 1 **进行参数化分析**，步长 step = 0.01，分析如图 6-1-9 所示，结论是 6 槽 8 极要很好地消除齿槽转矩，最小斜槽为 0.5 槽，不是 0.25 槽。但是理论计算完全消除电机的齿槽转矩是 0.25 槽。下面介绍 6 槽 8 极电机的斜槽圆心角和斜槽槽数。

用 RMxprt 软件对电机斜槽进行参数化分析，得出的斜槽与齿槽转矩关系曲线如图 6-1-9 所示。电机斜 0.25 的定子槽，其齿槽转矩值虽很小，但不为零。如设置步长 step = 0.001，分析结果也相同。

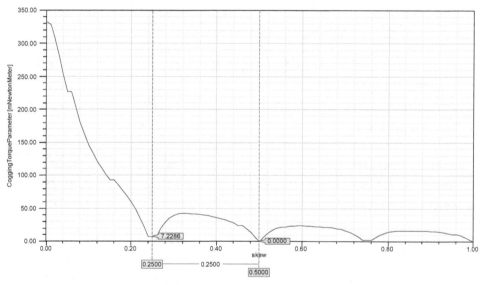

图 6-1-9　6 槽 8 极斜槽与齿槽转矩关系参数化分析曲线

从理论上讲 6 槽 8 极电机最小公倍数 LCM(Z, p) = 24，两齿之间圆心角为 15°，15°/60° = 0.25 槽。

用 MotorSolve、Motor-CAD 软件计算都是 15°。图 6-1-10 是 Motor-CAD 软件生成的 6 槽 8 极电机结构。

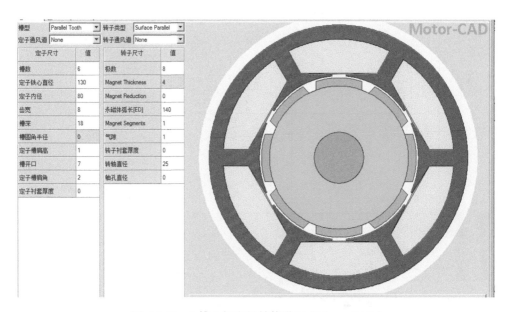

图 6-1-10　6 槽 8 极电机结构设置（Motor-CAD）

用 Motor-CAD 软件在 6 槽 8 极电机定子斜槽时**自动生成 15°**，如图 6-1-11 所示。

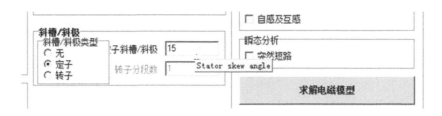

图 6-1-11　6 槽 8 极消除齿槽转矩的定子斜槽圆心角（Motor-CAD）

6 槽 8 极定子斜槽后的齿槽转矩如图 6-1-12 所示。

利用 MotorSolve 软件的计算，6 槽 8 极消除齿槽转矩设定定子斜 0.25 槽、斜 15° 圆心角，如图 6-1-13 中的箭头所指。

斜槽 15° 圆心角后，电机的齿槽转矩为零，如图 6-1-14 所示。

6 槽 8 极的两齿之间圆心角为 15°，6 槽电机的一槽夹角时，360°/6 = 60°，15°/60° = 0.25 槽。15° 为 0.25 槽。但是从图 6-1-9 看 Maxwell-RMxprt 软件中的计算，**斜槽 15° 不能完全消除电机齿槽转矩的基波。**

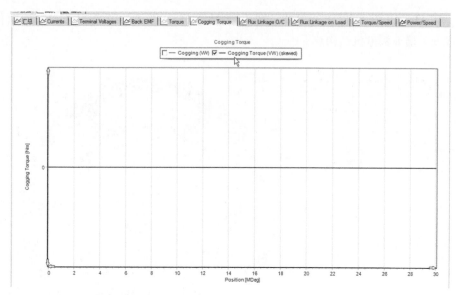

图 6-1-12 6 槽 8 极定子斜槽后的齿槽转矩（Motor-CAD）

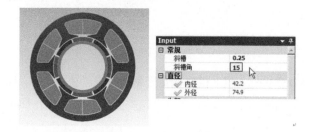

图 6-1-13 6 槽 8 极消除齿槽转矩设定定子斜 0.25 槽、斜 15° 圆心角（MotorSolve）

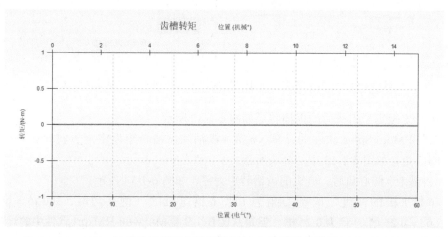

图 6-1-14 6 槽 8 极消除齿槽转矩设定定子斜 0.25 槽的齿槽转矩（MotorSolve）

现在用 Maxwell-2D 进行电机齿槽转矩的计算和分析。

思路如下：如果按照 RMxprt 软件计算 6 槽 8 极转子直极错位 15°（**0.25 槽**），直极错位段数增加到 15 段，每段 1°，各段曲线合成平均值（avg）曲线图，如图 6-1-15 所示。

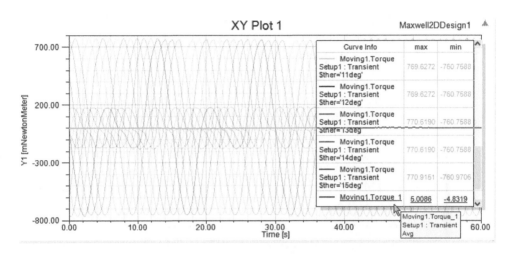

图 6-1-15　6 槽 8 极 15 段直极错位的齿槽转矩

把图 6-1-15 纵向放大，最大值、最小值与图 6-1-15 是一致的，如图 6-1-16 所示。

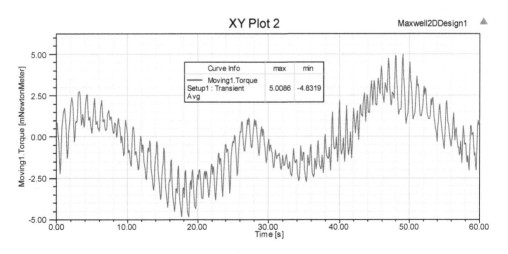

图 6-1-16　6 槽 8 极 15 段直极错位的齿槽转矩放大图

其额定转矩为 4.96801N·m，如图 6-1-17 所示。

Synchronous Speed (rpm):	2500
Rated Torque (N.m):	4.96801
Torque Angle (degree):	19.1808

图 6-1-17　转矩计算单

电机转矩波动为

$$\Delta = \frac{(0.0050086 + 0.0048319)/2}{4.96801} = 0.00099 \times 100\% = 0.099\%$$

说明转子直极错位齿槽转矩消除得很好。

6 槽 8 极转子直极错位 30°（0.5 槽），分 30 段，各段曲线合成平均值（avg）曲线图如图 6-1-18 和图 6-1-19 所示。

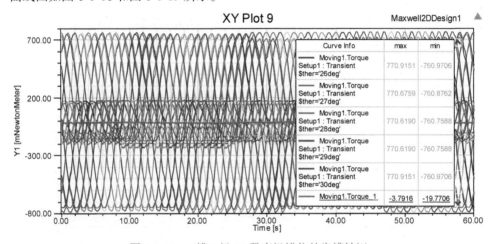

图 6-1-18　6 槽 8 极 30 段直极错位的齿槽转矩

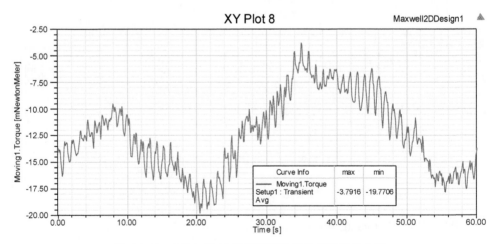

图 6-1-19　6 槽 8 极 30 段直极错位的齿槽转矩放大图

转子直极错位 30 段的转矩波动为

$$\Delta = \frac{(0.0037916 + 0.0197706)/2}{4.96801} = 0.002371 \times 100\% = 0.2371\%$$

因此用场分析斜槽，转子斜 0.25 槽的齿槽转矩比是 $\Delta = 0.099\%$，比转子斜 0.5 槽的齿槽转矩比 $\Delta = 0.2371\%$ 还要小好多，因此用 RMxprt 软件计算来推算，如果斜 0.5 槽齿槽转矩为 0，那么斜 0.25 槽的齿槽转矩必定为 0。RMxprt 软件中计算 6 槽 8 极时最小斜槽应该为 0.25 槽（15°），**只是软件用路的方法计算，在参数化分析时有些计算出了些问题。**

作者用 Maxwell-2D 对 6 槽 8 极从 0 ~ 1 槽进行了齿槽转矩的求取（因篇幅关系计算曲线图均略去），结果见表 6-1-6 和图 6-1-20。

表 6-1-6　6 槽 8 极不同斜槽圆心角和斜槽用 Maxwell-2D 计算的齿槽转矩

角度 /（°）	0	7.5	15	22	30	34	45	50	60
斜槽数	0	0.125	0.25	0.366	0.5	0.567	0.75	0.833	1
齿槽转矩 /（mN·m）	755.2	218.8	4.92	74.62	11.78	50.61	1.80	85.11	6.31

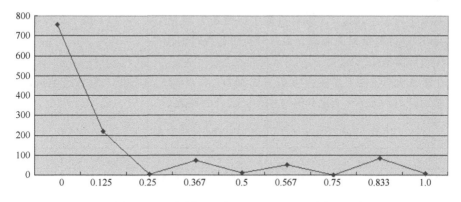

图 6-1-20　6 槽 8 极不同斜槽圆心角用 Maxwell-2D 计算的齿槽转矩曲线

根据表 6-1-6 和图 6-1-20，斜 0.25 槽与 0.5 槽、1 槽相比，0.25 槽的齿槽转矩最小。这与 RMxprt 软件用参数化分析（见图 6-1-21）的结论是有差距的，但是 0.5 槽、0.25 槽、0.75 槽、1 槽的齿槽转矩在同一水平，几乎等于 0，这与 RMxprt 软件分析结果图形相近，数值有较大别。但是斜 0.5 槽、0.25 槽、0.75 槽、1 槽的齿槽转矩几乎为 0 的结论是确定的，只是计算上不等，如图 6-1-21 所示。

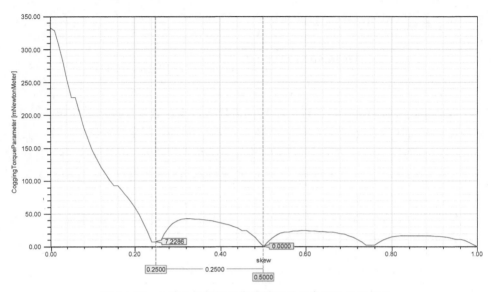

图 6-1-21 6 槽 8 极斜槽与齿槽转矩关系参数化分析曲线

经上面分析，同理可以分析出 6 槽 8 极、9 槽 12 极、12 槽 16 极、15 槽 20 极、18 槽 24 极等，按理论应该是在 0.25 槽可以完全消除电机的齿槽转矩，但在用 RMxprt 软件参数化分析计算最小斜槽角度时同样证实存在 0.25 槽齿槽转矩不为 0 的问题。

因此 RMxprt（路）计算电机最小斜槽角度与 Maxwell-2D（场）计算有出入，Maxwell-2D 计算结果更准确，但是分析时花费时间较多。

6.1.1.7 9 槽电机的分析

9 槽电机有 6 极、8 极、10 极、12 极配合，9 槽是奇数槽，奇数槽电机绕组不能是单层绕组。表 6-1-7 是 9 槽与多种极配合的参数。

表 6-1-7 9 槽与多种极配合的参数

极数	分区数	K_{dp}（全）	K_{dp}（半）	C_T	圆心角 $\theta/(°)$	周期数
6	3	0.866	0.866	3	20	4
8	1	0.9452	0.831	1	5	16
10	1	0.9452	0.831	1	4	20
12	3	0.866	0.866	3	10	8

1）9 槽 8 极和 9 槽 10 极的分区数为 1，在无刷电机中，电机是两两导通的，绕组导通不对称，是非力偶转矩电机，会产生电磁振动、噪声等不良后果，因此 9 槽 8 极和 9 槽 10 极不宜用在无刷电机中，但是可以用于永磁同步电机，这在实践中已得到证明。

在无刷电机中要么用 9 槽 6 极，要么用 9 槽 12 极。槽极配合少的电机不宜用大的"裂比"，"裂比"大，如果要使电机齿、轭保持在正常磁通密度情况下通过全部的气隙磁通，那么槽面积的变化就会很小，要达到一定要求的感应电动势，要保持一定的导体根数，槽面积小，槽满率一定，导体根数一定，那么导体截面就变小，引起电机电流密度增大。

2）用 9 槽 6 极的结构，必须和 6 槽 4 极一样，缩小定子内径，使"裂比"减小（如 9-6j-1），这样电机综合性能、最大转矩提高，齿槽转矩减小，甚至比 9-12j 的齿槽转矩还要小。表 6-1-8 是 9 槽电机不同槽极配合与不同"裂比"的电机性能计算。

表 6-1-8　9 槽电机不同槽极配合和不同的"裂比"性能计算

GENERAL DATA	9-6j	9-6j-1*	9-8j-1*	9-8j	9-10j	9-12j
	原电机	减小裂比	减小裂比	原电机		
Rated Output Power (kW):	1.3	1.3	1.3	1.3	1.3	1.3
Rated Voltage (V):	176	176	176	176	176	176
Number of Poles:	**6**	**6**	**8**	**8**	**10**	**12**
Frequency (Hz):	125	125	166.667	166.667	208.333	250
Frictional Loss (W):	75	75	75	75	75	75
Windage Loss (W):	0	0	0	0	0	0
Rotor Position:	Inner	Inner	Inner	Inner	Inner	Inner
Type of Circuit:	Y3	Y3	Y3	Y3	Y3	Y3
Type of Source:	Sine	Sine	Sine	Sine	Sine	Sine
Domain:	Frequency	Frequency	Frequency	Frequency	Frequency	Frequency
Operating Temperature (C):	75	75	75	75	75	75
STATOR DATA						
Number of Stator Slots:	**9**	**9**	**9**	**9**	**9**	**9**
Outer Diameter of Stator (mm):	122	122	122	122	122	122
Inner Diameter of Stator (mm):	**80**	**65.35**	**65.35**	**80**	**80**	**80**
Type of Stator Slot:	3	3	3	3	3	3
Stator Slot						
hs0 (mm):	1	1	1	1	1	1
hs1 (mm):	1	1	1	1	1	1
hs2 (mm):	5.4	16	17	9	10.5	11.5
bs0 (mm):	3	3	3	3	3	3
bs1 (mm):	15.6545	12.2333	12.4461	15.8674	19.3792	23.2102
bs2 (mm):	19.5854	23.8803	24.8211	22.4188	27.0225	31.5815
rs (mm):	0	0	0	0	0	0
Top Tooth WiCTh (mm):	14	12.2	12	13.8	10.5	6.9

（续）

GENERAL DATA	9-6j	9-6j-1*	9-8j-1*	9-8j	9-10j	9-12j
	原电机	减小裂比	减小裂比	原电机		
Stator Slot						
Bottom Tooth WiCTh (mm):	14	12.2	12	13.8	10.5	6.9
Skew WiCTh (Number of Slots):	0	0	0	0	0	0
Length of Stator Core (mm):	42	42	42	42	42	42
Stacking Factor of Stator Core:	0.92	0.92	0.92	0.92	0.92	0.92
Type of Steel:	DW465_50	DW465_50	DW465_50	DW465_50	DW465_50	DW465_50
Designed Wedge Thickness (mm):	1	1.00001	1.00003	0.999998	1	1
Slot Insulation Thickness (mm):	0.1	0.1	0.1	0.1	0.1	0.1
Layer Insulation Thickness (mm):	0.1	0.1	0.1	0.1	0.1	0.1
End Length Adjustment (mm):	0	0	0	0	0	0
Number of Parallel Branches:	1	1	1	1	1	1
Number of Conductors per Slot:	**120**	**138**	**146**	**112**	**130**	**124**
Type of Coils:	22	22	22	21	22	22
Average Coil Pitch:	1	1	1	1	1	1
Number of Wires per Conductor:	1	1	1	1	1	1
Wire Diameter (mm):	0.69	**1.12**	**1.12**	**0.95**	**1**	**1.18**
Wire Wrap Thickness (mm):	0.08	0.11	0.11	0.09	0.11	0.11
Slot Area (mm^2):	107.475	299.526	327.495	184.722	257.798	331.157
Net Slot Area (mm^2):	**87.167**	**278.883**	**306.338**	**163.063**	**232.496**	**302.085**
Limited Slot Fill Factor (%):	75	75	75	75	75	75
Stator Slot Fill Factor (%):	81.6226	74.863	72.1044	74.2899	68.8928	68.3081
Coil Half-Turn Length (mm):	80.5901	73.416	73.5504	80.7244	82.9407	85.3585
Wire Resistivity (ohm.mm^2/m):	0.0217	0.0217	0.0217	0.0217	0.0217	0.0217
ROTOR DATA						
Minimum Air Gap (mm):	1	0.5	0.5	1	1	1
Inner Diameter (mm):	26	26	26	26	26	26
Length of Rotor (mm):	42	42	42	42	42	42
Stacking Factor of Iron Core:	0.92	0.92	0.92	0.92	0.92	0.92
Type of Steel:	DW465_50	DW465_50	DW465_50	DW465_50	DW465_50	DW465_50
Polar Arc Radius (mm):	39	32.175	32.175	39	39	39
Mechanical Pole Embrace:	1	1	1	1	1	1
Electrical Pole Embrace:	0.939797	0.956167	0.941817	0.919966	0.900558	0.881905
Max. Thickness of Magnet (mm):	5	5	5	5	5	5
WiCTh of Magnet (mm):	38.2227	31.0756	23.3067	28.667	22.9336	19.1114
Type of Magnet:	NdFe30	NdFe30	NdFe30	NdFe30	NdFe30	NdFe30
Type of Rotor:	1	1	1	1	1	1
Magnetic Shaft:	Yes	Yes	Yes	Yes	Yes	Yes

（续）

GENERAL DATA	9-6j	9-6j-1*	9-8j-1*	9-8j	9-10j	9-12j
	原电机	减小裂比	减小裂比	原电机		
PERMANENT MAGNET DATA						
Residual Flux Density (Tesla):	1.1	1.1	1.1	1.1	1.1	1.1
Coercive Force (kA/m):	838	838	838	838	838	838
STEADY STATE PARAMETERS						
Stator Winding Factor:	0.866025	0.866025	0.83121	0.94521	0.83121	0.86603
NO-LOAD MAGNETIC DATA						
Stator-Teeth Flux Density (Tesla):	1.81498	1.79417	1.79422	1.78399	1.83047	1.79915
Stator-Yoke Flux Density (Tesla):	1.39734	1.72283	1.44786	1.46461	1.46695	1.56465
Rotor-Yoke Flux Density (Tesla):	0.840173	1.09032	0.805803	0.61445	0.476166	0.390812
No-Load Line Current (A):	0.288279	0.403926	0.24872	0.24824	0.24816	0.32068
No-Load Input Power (W):	92.9004	98.9937	102.432	99.3472	102.511	103.144
Cogging Torque (N · m):	0.712729	0.466674	0.1261	0.20907	0.178	0.69574
FULL-LOAD DATA						
Maximum Line Induced Voltage (V):	259.73	257.733	267.155	241.278	262.279	257.92
Root-Mean-Square Line Current (A):	5.39504	4.65651	4.66437	4.73752	4.71134	4.65714
Root-Mean-Square Phase Current (A):	5.39504	4.65651	4.66437	4.73752	4.71134	4.65714
Armature Current Density (A/mm^2):	14.428	4.72644	4.73442	6.68365	5.99867	4.25859
Total Loss (W):	238.958	141.972	148.406	154.708	161.58	143.768
Output Power (W):	1301.99	1300.87	1300.19	1300.97	1300.57	1300.12
Input Power (W):	1540.95	1442.84	1448.6	1455.68	1462.15	1443.89
Efficiency (%):	84.4928	90.1603	89.7552	89.3721	88.9492	90.043
Power Factor:	0.926698	0.999995	0.999775	0.991522	0.999264	0.99753
Synchronous Speed (rpm):	2500	2500	2500	2500	2500	2500
Rated Torque (N · m):	4.97323	4.96896	4.96636	4.96933	4.96782	4.96608
Torque Angle (degree):	10.3277	10.6968	15.2127	9.93787	14.279	15.1316
Maximum Output Power (W):	4523.46	6234.57	4627.24	6393.64	4736.84	4692.48

因此 9 槽无刷电机只要用合理的"裂比"的 9 槽 6 极，电机最大输出功率就比 9 槽 12 极的最大输出功率大，齿槽转矩、转矩波动比 9 槽 12 极的小，如图 6-1-22、图 6-1-23 所示。

3）9 槽永磁同步电机的槽极配合的选取方法。永磁同步电机的绕组是三相同时通电的，相位相差 120°，不存在非偶转矩问题。因此在永磁同步电机中 9 槽 8 极、9 槽 10 极均可以采用。因此 9 槽的极数配合根据性能需要就可以采用 6 极、8 极、10 极和 12 极。

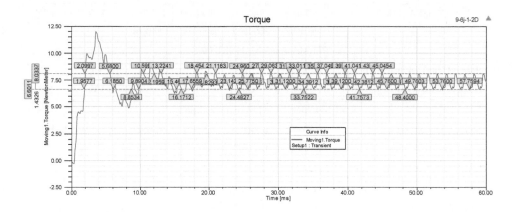

图 6-1-22　9 槽 6 极电机瞬态转矩曲线

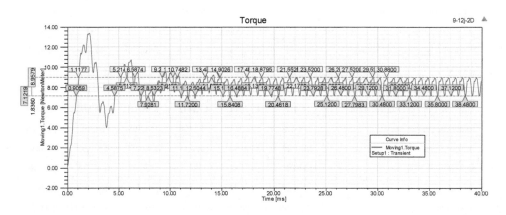

图 6-1-23　9 槽 12 极电机瞬态转矩曲线

　　一般考虑原则是：槽数相同，极数少的最大输出功率大，但是齿槽转矩大、工艺简单、材料成本低、极数较多，电机齿槽转矩的评价因子 C_T、圆心角 θ 就小，选取较小的评价因子和圆心角的槽极配比，就体现了该电机的"原始齿槽转矩"小，一味追求小的齿槽转矩，又不能对电机采取其他更多的削弱齿槽转矩方法（如定子或转子斜槽、斜极），那么就需要控制好对电机最大输出功率的要求，应该在 9 槽 8 极或 9 槽 10 极中选取槽极配合。

　　在 9 槽的不同极数配合中，如果不考虑其他削弱电机齿槽转矩的方法，那么采取中惯量"裂比"电机，如 9-6j-1* 是一个不错的选择。9 槽与不同极数配合的性能对比见表 6-1-9。

表 6-1-9　9 槽与不同极数配合的性能对比

ADJUSTABLE-SPEED PERMANENT MAGNET SYNCHRONOUS MOTOR DESIGN						
	9-6j	**9-6j-1***	**9-8j-1***	**9-8j**	**9-10j**	**9-12j**
Number of Poles:	6	6	8	8	10	12
Outer Diameter of Stator (mm):	122	122	122	122	122	122
Inner Diameter of Stator (mm):	80	65.35	65.35	80	80	80
Net Slot Area (mm^2):	87.167	278.883	306.338	163.063	232.496	302.085
Stator Winding Factor:	0.866025	0.866025	0.83121	0.94521	0.83121	0.86603
Stator-Teeth Flux Density (Tesla):	1.81498	1.79417	1.79422	1.78399	1.83047	1.79915
Cogging Torque (N·m):	0.712729	0.466674	0.1261	0.20907	0.178	0.69574
Maximum Line Induced Voltage (V):	259.73	257.733	267.155	241.278	262.279	257.92
Armature Current Density (A/mm^2):	14.428	4.72644	4.73442	6.68365	5.99867	4.25859
Output Power (W):	1301.99	1300.87	1300.19	1300.97	1300.57	1300.12
Efficiency (%):	84.4928	90.1603	89.7552	89.3721	88.9492	90.043
Power Factor:	0.926698	0.999995	0.999775	0.991522	0.999264	0.99753
Synchronous Speed (rpm):	2500	2500	2500	2500	2500	2500
Rated Torque (N·m):	4.97323	4.96896	4.96636	4.96933	4.96782	4.96608
Maximum Output Power (W):	4523.46	6234.57	4627.24	6393.64	4736.84	4692.48

4）因此在永磁同步电机的实例中 9 槽 6 极、8 极、10 极经常被采用，而 9 槽 12 极的不常见，主要是因为电机极数多、工艺性不好、成本高及 C_T、θ 较大，齿槽转矩较大，$2N_p$ 较小，转矩波动大。

总结如下：

9 槽无刷电机可以用 9-6j 配合。

9 槽永磁同步电机驱动可用 9-6j-1 配合，伺服可用 9-8j 或 9-10j 配合。

图 6-1-24 所示是 9 槽 12 极电机瞬态转矩曲线。

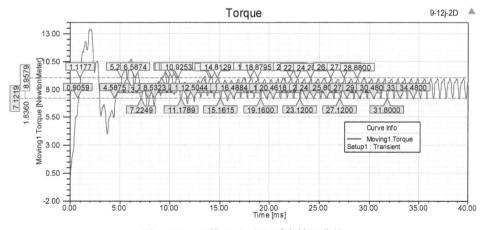

图 6-1-24　9 槽 12 极电机瞬态转矩曲线

图 6-1-25 所示是 9 槽 10 极电机瞬态转矩曲线。

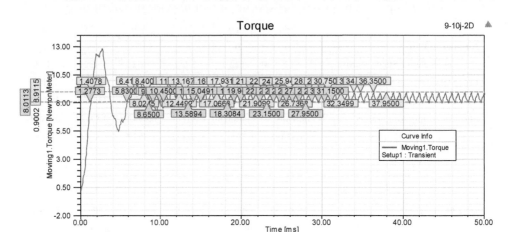

图 6-1-25 9 槽 10 极电机瞬态转矩曲线

从 图 6-1-25 看, 9 槽 10 极 (0.9002N·m) 的 转 矩 波 动 仅 为 9 槽 12 极 (1.8360N·m) 的一半。可见正确选取电机的槽极配合,对削弱电机转矩波动的作用是相当大的。

6.1.1.8 12 槽电机的分析

12 槽在无刷电机和永磁同步电机中是最常见的槽数,用途非常广泛。

1)12 槽电机有 8 极、10 极、14 极、16 极配合,见表 6-1-10。

表 6-1-10 12 槽与多种极数配合的参数

槽极配合	分区数	K_{dp}(全)	K_{dp}(半)	评价因子 C_T	圆心角 $\theta/(°)$	周期数
12-8j	4	0.866	0.866	4	15	4
12-10j	2	0.933	0.808	**2**	**6**	**10**
12-14j	2	0.933	0.808	**2**	**4.28**	**14**
12-16j	4	0.866	0.866	4	7.5	8

2)12 槽经常用的是 12 槽 8 极和 12 槽 10 极,在电机体积相同的情况下,12-8j 和 12-10j 各有优势。在额定点相同的情况下,12-8j 的最大输出功率是几种槽极配合中最大的;12-10j 兼顾了电机的齿槽转矩和最大输出功率;最差的是 12-16j,电机的齿槽转矩大,最大输出功率太小。12-10j 和 12-14j 相比,12-14j 的最大输出功率太小,齿槽转矩略小,不可取。

3)几种电机槽极配合的性能比较分析见表 6-1-11。

表 6-1-11　12 槽与不同极数配合的性能对比

	12-8j	12-8j-1	12-10j	12-14j	12-16j
Stator Winding Factor:	**0.86603**	**0.866025**	**0.80801**	**0.80801**	**0.86603**
Stator-Teeth Flux Density (Tesla):	**1.80561**	**1.8525**	**1.80713**	**1.81221**	**1.79295**
Stator-Yoke Flux Density (Tesla):	**1.53711**	**1.3951**	**1.50135**	**1.51673**	**1.51666**
Cogging Torque (N·m):	**0.9483**	**0.42081**	**0.44374**	**0.38863**	**0.92942**
Maximum Line Induced Voltage (V):	260.365	256.061	246.138	247.719	260.479
Root-Mean-Square Line Current (A):	4.82354	4.84228	4.69533	4.64091	4.61333
Output Power (W):	1301.39	1300.91	1300.92	1300.04	1300.13
Efficiency (%):	88.8408	88.8933	89.2267	89.671	90.3757
Power Factor:	**0.979162**	**0.97585**	**0.997304**	**0.999509**	**0.998717**
Synchronous Speed (rpm):	2500	2500	2500	2500	2500
Rated Torque (N·m):	4.97095	4.9691	4.96915	4.96577	4.96611
Maximum Output Power (W):	**7198.97**	**6981.05**	**6064.02**	**4781.11**	**4929.45**

12-10j、12-8j、12-8j-1 的转矩波动比较，12-8j-1 是对 12-8j 的磁钢进行变形的结果，材料从 35SH 变为 38SH 后，电机最大输出功率没有降低，齿槽转矩和转矩波动明显比 12-10j、12-8j 的小。当然如果 12-10j 的磁钢也进行偏心削角处理，电机的齿槽转矩和转矩波动会更小。

同一条件下，12-10j 的齿槽转矩评价因子 C_T 比 12-8j 的小两个等级，如果电机磁钢性能提高，最大输出功率就能增大，转矩波动波形正弦度也能变好。因此 12 槽的槽极配合只有 12 槽 8 极和 12 槽 10 极两种较好。选择后再适当进行一些结构优化就可以了。

图 6-1-26 是 12 槽 10 极两种不同形状磁钢的电机结构。

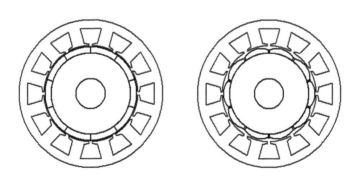

图 6-1-26　12 槽 10 极两种不同形状磁钢的电机结构图

图 6-1-27 是 12 槽 10 极电机的瞬态转矩曲线。

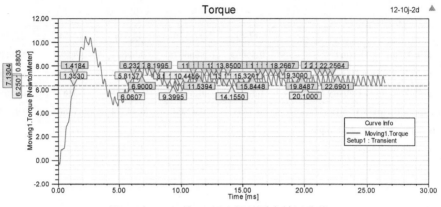

图 6-1-27　12 槽 10 极电机的瞬态转矩曲线

图 6-1-28 是 12 槽 8 极电机的瞬态转矩曲线。

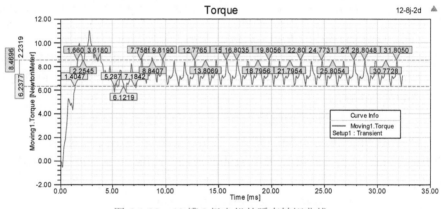

图 6-1-28　12 槽 8 极电机的瞬态转矩曲线

图 6-1-29 是 12 槽 8 极电机磁钢凸极后的瞬态转矩曲线。

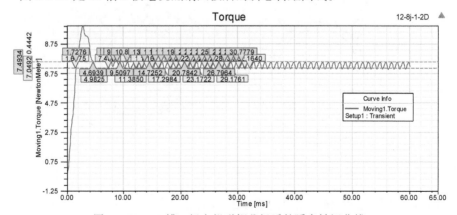

图 6-1-29　12 槽 8 极电机磁钢凸极后的瞬态转矩曲线

从图 6-1-29 看，12 槽 8 极电机磁钢凸极后的瞬态转矩得到了较大的改善。

总结如下：

12 槽电机可以用 12-8j、12-10j 配合；电机作驱动用，首选 12-8j 配合；电机作伺服用，首选 12-10j 配合。

一般来讲，机座号小的就选槽数少的，机座号大一些的就选槽数大的。

6.1.2　大节距少极电机

绕组节距大于 1 就称为大节距，因此表 6-1-12 中绿色背景的槽极配合应该都能认为是大节距少极电机。表 6-1-12 是大节距每对极每相的平均槽数统计表。

表 6-1-12　大节距每对极每相平均槽数

极数	每对极每相平均槽数 $q = Z/mP$												
	槽数												
	9	12	15	18	21	24	27	30	33	36	39	42	45	48
2	3	4	5	6	7	8	9	10	11	12	13	14	15	16
4	1.50	2	2.50	3	3.50	4	4.50	5	5.50	6	6.50	7	7.50	8
6	1.00	1.33	1.67	2	2.33	2.67	3	3.33	3.67	4	4.33	4.67	5	5.33
8	0.75	1.00	1.25	1.50	1.75	2	2.25	2.50	2.75	3	3.25	3.50	3.75	4

大节距少极电机的极数较少，经常将 2、4、6、8 极电机作为少极电机，因为是大节距电机，电机槽数又较多，一般泛指大节距"多槽配少极"的槽极配合的电机。

12 槽 4 极，18 槽 4 极、6 极，24 槽 4 极、24 槽 8 极，36 槽 4 极、6 极、8 极的电机槽极配合较为常见。目前电动汽车电机中槽数增加到 72 槽配 6 极、8 极电机。高速电机中经常有 12 槽 4 极及 24 槽 6 极、8 极等槽极配合的电机。

同样转速的永磁同步电机，如果额定转速确定，那么电机极数少，则电源的工作频率就可以降低。

$$n = \frac{60f}{P}, \ f = \frac{nP}{60}$$

例如，某电机要求额定转速是 6000r/min，

在 8 极时，电源频率 $f = \frac{nP}{60} = \frac{6000 \times 4}{60} = 400\text{Hz}$

在 4 极时，电源频率 $f = \frac{nP}{60} = \frac{6000 \times 2}{60} = 200\text{Hz}$

电源工作频率的降低对控制器的晶体管、电机都有极大的好处。特别是某些每分钟数万或十数万转的电机，就要考虑控制器中的晶体管能否运行到这样高的频率，而且电源工作频率越高，电机的高频损耗就越大，电机越会发热；电源工作频

率越高，控制器的成本也会成倍增加。

但是现在汽车的电机，最高转速是每分钟数万转，而电机转子会选用 8 极甚至更多极数，之前很多的问题现在都不成问题了。

6.1.2.1 大节距少极电机的设计

应该说如 12 槽 4 极电机就是大节距少极电机，下面我们要设计一种高速电机。

（1）技术要求

永磁同步电机：7.5kW，380V，18000r/min，定子外径为 90mm。

（2）极数分析

该电机是高速电机，用少极电机为宜，因为是永磁同步电机，转子用 2 极，磁钢结构不合理，宜采用 4 极电机。

（3）槽的选取

一般 4 极电机常用槽极配合为 12 槽 4 极、18 槽 4 极、24 槽 4 极，因为 18 槽 4 极是波对称绕组，绕组工艺略差，所以可以选用 12 槽 4 极、24 槽 4 极，该定子外径只有 90mm，所以不宜选用 36 槽，因为槽数多，定子冲片齿宽就非常窄，槽面积会很小，容不下较多的绕组导体数。图 6-1-30 ~ 图 6-1-32 分别是 12 槽 4 极电机、18 槽 4 极电机、24 槽 4 极电机的绕组排布图。

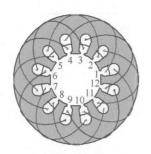 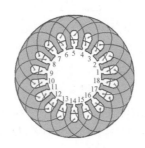 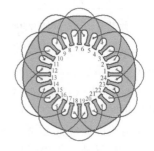

图 6-1-30　12 槽 4 极电机　　　图 6-1-31　18 槽 4 极电机　　　图 6-1-32　24 槽 4 极电机
　　双层绕组排布　　　　　　　　　双层绕组排布　　　　　　　　　单层绕组排布

（4）磁钢的形式

磁钢可用表贴式或一字内嵌式，表贴式磁钢在高速下必须在磁钢外套套 304 钢套、碳素纤维或用凯夫拉丝外套，用内嵌式磁钢，结构可靠，还避免了上述外套工艺。

（5）圆心角

12 槽 4 极电机的圆心角 $\theta = 30°$，24 槽 4 极电机的圆心角 $\theta = 15°$，因此 12 槽 4 极电机只有进行凸极，才能与 24 槽 4 极的齿槽转矩相当

（6）"裂比"

高速电机"裂比"小些为好，电机裂比不宜大于 0.6。

本节主要是大节距少极电机的相关内容，可以分两部分讲述：不同的槽极配合电机，相同的转子结构对电机的影响；相同的槽极配合电机，不同的电机结构对电机的影响。这样我们就知道用什么思路去设计大节距少极电机了。

6.1.2.2　不同的槽极配合电机，相同的转子结构对电机的影响

不同槽极配合电机的齿槽转矩和转矩波动不一样，前几章讲过电机的齿槽转矩、转矩波动，主要与评价因子 C_T、圆心角 θ 有关。而评价因子 C_T、圆心角 θ 又仅与电机的槽数 Z、极数 p 有关，与电机槽形、绕组参数无关，因此在设计电机前，就可以先选取对较少产生齿槽转矩、转矩波动的槽极配合，然后再进行电机结构和各项参数的设计。

由 6.1.2.1 节可知，7.5kW 电机可以用 12 槽 4 极、24 槽 4 极，见表 6-1-13。

表 6-1-13　12 槽、24 槽 4 极的 C_T、θ

	评价因子 C_T	圆心角 θ
12 槽 4 极	4	30°
24 槽 4 极	4	15°

同样评价因子等级的 12 槽 4 极的圆心角 θ 为 30°，24 槽 4 极的圆心角 θ 为 15°，12 槽 4 极的基本齿槽转矩和转矩波动要比 24 槽 4 极的要大，因此在一些要求高的电机中，尽量选取圆心角 θ 小一些的槽极配合，有时考虑简化绕组下线工艺，采用拼块式定子等，也可以用 12 槽 4 极，但是要对转子进行凸极设计或进行分段直极错位处理。

一般少极少槽电机的圆心角 θ 较大，只有少极多槽电机的圆心角 θ 才较小，因此较常采用少极多槽的槽极配合的电机。汽车电机常采用 36 槽 6 极及 72 槽 6 极、8 极的槽极配合，甚至一些定子外径小于 80mm 左右的电机也采用 39 槽 12 极这样的少极多槽的槽极配合。其目的是为了得到较小的圆心角 θ，减少电机的齿槽转矩和转矩波动。

该 7.5kW 电机采用 12 槽 4 极作为槽极配合的首选配合。

作者对 12 槽 4 极、24 槽 4 极的内嵌式转子电机（见图 6-1-33 和图 6-1-34）进行了齿槽转矩和转矩波动分析，印证了 24 槽 4 极的运行特性好于 12 槽 4 极。

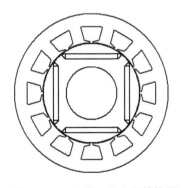 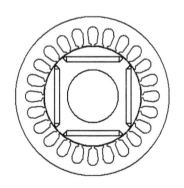

图 6-1-33　12 槽 4 极电机结构图　　　图 6-1-34　24 槽 4 极电机结构图

12 槽 4 极如采用圆底槽，槽形不好，因此采用平底槽，但是要确保两个电机在齿磁通密度、轭磁通密度基本相同，转子相同的前提条件下进行齿槽转矩、转矩波动分析。

对 12 槽 4 极的分析，如图 6-1-35 和图 6-1-36 所示。

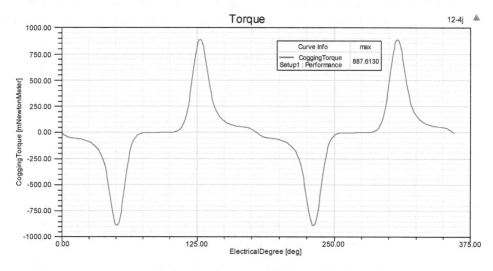

图 6-1-35　12 槽 4 极电机的齿槽转矩曲线

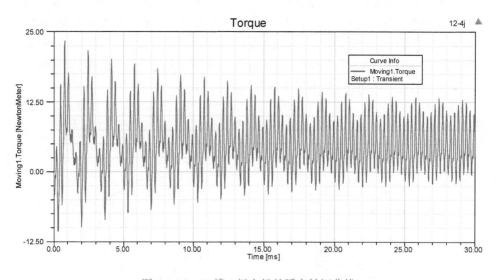

图 6-1-36　12 槽 4 极电机的瞬态转矩曲线

对 24 槽 4 极的分析，如图 6-1-37 和图 6-1-38 所示。

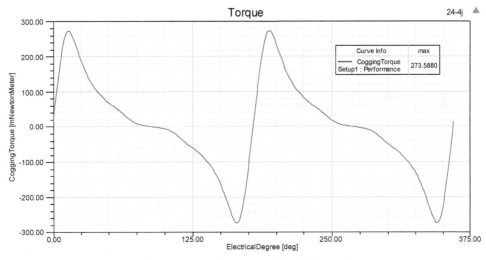

图 6-1-37　24 槽 4 极电机的齿槽转矩曲线

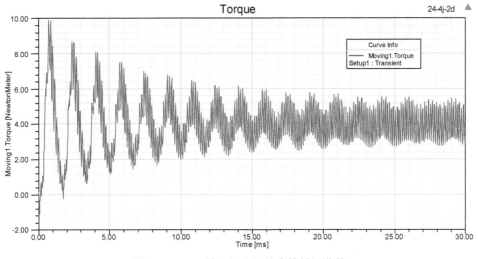

图 6-1-38　24 槽 4 极电机的齿槽转矩曲线

　　由以上分析可知，12 槽 4 极的槽极配合电机的基本齿槽转矩和转矩波动不如 24 槽 4 极的好。

6.1.2.3　相同的槽极配合电机，不同的电机结构对电机的影响

　　找一个外径 90mm、24 槽的三相电机定子冲片，转子采用 4 极内嵌式磁钢，5 种电机结构思路（见图 6-1-39 ~ 图 6-1-44）如下：24-4j-1 转子外圆均匀；24-4j-2 转子外圆均匀，定子斜 1 槽；24-4j-3 转子两磁钢之间有隔磁孔，磁钢中心上方开传热孔；24-4j-4 转子两磁钢之间有隔磁孔，磁钢中心上方不开传热孔；24-4j-5 转子结构如图 6-1-43 所示，定子齿开小槽如图 6-1-44 箭头所指。

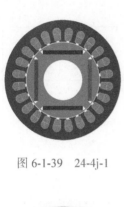

图 6-1-39　24-4j-1

图 6-1-40　24-4j-2

图 6-1-41　24-4j-3

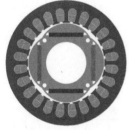

图 6-1-42　24-4j-4

图 6-1-43　24-4j-5

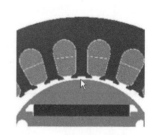

图 6-1-44　24-4j-5 定子齿开槽

（1）电机齿槽转矩对比（见图 6-1-45）

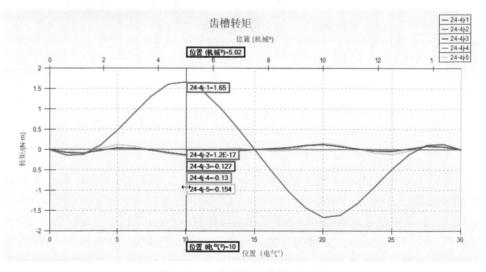

图 6-1-45　齿槽转矩曲线对比图

从图 6-1-45 中可以看出：24-4j-1 的齿槽转矩最大，24-4j-2 定子斜 1 槽的齿槽转矩约为 0，其余 3 种的定子不斜槽，转子结构改变，齿槽转矩也大为减小，齿槽转矩值基本相同。

24-4j -5 定子齿上开了槽，一般理论上说，增加了辅助槽会减少电机的齿槽转矩，但是从软件分析看，后 3 种变形转子中，定子开了辅助槽的齿槽转矩还稍大，在该 24 槽 4 极槽极配合的电机中，转子开孔、定子开辅助槽均对电机齿槽转矩作用不大。

当电机槽极配合确定后，24-4j-1 的齿槽转矩为 1.65N·m，削弱电机齿槽转矩的方法有两种：一种是定子斜槽，把齿槽转矩削弱为 0；一种是转子凸极，应该说 24-4j-3 的转子凸极率是很高的，把齿槽转矩削弱到 0.15N·m 以下，仅是 24-4j-1 的齿槽转矩的 1/10，说明转子凸极，电机不斜槽能把齿槽转矩削弱得很小。

（2）电机瞬态转矩波动对比（见图 6-1-46）

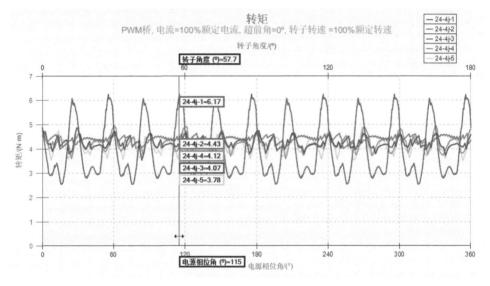

图 6-1-46　瞬态转矩波动曲线对比图

可以看出，如果 24 槽 4 极不斜槽，或者转子凸极，那么电机的转矩波动较大。在槽极配合确定后，削弱电机转矩波动的方法与削弱电机齿槽转矩的方法相同，有两种：一种是定子斜槽；一种是转子凸极。

（3）电机感应电动势分析（见图 6-1-47）

从图 6-1-47 看 24-4j-1 感应电动势波形最差，24-4j-2 定子斜槽的感应电动势正弦度最好，转子凸极的感应电动势波形比 24-4j-1 有较大的改善。

（4）从电机性能分析（见图 6-1-48）

从转矩 - 转速曲线看，5 种方式的电机均能达到 18000r/min，拐点都在 18000r/min 以上，只是 24-4j-1 电机的转矩略小。下面如图 6-1-49 所示的电机的额定点各项指标。

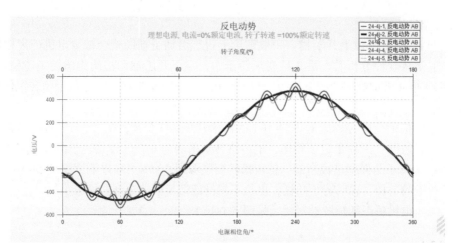

图 6-1-47 感应电动势曲线对比图

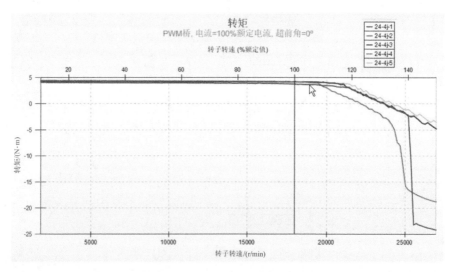

图 6-1-48 转矩 - 转速曲线对比图

	24-4j-1	24-4j-2	24-4j-3	24-4j-4	24-4j-5
转矩 /（N·m）	3.78	4.12	4.15	4.15	4.08
输入功率 /kW	7.6	8.22	8.08	8.05	7.91
输出功率 /kW	7.13	7.77	7.83	7.82	7.68
效率（%）	93.8	94.6	96.9	97.1	97.2
RMS 线电压 /V	333	350	335	334	327
RMS 线电流 /A	14.5	14.5	14.5	14.5	14.5
RMS 电流密度 /（A/mm²）	2.92	2.94	4.65	2.92	2.92
功率因数	0.905	0.933	0.96	0.959	0.96

图 6-1-49 电机额定性能对比

从电机性能分析，24-4j-1 电机的性能较差，输出功率不能达到额定要求，其他都能达到。当然这是电机定子、电流均相同的条件下的比较，24-4j-1 电机如设定的电流增加，相应的输入线电压增加，电机电流会略大于 14.5A，那么电机的输出功率就能达到额定输出功率 7.5kW。

因此，对于大节距少槽电机，要使电机运行性能好，转子结构要简单些，定子进行斜槽处理，这样的电机加工很简单，或者转子进行凸极处理，表贴式转子处理方法与此相同。

6.2　DDR 力矩电机槽极配合的设计

电机的槽极配合对电机的运行质量特性有很大的影响，在实际电机设计中得到广泛的应用，因此可以对电机的运行质量特性进行目标设计，从而使电机的运行质量特性得到很好的提高。作者在实际电机设计中就充分运用电机四大要素 N、Φ、Z、p 对电机进行目标设计，取得了很好的效果。

下面介绍利用 Z、p 两大要素即电机的槽极配合在 DDR 电机设计中的应用实例。

DDR 电机是低速直驱旋转电机，是一种转速低、转矩大、槽数和极数较多的多槽电机。这种电机直径大、电机扁，电机"细长比"大，一般不进行转子磁钢直极错位和定子斜槽，是一种大转矩电机，要求齿槽转矩小，转矩波动小，定位精度高。在 DDR 电机设计中，选用合理的槽极配合是削弱电机齿槽转矩、转矩波动，提高电机运行质量的重要方法。

表 6-2-1 是两个产地的 3 种 DDR 电机槽极配合的相关数据。

表 6-2-1　3 种 DDR 电机槽极配合的相关数据

产地	槽数	极数	分区数	K_{dp}(全)	K_{dp}(半)	评价因子 C_T	圆心角 $\theta/(°)$
武汉	24	22	2	0.9494	0.8222	2	22
常州	48	40	8	0.933	0.808	8	10
武汉	48	44	4	0.9494	0.8222	4	22

6.2.1　DDR 电机槽极配合的设计思想分析

设计人员选用 DDR 电机的槽极配合都有自己的想法，现有生产的 DDR 电机有不同的槽极配合，有的取用较多的槽、极数的配合，主要考虑 DDR 电机一般都是低转速电机，如果槽、极数少了，电机的转矩波动数就少，转矩波动宽度就大，这对电机平稳运行影响较大，但是 DDR 电机的槽、极数很多的话，电机制造工艺就复杂，制造成本就高，因此 DDR 电机的槽、极数的配合还是要考虑电机的转矩脉宽，电机的转矩波动情况一般可以参考市场上生产的 DDR 电机的槽极配合，再把多种 DDR 电机的槽极配合进行分析。首先要看 DDR 电机的 C_T、θ，取用较小的 C_T、θ 值的槽极配合的电机，这样的 DDR 电机性能是会较好的，下面对某些槽极配合的 DDR 电机进行分析，提高对 DDR 电机的槽极配合的认识，尝试分析一些设计想法和可以改善的方面。

6.2.2　24 槽不同极数的槽极配合的分析

1）24 槽可以配 20、22、26、28、32 极，而现在选用了 24 槽 22 极。24 槽 22 极的电机齿槽转矩圆心角 $\theta = 1.63°$，比 24 槽 20 极的圆心角 θ 小了一半，比 24 槽 26 极的略大。

24 槽 3 种槽极配合的电机性能判断见表 6-2-2。

表 6-2-2　24 槽不同极数的质量特性指数

槽数	极数	分区数	K_{dp}（全）	评价因子 C_T	圆心角 $\theta/(°)$
24	20	2	0.9333	4	**3**
24	22	4	0.9494	**2**	**1.63622**
24	26	2	0.9494	**2**	**1.15385**

性能判断：估计 24-26j 性能较其他两种电机的槽极配合要好，因为 24-22j 和 24-26j 的评价因子 C_T 相同，但是从圆心角 θ 数值看，24-26j 的小，因此两种配比性能会相近，24-26j 的齿槽转矩会小些。图 6-2-1 ~ 图 6-2-6 是 24 槽不同极数的电机结构和绕组排布。

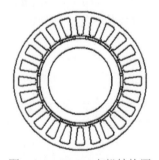 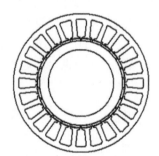

图 6-2-1　24-20j 电机结构图　　图 6-2-2　24-22j 电机结构图　　图 6-2-3　24-26j 电机结构图

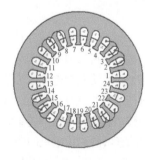 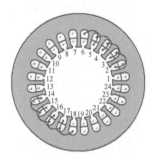 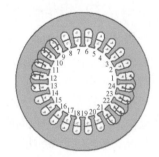

图 6-2-4　24-20j 电机相绕组图　　图 6-2-5　24-22j 电机相绕组图　　图 6-2-6　24-26j 电机相绕组图

2）3 种槽极配合的软件计算分析见表 6-2-3。

表 6-2-3　3 种不同槽极配合的电机计算性能比较

ADJUSTABLE-SPEED PERMANENT MAGNET SYNCHRONOUS MOTOR DESIGN			
GENERAL DATA	**24-20j**	**24-22j**	**24-26j**
Rated Output Power (kW):	0.72	0.72	0.72
Rated Voltage (V):	200	200	200
Number of Poles:	20	22	26
Frequency (Hz):	13.3333	14.6667	17.3333
STATOR DATA			
Number of Stator Slots:	24	24	24
Outer Diameter of Stator (mm):	247	247	247
Inner Diameter of Stator (mm):	162	162	162
Type of Stator Slot:	3	3	3
Stator Slot			
hs0 (mm):	1.5	1.5	1.5
hs1 (mm):	1.4	1.4	1.4
hs2 (mm):	28	28	28
bs0 (mm):	4	4	4
bs1 (mm):	10.9899	11.7968	13.4106
bs2 (mm):	18.3624	19.1693	20.7831
rs (mm):	3	3	3
Top Tooth Width (mm):	11	10.2	8.6
Bottom Tooth Width (mm):	11	10.2	8.6
Skew Width (Number of Slots):	0	0	0
Length of Stator Core (mm):	124	124	124
Number of Parallel Branches:	1	1	1
Number of Conductors per Slot:	**232**	**232**	**232**
Type of Coils:	21	21	21
Average Coil Pitch:	1	1	1
Number of Wires per Conductor:	3	3	3
Wire Diameter (mm):	**0.53**	**0.53**	**0.53**
Stator Slot Fill Factor (%):	55.5956	52.7079	47.7478
ROTOR DATA			
Minimum Air Gap (mm):	0.65	0.65	0.65
Inner Diameter (mm):	120	120	120
Length of Rotor (mm):	124	124	124
Mechanical Pole Embrace:	**0.85**	**0.85**	**0.85**
Electrical Pole Embrace:	0.835269	0.832874	0.827278

（续）

ADJUSTABLE-SPEED PERMANENT MAGNET SYNCHRONOUS MOTOR DESIGN			
GENERAL DATA	24-20j	24-22j	24-26j
NO-LOAD MAGNETIC DATA			
Stator-Teeth Flux Density (Tesla):	1.83311	1.84341	1.8448
Stator-Yoke Flux Density (Tesla):	1.07958	0.973076	0.821834
Cogging Torque (N·m):	**2.06912**	**0.05438**	**0.004397**
FULL-LOAD DATA			
Maximum Line Induced Voltage (V):	276.21	275.166	275.177
Root-Mean-Square Line Current (A):	3.07534	3.01221	2.91732
Armature Current Density (A/mm^2):	4.64654	4.55116	4.40779
Output Power (W):	720.647	720.525	720.441
Input Power (W):	1013.48	1003.69	989.494
Efficiency (%):	**71.106**	**71.7878**	**72.809**
Power Factor:	**0.943541**	**0.953702**	**0.970554**
Synchronous Speed (rpm):	80	80	80
Rated Torque (N·m):	86.0209	86.0063	85.9963
Maximum Output Power (W):	**1041.03**	**1050.28**	**1047.18**

　　从表 6-2-3 看，3 种槽极配合下电机多项技术参数几乎相同，但是电机的齿槽转矩值相差较大，特别是 24-26j 的齿槽转矩最小。其中电机磁钢机械极弧系数是经过参数化分析获得的，为 0.85。

　　图 6-2-7 是 24-20j 电机极弧系数参数化分析曲线。

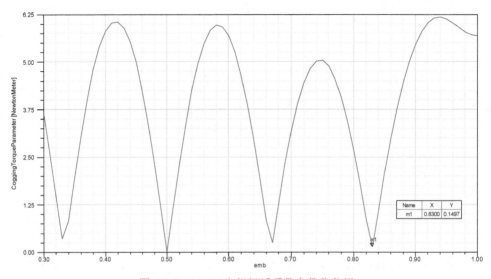

图 6-2-7　24-20j 电机极弧系数参数化分析

由图 6-2-7 得到 24-20j 电机磁钢的极弧系数在 0.83 左右时，电机的齿槽转矩为 0.1497N·m。

图 6-2-8 是 24-26j 电机磁钢极弧系数参数化分析曲线。

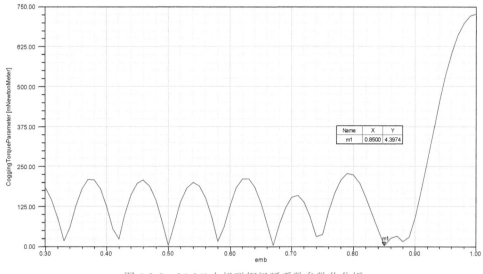

图 6-2-8　24-26j 电机磁钢极弧系数参数化分析

24-26j 电机磁钢极弧系数应该在 0.85 左右为佳，这时电机齿槽转矩仅为 4.397mN·m。

3）3 种 24 槽电机转矩瞬态波动分析，如图 6-2-9 ~ 图 6-2-11 所示。

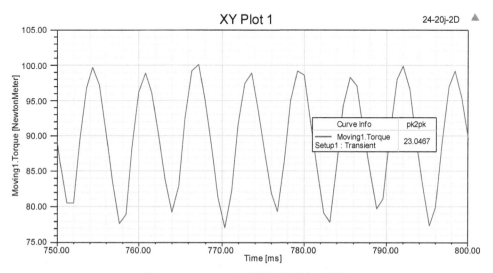

图 6-2-9　24-20j 电机瞬态转矩波动曲线

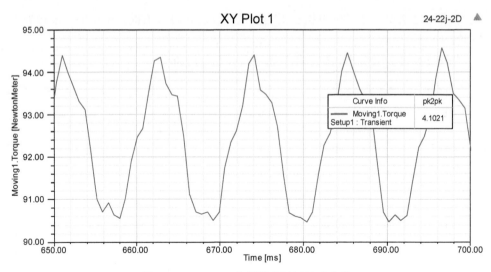

图 6-2-10   24-22j 电机瞬态转矩波动曲线

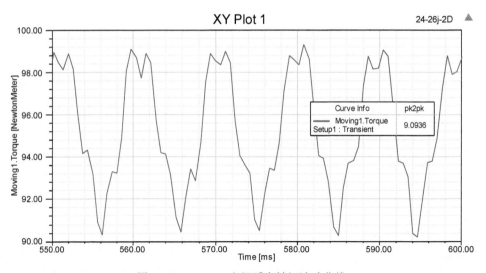

图 6-2-11   24-26j 电机瞬态转矩波动曲线

4）24 槽 3 种电机槽极配合的性能计算，见表 6-2-4。

表 6-2-4   24 槽 3 种电机槽、极配合的质量特性指数

槽数 Z	极数 p	评价因子 C_T	圆心角 $\theta/(°)$	周期数	齿槽转矩 /(N·m)	转矩波动 /(N·m)	额定转矩 /(N·m)	齿槽转矩 容忍度（%）	转矩波动 容忍度（%）
24	20	4	3	10	2.069	23.04	86.02	2.41	26.79
24	**22**	**2**	**1.36**	**22**	**0.054**	**4.1**	**86**	**0.06**	**4.77**
24	26	2	1.15	26	0.004	9.09	85.99	0.01	10.57

5）分析总结：从 3 种 24 槽不同极数的配合看，24-22j 综合性能比 24-20j 的好得多，比 24-26j 的稍好，而且分区数、定子绕组排布相同，仅是磁钢数不同，**所以武汉产的 24-22j 电机设计还是有道理的。虽然 24-26j 电机的齿槽转矩小，但是电机的转矩波动要大些。**

6.2.3　48 槽不同极数的槽极配合的分析

有两个 DDR 电机生产单位用 48 槽配合不同的极数设计了 DDR 电机并形成批量生产，表 6-2-5 是电机 48 槽配合不同的极数质量特性指数对比表。

表 6-2-5　48 槽配合不同的极数质量特性指数对比

产地	槽数	极数	分区数	K_{dp}（全）	K_{dp}（半）	评价因 C_T	圆心角 θ/(°)	周期数
常州	48	40	8	0.933	0.808	8	1.5	10
武汉	48	44	4	0.9494	0.8222	4	0.68	22

从圆心角 θ 看，表 6-2-5 中 48-40j 明显不如 48-44j；从 C_T 看，48-40j 的 $C_T = 8$，而 48-44j 的 $C_T = 4$，计算因子相差较大。因此可以判定 48 槽 40 极的齿槽转矩较大。从实际产品看，48-40j 的齿槽转矩确实较大，手感滞重。

固定 48-40j 电机的定子数据不变，仅对电机转子极数进行调整，几种槽极配合的计算结果见表 6-2-6。

表 6-2-6　48 槽配合不同的极数的性能比较

GENERAL DATA	48-40j	48-38j	48-44j	48-46j
Rated Output Power (kW):	1.118	1.118	1.118	1.118
Rated Voltage (V):	320	320	320	320
Number of Poles:	40	38	44	46
Number of Conductors per Slot:	102	102	102	102
Wire Diameter (mm):	0.75	0.75	0.75	0.75
Stator-Teeth Flux Density (Tesla):	1.71089	1.75525	1.6049	1.54385
Cogging Torque (N·m):	3.80951	0.010915	0.16448	0.01213
Armature Current Density (A/mm^2):	6.25407	6.42916	6.22919	6.25854
Output Power (W):	1118.74	1118.05	1118.36	1118.76
Efficiency (%):	75.4744	74.5478	75.6095	75.4796
Synchronous Speed (rpm):	120	120	120	120
Rated Torque (N·m):	89.0263	88.9714	88.9965	89.0278
Maximum Output Power (W):	1742.19	1750.8	1696.03	1663.39
转矩波动 / 平均转矩	0.95/97.79	0.37/99.4	0.32/92.9	0.31/91.5

可以看出 48-40j 的齿槽转矩为 3.8N·m，太大了，48-38j 的仅为 0.01N·m，这样的齿槽转矩，电机的手感就非常好了。

电机设计不单要看槽极配合对电机的"原始齿槽转矩"的影响，还要看绕组的排布是否合理，工艺性是否好。

虽然 48 槽 38 极齿槽转矩小，但是电机分区中每相绕组个数是小数，因此电机绕组排布较不规则，这样会造成绕组下线工艺复杂（但比某些电动自行车电机绕组排布有规律），因此在常规情况下不宜采用，可以选用 48 槽 44 极、48 槽 46 极分区每相绕组个数是整数，圆心角又较小的槽极配合用于 DDR 电机。图 6-2-12 ~ 图 6-2-14 是具体的绕组排布图。

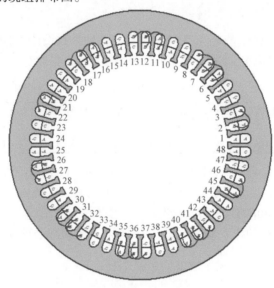

2 2 2 1 1 2 2 1 1 1

图 6-2-12　48 槽 38 极电机绕组排布图

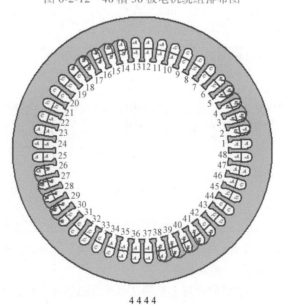

4 4 4 4

图 6-2-13　48 槽 44 极电机绕组排布图

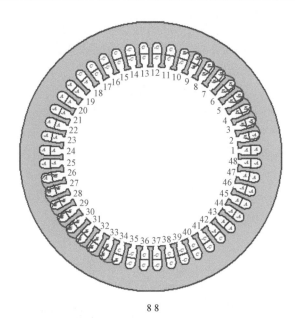

88

图 6-2-14　48 槽 46 极电机绕组排布图

性能比较见表 6-2-7。

表 6-2-7　槽数相同不同极数的质量特性比较

槽极配合	齿槽转矩 /（N·m）	额定转矩 /（N·m）	齿槽转矩容忍度（%）
48-40j	3.80951	89.0263	0.04279
48-38j	0.01091	88.9714	0.00012
48-44j	**0.16448**	**88.9965**	**0.00184**
48-46j	0.01213	89.0278	0.00013

　　分析总结：从 3 种 48 槽不同极数配合看，48-44j 的性能要比 48-40j 的好，因此 48-44j 的槽极配合是比较合理的，48-38j 的性能比 48-44j 的好。

　　分析电机瞬态转矩波形，也印证了 C_T、θ 可以用于 DDR 电机齿槽转矩和转矩波动好坏的判断，其好处是**只要选取正确的槽极配合，使 C_T 等级小，在同一 C_T 等级中选取 θ 较小的槽极配合，那么电机的齿槽转矩和转矩波动在设计电机前就基本可以控制住了**。

6.2.4　DDR 电机实例设计与分析

　　3.8 节讲了电机槽极配合中的评价因子 C_T 和圆心角 θ 与电机的定子直径无关，即不管电机大小，只要电机的评价因子 C_T、圆心角 θ 相等，则电机的齿槽转矩及转矩波动的容忍度是相同的。

　　因此不管电机大小，只要寻求电机评价因子 C_T 和圆心角 θ 较小的槽极配合，那么这样制做出的电机照样齿槽转矩容忍度、转矩波动会较小。

　　如果一个电机的齿槽转矩和转矩波动的容忍度好，将这个电机结构放大或缩小，其运行质量也好的，并不是电机大，槽就要选择多一些，电机小，槽就选择少一些。电机直径为210mm，是48槽44极，当电机减小到120mm就变为24槽22极。假设24槽22极的齿槽转矩、转矩波动的容许值可以，那么不见得210mm时就不好用24槽22极，或者挑一个如36槽的评价因子 C_T 和圆心角 θ 较小槽极配合兼顾大小电机，如36槽34极，缩放电机冲片即可，毕竟电机极数多，效率、功率因数、最大转矩倍数会减小，工艺也复杂。何况120mm大小做36槽也是常见的。

　　下面以DPM230-110的DDR电机（见图6-2-15，本图是摘自科尔摩根产品说明书）为例进行讲解。

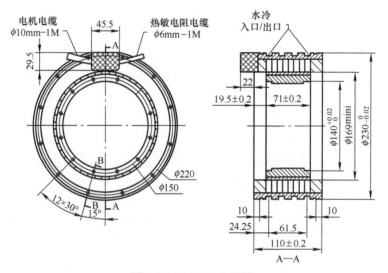

图 6-2-15　DDR 电机图

该电机是48-44j，其主要技术要求见表6-2-8。

表 6-2-8　DDR 电机主要技术要求

GENERAL DATA	48-44j
Rated Output Power (kW):	1.35
Rated Voltage (V):	380
Number of Poles:	44
Root-Mean-Square Phase Current (A):	4.33551
Synchronous Speed (rpm):	150
Rated Torque (N·m):	85.9479

因为是 44 极，较好的槽配比为 48 槽 44 极，所以该 DDR 电机评价因子为 C_T = 4，圆心角 θ = 0.68182°，应该说 48 槽 44 极的槽极配合的原始齿槽转矩和转矩波动就很好了。

因为 48-44j 的槽数、极数多，电机制造工艺较复杂。是否能减少槽数和极数，但又能在齿槽转矩、转矩波动上与 48-44j 相仿呢？以下就本书槽极配合的原理对电机进行减少槽极的分析：

从 48 槽减少一般会用 36 槽，36 槽的分数槽集中绕组分区绕组个数见表 6-2-9。

表 6-2-9　分数槽集中绕组每分区绕组个数

极数	分数槽集中绕组每分区绕组个数											
	槽数											
	6	9	12	15	18	21	24	27	30	33	36	39
2	1.5	1.2857	1.2	1.1538	1.125	1.105	1.091	1.08	1.071	1.06	1.059	1.05
4	3	1.8	1.5	1.364	1.2857	1.235	1.2	1.174	1.154	1.14	1.125	1.11
6	#####	3	2	1.6667	1.5	1.4	1.333	1.286	1.25	1.22	1.2	1.18
8	-3	9	3	2.1429	1.8	1.615	1.5	1.421	1.364	1.32	1.286	1.26
10	-1.5	-9	6	3	2.25	1.909	1.714	1.588	1.5	1.43	1.385	1.34
12	-1	-3	#####	5	3	2.333	2	1.8	1.667	1.57	1.5	1.4444
14	-0.75	-1.8	-6	15	4.5	3	2.4	2.077	1.875	1.74	1.636	1.56
16	-0.6	-1.2857	-3	-15	9	4.2	3	2.455	2.143	1.94	1.8	1.70
18	-0.5	-1	-2	-5	#####	7	4	3	2.5	2.2	2	1.86
20	-0.43	-0.818	-1.5	-3	-9	21	6	3.857	3	2.54	2.25	2.05
22	-0.38	-0.692	-1.2	-2.14	-4.5	-21	12	5.4	3.75	3	2.571	2.29
24	-0.33	-0.6	-1	-1.67	-3	-7	#####	9	5	3.67	3	2.6
26	-0.30	-0.53	-0.86	-1.36	-2.25	-4.2	-12	27	7.5	4.71	3.6	3
28	-0.27	-0.47	-0.75	-1.15	-1.8	-3	-6	-27	15	6.6	4.5	3.5455
30	-0.25	-0.43	-0.667	-1	-1.5	-2.33	-4	-9	#####	11	6	4.3333
32	-0.23	-0.39	-0.6	-0.88	-1.286	-1.91	-3	-5.4	-15	33	9	5.5714
34	-0.21	-0.36	-0.545	-0.79	-1.125	-1.62	-2.4	-3.86	-7.5	-33	18	7.8
36	-0.20	-0.33	-0.5	-0.71	-1	-1.4	-2	-3	-5	-11	#####	13
38	-0.19	-0.31	-0.462	-0.65	-0.9	-1.24	-1.71	-2.45	-3.75	-6.6	-18	39
40	-0.18	-0.29	-0.429	-0.6	-0.82	-1.11	-1.5	-2.08	-3	-4.7	-9	-39

由表 6-2-9 可知，36 槽分区整数槽较好配合的有 36-30j、36-32j、36-34j 的槽极配合，应该说 36-34j 的齿槽转矩更小。

从表 6-2-10 看，36-34j 的评价因子 C_T 等级要好于其他槽极配合，36-34j 的评价因子 C_T 是 2，圆心角 θ 是 0.5882，可以与 48-44j 相比。尤其是 36-34j 的评价因子 C_T 等级比 48-44j 的小，电机的原始齿槽转矩肯定比 48-44j 的要小。

表 6-2-10 槽极配合的 C_T、θ 的对比

槽数	极数	评价因 C_T	圆心角 $\theta/(°)$
48	44	4	0.6818
36	30	6	2
36	32	4	1.25
36	34	2	0.5882

进行 48-44j、36-34j 电机的设计，在相同的最大转矩倍数条件下，36-34j 的齿槽转矩、电流、效率和功率因数均比 48-44j 好。因此用评价因子和圆心角处理电机的槽极配合是非常有用的。图 6-2-16 和图 6-2-17 分别是 48 槽 44 极和 36 槽 34 极的电机结构和绕组排布。

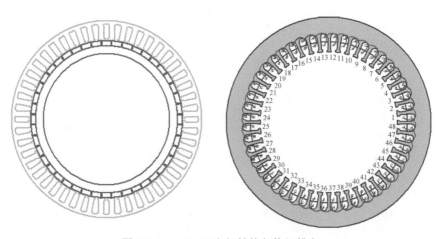

图 6-2-16 48-44j 电机结构与绕组排布

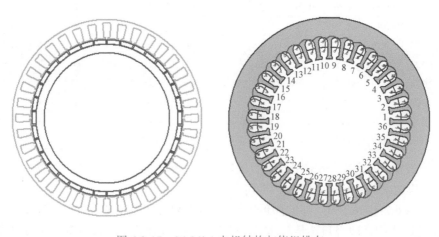

图 6-2-17 36-34j-1 电机结构与绕组排布

图 6-2-18 是 36-34j-2 电机转子磁钢削角图。

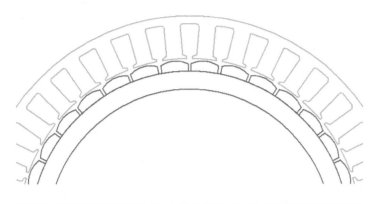

Name	Value	Unit	Evaluated V...
Embrace	0.9		0.9
Offset	70	mm	70mm
Magnet Type	45SH-QGP		
Magnet Thi...	5	mm	5mm

图 6-2-18　36-34j-2 电机转子磁钢削角

对 3 种电机进行设计，结果见表 6-2-11。

表 6-2-11　电机性能计算表

ADJUSTABLE-SPEED PERMANENT MAGNET SYNCHRONOUS MOTOR DESIGN			
GENERAL DATA			
	48-44j	36-34j-1	36-34j-2
Rated Output Power (kW):	**1.35**	**1.35**	**1.35**
Rated Voltage (V):	**357**	**357**	**357**
Number of Poles:	**44**	**34**	**34**
Frequency (Hz):	**55**	**42.5**	**42.5**
Frictional Loss (W):	26.25	26.25	26.25
Windage Loss (W):	0	0	0
Rotor Position:	Inner	Inner	Inner
Type of Circuit:	Y3	Y3	Y3
Type of Source:	Sine	Sine	Sine
Domain:	Frequency	Frequency	Frequency
Operating Temperature (C):	75	75	75

（续）

ADJUSTABLE-SPEED PERMANENT MAGNET SYNCHRONOUS MOTOR DESIGN			
GENERAL DATA			
	48-44j	**36-34j-1**	**36-34j-2**
STATOR DATA			
Number of Stator Slots:	48	36	36
Outer Diameter of Stator (mm):	210	210	210
Inner Diameter of Stator (mm):	169	169	169
Type of Stator Slot:	3	3	3
Stator Slot			
hs0 (mm):	1	1	1
hs1 (mm):	0.9	0.9	0.9
hs2 (mm):	13.5	13.5	13.5
bs0 (mm):	3	3	3
bs1 (mm):	5.31129	7.08515	7.08515
bs2 (mm):	7.08096	9.44735	9.44735
rs (mm):	1	1	1
Top Tooth Width (mm):	6	8	8
Bottom Tooth Width (mm):	6	8	8
Skew Width (Number of Slots):	0	0	0
Length of Stator Core (mm):	71	71	71
Stacking Factor of Stator Core:	0.97	0.97	0.97
Type of Steel:	DW310_35	DW310_35	DW310_35
Designed Wedge Thickness (mm):	0.899998	0.900013	0.900013
Slot Insulation Thickness (mm):	0	0	0
Layer Insulation Thickness (mm):	0	0	0
End Length Adjustment (mm):	0	0	0
Number of Parallel Branches:	1	1	1
Number of Conductors per Slot:	**110**	**158**	**158**
Type of Coils:	21	21	21
Average Coil Pitch:	1	1	1
Number of Wires per Conductor:	1	1	1
Wire Diameter (mm):	**0.63**	**0.67**	**0.67**
Wire Wrap Thickness (mm):	0.05	0.05	0.05
Slot Area (mm^2):	97.0396	128.151	128.151
Net Slot Area (mm^2):	90.2995	120.612	120.612
Limited Slot Fill Factor (%):	70	70	70
Stator Slot Fill Factor (%):	**56.3281**	**67.9094**	**67.9094**

（续）

ADJUSTABLE-SPEED PERMANENT MAGNET SYNCHRONOUS MOTOR DESIGN			
GENERAL DATA			
	48-44j	**36-34j-1**	**36-34j-2**
STATOR DATA			
Coil Half-Turn Length (mm):	85.3429	90.1293	90.1293
Wire Resistivity (ohm.mm^2/m):	0.0217	0.0217	0.0217
ROTOR DATA			
Minimum Air Gap (mm):	0.75	0.75	0.75
Inner Diameter (mm):	140	140	140
Length of Rotor (mm):	71	71	71
Stacking Factor of Iron Core:	0.97	0.97	0.97
Type of Steel:	DW310_35	DW310_35	DW310_35
Polar Arc Radius (mm):	78.75	78.75	11.75
Mechanical Pole Embrace:	0.9	0.9	0.9
Electrical Pole Embrace:	0.81417	0.838005	0.662692
Max. Thickness of Magnet (mm):	5	5	5
Width of Magnet (mm):	10.4422	13.5135	13.5135
Type of Magnet:	45SH-QGP	45SH-QGP	45SH-QGP
Type of Rotor:	1	1	1
Magnetic Shaft:	Yes	Yes	Yes
PERMANENT MAGNET DATA			
Residual Flux Density (Tesla):	1.34	1.34	1.34
Coercive Force (kA/m):	995	995	995
STEADY STATE PARAMETERS			
Stator Winding Factor:	0.949469	0.952504	0.952504
D-Axis Reactive Reactance Xad (ohm):	1.23418	1.87858	1.87858
Q-Axis Reactive Reactance Xaq (ohm):	1.23418	1.87858	1.87858
Armature Phase Resistance at 20C (ohm):	8.60097	8.65174	8.65174
NO-LOAD MAGNETIC DATA			
Stator-Teeth Flux Density (Tesla):	1.78788	1.80491	1.47914
Stator-Yoke Flux Density (Tesla):	1.21243	1.61855	1.31741
Rotor-Yoke Flux Density (Tesla):	0.614296	0.820064	0.667489
Air-Gap Flux Density (Tesla):	1.03946	1.04177	1.07227
No-Load Line Current (A):	5.0841	3.59519	4.82438
No-Load Input Power (W):	851.119	446.77	769.133
Cogging Torque (N·m):	**0.27419**	**0.0593608**	**0.0299203**
FULL-LOAD DATA			
Maximum Line Induced Voltage (V):	**332.842**	**368.01**	**326.998**
Root-Mean-Square Line Current (A):	**4.33551**	**3.33387**	**4.32001**

（续）

ADJUSTABLE-SPEED PERMANENT MAGNET SYNCHRONOUS MOTOR DESIGN			
GENERAL DATA			
	48-44j	**36-34j-1**	**36-34j-2**
NO-LOAD MAGNETIC DATA			
Root-Mean-Square Phase Current (A):	4.33551	3.33387	4.32001
Armature Thermal Load (A^2/mm^3):	599.65	337.733	567.082
Specific Electric Loading (A/mm):	43.115	35.7161	46.2807
Armature Current Density (A/mm^2):	**13.9081**	**9.45605**	**12.2531**
Frictional and Windage Loss (W):	26.25	26.25	26.25
Iron-Core Loss (W):	13.7953	11.8381	7.91261
Armature Copper Loss (W):	589.606	350.7	588.855
Total Loss (W):	629.651	388.788	623.017
Output Power (W):	**1350.07**	**1351.25**	**1350.61**
Input Power (W):	**1979.72**	**1740.04**	**1973.63**
Efficiency (%):	**68.1949**	**77.6564**	**68.4329**
Power Factor:	**0.733362**	**0.838373**	**0.735914**
IPF Angle (degree):	**39.7925**	**25.8992**	**37.113**
NOTE: IPF Angle is Internal Power Factor Angle			
Synchronous Speed (rpm):	**150**	**150**	**150**
Rated Torque (N·m):	**85.9479**	**86.0234**	**85.9825**
Torque Angle (degree):	3.03858	7.13207	5.50255
Maximum Output Power (W):	**2975.02**	**2975.27**	**2864.42**

　　求出 3 种电机的齿槽转矩，对齿槽转矩曲线进行 2D 分析，如图 6-2-19 ~ 图 6-2-24 所示。

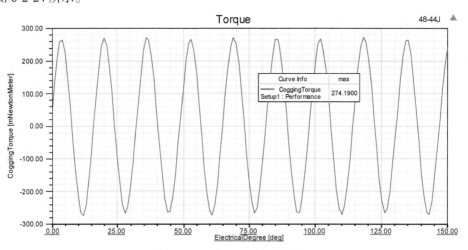

图 6-2-19　48-44j 电机齿槽转矩

齿槽转矩容忍度为 $\dfrac{0.274}{85.9479} = 0.0031 \times 100\% = 0.31\% < 2\%$。

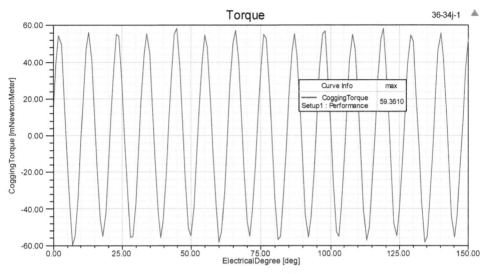

图 6-2-20　36-34j-1 电机齿槽转矩

齿槽转矩容忍度为 $\dfrac{0.05936}{86.0234} = 0.00069 \times 100\% = 0.069\% < 2\%$。

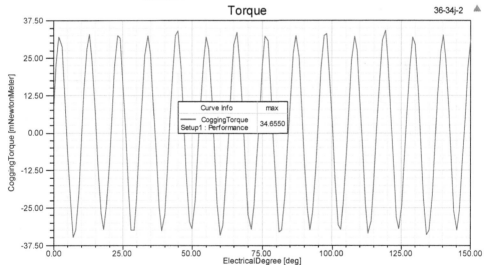

图 6-2-21　36-34j-2 电机齿槽转矩

齿槽转矩容忍度为 $\dfrac{0.03465}{85.9685} = 0.000403 \times 100\% = 0.04\% < 2\%$。

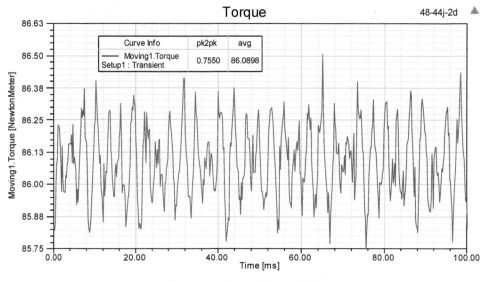

图 6-2-22　48-44j 电机转矩曲线

转矩波动率为 $\dfrac{0.755}{86.0898} = 0.0088 \times 100\% = 0.88\% < 5\%$。

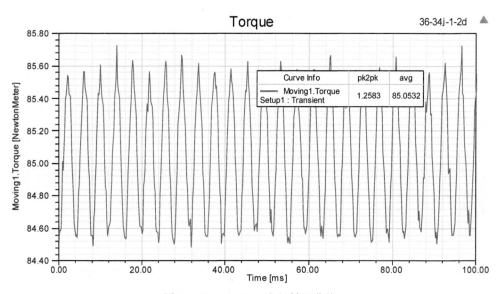

图 6-2-23　36-34j-1 电机转矩曲线

转矩波动率为 $\dfrac{1.2583}{85.0532} = 0.0147 \times 100\% = 1.47\% < 5\%$。

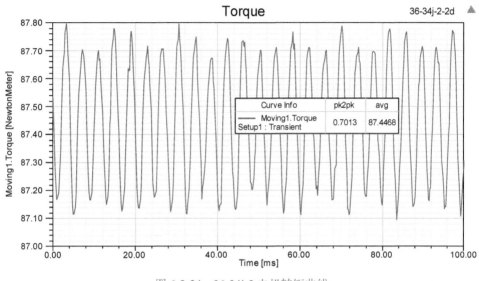

图 6-2-24　36-34j-2 电机转矩曲线

转矩波动率为 $\dfrac{0.7013}{87.4468}=0.008019\times100\%=0.802\%<5\%$。

结论：通过槽极配合的优化分析，可以看出

1）36-34j 槽极配合比 48-44j 的齿槽转矩小很多，转矩波动也不大；

2）这几种槽极配合的电机不必要斜槽或进行转子直极错位；

3）36-34j 的磁钢削角后，转矩波动几乎与 48-44j 电机的相同，齿槽转矩优于 48-44j；

4）36-34j 的转矩波动曲线形状优于 48-44j；

5）从工艺优化方面考虑，可以把 48-44j 槽极配合改为 36-34j 的。

6.3　无框力矩电机槽极配合的设计

无框电机是专为需求体积小、质量轻、惯量低、结构紧凑、功率高的应用场合而设计的，其适配性强，在机器人关节、汽车制造、机床、物料运输、医疗器械、传感器万向节、无人机推进和制导系统以及其他应用领域具有广泛的应用前景。

所谓无框电机就是电机机壳都没有配备，需要自己设计，或者用户直接用没有机壳的无框电机装在自己的机器、设备中，这样省却了电机的机壳，减小了设备的空间和质量。无框电机是一种泛称，也指直驱电机，电机可以是高转矩，也可以是高转速，最高转速可达 50000r/min。目前无框电机的代表性产品有科尔摩根公司的 TBM、KMB 无框力矩电机，Parker 公司的 K 系列无框伺服电机，Aerotech 公司 S-series 高性能无框力矩电机，Alliedmotion 公司的无框力矩电机等。

6.3.1　无框电机设计指标

某厂要求研发一款无框永磁同步电机，定其型号为 TWO-76D2-280。

首先要考虑到无框电机的额定点技术要求，或再加上一些电机的技术参数进行考核。

表 6-3-1 是无框电机的主要参数与性能要求。

表 6-3-1　无框电机的设计要求

额定参数	
额定输出功率	117W
额定电压	DC48V
额定转速	4300r/min
额定转矩	≥ 259.8mN · m
额定电流	4.65A

电机的额定输出功率、额定转速、额定转矩之间存在如下关系：$P = T \times n/9.5493$。

因此在额定参数"额定输出功率、额定转速、额定转矩"3 个额定要求中，确定了两个参数，其他一个参数也就定了。但是无框电机的技术参数不仅局限于电机额定参数，无框电机设计指标有很多，可以列得很细，但是没有统一规定，一般无框电机对内技术要求提得较详细，毕竟要指导工厂生产，对外的说明书中就提得较少，有的规范些的公司在说明书中对技术要求罗列得很详细。

TWO-76D2-280 无框电机的电气设计指标见表 6-3-2，将**齿槽转矩、转矩波动**也列入设计指标中。

表 6-3-2　TWO-76D2-280 无框电机技术参数

电机参数	单位	TWO-76D2-280
额定电压	**DC V**	**48**
额定转速 n_N	**r/min**	**4000**
额定功率 P_N	**W**	**280**
额定电流 I_N	**Arms**	**≤ 8.82A**
峰值电流 I_{max}	DC A	36
最高允许转速 n_{max}	r/min	4600
峰值堵转转矩 T_P	N · m	2.8
连续堵转转矩 T_0	N · m	0.996
转矩灵敏度 K_t	N · m/Arms	≥ 0.13
反电动势常数 K_e	Vrms/（kr/min）	≥ 7.8
齿槽转矩	N · m	≤ 1.79
25℃时的电阻	Ω	0.356
转矩波动	%	≤ 1 额定转矩

分析上面技术条件的合理性。

电机的额定转矩为 $T_N = 9.5493 P_N/n = 9.5493 \times 280/4000 = 0.668451 \text{N} \cdot \text{m}$，但是表 6-3-2 中提出的电机的齿槽转矩却是 $1.79 \text{N} \cdot \text{m}$，不可能要求电机的齿槽转矩 $1.79 \text{N} \cdot \text{m}$ 比电机的额定转矩 $0.668451 \text{N} \cdot \text{m}$ 大，因此有可能是提出该技术参数的电机技术人员搞错了。

分析：从科尔摩根公司的 TBM7615 无框电机技术参数看，表 6-3-2 基本上是参照科尔摩根的技术参数的，但是表 6-3-2 中的齿槽转矩的要求搞错了。表 6-3-3 是科尔摩根齿槽转矩的技术要求。

表 6-3-3　科尔摩根的齿槽转矩要求

齿槽摩擦 （峰值间）	Tcog	N · m	0.013
		oz · in	1.79

科尔摩根的 TBM7615 的齿槽转矩应该是 1.79oz · in（盎司 · 英寸），单位不是 N · m，换算成 N · m 单位，应该是约 0.0126N · m，见表 6-3-4。

表 6-3-4　转矩单位换算表

转矩单位换算					
数值	单位	g · cm	m · Nm	N · cm	N · m (Ws)
1.79	oz · in	128.901	12.637	1.264	0.0126
1	ft · lbf	13827.132	1356.000	135.600	1.3560
1	N · m (Ws)	10197.000	1000.000	100.000	1.0000
1	N · cm	101.970	10.000	1.000	0.0100
1	mN · m	10.197	1.000	0.100	0.0010
1	kg · m	10196798.205	101.968	10.197	0.1020
1	g · cm	1.000	0.098	0.010	0.0001

因此可以肯定该单位就直接将科尔摩根的齿槽转矩值抄下来，单位 oz · in 误认为 N · m，就写入了自己要求开发的无框电机的技术要求里去了，造成了齿槽转矩大于额定转矩的问题。

6.3.2　电机形式的判定

无框电机有两种电机形式：无刷直流电机和永磁同步电机。如果电机参数全部用科尔摩根公司的，那么电机应该是无刷直流电机的技术指标。

从科尔摩根 TBM7615-A 的机械特性曲线看，图 6-3-1 中标明的是 48Vdc-6 step，其中 6 step 即是电机六步波控制，可见是无刷电机。科尔摩根 TBM7615-A 应该是无刷直流电机模式。

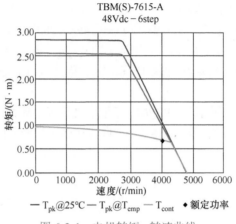

图 6-3-1 电机转矩 - 转速曲线

如果无框电机用无刷直流模式，那么电机的电流波形和转矩波动是不太好的，完全达不到表 6-3-2 提出的转矩波动 ≤ 1% 的要求（不知该单位提出转矩波动要求的依据是什么）。科尔摩根公司在技术条件中就避免了提出转矩波动参数。

如果对电机转矩波动有较高要求，那么有必要用永磁同步电机模式来设计该无框电机。现在较好一点的无框电机的转矩波动可以控制在 5% 额定转矩之内，1% 的要求是过于高了，但可用永磁同步电机模式对 TWO-76D2-280 无框电机进行设计，以减少电机的齿槽转矩和转矩波动。

因为无刷电机毕竟和永磁同步电机不同，所以要用永磁同步电机的结构达到无刷电机的机械特性，各种参数在设计上还是有一定差别的，就需要综合来考虑。

6.3.3 电机结构尺寸的分析

该公司提出了 TWO-76D2-280 无框电机的外形结构与科尔摩根 TBM7615 的相同。图 6-3-2 是 TBM7615-A 电机外形尺寸。

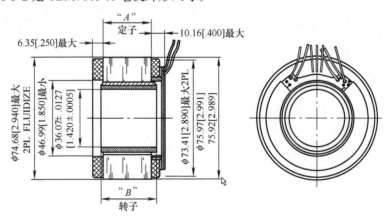

图 6-3-2 TBM7615-A 电机外形尺寸

分析图 6-3-2，电机的主要外形结构尺寸见表 6-3-5。

表 6-3-5　电机外形尺寸

尺寸参数	单位	科尔摩根
定子外径	mm	76
定子叠厚	mm	15.24
转子外径	mm	不详
转子内径	mm	36.07
转子磁钢长	mm	19.30

外形图中没有提供电机定子内径、转子外径、定子槽形尺寸、转子磁钢形状、材料等关键参数。图 6-3-3 是 TBM7615-A 无霍尔元件的电机外形尺寸。

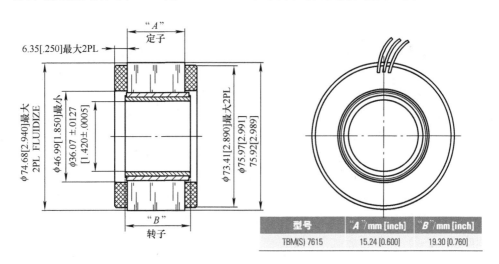

型号	"A"/mm [inch]	"B"/mm [inch]
TBM(S) 7615	15.24 [0.600]	19.30 [0.760]

图 6-3-3　TBM7615-A 无霍尔元件的电机外形尺寸

综合以上要求，参数对比见表 6-3-6。

表 6-3-6　设计目标与电机要求参数对比

尺寸参数	单位	TBM7615-A	TWO-76D2-280	设计目标
定子外径	mm	76	76	**76**
定子内径	mm	不详	不详	**46**
定子叠厚	mm	15.24	不详	15.24
转子外径	mm	不详	不详	45
转子内径	mm	36.07	36	**36**
转子磁钢长	mm	19.3	允许放宽	19.3
电机质量	g	400	尽量达到	400

这次永磁同步电机的结构尺寸的设计目标值基本与科尔摩根产品的相同，转子内径按照要求定为 36mm，定子内径和转子外径由设计人员确定。

另外，从科尔摩根的电机外形图看，定子绕组一般是用 BMC 压塑密封的，引线有 8 根，很明显，无刷电机的霍尔元件是放在电机内部的，而 TBM7615-A 无框电机的外形图引线只有 3 根，可以明显看出电机内部没有霍尔元件。有两种可能，如果是无刷电机，那么霍尔元件在定子外，增加磁环和霍尔元件的安放位置，结构明显增大，或者做成无霍尔无刷电机，要么就是设计成永磁同步电机。

这次设计方案用永磁同步电机设计方案，力求在确保电机性能的条件下实现电机尺寸尽量不加大。

6.3.4 科尔摩根 TBM7615-A 样机的分析

我们要求是用 TWO-76D2-280 电机仿制科尔摩根 TBM7615-A 电机，仿制和设计新电机有所不同，仿制是要把原样机的各种参数从样机中提取出来，进行各种层面上的仿制。从以上资料只看到了科尔摩根电机的主要技术指标和主要外形尺寸，不包含全部信息，例如电机的定子内孔尺寸、气隙大小、冲片厚度与材料、电流密度、定子槽数和转子极数的配合、定子的齿宽、槽面积、采用的特殊工艺、转子的轭是否用冲片或者用导磁材料做成环形、线圈是否要进行密封防护等。这些在没有科尔摩根样机的情况下难以确定。

另外更重要的是必须对科尔摩根 TBM7615-A 进行性能测试，将测试出的性能与科尔摩根 TBM7615-A 的技术说明书提供的技术参数相对应，这两者往往是有差距的，有时差距甚远。有些参数是科尔摩根 TBM7615-A 说明书中没有提及的，如电机的温升等，也可以在对科尔摩根 TBM7615-A 电机进行测试中得到和验证。

如果有科尔摩根 TBM7615-A 样机，将这些数据了解透彻，再进行电机分析计算，就能够摸清科尔摩根 TBM7615-A 电机的设计思想，这样做出的 TWO-76D2-280 电机参数与科尔摩根 TBM7615-A 电机相比，有多少技术参数达到了，有多少技术参数没达到，相差多少，是否要进行参数调整，这是仿制电机必须要做的工作。

由于没有科尔摩根 TBM7615-A 样机，以上这些工作均没有办法实施，因此该设计只有基于科尔摩根 TBM7615-A 技术说明书中提供的一些参数和对 TWO-76D2-280 电机提出的要求参数来进行，这代表该设计并不是全面仿制，仅是设计的 TWO-76D2-280 电机要达到科尔摩根 TBM7615-A 部分已知的主要技术指标。

6.3.5 设计要点

TWO-76D2-280 设计全程采用 ANSYS、MotorSolve 等软件，对无框式永磁同步电机使用路场结合的方法进行电机结构、性能、磁路的优化设计。

该电机的设计要点和难点包括以下两方面：

1）通过优化设计使得所设计电机在限定体积下满足 TWO-76D2-280 电机性能要求。

2）通过优化设计槽极配合、转子磁极结构，降低齿槽转矩和转矩波动，改善运行平稳性，力求达到 TWO-76D2-280 电机的主要技术指标。

6.3.6　材料与参数的确定

由于用户没有提供科尔摩根 TBM7615-A 样机，许多相关参数和材料的信息不能得到，因此综合考虑应用环境、使用条件、性能、成本等多种因素，相关参数与材料的选择如下，并按此进行仿真分析：

1）绝缘等级：耐温 180℃以上，采用 H 级绝缘；

2）槽满率：约 65%；（手工下线）；

3）槽绝缘厚度：0.2 ~0.25mm；

4）硅钢片型号：DW300-35 硅钢片；

5）叠压系数：0.97；

6）永磁体：钕铁硼 N38EH，$B_r = 1.25T$　$H_{cb}=915kA/m$；

7）电机每侧气隙：0.5mm(包括不锈钢套厚 0.18mm)。

6.3.7　电机槽极配合的分析

在科尔摩根电机中 TBM7615-A 用的是**39 槽 12 极**，外径仅 60mm 的电机也采用**39 槽 12 极**的槽极配合，电机的评价因子 $C_T = 3$，齿槽转矩圆心角 $\theta = 2.30769°$。应该说这样的槽极配合的圆心角是很小了，电机的齿槽转矩和转矩波动也小。但是这样的槽极配合也带来了其他一些问题：

1）电机外径仅 76mm，内径仅 46mm，定子有 39 槽，**气隙圆周的齿宽和气隙槽宽很小**，因此槽面积很小，如果再用槽绝缘，那么槽面积更小，这样不可能用槽骨架，只能用环氧树脂粉末溶槽绝缘。

2）绕组多而且复杂，并不是对称绕组（见图 6-3-4 中的箭头），因此电机每相绕组只能串联，绕组并联支路数不可能大于 1。电机电压仅为 48V（DC）（U_d），那么单个绕组匝数不可能太多，这对电机确定后用绕组匝数调整电机性能带来不便。

图 6-3-4 是 39 槽 12 极电机一相绕组分布图。

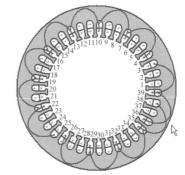

图 6-3-4　39 槽 12 极电机一相绕组分布图

3）槽多，每个槽面积极小，每个都要槽绝缘，39 槽的槽形周长相对就长，槽绝缘受耐压要求所限制，不可能很薄，塑料骨架有机械强度和注塑厚度的要求，这样做注塑骨架很难达到要求，只能用环氧树脂粉末溶槽绝缘，但在定子冲片槽边缘尖角处往往会产生击穿。

4）绕组多，下线很困难，特别是绕组不对称，人工下线特别不容易。

图 6-3-5 是科尔摩根 TBM7615-A 无框电机的定子、转子照片。

图 6-3-5　TBM7615-A 无框电机定子、转子照片

6.3.8　TWO-76D2-280 电机设计思路

TWO-76D2-280 电机定子外径仅 76mm，考虑工艺及成本，并且为了提高槽满率，电机基本要求外形、性能与科尔摩根 TBM7615-A 电机一样，如果像科尔摩根 TBM7615-A 电机定子那样进行加工，那么批量生产就比较困难，加工成本高、产量少，电机价格就降不下来，不适合大批量生产。因此必须在电机主要技术指标符合要求的基础上采用新结构，达到结构简单、加工方便、成本低廉、质量上乘的目的。因为要对无框电机进行重新设计，所以要寻求适合工厂生产的最佳方案。

要考虑用简单电机结构替代科尔摩根 TBM7615-A 电机的结构，替代思路如下：**设计的新电机在外形尺寸和性能上与科尔摩根 TBM7615-A 电机基本一致，工艺性要好于 TBM7615-A，电机的齿槽转矩、转矩波动应该与 TBM7615-A 相差不太大。**

用改变电机结构使电机的齿槽转矩和转矩波动向 39 槽 12 极的电机靠近这一思路进行尝试。

这一思路是合乎常理的，如果一定要什么都和科尔摩根 TBM7615-A 电机一样，则只有采取全仿了。

首先做一个科尔摩根 TBM7615-A 电机模块，计算出该模块的**电机的齿槽转矩、转矩波动**，再提出多种新的电机方案，进行电机优化设计，将与 TBM7615-A 性能最相近、工艺最简单、成本较低的电机作为优选电机。

电机槽极配合应该考虑的问题有

1）槽数和极数相应要减少。

2）选择的槽数和极数要适当配合。

3）评价因子 C_T 至少要和 39 槽 12 极的科尔摩根 TBM76-15 电机的在一个档次或者更小，再看电机的圆心角 θ，用改变电机结构使电机的齿槽转矩、转矩波动达到与 39 槽 12 极差不多的水平。

4）要选择成熟的槽极配合，以避免出现意想不到的情况。

6.3.9 电机槽极配合的选取

如果用分数槽集中绕组，这样电机的评价因子 C_T 和圆心角 θ 会较小，从而电机的齿槽转矩和转矩波动会小。下面从分区角度出发，看分区电机对应的槽极配合数，见表 6-3-7。

表 6-3-7　分区电机每分区的极数

槽数	3	6	9	12	15	18	21	24	27	30	33	36	39
1 分区					16 14								
2 分区				**14** **10**		**20** **16**							
3 分区													
4 分区				16 8									

要想减少电机槽数，那么在 12 ~ 18 槽之间选取比较合理，由于分数槽集中绕组的分区数与电机槽数和极数之间存在一定关系，因此仅有表 6-3-7 中的配合成立。15 槽 1 分区电机的极数有 16 极和 14 极，在无刷电机中是非力偶电机，因此用这种槽极配合的电机在无刷电机中使用时运行性能会较差，如果考虑将来的电机定子冲片在无刷电机、永磁同步电机中均可使用，则不宜采用奇数槽电机的冲片。

4 分区的 12 槽 16 极或 8 极的电机的 C_T 值为 4，大于 39 槽 12 极的 C_T 值 3，不在一个水平，不宜采用，因此只有 **12 槽、18 槽在 2 分区的槽极配合的 C_T 值都是 2**，18 槽定子外径仅 76mm，并且槽数较多，齿宽很小，定子槽也小，18 槽在这样小的直径也不易做拼块式定子冲片，槽满率无法做得太高，**那么与其采用 18 槽，还不如采用 12 槽**。12 槽有 12-10j、12-14j 两种槽极配合。是选用 12-14j 还是选用 12-10j 可以这样来分析，首先选用 C_T 较小的，在 C_T 较小的槽极配合中再选用较合适的圆心角 θ，见表 6-3-8。

表 6-3-8   不同槽极配合的 C_T、θ

槽数	极数	评价因子 C_T	圆心角 $\theta/(°)$
39	12	3	2.3
12	16	4	7.5
18	16	2	2.5
12	**10**	**2**	**6**
12	**14**	**2**	**4.28**

如果磁钢都不偏心，电机定子冲片转子磁钢相同，极数多的电机齿磁通密度要低。

如果改进电机冲片，**使齿变窄，齿磁通密度相同**，槽面积增大，线径相应增加到两个电机槽满率相同，电流密度下降，但电机**齿槽转矩增加**、效率提高、功率因数相同、**最大转矩下降**。表 6-3-9 是 12 槽 10 极和 12 槽 14 极性能计算对比。

表 6-3-9   12 槽 10 极、12 槽 14 极性能计算比较

ADJUSTABLE-SPEED PERMANENT MAGNET SYNCHRONOUS MOTOR DESIGN		
	12-10j	**12-14j**
Rated Output Power (kW):	0.28	0.28
Rated Voltage (V):	28.7	28.7
Number of Poles:	**10**	**14**
Top Tooth Width (mm):	**5**	**4**
Bottom Tooth Width (mm):	**5**	**4**
Wire Diameter (mm):	0.6	0.65
Stator Slot Fill Factor (%):	47.8536	47.9326
Stator-Teeth Flux Density (Tesla):	1.9922	1.93062
Stator-Yoke Flux Density (Tesla):	1.33327	1.2481
Rotor-Yoke Flux Density (Tesla):	1.61315	1.26664
Cogging Torque (N·m):	**0.01891**	**0.02567**
Maximum Line Induced Voltage (V):	43.6571	46.6534
Armature Current Density (A/mm^2):	**13.2252**	**11.0681**
Efficiency (%):	82.8589	84.0141
Power Factor:	0.89132	0.8908
Synchronous Speed (rpm):	4000	4000
Rated Torque (N·m):	0.6689	0.66876
Torque Angle (degree):	15.6548	18.5954
Maximum Output Power (W):	**850.513**	**808.638**

由于考核的是齿槽转矩，虽然 12 槽 14 极的圆心角 θ 略小于 12 槽 10 极的，但是计算出的 12 槽 14 极的齿槽转矩稍大，**考虑到无框电机的最大转矩要尽量大**，12

槽 14 极的最大转矩略小，极数略显多，则把 12-14j 配合去掉，12 槽 10 极在保证平均转矩的同时，转矩波动较小，具有显著的性能优势。

本书前面章节阐述到虽然 12 槽 10 极的圆心角 θ 较大，但是 C_T 等级比 39 槽 12 极 C_T 的等级小。还可以用磁钢削角、改变磁钢极弧系数等方法使电机的齿槽转矩、转矩波动降低，因此把 12 槽 10 极作为优化设计方案。也可以用 12 槽 14 极作为该无框电机的槽极配合的设计方案，因为这种槽极配合的最大转矩倍数也接近 3，各种性能也较好，只是电机最大转矩略小。

6.3.10　定子斜槽

定子斜槽可以有效削弱齿槽效应对转矩波动的影响，但同时也会导致电机的基波反电动势和平均转矩产生较大幅度的下降，要获得同样性能，则电机体积要增加。因此在有体积要求的电机设计中，尽量采用其他办法消除电机的齿槽转矩。本例的齿槽转矩不大，电机小，所以不宜采取定子斜槽，待电机样机成品出来后，再判断是否还需要采取措施进一步消除电机的齿槽转矩。

6.3.11　定子开辅助槽

本例选用了较好的 12 槽 10 极的槽极配合，电机圆心角 θ 小，齿槽转矩不大，不需要再进行定子开辅助槽。

6.3.12　热分析及电机绝缘等级

对 12 槽 10 极方案进行热分析，电机绕组最高温升为 93.7℃，满足 H 级绝缘等级的温度要求，见表 6-3-10 和表 6-3-11。

表 6-3-10　12 槽 10 极电机温升粗估

电机温升计算					
电机输出功率 /W	电机效率	D/mm	L/mm	比热 /[J/（kg·k）]	比热系数 K_B
280	0.85	76	19.3	460	3.0
热损功率 /W	D^2L/dm³	电机质量 /kg	温升 /K	单位损耗功率 /（W/dm³）	电机实测温升
31.50	0.111	0.88	93.66	282.6	

表 6-3-11　电动机的绝缘等级

绝缘的温度等级	A 级	E 级	B 级	F 级	H 级
最高允许温度 /℃	105	120	130	155	180
绕组温升限值 /K	60	75	80	100	125
性能参考温度 /℃	80	95	100	120	145

所以电机采用 H 级绝缘等级。

电机转子钕铁硼磁钢牌号的最高工作温度见表 6-3-12。

表 6-3-12   钕铁硼磁钢牌号与最高工作温度

系列	最高工作温度 /℃
H	120
SH	150
UH	180
EH	200
TH	250

因此选用 38EH 钕铁硼磁钢还是必需的，至少选用 38UH 钕铁硼磁钢。

6.3.13   无框永磁同步电机设计思路

用户想要 TWO-76D2-280 电机转矩波动率在 1%，如果用无刷电机，则转矩波动很大，大概会超过 25%，而永磁同步电机的转矩波动较小，运行质量设计好一些的电机其的转矩波动在 5% 之内，但是也很难达到 1% 的要求。总之永磁同步电机的转矩波动远远好于无刷电机。本设计的转矩波动力争控制在 5% 左右。

6.3.14   无框永磁同步电机模块建立

采用 12 槽 10 极配合，根据以上分析，作者建立了一个 12 槽 10 极分数槽集中绕组电机结构（见图 6-3-6），转子磁钢用表贴式，采用偏心凸极。

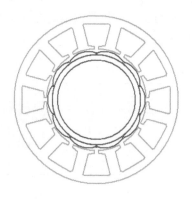

图 6-3-6   12 槽 10 极电机结构图

6.3.15   无框永磁同步电机设计计算书

以下是该模块的计算书，为了使计算书不过于冗长，略去了一些次要参数，保留了主要参数。读者用表 6-3-13 中的数据可以恢复电机模块。

表 6-3-13　无框电机设计计算书

ADJUSTABLE-SPEED PERMANENT MAGNET SYNCHRONOUS MOTOR DESIGN	
File: Setup1.res	
GENERAL DATA	
Rated Output Power (kW):	**0.28**
Rated Voltage (V):	**28.7**
Number of Poles:	**10**
Frequency (Hz):	333.333
Frictional Loss (W):	14
Windage Loss (W):	0
Rotor Position:	Inner
Type of Circuit:	Y3
Type of Source:	Sine
Domain:	Frequency
Operating Temperature (C):	75
STATOR DATA	
Number of Stator Slots:	12
Outer Diameter of Stator (mm):	**76**
Inner Diameter of Stator (mm):	46
Type of Stator Slot:	3
Stator Slot	
hs0 (mm):	1.16
hs1 (mm):	0.43
hs2 (mm):	9
bs0 (mm):	2.2
bs1 (mm):	7.98726
bs2 (mm):	12.8103
rs (mm):	0.5
Top Tooth Width (mm):	5
Bottom Tooth Width (mm):	5
Skew Width (Number of Slots):	0
Length of Stator Core (mm):	**15.75**
Stacking Factor of Stator Core:	0.92
Type of Steel:	DW310_35
Designed Wedge Thickness (mm):	0.43001
Slot Insulation Thickness (mm):	0.3
Layer Insulation Thickness (mm):	0.3
End Length Adjustment (mm):	0

（续）

ADJUSTABLE-SPEED PERMANENT MAGNET SYNCHRONOUS MOTOR DESIGN	
STATOR DATA	
Number of Parallel Branches:	1
Number of Conductors per Slot:	44
Type of Coils:	21
Average Coil Pitch:	1
Number of Wires per Conductor:	2
Wire Diameter (mm):	0.6
Wire Wrap Thickness (mm):	0.07
Slot Area (mm^2):	104.629
Net Slot Area (mm^2):	82.5502
Limited Slot Fill Factor (%):	45
Stator Slot Fill Factor (%):	**47.8536**
Coil Half-Turn Length (mm):	33.2964
Wire Resistivity (ohm.mm^2/m):	0.0217
ROTOR DATA	
Minimum Air Gap (mm):	0.5
Inner Diameter (mm):	36
Length of Rotor (mm):	**18**
Stacking Factor of Iron Core:	0.92
Type of Steel:	DW310_35
Polar Arc Radius (mm):	10.5
Mechanical Pole Embrace:	0.9
Electrical Pole Embrace:	0.701851
Max. Thickness of Magnet (mm):	2
Width of Magnet (mm):	12.158
Type of Magnet:	42SH-QGP
Type of Rotor:	1
Magnetic Shaft:	Yes
PERMANENT MAGNET DATA	
Residual Flux Density (Tesla):	1.31
Coercive Force (kA/m):	954.93
MATERIAL CONSUMPTION	
Total Net Weight (kg):	0.334365
STEADY STATE PARAMETERS	
Stator Winding Factor:	0.933013
D-Axis Reactive Reactance Xad (ohm):	0.195186
Q-Axis Reactive Reactance Xaq (ohm):	0.195186
Armature Phase Resistance R1 (ohm):	0.224878
Armature Phase Resistance at 20C (ohm):	0.18498

（续）

ADJUSTABLE-SPEED PERMANENT MAGNET SYNCHRONOUS MOTOR DESIGN	
NO-LOAD MAGNETIC DATA	
Stator-Teeth Flux Density (Tesla):	2.00709
Stator-Yoke Flux Density (Tesla):	1.33871
Rotor-Yoke Flux Density (Tesla):	1.79483
Air-Gap Flux Density (Tesla):	8.75E-01
Magnet Flux Density (Tesla):	0.870801
No-Load Line Current (A):	1.83164
No-Load Input Power (W):	23.1671
Cogging Torque (N·m):	**0.013511**
FULL-LOAD DATA	
Maximum Line Induced Voltage (V):	43.2517
Root-Mean-Square Line Current (A):	7.28803
Armature Current Density (A/mm^2):	12.8881
Total Loss (W):	56.5893
Output Power (W):	280.225
Input Power (W):	336.815
Efficiency (%):	**83.1987**
Power Factor:	**0.911084**
IPF Angle (degree):	**−40.2606**
NOTE: IPF Angle is Internal Power Factor Angle.	
Synchronous Speed (rpm):	4000
Rated Torque (N·m):	**0.668989**
Torque Angle (degree):	15.9162
Maximum Output Power (W):	829.048

6.3.16 电机反电动势分析

表 6-3-2 中，用户规定电机反电动势常数 $K_E \geqslant 7.8V_{rms}/$（kr/min），而科尔摩根为

Temp 时的反电动势	Kb (hot)	Vpk / kRPM	+/-10%	9.98
		Vrms / kRPM		7.05

并不是反电动势常数取得比科尔摩根的高，就说明将来的电机会比科尔摩根的好，许多电机参数不是随便选取的，在电机体积与科尔摩根的一样的情况下，反电动势常数选高了，即电机的 K_E 就高，$K_E = N\Phi/60$，在相同电机体积的条件下，工作磁通一样，那么有效导体根数要增加，在有限的槽面积中绕组的匝数要增加，电机的槽满率就要增加，绕组电阻增加，在科尔摩根 39 槽 12 极电机结构条件下，槽满

率已经相当高了，不可能再增加 10% 的槽满率。因此规定电机反电动势常数 $K_E \geqslant$ $7.8V_{rms}/(kr/min)$ 是有待商榷的。

取科尔摩根反电动势常数 $7.05V_{rms}/(kr/min)$ 为设计目标值是比较合理的。

用磁钢 38EH 进行计算，图 6-3-7 是机械特性曲线。

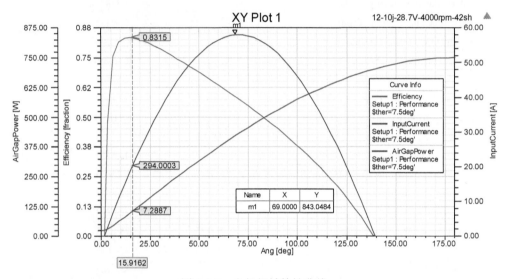

图 6-3-7　电机机械特性曲线

最大感应电动势为 43.2517V，其有效值为 30.5451V。

图 6-3-8 是电机感应电动势曲线。

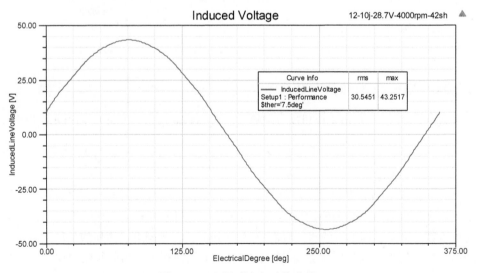

图 6-3-8　电机感应电动势曲线

$$K_E = \frac{E_{rms}}{n/1000} = \frac{30.4196}{4000/1000} = 7.6049\,\text{V}/(\text{kr/min})$$

比科尔摩根反电动势常数 $7.05\text{V}_{rms}/(\text{kr/min})$ 略大。

6.3.17 电机转矩常数计算

客户要求电机转矩灵敏度 $K_T \geq 0.13\text{N}\cdot\text{m/A}_{rms}$，见表 6-3-2。

科尔摩根参数如图 6-3-9 所示。

Temp 时的转矩灵敏度	Kt (hot)	N-m / Adc	+/-10%	0.095
		oz-in / Adc		13.5
		N-m / Arms	+/-10%	0.117
		oz-in / Arms		16.5

图 6-3-9 电机转矩常数

用户提出的电机要求又超过了科尔摩根电机标准，但是电机体积等又要与科尔摩根的同类电机相同，性能提高了，但若要科尔摩根来设计、生产也比较困难。

宜取科尔摩根转矩常数 $K_T = 0.117\text{N}\cdot\text{m/A}$ 为设计目标值。

方均根线电流（A）：7.3097

$I_0 = 1.3848\text{A}$（取自机械特性曲线的空载电流）

额定转矩（N·m）：0.66890

方均根线电流（A）：7.48142

$$K_T = \frac{T}{I - I_0} = \frac{0.66890}{7.22883 - 1.7} = 0.121\text{N}\cdot\text{m/A}$$

比科尔摩根的转矩常数 $K_T = 0.117\text{N}\cdot\text{m/A}$ 稍大。

6.3.18 无框永磁同步电机转矩波动和齿槽转矩分析

（1）无刷电机转矩波动瞬态分析（用电压源分析转矩波动）（见图 6-3-10）

区间转矩波形如图 6-3-11 所示。

转矩波动为 $0.01631/0.669 = 0.02437 \times 100\% = 2.437\%$。

这样的转矩波动已经很好了，几乎接近 1% 的波动要求，1% 的要求确实太高了。

国内具有领先水平的**正弦波**无刷电机的转矩波动在 5% 左右，大力矩的型号转矩波动才达到 3%。TWO-76D2-280 电机的转矩为 0.669N·m，因此其转矩波动要求不能太高，一般在 5% 左右较好。如果用无刷电机，其转矩波动很大，完全不可能达到 1%。

（2）无刷电机转矩瞬态分析

用场 2D 分析的无刷电机转矩瞬态曲线如图 6-3-12 所示。

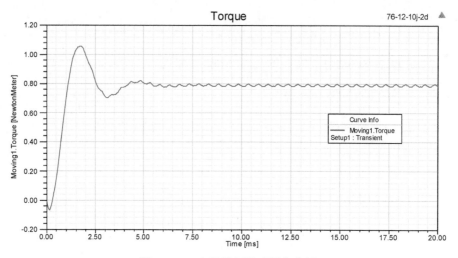

图 6-3-10 电机转矩波动瞬态分析

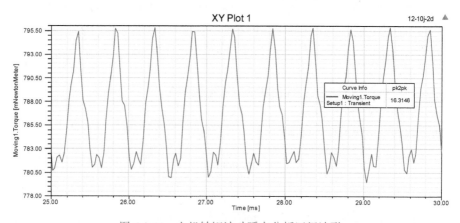

图 6-3-11 电机转矩波动瞬态分析区间波形

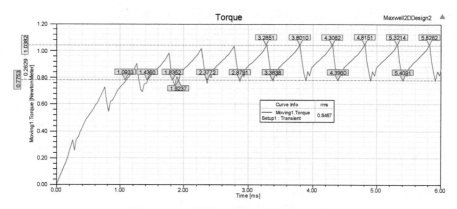

图 6-3-12 无刷电机转矩波动瞬态曲线

无刷电机转矩波动计算：0.2629/0.8467=0.31×100%=31%，说明无刷电机的转矩波动远远高于永磁同步电机的转矩波动。

（3）TWO-76D2-280 永磁同步电机的齿槽转矩（见图 6-3-13 和图 6-3-14）

No-Load Line Current (A):	1.83164
No-Load Input Power (W):	23.1671
Cogging Torque (N.m):	0.013511

图 6-3-13　RMxprt 计算的转矩值

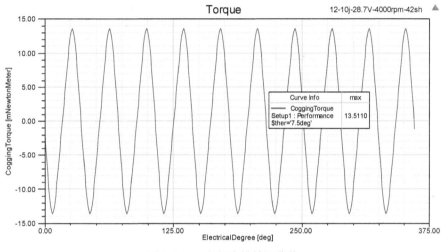

图 6-3-14　电机齿槽转矩曲线

电机的齿槽转矩容忍度为 $\dfrac{0.0135}{0.668989}=0.02\times100\%=2\%\leqslant2\%$。

齿槽转矩容忍度在 2% 左右，一般可以不作斜槽处理。如果要求齿槽转矩更小，则要增加磁钢厚度，使磁钢凸极加大，或采取转子直极错位等其他措施。

用 Maxwell-2D 电流源分析电机转矩波动：

A 相：7.28803*1.4142*sin(2*pi* 333.333*time+ 40.2606*pi/180)

B 相：7.28803*1.4142*sin(2*pi* 333.333*time+ 40.2606*pi/180-2*pi/3)

C 相：7.28803*1.4142*sin(2*pi* 333.333*time+ 40.2606*pi/180+2*pi/3)

用 RMxprt 计算的电机额定转矩值如图 6-3-15 所示。

Synchronous Speed (rpm):	4000
Rated Torque (N.m):	0.668989
Torque Angle (degree):	15.9162

图 6-3-15　用 RMxprt 计算的额定转矩值

用 Maxwell-2D 计算的电机瞬态转矩曲线见图 6-3-16，从中可以看出转矩波动值。

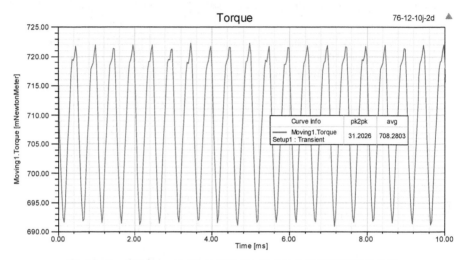

图 6-3-16 用 Maxwell-2D 计算的 76-12-10j 电流源转矩波动分析

转矩波动率为 $\dfrac{0.0312}{0.70828} = 0.044 \times 100\% = 4.4\% < 5\%$。

6.3.19 无框永磁同步电机性能图表和 2D 分析图表及分析

（1）电机的磁通分布（见图 6-3-17）

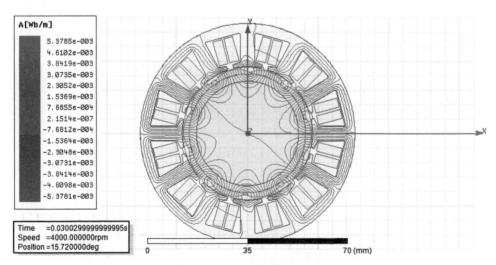

图 6-3-17 电机磁通分布场图

（2）电机的磁通密度云图（见图 6-3-18）

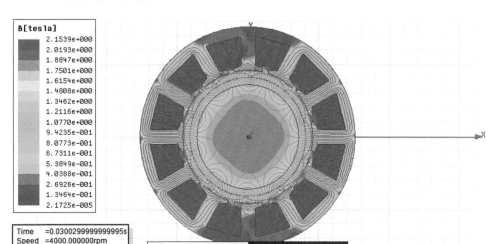

图 6-3-18　电机磁通密度云图

（3）用 MotorSolve 对磁通密度进行分析

可以看出，电机的齿磁通密度不是很高，在 1.49T 左右，轭磁通密度更低些，如图 6-3-19 所示。

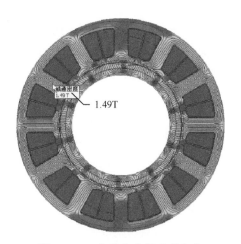

图 6-3-19　电机齿中段磁通密度

一般齿翼磁通密度较高，就电机整个性能来说，齿翼磁通密度较高并未对电机性能产生多大影响，如果降低整个齿磁通密度，那么电机的工作磁通就较小，要达到电机性能要求，电机的体积要增大，但不能达到 TWO-76D2-280 电机外形尺寸要求。电机体积大，温升就低，要综合考虑电机的运行状态及温升要求。

（4）用 MotorSolve 对电机磁钢进行退磁分析（见图 6-3-20）

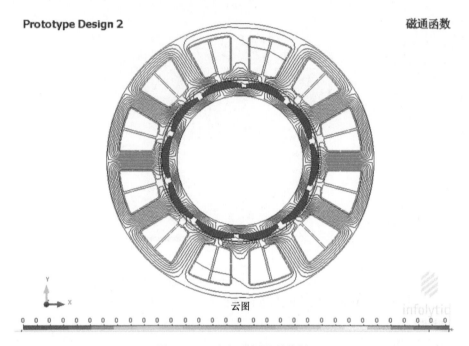

图 6-3-20　电机磁钢退磁分析

由于电机轴孔太大，定子内径是参照科尔摩根的电机尺寸图确定的，因此磁钢和转子轭厚就较小，磁钢取 2mm 厚，从图上看电机没有退磁现象。另外，使用 38EH 磁钢，耐热等级得到提高，对防止磁钢退磁有极大好处。

6.3.20　设计电机性能对比

按照要求，用 ANSYS 软件设计了永磁同步电机并与 TWO-76D2-280 和科尔摩根 TBM7615 进行性能对比，结果是达到技术要求。

（1）技术数据对比（见表 6-3-14）

表 6-3-14　技术数据对比

电机参数	单位	TWO-76D2-280	TBM7615-A 要求	ASSM 设计
额定电压	DC V	48	48	48（输入控制器）
额定转速 n_N	r/min	4000	4025	4000
额定功率 P_N	W	280	280	280
额定转矩 T_N	N·m	0.6685	0.6689	0.6689
额定电流 I_N	A_{rms}	≤ 8.82	8.82	7.22

（续）

电机参数	单位	TWO-76D2-280	TBM7615-A 要求	ASSM 设计
峰值电流 I_{max}	A_{DC}	36.0	36	**29@ 最大输出功率**
最高允许转速 n_{max}	r/min	4600	不祥	**4600（弱磁）**
峰值堵转转矩 T_P	N·m	2.8	不详	**试验后定**
连续堵转转矩 T_D	N·m	0.996	不详	**试验后定**
转矩灵敏度 K_T	N·m/A_{cms}	≥ 0.13	0.117	**0.121**
反电动势常数 K_E	V_{rms}/(kr/min)	≥ 7.8	7.05	**7.6**
齿槽转矩	N·m	≤ 1.79	0.013	**0.011**
转矩波动	%	1	不详	**2.43**
25℃ 时的电阻	Ω	0.356	0.356	**0.3714（线）**

（2）外形尺寸对比（见表 6-3-15）

表 6-3-15 外形尺寸对比

尺寸参数	单位	TWO-76D2-280	TBM7615-A 要求	ASSM 设计
定子外径	mm	76	76	**76**
定子内径	mm	46	46	**46**
定子叠厚	mm	允许放宽	15.24	**15.24**
转子外径	mm	不详	不详	**45**
转子内径	mm	36.07	36.07	**36.07**
转子磁钢长	mm	允许放宽	19.30	**18**
电机质量	kg	允许放宽	400	**333**

从这个设计例子可以看出，利用槽极配合的 C_T、圆心角 θ 的分析，改变电机结构，如磁钢边缘削角、适当的极弧系数、合适的定子冲片，少槽少极电机也可以达到多槽分布绕组电机的性能，这样的电机机械结构及制造工艺相对简单。

6.3.21 无框电机槽极配合的设计小结

1）无框电机可以用两种形式的槽极配合，一种是大节矩分布绕组，可以用不对称分区的形式减少电机的齿槽转矩，如科尔摩根采用的 39-12j。但是从槽极配合看 33-10j、27-8j 是不错的配合。

2）用少槽电机替代多槽电机，可采用 12-10j、18-16j，采用 T 形拼块式定子，减小槽口尺寸，转子磁钢结构为偏心削角形状，这样基本上可以替代多槽大节矩不对称槽极配合的电机。12-10j、18-16j 两种电机的性能差不多，绕组也是均布的，下线工艺好。

3）无框电机有 8 极、10 极、12 极、14 极、16 极、20 极多种转子极数。分别有 9-8j、27-8j、9-10j、12-10j、33-10j、36-12j、39-12j、15-14j、15-16j、18-16j、18-20j、21-20j 等多种槽极配合。这些配合中大都是电机槽极配合的评价因子 C_T 和圆心角 θ 较小，因此能获得较小的电机齿槽转矩。只有 36-12j 的评价因子 C_T 为 12，太大了，这样的槽极配合电机的齿槽转矩会很大，转矩波动也大。用 36-12j 对称绕组做原型，改成 39 槽 12 极做成不对称绕组，减小了电机的齿槽转矩，电机的绕组分布也并不复杂，科尔摩根就选用了这种槽极配合。

4）无框电机选取槽极配合的原则。

① 电机的评价因子 C_T、圆心角 θ 要小；

② 电机的绕组系数 K_{dp} 要高；

③ 电机绕组排布比较规则，容易下线，工艺不复杂。

6.4　电动车电机槽极配合的设计

电动车电机已经成为电机中的一大门类，电动车中生产量最大的是电动自行车、电动汽车。电动自行车、电动汽车是两种不同运行状态的电动车，电动车电机的槽极配合也有所不同，但是两者都是驱动为主的电机，电动车电机转速是受控的，只是控制的精度不同，两种电机用不同的控制方法实现了伺服控制。本节主要讨论电动汽车电机的槽极配合中的相关问题。

6.4.1　电动汽车电机的槽极配合

电动汽车电机是近些年兴起的电机，特别是随着永磁同步电机设计理念和材料、工艺的成熟，新能源汽车上采用永磁同步电机的越来越多。

从数千瓦的叉车电机、游览车电机到轿车、大巴车都使用永磁同步电机。

在永磁同步电机设计中，毫无疑问地涉及电机的槽极配合问题。电动车电机有各种槽极配合，我们不仅要电动汽车电机的槽极配合选择得很好，更要知道电动汽车电机为什么要选用这样的槽极配合，对此分析清楚，对我们设计电动车时选用较好的槽极配合有很大帮助。

在电动车上，只有较小功率（如 3kW、6kW 及 20kW 左右）、较小体积的电机选用分数槽集中绕组电机，通常用 12 槽 8 极、12 槽 10 极、18 槽 12 极等槽极配合，其电机槽数少，电机的较多工艺问题容易处理。

如果电动汽车电机功率大、体积大，一般都用整数槽大节距少极电机，采用较大的槽极比，使电机有较大的最大输出功率比。当然也要考虑电机有较小的评价因子 C_T 和圆心角 θ，这样容易减小电机的齿槽转矩和转矩波动。

下面对部分电动汽车电机的槽极配合进行了统计，见表 6-4-1。

表 6-4-1　电动汽车电机的槽极配合表

输出功率	槽极配合	槽极比	评价因子 C_T	圆心角 $\theta/(°)$	最大并联支路数
3kW	12-10j	1.2	2	6	2
6kW	24-8j	3	12	15	4
6kW	18-12j	1.5	6	10	6
12.5kW	18-12j	1.5	6	10	6
38kW	24-16j	1.5	8	7.5	8
80kW	48-8j	6	8	7.5	4
120kW	24-16j	1.5	8	7.5	8
120kW	72-8j	9	8	5	4
120kW	72-12j	6	12	2.5	6

从表 6-4-1 看，电动汽车的输出功率从 3kW 到 120kW 的槽极配合从 12 槽到 72 槽，槽极比从 1.2 到 9，圆心角 θ 从 15° 到 2.5°。即电机输出功率越大，电机的槽极比越大，电机的圆心角 θ 越小。

6.4.2　电动汽车电机的槽极比

由于电动汽车大都用永磁同步电机，所以电机额定点性能是容易保证的，电动汽车的主要考核指标之一是电机最大输出功率相对应的最大输出转矩。一般汽车电机的最大输出功率是指电机自身的最大输出功率，认为控制器能完全提供电机最大输出功率时，不考虑控制器的晶体管最大电流限制的最大输出功率。

从上面分析可知，电机的最大输出功率与电机的槽极配合有关，与电机的槽极比有关。电机的槽极比越大，则电机的最大输出功率就越大。

表 6-4-2 是同一体积的永磁同步电机，由于电机的槽极配合不同，虽然电机额定点性能相同，但电机的最大输出功率就相差很大。

表 6-4-2　不同槽极比电机的最大输出功率

槽极配合	18-16j	24-16j	48-16j	72-16j	72-12j
槽极比	1.125	1.5	3	4.5	6
最大输出功率 /kW	189.378	294.434	379.226	420.26	433.049

电机的槽极比只是电机最大输出功率的一种表征量，电机最大输出功率还与其他因素有关。

槽极比大，电机的最大输出功率就大，但是槽多后，冲片**总槽口宽**就大，这样带来电机的齿槽转矩和转矩波动就大，因此多槽的电动汽车电机必须采取削弱齿槽转矩的措施，一般采用转子多段直极错位的方法。

6.4.3　槽极配合在电动汽车电机中的应用

许多电动汽车电机有高速运行的区间，电机极数不能太多，否则电机控制器的运行频率会高，铁损就高，所以电机一般控制在 4 极、6 极和 8 极。许多大电机采用定子斜槽来解决电机齿槽转矩和转矩波动，有些电机则采用了磁钢凸极、转子直极错位的办法来解决电机的齿槽转矩和转矩波动。不管采用哪种方法，都是遵循了评价因子 C_T 和圆心角 θ 较小的电机槽极配合。

现在选几个电动汽车电机进行介绍。

上面电动汽车电机的槽极配合的圆心角 θ 都在 5° 左右，如果进行 2 ~ 4 段分段直极错位，那么电机的齿槽转矩和转矩波动会被削弱到很小。表 6-4-3 中的电机的评价因子 C_T 等级大小不一，C_T 等级大，电机的原始齿槽转矩和转矩波动会比 C_T 小的大，这一点似乎在个别车用电机设计中没有得到很好的共识。

表 6-4-3　各种知名品牌电动汽车电机槽极配合表

槽极配合	槽极比	评价因子 C_T	圆心角 $\theta/(°)$
48-8j 丰田	6	8	7.5
48-8j 恒大	6	8	7.5
54-6j 特斯拉	9	6	6.67
54-6j 华为	9	6	6.67
72-8j 比亚迪	9	8	5
72-12j 宝马	6	12	5

有人分析过丰田、特斯拉、比亚迪分别用了不同的电机槽极配合，但是这 3 种电机的圆心角 θ 都在 5° 左右，相差不大，所以其齿槽转矩及转矩波动都不差。何况为了更好地削弱电机的齿槽转矩和转矩波动，肯定会增加些其他措施对电机的齿槽转矩、转矩波动进行削弱。图 6-4-1 中的 5 种新能源汽车电机转子冲片 4 种均用了 72 槽 8 极，这样 $C_T = 8$，$\theta = 5°$，只有一种用了 72 槽 12 极的槽极配合，这样 $C_T = 12$，$\theta = 5°$，电机中 C_T 不一样，圆心角 θ 相等，电机原始齿槽转矩还是不一样的，所以 72 槽 12 极比 72 槽 8 极的原始齿槽转矩、转矩波动表现要差很多。何况 72 槽 12 极的槽极比小，同样体积的电机的最大输出功率要小。

图 6-4-1 中的 72 槽 8 极电机，这样电机原始齿槽转矩的波形就好，而且定子轭宽不大，"槽面积占比"较合理。所以现阶段的电动汽车电机的槽极比都趋向用 8 极电机，为了使电机瞬态输出功率大，都采用了槽极比为 9 的电机结构，为了使电机结构可靠、降低电机制造难度，特斯拉、华为等保持了 9 的槽极比，同时降低了电机的槽数和极数。

图 6-4-1　几种电动汽车电机转子冲片图

6.4.4　槽极配合在电动汽车电机上的应用分析

用 72 槽 12 极槽极配合（$\theta = 5°$），电机的轭宽可以更窄，槽面积可以大些，但是电机极数增加，电机高速运行（16000r/min 左右）时的工作频率较高，这样电机损耗就大，势必要对晶体管、电机冲片损耗提出更高的要求。

18-12j 的分区数是 6，那么绕组至多可以设置并联支路数为 6，而 24-16j 绕组最多并联支路数为 8，并联数多，并联中单路绕组的电流就可以降下来，这样绕组**每匝的并联根数**就可以更少，甚至不需要多股并联根数，绕组下线工艺更好。

我们设定两个汽车电机性能、定子外径、叠厚相同，电机齿磁通密度、轭磁通密度、绕组槽满率要求相同，只是电机槽数和极数不同，从电机的评价因子 C_T 看，18-12j（$C_T = 6$）比 24-16j（$C_T = 8$）的要小，因此 18-12j 电机的齿槽转矩要稍小，但是从电机的圆心角 θ 看，24-16j 电机的（$\theta = 7.5°$）比 18-12j 电机的（$\theta = 10°$）小。

这里特别要提出的是，考虑电机的"基本齿槽转矩"，不能单比较圆心角 θ 大小，要先比较电机的评价因子 C_T，再比较圆心角 θ，单比较圆心角 θ 是不可靠的。

电机评价因子 C_T 较小，虽然圆心角 θ 大，但是其齿槽转矩和转矩波动要比较大的 C_T 和较小的 θ 电机的小。

　　下面通过对 18 槽 12 极、24 槽 16 极电机分别进行分析来证明上面的论述，电机结构与绕组图如图 6-4-2 ～ 图 6-4-5 所示。

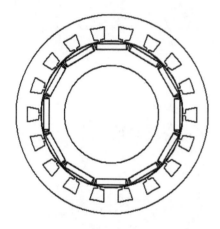

图 6-4-2　18-12j 电机结构

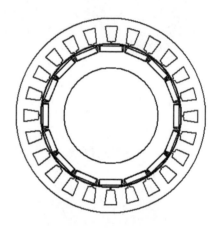

图 6-4-3　24-16j 电机结构

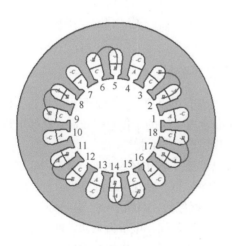

图 6-4-4　18-12j 电机绕组排列

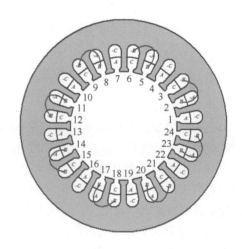

图 6-4-5　24-16j 电机绕组排列

　　下面是 3 种槽极配合的电机的性能计算，24-16j -1 是把电机槽口减小，电机齿槽转矩也减少了，见表 6-4-4。

表 6-4-4　3 种槽极配合电动汽车电机性能计算单

ADJUSTABLE-SPEED PERMANENT MAGNET SYNCHRONOUS MOTOR DESIGN			
	18-12j	24-16j	24-16-1
C_T	6	8	8
θ	10	7.5	7.5
GENERAL DATA			
Rated Output Power (kW):	117.8	117.8	117.8
Rated Voltage (V):	173	173	173
Number of Poles:	12	16	16
Frequency (Hz):	450	600	600
Frictional Loss (W):	67.5	67.5	67.5
Windage Loss (W):	0	0	0
Rotor Position:	Inner	Inner	Inner
Type of Circuit:	Y3	Y3	Y3
Type of Source:	Sine	Sine	Sine
Domain:	Frequency	Frequency	Frequency
Operating Temperature (C):	75	75	75
STATOR DATA			
Number of Stator Slots:	**18**	**24**	**24**
Outer Diameter of Stator (mm):	**242**	**242**	**242**
Inner Diameter of Stator (mm):	180	180	180
Type of Stator Slot:	3	3	3
Stator Slot			
hs0 (mm):	1.95	1.95	1.95
hs1 (mm):	0.57	0.57	0.57
hs2 (mm):	14	18	18
bs0 (mm):	**2.8**	**2.8**	**2.1**
bs1 (mm):	13.5337	10.6408	10.642
bs2 (mm):	18.4708	15.3802	15.3815
rs (mm):	0	0	0
Top Tooth Width (mm):	18.8	13.6	13.6
Bottom Tooth Width (mm):	18.8	13.6	13.6
Skew Width (Number of Slots):	**0**	**0**	**0**
Length of Stator Core (mm):	132	132	132
Stacking Factor of Stator Core:	0.92	0.92	0.92
Type of Steel:	DW310_35	DW310_35	DW310_35

（续）

ADJUSTABLE-SPEED PERMANENT MAGNET SYNCHRONOUS MOTOR DESIGN			
	18-12j	**24-16j**	**24-16-1**
STATOR DATA			
Designed Wedge Thickness (mm):	0.57	0.57	0.57
Slot Insulation Thickness (mm):	0.1	0.1	0.1
Layer Insulation Thickness (mm):	0.1	0.1	0.1
End Length Adjustment (mm):	0	0	0
Number of Parallel Branches:	**6**	**8**	**8**
Number of Conductors per Slot:	**22**	**24**	**24**
Type of Coils:	21	21	21
Average Coil Pitch:	1	1	1
Number of Wires per Conductor:	**4**	**3**	**3**
Wire Diameter (mm):	1.18	1.35	1.35
Wire Wrap Thickness (mm):	0.11	0.11	0.11
Slot Area (mm^2):	234.147	243.48	241.938
Net Slot Area (mm^2):	215.054	225.611	225.633
Limited Slot Fill Factor (%):	75	75	75
Stator Slot Fill Factor (%):	68.0948	68.0265	68.0199
ROTOR DATA			
Minimum Air Gap (mm):	1	1	1
Inner Diameter (mm):	120	120	120
Length of Rotor (mm):	132	132	132
Stacking Factor of Iron Core:	0.92	0.92	0.92
Type of Steel:	DW310_35	DW310_35	DW310_35
Bridge (mm):	1	1	1
Rib (mm):	2	2	2
Mechanical Pole Embrace:	0.9	0.9	0.9
Electrical Pole Embrace:	0.875079	0.852532	0.852315
Max. Thickness of Magnet (mm):	7	7	7
Width of Magnet (mm):	38	28	28
Type of Magnet:	45SH-QGP	45SH-QGP	45SH-QGP
Type of Rotor:	5	5	5
Magnetic Shaft:	Yes	Yes	Yes
PERMANENT MAGNET DATA			
Residual Flux Density (Tesla):	1.34	1.34	1.34
Coercive Force (kA/m):	995	995	995

（续）

ADJUSTABLE-SPEED PERMANENT MAGNET SYNCHRONOUS MOTOR DESIGN			
	18-12j	24-16j	24-16-1
STEADY STATE PARAMETERS			
Stator Winding Factor:	0.866025	0.866025	0.866025
D-Axis Reactive Reactance Xad (ohm):	0.03774	0.03444	0.03457
Q-Axis Reactive Reactance Xaq (ohm):	0.17621	0.15767	0.16101
Armature Phase Resistance R1 (ohm):	0.00313	0.002461	0.002461
Armature Phase Resistance at 20C (ohm):	0.002574	0.002024	0.002024
NO-LOAD MAGNETIC DATA			
Stator-Teeth Flux Density (Tesla):	1.80636	1.80078	1.80568
Stator-Yoke Flux Density (Tesla):	1.53118	1.48707	1.49155
Rotor-Yoke Flux Density (Tesla):	0.744008	0.524252	0.525585
Air-Gap Flux Density (Tesla):	0.963593	0.926549	0.929073
No-Load Line Current (A):	84.2397	44.889	38.3559
No-Load Input Power (W):	979.593	1195.25	1197.5
Cogging Torque (N·m):	7.01972	10.1543	6.19583
FULL-LOAD DATA			
Maximum Line Induced Voltage (V):	240.354	251.048	251.724
Root-Mean-Square Line Current (A):	402.405	400.552	401.966
Armature Current Density (A/mm^2):	15.332	11.6598	11.7009
Total Loss (W):	2432.99	2364.68	2379.36
Output Power (W):	117765	117784	117795
Input Power (W):	120198	120149	120174
Efficiency (%):	97.9758	98.0319	98.0201
Power Factor:	0.98988	0.99182	0.98849
Synchronous Speed (rpm):	4500	4500	4500
Rated Torque (N·m):	**249.905**	**249.946**	**249.969**
Torque Angle (degree):	47.2592	45.3955	48.1642
Maximum Output Power (W):	**308 932**	**296 698**	**267 708**

　　由表 6-4-4 可以看出，在直极不错位的情况下，18 槽 12 极（$C_T = 6$，$\theta = 10°$）的齿槽转矩比 24 槽 16 极（$C_T = 8$，$\theta = 7.5°$）的要小。下面证明电机直极错位也符合这个规律，即 18 槽 12 极的齿槽转矩和转矩波动比 24 槽 16 极的小。

　　用 Motor-CAD 计算电机齿槽转矩、转矩波动的 2D 分析特别简单，运行分析速度较快，分析精度也好。所以改用 Motor-CAD 对以上两个电机（见图 6-4-6 和图 6-4-7）的齿槽转矩、转矩波动和多段直极错位进行分析。

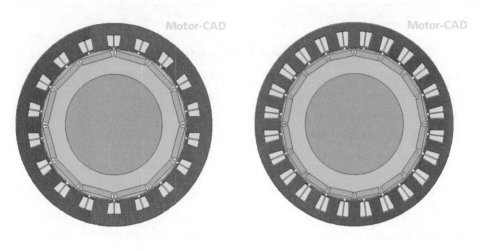

图 6-4-6　18 槽 12 极电机结构　　　　图 6-4-7　24 槽 16 极电机结构

不错位的齿槽转矩、转矩波动感应电动势如图 6-4-8～图 6-4-10 所示。

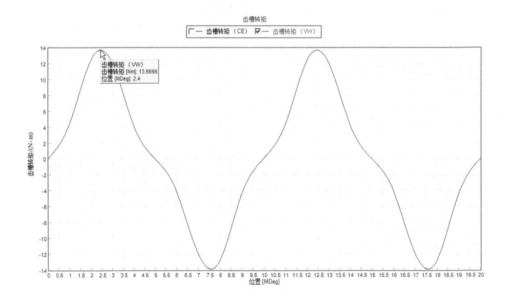

图 6-4-8　18 槽 12 极电机直极齿槽转矩曲线

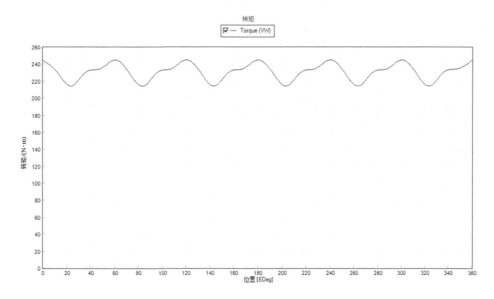

图 6-4-9　18 槽 12 极电机直极转矩曲线

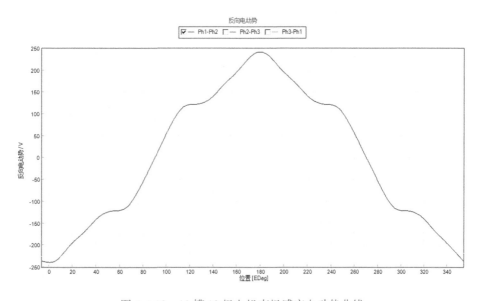

图 6-4-10　18 槽 12 极电机直极感应电动势曲线

不直极错位，电机的感应电动势波形不太好，其性能计算见表 6-4-5。

表 6-4-5 18 槽 12 极直极齿槽转矩、转矩波动性能计算

最大可能转矩（DQ）（超前脚 11.11EDeg）/（N·m）	236.36
平均转矩（virtual work）/（N·m）	231.02
平均转矩（loop torque）/（N·m）	228.08
转矩波动（MsVw）/（N·m）	29.948
转矩波动（MsVw）（%）	13.006
齿槽转矩波动（Ce）/（N·m）	27.595
齿槽转矩波动（Vw）/（N·m）	25.288

对 18 槽 12 极电机进行 6 段直极错位的分析如图 6-4-11 ~ 图 6-4-14 所示。

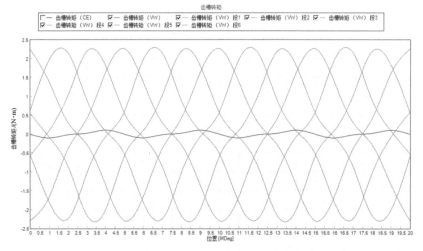

图 6-4-11 18 槽 12 极电机 6 段直极错位齿槽转矩曲线

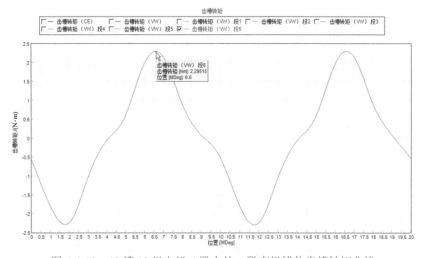

图 6-4-12 18 槽 12 极电机 6 段中的一段直极错位齿槽转矩曲线

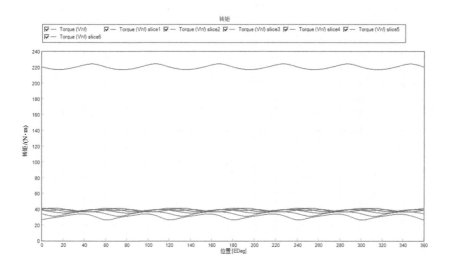

图 6-4-13　18 槽 12 极电机 6 段直极错位转矩曲线

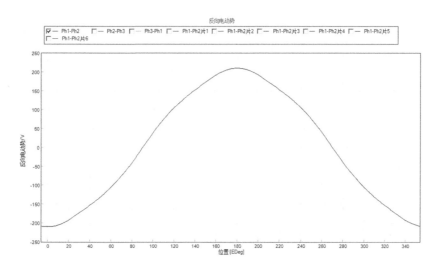

图 6-4-14　18 槽 12 极电机 6 段直极错位感应电动势曲线

6 段直极错位后，电机的感应电动势的正弦度得到了改善，其性能计算见表 6-4-6。

表 6-4-6　18 槽 12 极电机 6 段直极错位齿槽转矩、转矩波动性能计算

最大可能转矩（DQ）（超前脚 10.3EDeg）/（N·m）	225.45
平均转矩（virtual work）/（N·m）	220.29
平均转矩（loop torque）/（N·m）	217.28
转矩波动（MsVw）/（N·m）	6.7931
转矩波动（MsVw）（%）	3.0952
齿槽转矩波动（Ce）/（N·m）	3.7093
齿槽转矩波动（Vw）/（N·m）	0.20207

下面是对 24 槽 16 极电机的分析，如图 6-4-15～图 6-4-17 所示。

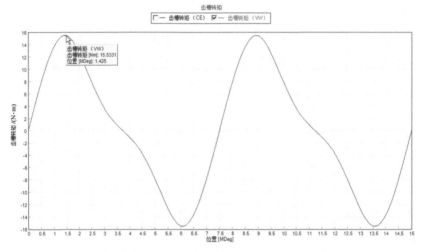

图 6-4-15　24 槽 16 极电机直极齿槽转矩曲线

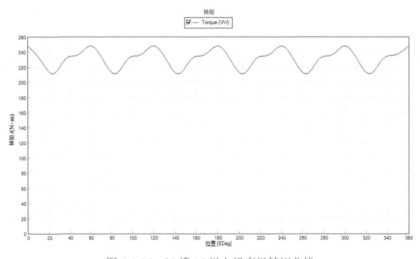

图 6-4-16　24 槽 16 极电机直极转矩曲线

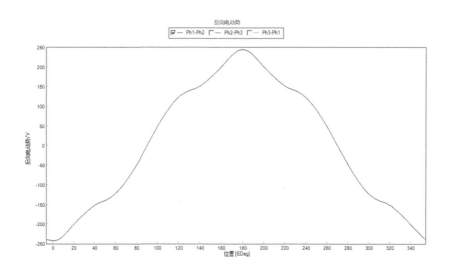

图 6-4-17 24 槽 16 极电机直极感应电动势曲线

从图 6-4-17 看，同样 24 槽 16 极电机不直极错位，电机的感应电动势的正弦度不太好。具体的齿槽转矩和转矩波动计算见表 6-4-7。

表 6-4-7 24 槽 16 极电机直极齿槽转矩、转矩波动计算

最大可能转矩（DQ）（超前脚 13.82EDeg）/（N·m）	240.74
平均转矩（virtual work）/（N·m）	231.57
平均转矩（loop torque）/（N·m）	229.02
转矩波动（MsVw）/（N·m）	36.613
转矩波动（MsVw）（%）	15.873
齿槽转矩波动（Ce）/（N·m）	33.806
齿槽转矩波动（Vw）/（N·m）	30.971

24 槽 16 极电机 6 段直极错位，齿槽转矩和转矩波动以及感应电动势分别如图 6-4-18 ~ 图 6-4-21 所示。

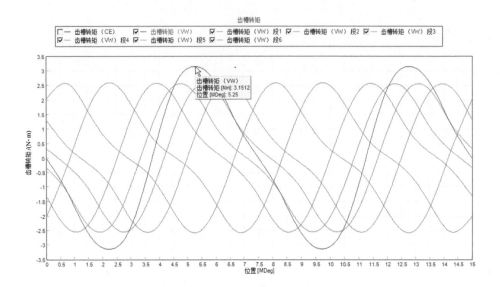

图 6-4-18   24 槽 16 极电机 6 段直极错位齿槽转矩曲线一

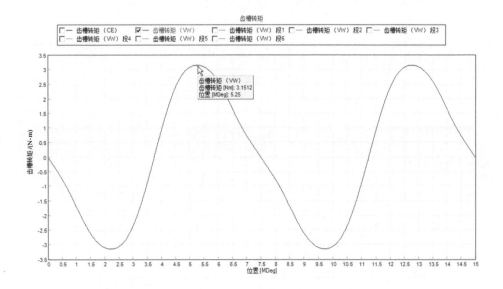

图 6-4-19   24 槽 16 极电机 6 段直极错位齿槽转矩曲线二

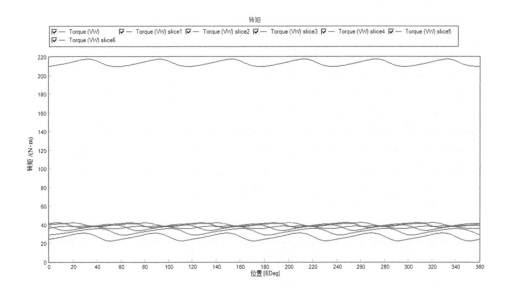

图 6-4-20　24 槽 16 极电机 6 段直极错位转矩波动

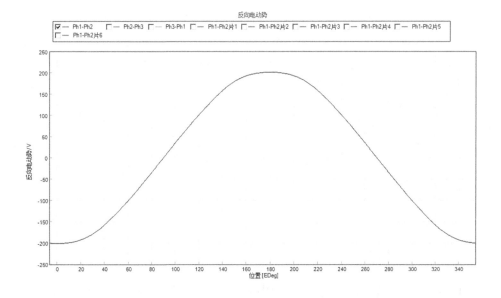

图 6-4-21　24 槽 16 极电机 6 段直极错位感应电动势曲线

经过 6 段直极错位，24 槽 16 极电机的感应电动势波形的正弦度较好。具体的齿槽转矩、转矩波动计算见表 6-4-8。

表 6-4-8　24 槽 16 极电机 6 段直极错位齿槽转矩、转矩波动计算表

最大可能转矩（DQ）（超前角 10.01EDeg）/（N·m）	218.85
平均转矩（virtual work）/（N·m）	213.04
平均转矩（loop torque）/（N·m）	211.04
转矩波动（MsVw）/（N·m）	7.6362
转矩波动（MsVw）（%）	3.5975
齿槽转矩波动（Ce）/（N·m）	8.5339
齿槽转矩波动（Vw）/（N·m）	6.2964

下面对 18-12j、24-16j 两种电机的性能进行对比，见表 6-4-9。

表 6-4-9　18-12j、24-16j 电机齿槽转矩、转矩波动对比表

	齿槽转矩波动 /（N·m）	转矩波动 /（N·m）	转矩波动 （%）
18-12j 直极	**25.288**	**29.948**	**13.006**
24-16j 直极	30.971	36.613	15.873
18-12j 6 段直极错位	**0.20207**	**6.7931**	**3.0952**
24-16j 6 直极错位	6.2964	7.6362	3.5975

由表 6-4-9 可以看出，18 槽 12 极电机的齿槽转矩和转矩波动不错位时均比 24 槽 16 极电机的小，6 段直极错位电机的齿槽转矩明显下降很多，转矩波动相差不大，也略小。因此设计汽车电机前，在考虑电机槽极配合的原始齿槽转矩和转矩波动时必须先选取小的评价因子 C_T 等级，再从小的 C_T 等级中去找圆心角 θ 小的槽极配合，才能使电机的原始齿槽转矩和转矩波动小。

从上面的感应电动势波形来看，24 槽 16 极电机 6 段直极错位后的感应电动势波形正弦度要比 18 槽 12 极的好些。这是槽极数多后的优点，但是用 24 槽 16 极配合做电动汽车电机，因为电机极数多，控制器有限频，所以不宜做成高速电机，18 槽 12 极比 24 槽 16 极要好。因此在设计电动汽车电机时设计者要综合考虑汽车电机的性能，选择合适的电机槽极配合。

6.4.5　电动汽车电机设计分析之一

现在分析宝马 i3 电动汽车电机，该电机选用 72 槽 12 极的电机结构，如图 6-4-22 所示。

1）由于宝马电动汽车电机的功率是 120kW，所以电机定子直径较大，为 242mm，额定电流达 400A，峰值电流更大。为了分流，必须要有较多的并联支路数。

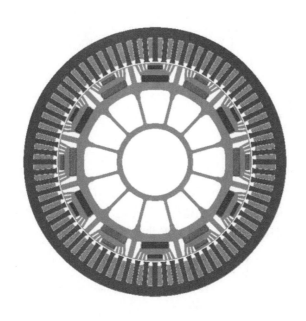

图 6-4-22　宝马 i3 电机的电机结构图

2）大电机的导体总根数很少，如果没有较多的并联支路，那么一相的总匝数就很少，分给每极每相绕组匝数有时连 1 匝都不到，只有足够的并联支路数 a，使每相绕组的匝数比并联支路数为 1 时大 a 倍，才会使每相绕组匝数增多。能合理地分配给每相每极绕组。像该电机并联支路数选了 6，每相每组绕组仅为 9 匝，如果并联支路数为 1，那么每相每组绕组仅为 9/6=1.5 匝。线圈粗，绕组这么少，又不是整数，电机制造中难以处理，因此必须采用增加并联支路的方法来解决。

3）要增加电机的并联支路数，必须选用分数槽集中绕组电机，或者大节距偶数槽，单元电机是偶数的电机。表 6-4-1 所示各种汽车电机都有较多的并联支路数。

4）在裂比较大的电机中，定子内径与定子外径相差不太大。如果电机极对数少，定子每极的齿数就多，一个极的齿宽要由轭左右均分，**这样极少的电机轭部太宽**，使槽高太小，引起槽太小，导线无处安放。为了使电机的最大输出功率提高，本电机裂比为 0.743，所以一旦转子极对数少，电机的轭部宽度太宽，不能保证足够的槽面积来下线。因此增加了转子极数，达到 12 极之多。裂比为 0.743 的 72 槽 6 极、72 槽 8 极在齿、轭磁通密度分布合理的情况下的槽面积，如图 6-4-23 和图 6-4-24 所示。

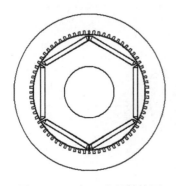

图 6-4-23　72-6j 电机结构图

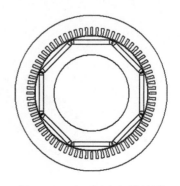

图 6-4-24　72-8j 电机结构图

图6-4-25、图6-4-26是72-6j、72-8j电机结构所对应的齿磁通密度和轭磁通密度，电机磁通密度设置很正常，要达到这样的齿磁通密度和轭磁通密度，那么高裂比电机的定子冲片的槽面积就非常小，冲片形状就不正常。

NO-LOAD MAGNETIC DATA

Stator-Teeth Flux Density (Tesla):	1.80874
Stator-Yoke Flux Density (Tesla):	1.65037
Rotor-Yoke Flux Density (Tesla):	0.885659
Air-Gap Flux Density (Tesla):	0.939196
Magnet Flux Density (Tesla):	1.15696

图 6-4-25　72-6j 电机磁通密度

NO-LOAD MAGNETIC DATA

Stator-Teeth Flux Density (Tesla):	1.8021
Stator-Yoke Flux Density (Tesla):	1.66689
Rotor-Yoke Flux Density (Tesla):	1.1088
Air-Gap Flux Density (Tesla):	0.95087
Magnet Flux Density (Tesla):	1.14134

图 6-4-26　72-8j 电机磁通密度

电机绕组匝数如图6-4-27中的箭头所指。

⊟ 布局	
布局方法	自动
绕组类型	叠绕组
每组线圈数	1
线圈跨度	6
层数	1
相偏移量	4
自动布局	96.6% (1 2 13 14...
匝数	9

图 6-4-27　宝马 i3 电机的匝数

5）为了能使电机输出功率和最大输出功率大，所以电机的裂比较大，裂比为180/242 = 0.743。

6）电机的槽极比大，一般电机的最大输出功率就大，但电机槽数不能无限增大。电机外径（242mm）、裂比（0.743）确定后，电机的内径（180mm）也就确定了，电机的磁钢牌号不可能无限制地增加，用较好的钕铁硼45SH磁钢，$B_r = 1.34$T，那么

$$B_Z = \alpha_i B_r\left(1+\frac{S_t}{b_t}\right),\ \ \frac{S_t}{b_t}=\frac{B_Z}{\alpha_i B_r}-1=\frac{1.8}{0.72\times1.34}-1=0.8656$$

即在180mm气隙圆周上，气隙槽宽b_t与气隙齿宽S_t之比为0.8656，定子齿要有一定的强度，定子外径为242mm，内径为180mm，齿的宽度在4mm左右比较合适，如果再窄，齿强度不够，如果齿再宽，电机槽就小了。180mm的圆周为π × 180mm = 565.48mm。单位齿宽和气隙槽宽和为7.46mm，565.48/7.46 = 75.8槽，合理的整数槽应该选用72槽，见表6-4-10。

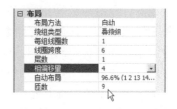

表 6-4-10　大节距（跨距）每对极平均槽数

大跨距绕组　每对极每相绕组 = Z/Mp

极对数	极数	槽数																	可任意填入槽数	
		3	6	9	12	15	18	21	24	27	30	33	36	39	42	45	48	51	72	75
1	2	1	2	3	4	5	6	7	8	9	10	11	12	13	14	15	16	17	24	25
2	4	0.5	1	1.5	2	2.5	3	3.5	4	4.5	5	5.5	6	6.5	7	7.5	8	8.5	12	12.5
3	6	0.333	0.667	1	1.333	1.667	2	2.333	2.667	3	3.333	3.667	4	4.333	4.667	5	5.333	5.667	8	8.333
4	8	0.25	0.5	0.75	1	1.25	1.5	1.75	2	2.25	2.5	2.75	3	3.25	3.5	3.75	4	4.25	6	6.25
5	10	0.2	0.4	0.6	0.8	1	1.2	1.4	1.6	1.8	2	2.2	2.4	2.6	2.8	3	3.2	3.4	4.8	5
6	12	0.167	0.333	0.5	0.667	0.833	1	1.167	1.333	1.5	1.667	1.833	2	2.17	2.333	2.5	2.667	2.833	4	4.167
7	14	0.143	0.286	0.429	0.571	0.714	0.857	1	1.143	1.29	1.429	1.571	1.714	1.857	2	2.143	2.286	2.429	3.429	3.571
8	16	0.125	0.25	0.375	0.5	0.625	0.75	0.875	1	1.13	1.25	1.375	1.5	1.625	1.75	1.875	2	2.125	3	3.125
9	18	0.111	0.222	0.333	0.444	0.556	0.667	0.778	0.889	1	1.111	1.222	1.333	1.444	1.556	1.667	1.778	1.889	2.667	2.778
10	20	0.1	0.2	0.3	0.4	0.5	0.6	0.7	0.8	0.9	1	1.1	1.2	1.3	1.4	1.5	1.6	1.7	2.4	2.5

那么齿、槽总宽为 565.48/72=7.85mm，解得 b_t = 4.44mm，如图 6-4-28 所示。

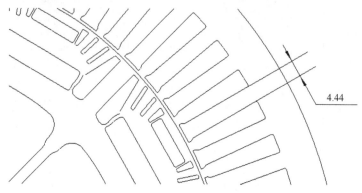

图 6-4-28　宝马 i3 电机齿形图

这样推算，电机设计的平均齿磁通密度应该为 B_z = (4.2/4.44) × 1.8 = 1.7T 左右。

因为电机转子设计成双层内嵌式磁钢结构，较大地增加了电机极弧系数，所以电机齿宽为 4.44mm 时齿磁通密度为 1.8T 左右，如图 6-4-29 和图 6-4-30 所示。

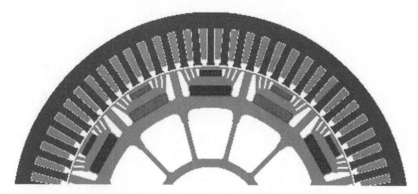

图 6-4-29　宝马 i3 电机的转子极形状图

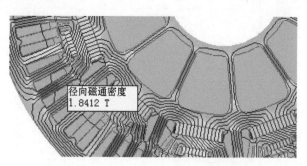

图 6-4-30　宝马 i3 电机计算出的齿磁通密度

如果电机用 8 极，极数显得较少，轭宽还是宽了些，如果选用 10 极，又不是整数槽。如果选用 8 极，每极相线圈 3 个，3 个线圈端部重叠，端部绕组长度长，绕组电阻大，电机损耗大。因此选用 72 槽 12 极的槽极配合是经过深思熟虑的。

7）电机绕组排布的考虑。72 槽 12 极是 6 分区，整数绕组分区，每分区 12 槽，平均每相绕组为 4 个槽。

按道理 6 分区绕组可以组成 6 串、3 串 2 并、2 串 3 并、6 并，共 4 种绕组接法，因为该电机功率大、电压高、电流大，所以绕组 6 并不是该电机绕组接法的最好选择，如图 6-4-31 所示。

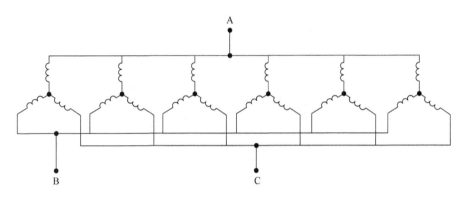

图 6-4-31　宝马 i3 电机绕组并联支路 $a = 6$ 绕组分布接线图

电机分区中一相槽数为 4，做成双层绕组为 4 个线圈，如单层绕组为 2 个线圈，绕组又可以分全绕组（显极）和半绕组（庶极），因此绕组有 4 种形式，如图 6-4-32 所示。

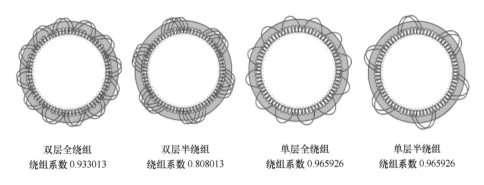

| 双层全绕组 | 双层半绕组 | 单层全绕组 | 单层半绕组 |
| 绕组系数 0.933013 | 绕组系数 0.808013 | 绕组系数 0.965926 | 绕组系数 0.965926 |

图 6-4-32　72 槽 12 极电机各种绕组（一相）形式分析

单层半绕组最简洁，相邻两个线圈是同极性，绕组的两组线圈连线最短，不要断开，减少了绕组一半的并头数，工艺性好，其绕组系数为最大。所以宝马 i3 电机采用了单层半绕组形式。

图 6-4-33 是宝马 i3 电机设计模块的绕组分布图。

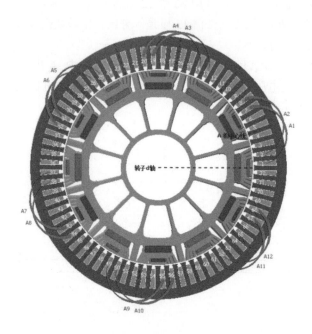

图 6-4-33   宝马 i3 电机设计模块的绕组分布图

如果用 72 槽 16 极，全绕组每极相线圈个数不等，而且电机极数达到 16 极，电机高速运行时，控制器工作频率要比极数少的频率增高，电机损耗增大，如图 6-4-34 所示。

宝马 i3 电机若选用 72 槽 12 极，每相每极槽数为 4，可以下两个线圈，非常对称。选用 72 槽 12 极是综合考虑后的结果，也是目前汽车电机上转子极数选得最多的一种槽极配合。其实电动汽车电机采用 6 极、8 极转子也是比较合适的。

8）i3 电机的评价因子 C_T 和转子直极错位。

i3 电机的评价因子 $C_T = 12$，这是电机中

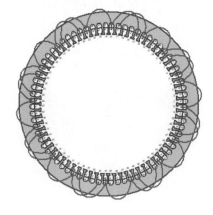

图 6-4-34   72 槽 16 极电机绕组分布

C_T 较大的一种槽极配合。C_T 较大，电机直槽的齿槽转矩就大，齿槽转矩的正弦度不好，为此要消除电机的齿槽转矩必须进行电机转子直极错位。表 6-4-11 是电机槽极配合的评价因子 C_T 表。

表 6-4-11　电机槽极配合的评价因子 C_T 表

电机的齿槽转矩 C_T = GCD(Z, p)

极数\槽数	3	6	9	12	15	18	21	24	27	30	33	36	39	42	45	48	51	54	57	60	63	66	69	72
2	1.0	2.0	1.0	2.0	1.0	2.0	1.0	2.0	1.0	2.0	1.0	2.0	1.0	2.0	1.0	2.0	1.0	2.0	1.0	2.0	1.0	2.0	1.0	2.0
4	1.0	2.0	1.0	4.0	1.0	2.0	1.0	4.0	1.0	2.0	1.0	4.0	1.0	2.0	1.0	4.0	1.0	2.0	1.0	4.0	1.0	2.0	1.0	4.0
6	3.0	6.0	3.0	6.0	3.0	6.0	3.0	6.0	3.0	6.0	3.0	6.0	3.0	6.0	3.0	6.0	3.0	6.0	3.0	6.0	3.0	6.0	3.0	6.0
8	1.0	2.0	1.0	4.0	1.0	2.0	1.0	8.0	1.0	2.0	1.0	4.0	1.0	2.0	1.0	8.0	1.0	2.0	1.0	4.0	1.0	2.0	1.0	8.0
10	1.0	2.0	1.0	2.0	5.0	2.0	1.0	2.0	1.0	10.0	1.0	2.0	1.0	2.0	5.0	2.0	1.0	2.0	1.0	10.0	1.0	2.0	1.0	2.0
12	3.0	6.0	3.0	12.0	3.0	6.0	3.0	12.0	3.0	6.0	3.0	12.0	3.0	6.0	3.0	12.0	3.0	6.0	3.0	12.0	3.0	6.0	3.0	12.0
14	1.0	2.0	1.0	2.0	1.0	2.0	7.0	2.0	1.0	2.0	1.0	2.0	1.0	14.0	1.0	2.0	1.0	2.0	1.0	2.0	7.0	2.0	1.0	2.0
16	1.0	2.0	1.0	4.0	1.0	2.0	1.0	8.0	1.0	2.0	1.0	4.0	1.0	2.0	1.0	16.0	1.0	2.0	1.0	4.0	1.0	2.0	1.0	8.0
18	3.0	6.0	9.0	6.0	3.0	18.0	3.0	6.0	9.0	6.0	3.0	18.0	3.0	6.0	9.0	6.0	3.0	18.0	3.0	6.0	9.0	6.0	3.0	18.0
20	1.0	2.0	1.0	4.0	5.0	2.0	1.0	4.0	1.0	10.0	1.0	4.0	1.0	2.0	5.0	4.0	1.0	2.0	1.0	20.0	1.0	2.0	1.0	4.0
22	1.0	2.0	1.0	2.0	1.0	2.0	1.0	2.0	1.0	2.0	11.0	2.0	1.0	2.0	1.0	2.0	1.0	2.0	1.0	2.0	1.0	22.0	1.0	2.0
24	3.0	6.0	3.0	12.0	3.0	6.0	3.0	24.0	3.0	6.0	3.0	12.0	3.0	6.0	3.0	24.0	3.0	6.0	3.0	12.0	3.0	6.0	3.0	24.0

72 槽 12 极电机，斜槽角度为 5°，见表 6-4-12。

表 6-4-12 72 槽 12 极电机直极错位计算

转子直极错位分段计算				评价因子 C_T
请填 槽数 Z	请填 极数 $2P$	最小公倍数 LCM	最小公约数 GCD	12
72	12	72	12	齿槽转矩周期角 $\theta =$ 360/LCM(Z, P)
总错位角度	相当槽数	槽数 / 最小公倍数 LCM	极数 / 最大公约数 GCD	5°
5°	1.00	1.00	1	齿槽转矩波动数 $2N_P$
直极错位分段计算				2
段数	磁钢中心线总错位角度 /°	两段磁钢中心线错位角度（机械角度）/ (°)		两齿转矩波动周期数 T_Z
2	2.5000	2.5000		2
3	3.3333	1.6667		计算因子 / 两齿转矩波动周期数 K_I/T_Z
4	3.7500	1.2500		0.5
5	4.0000	1.0000		计算因子 K_L

Motor-CAD 可以自动分段，如果分 5 段，则有两种分段法，第一种是软件自动分段，第二种是人工设置，主要区别是基点 0 位放置地方不同，但是计算结果是相同的，如图 6-4-35 和图 6-4-36 所示。

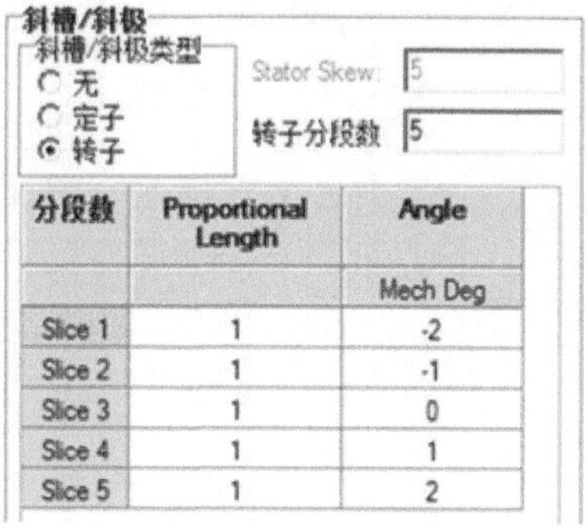

图 6-4-35 5 段直极错位软件自动分段

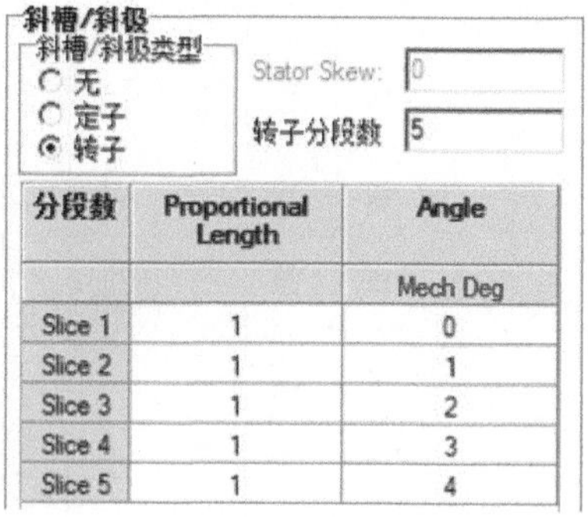

图 6-4-36 5 段直极错位人工设置分段

图 6-4-37 是电机 5 段直极错位齿槽转矩曲线。

经过 5 段直极错位，电机的齿槽转矩已经削弱得很好了。表 6-4-13 是齿槽转矩、转矩波动的计算表。

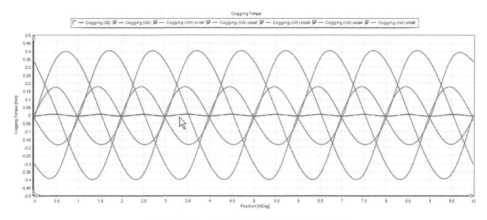

图 6-4-37　5 段直极错位齿槽转矩曲线

表 6-4-13　齿槽转矩、转矩波动计算表

平均转矩（virtual work）/（N·m）	246.42
平均转矩（loop torque）/（N·m）	244.86
转矩波动（MsVw）/（N·m）	13.308
转矩波动（MsVw）（%）	5.4018
齿槽转矩波动（Ce）/（N·m）	0.013185
齿槽转矩波动（Vw）/（N·m）	0.011772

应该注意：现在用这种转子直极错位方法，每段之间错位圆心角 θ 为总错位圆心角 θ 除以段数，错位转子上下 2 段之间的错位圆心角 θ 不等于总错位圆心角 θ，而是每段错位角乘以段数减 1。Motor-CAD 就用这种方法进行分段。

如果分 5 段，每段之间磁钢圆心角中心之间相隔 1°，是个整数。如果分 6 段，则磁钢圆心角中心之间相隔 0.8333°，不是整数，如图 6-4-38 和图 6-4-39 所示。电机分了 6 段，其齿槽转矩还不如分 5 段的好，由以下分析就可以知道。

斜槽/斜极：
斜槽/斜极类型：
○ 无（默认）　　　子斜槽/斜极 [0]
○ 定子
● 转子　　　　　转子分段数 [5]

分段数	与长度成比例	角度
		机械角度
Slice 1	1	-2
Slice 2	1	-1
Slice 3	1	0
Slice 4	1	1
Slice 5	1	2

斜槽/斜极：
斜槽/斜极类型：
○ 无（默认）　　　子斜槽/斜极 [0]
○ 定子
● 转子　　　　　转子分段数 [6]

分段数	与长度成比例	角度
		机械角度
Slice 1	1	-2.08333
Slice 2	1	-1.25
Slice 3	1	-0.416667
Slice 4	1	0.416667
Slice 5	1	1.25
Slice 6	1	2.08333

图 6-4-38　72 槽 12 极 5 段直极错位　　　图 6-4-39　72 槽 12 极 6 段直极错位

9）72 槽 12 极电机直极错位分段分析。用 Motor-CAD 对 72 槽 12 极 i3 电机进行直极错位分析。图 6-4-40 是 72 槽 12 极电机结构图和磁通密度云图。

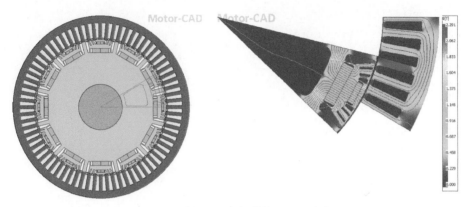

图 6-4-40　72 槽 12 极电机结构与磁通密度云图

按一般分析 72 槽 12 极的评价因子 $C_T = 12$，即电机的 C_T 等级较大，在这样大的 C_T 等级中，就算是电机的圆心角较小，如 $\theta = 5°$，齿槽转矩还是较大的。如果转子不错位，则齿槽转矩容忍度不能达到设计要求，宝马 i3 电机这种结构的转子磁钢形式也使电机的齿槽转矩、转矩波动增大，需要对转子进行直极错位，使其齿槽转矩、转矩波动减弱。

电机转子或定子斜槽 5°，可以消除齿槽转矩基波，如图 6-4-41 所示。

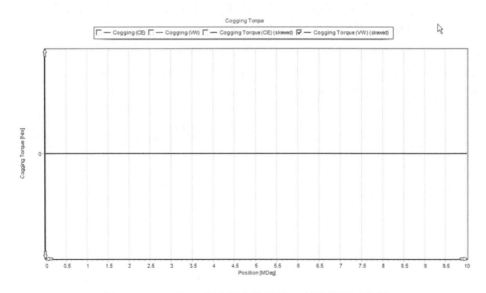

图 6-4-41　72 槽 12 极电机定子斜槽 5° 的齿槽转矩曲线

　　较大电机的定子斜槽工艺较复杂，一般用转子直极错位，内嵌式转子不可能将整块磁钢做成**斜极**，这样的工艺太复杂，只能采用转子直极错位来解决电机的齿槽转矩和转矩波动问题。

　　转子不直极错位的齿槽转矩如图 6-4-42 所示。

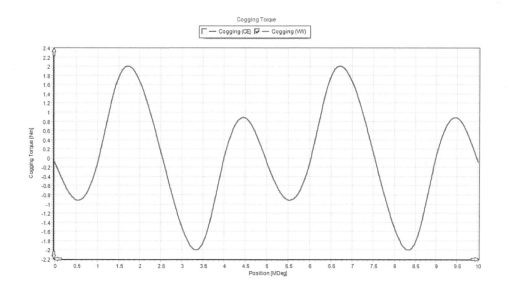

图 6-4-42　72 槽 12 极电机转子不直极错位的齿槽转矩曲线

由图 6-4-42 可知电机的齿槽转矩约为 2N・m，可见其齿槽转矩较大。

将转子进行 2 段直极错位设置如图 6-4-43 所示。

斜槽/斜极		
斜槽/斜极类型	子斜槽/斜极	5
○ 无		
○ 定子	转子分段数	2
● 转子		

分段数	Proportional Length	Angle
		Mech Deg
1	1	-1.25
2	1	1.25

图 6-4-43　转子 2 段直极错位设置

图 6-4-44 是电机转子 2 段直极错位齿槽转矩曲线。

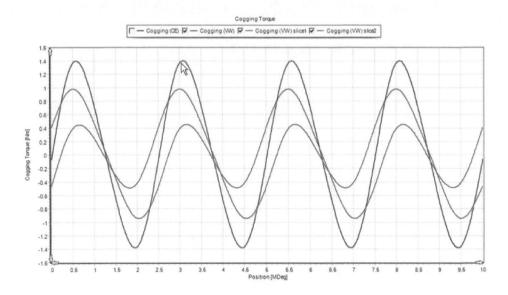

图 6-4-44 转子 2 段直极错位齿槽转矩曲线

电机的齿槽转矩降到了 1.4N·m，齿槽转矩波形的对称度和正弦度明显变好。将转子进行 6 段直极错位设置，如图 6-4-45 所示。

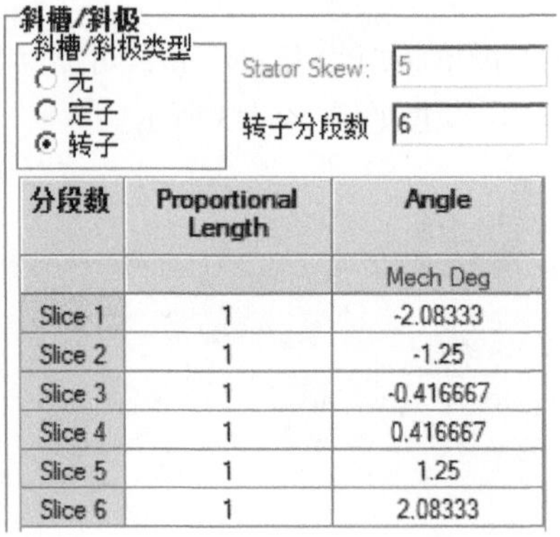

斜槽/斜极

斜槽/斜极类型

○ 无

○ 定子

⊙ 转子

Stator Skew: 5

转子分段数 6

分段数	Proportional Length	Angle
		Mech Deg
Slice 1	1	-2.08333
Slice 2	1	-1.25
Slice 3	1	-0.416667
Slice 4	1	0.416667
Slice 5	1	1.25
Slice 6	1	2.08333

图 6-4-45 转子 6 段直极错位设置

图 6-4-46 是电机转子 6 段直极错位的齿槽转矩曲线。

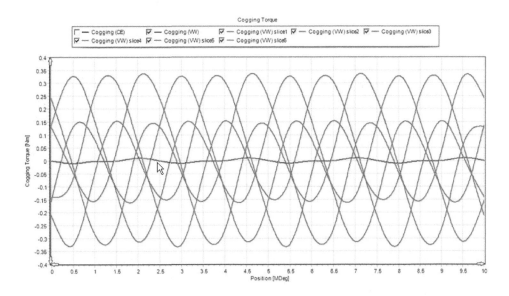

图 6-4-46　转子 6 段直极错位齿槽转矩曲线

计算结果见表 6-4-14。

表 6-4-14　6 段直极错位齿槽转矩、转矩波动计算表

平均转矩（virtual work）/（N·m）	267.88
平均转矩（loop torque）/（N·m）	266.12
转矩波动（MsVw）/（N·m）	9.1963
转矩波动（MsVw）（%）	3.4319
齿槽转矩波动（Ce）/（N·m）	0.032307
齿槽转矩波动（Vw）/（N·m）	0.020093

经过转子 6 段直极错位后，电机的齿槽转矩、转矩波动有非常好的表现。

齿槽转矩容忍度为 $\dfrac{0.02/2}{266.12} = 0.000038 \times 100\% = 0.0038\%$；转矩波动为 3.4319%。

图 6-4-47 是 6 段直极错位的齿槽转矩曲线（单齿槽转矩曲线观看）。

Cogging Torque
Cogging (CE)
Cogging (VW)
Cogging (VW) slice1
Cogging (VW) slice2
Cogging (VW) slice3
Cogging (VW) slice4
Cogging (VW) slice5
Cogging (VW) slice6
Cogging Torque [Nm]
Position [MDeg]

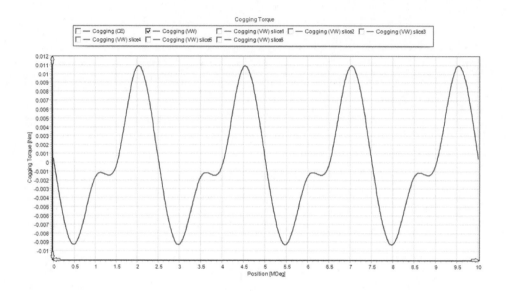

图 6-4-47　6 段直极错位的齿槽转矩曲线

如果减少转子直极错位，将转子进行 5 段直极错位，如图 6-4-48 所示。

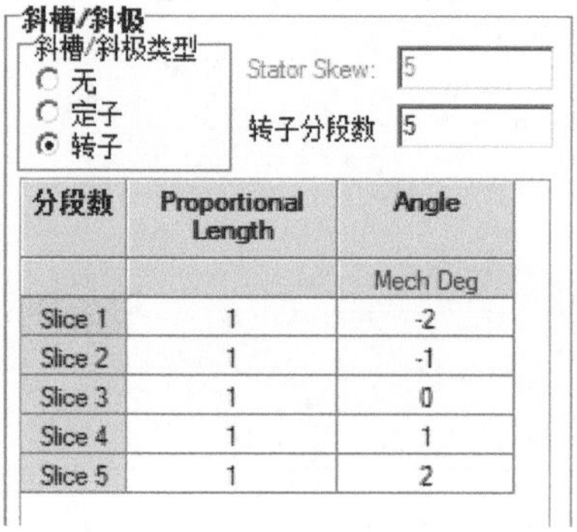

斜槽/斜极
斜槽/斜极类型
无
定子
转子
Stator Skew: 5
转子分段数 5
分段数
Proportional Length
Angle
Mech Deg
Slice 1 1 -2
Slice 2 1 -1
Slice 3 1 0
Slice 4 1 1
Slice 5 1 2

图 6-4-48　72 槽 12 极电机 5 段直极错位设置

图 6-4-49 是 72 槽 12 极电机 5 段直极错位转矩波形。

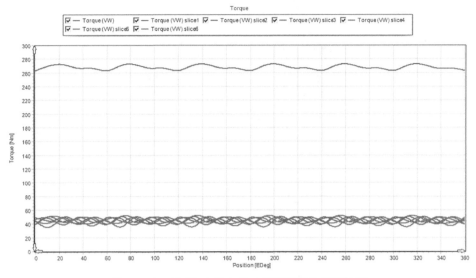

图 6-4-49　72 槽 12 极电机 5 段直极错位转矩波形

计算结果见表 6-4-15。

表 6-4-15　72 槽 12 极电机 5 段直极错位齿槽转矩和转矩波动计算表

平均转矩（virtual work）/（N·m）	267.91
平均转矩（loop torque）/（N·m）	266.23
转矩波动（MsVw）/（N·m）	8.4048
转矩波动（MsVw）/（%）	3.1377
齿槽转矩波动（Ce）/（N·m）	0.013185
齿槽转矩波动（Vw）/（N·m）	0.011772

齿槽转矩容忍度为 $\dfrac{0.011772/2}{266.23}=0.000022\times100\%=0.0022\%$；转矩波动为 3.1377%。

因此宝马 i3 电机的转子直极错位有可能只要 5 段就行，不必进行 6 段直极错位。

6.4.6　电动汽车电机设计分析之二

下面介绍某品牌电动汽车电机，同样是 48 槽 8 极，电机转子是 V 形磁钢，如图 6-4-50 所示。

主要技术要求：48 槽 8 极，DC 350V，3600r/min，峰值转速为 9000r/min，输出功率为 40kW，峰值功率为 80kW，机壳水冷。

48 槽 8 极电机的评价因子 $C_T = 8$，圆心角 $\theta = 7.5°$，圆心角大于 5°，因此该电机转子不直极错位时的齿槽转矩波形正弦度不大好，如图 6-4-51 所示。

电机性能见表 6-4-16。

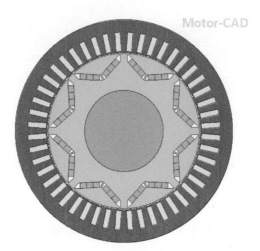

图 6-4-50　48 槽 8 极电机转子 V 形磁钢结构图

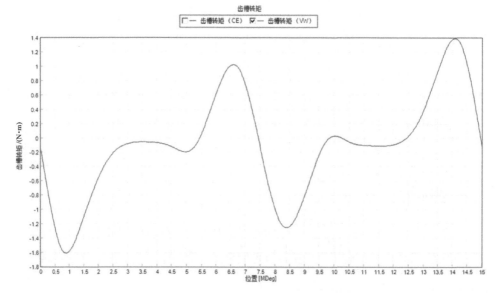

图 6-4-51　48 槽 8 极电机不直极错位的齿槽转矩

表 6-4-16　48 槽 8 极电机齿槽转矩和转矩波动计算表

平均转矩（virtual work）/（N·m）	117.41
平均转矩（loop torque）/（N·m）	116.66
转矩波动（MsVw）/（N·m）	16.413
转矩波动（MsVw）（%）	14.04
齿槽转矩波动（Ce）/（N·m）	3.6959
齿槽转矩波动（Vw）/（N·m）	2.9034

齿槽转矩容忍度为 $\dfrac{2.9034/2}{116.66}=0.01244\times100\%=1.244\%$；转矩波动为 14.04%。

按齿槽转矩容忍度讲，电机的齿槽转矩还是可以的，说明 V 形磁钢能使齿槽转矩单峰正弦度较好，但是转矩波动达 14.04%，因为转子形状不能进一步降低电机的转矩波动，因此用转子多段直极错位解决电机的转矩波动。

转子 3 段直极错位设置如图 6-4-52 所示。

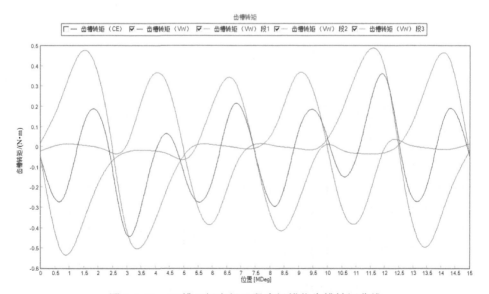

分段数	与长度成比例	角度
		机械角度
Slice 1	1	-2.5
Slice 2	1	0
Slice 3	1	2.5

图 6-4-52　48 槽 8 极电机 3 段直极错位设置

图 6-4-53 和图 6-4-54 是 48 槽 8 极电机 3 段直极错位齿槽转矩和转矩曲线。

图 6-4-53　48 槽 8 极电机 3 段直极错位齿槽转矩曲线

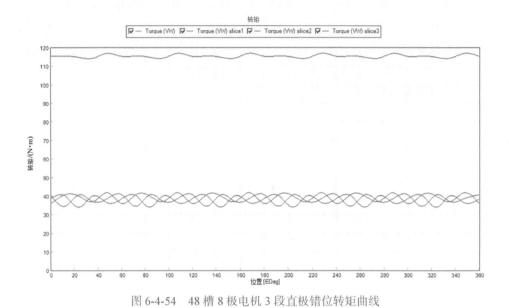

图 6-4-54   48 槽 8 极电机 3 段直极错位转矩曲线

电机性能见表 6-4-17 和表 6-4-18。

表 6-4-17   48 槽 8 极电机 3 段直极错位齿槽转矩、转矩波动计算表

平均转矩（virtual work）/（N·m）	115.39
平均转矩（loop torque）/（N·m）	114.61
转矩波动（MsVw）/（N·m）	2.3702
转矩波动（MsVw）（%）	2.0627
齿槽转矩波动（Ce）/（N·m）	1.2314
齿槽转矩波动（Vw）/（N·m）	0.78534

表 6-4-18   48 槽 8 极电机 3 段直极错位 d、q 轴电感

d 轴电感 /mH	0.2877
q 轴电感 /mH	0.7251

齿槽转矩容忍度为 $\dfrac{0.78534/2}{115.39} = 0.0034 \times 100\% = 0.34\%$；转矩波动为 2.0627%。

如果将转子换成一字形内嵌式磁钢，结构更加简单，如图 6-4-55 所示。

图 6-4-56 是转子不直极错位的齿槽转矩曲线。

计算结果见表 6-4-19。

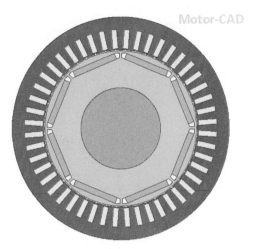

图 6-4-55　48 槽 8 极电机内嵌式一字形磁钢结构

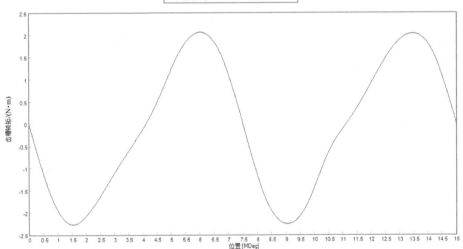

图 6-4-56　转子不直极错位的齿槽转矩曲线

表 6-4-19　齿槽转矩与转矩波动计算表

平均转矩（virtual work）/（N·m）	125.96
平均转矩（loop torque）/（N·m）	125.05
转矩波动（MsVw）/（N·m）	12.099
转矩波动（MsVw）（%）	9.6504
齿槽转矩波动（Ce）/（N·m）	4.1753
齿槽转矩波动（Vw）/（N·m）	4.3248

齿槽转矩容忍度为 $\dfrac{4.3248/2}{125.96} = 0.01716 \times 100\% = 1.716\%$；转矩波动为 9.6504%。

不进行转子直极错位，电机齿槽转矩还可以，但是转矩波动差。

对电机进行 3 段直极错位后的齿槽转矩和转矩曲线分别如图 6-4-57 和图 6-4-58 所示。

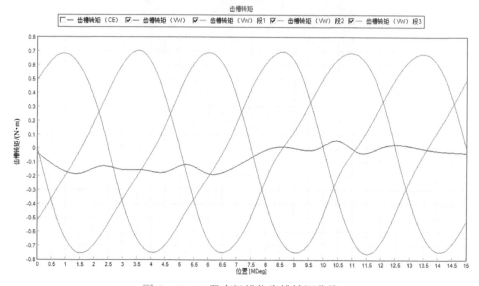

图 6-4-57   3 段直极错位齿槽转矩曲线

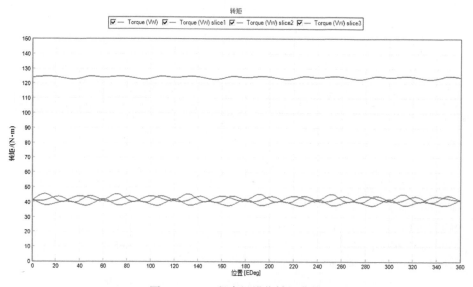

图 6-4-58   3 段直极错位转矩曲线

计算参数见表 6-4-20 和表 6-4-21。

表 6-4-20　3 段直极错位齿槽转矩和转矩波动计算表

平均转矩（virtual work）/（N·m）	124.1
平均转矩（loop torque）/（N·m）	123.23
转矩波动（MsVw）/（N·m）	1.9218
转矩波动（MsVw）（%）	1.5553
齿槽转矩波动（Ce）/（N·m）	3.1007
齿槽转矩波动（Vw）/（N·m）	0.23911

表 6-4-21　d、q 轴电感

d 轴电感 /mH	0.2272
q 轴电感 /mH	0.5255

齿槽转矩容忍度为 $\dfrac{0.23911/2}{124.1} = 0.00096 \times 100\% = 0.096\%$；转矩波动为 1.5553%。

从削弱电机的齿槽转矩和转矩波动看，经过 3 段的转子直极错位，一字形结构还是能够达到要求的。主要是 V 字形和 U 字形的弱磁能力较一字形的强。

从上面的实例可以看出：

1）各种内嵌式转子的电动汽车电机的槽极配合也同样影响电机的齿槽转矩和转矩波动，消除齿槽转矩和转矩波动的方法和表贴式转子的一样，主要要看电动汽车电机的评价因子 C_T 和圆心角 θ，它们决定了电机原始齿槽转矩和转矩波动的大小。

2）电动汽车电机槽极配合所生成的原始圆心角 θ，或用转子多段减小后的圆心角 θ 小于 5°，最好在 2.5° 左右，那么电机的齿槽转矩和转矩波动会很好，这也是电动汽车电机转子多段直极分段的依据。

6.5　特殊槽极配合电机的设计

在电机槽极配合中，用得最多的绕组是整数槽大节距绕组、分数槽集中绕组。

大节距组主要用整数槽绕组，即每极每相绕组是整数，这样绕组在定子中分布均匀、对称，性能和工艺性好。

分数槽集中绕组在分区中每相绕组是整数，绕组同样在定子中分布均匀、对称，性能和工艺性好。

有时采用整数槽大节距绕组的槽极配合，电机的原始齿槽转矩和转矩波动也不一定好，有些整数槽大节距绕组的槽极配合的齿槽转矩就很大。

但是有些特殊的槽极配合电机，把电机的绕组设计成特殊的不对称的分布，那么电机的齿槽转矩就会减小很多。以上观点在本书中讲述得较清楚了，将整数槽大节距电机略为改变，其原始齿槽转矩和转矩波动就会立刻好很多。现在结合实例来讲述特殊槽极配合的电机设计。

6.5.1　5.5kW 27 槽 8 极电机分析

图 6-5-1 是一台 5.5kW 永磁同步电机外形图。

拆开电机后得知是 27 槽 8 极，采用等厚的表贴式磁钢，即磁钢表面圆与内圆是相同的，这样磁钢用块料加工时，切一个圆柱面形成了两块磁钢的内、外圆柱面，使用这种表贴式磁钢较省料、省工时。

磁钢没有直极错位，拧动电机轴，电机旋转相当平稳、手感极好，没有断续的齿槽转矩阻尼感，所以该电机的齿槽转矩很小。

没有进行绕组拆检，设法粗估了冲片尺寸，电机结构如图 6-5-2 所示。

 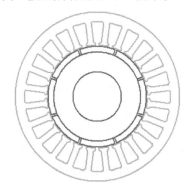

图 6-5-1　27 槽 8 极电机外形图　　　　图 6-5-2　27 槽 8 极电机结构图

电机技术条件如下：5.5kW，27 槽 8 极，1500r/min，控制器输入电压为 AC 380V。

电机尺寸：定子外径为 167.2mm，内径为 103mm，定子铁心长 120mm，转子外径为 100mm，转子长 120mm，磁钢厚 5.4mm，牌号不明。绕组是大节距绕组，节距为 3，双层绕组。转子用 30 不锈钢钢套套住表贴式磁钢，钢套厚 0.3mm。

用 RMxprt 查看绕组分布：绕组是不均匀的分布绕组，每相有一组线圈多出一个绕组，如图 6-5-3 所示。

由于绕组采用了不等绕组，因此电机的评价因子 C_T、圆心角 θ 值较小，转矩波动系数也较小。

如果把每相绕组中一个极中多的一个线圈去掉，那么电机就是标准的 24 槽 8 极电机。所以该 27 槽 8 极电机就是 24 槽 8 极电机衍生出的特殊的槽极配合电机。

这样对厂家选用 27 槽 8 极电机的意图就较为清楚了，设计人员将 24 槽 8 极改为 27 槽 8 极，目的是减少电机的齿槽转矩，使电机不直极错位就能获得较好的齿槽转矩。

6.5.2　24 槽 8 极和 27 槽 8 极电机的性能分析设计

图 6-5-4 ～ 图 6-5-6 是 24 槽 8 极和 27 槽 8 极的电机结构和绕组排布。

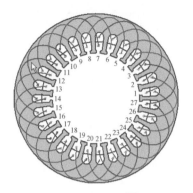
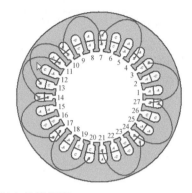

图 6-5-3   27 槽 8 极电机绕组图

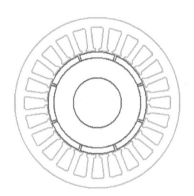
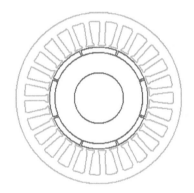

图 6-5-4   24 槽 8 极和 27 槽 8 极电机结构图对比

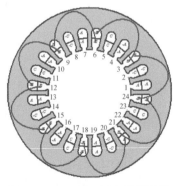

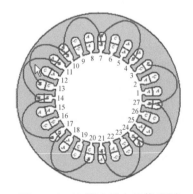

图 6-5-5   24 槽 8 极电机绕组图   图 6-5-6   27 槽 8 极电机绕组图

27 槽 8 极每相线圈仅比 24 槽 8 极多一个线圈，电机齿槽转矩就得到非常大的改善，用 RMxprt 分别建立 24 槽 8 极和 27 槽 8 极模块，并进行性能对比，见表 6-5-1。

表 6-5-1 24 槽 8 极和 27 槽 8 极电机模块性能对比

ADJUSTABLE-SPEED PERMANENT MAGNET SYNCHRONOUS MOTOR DESIGN		
	24 槽 8 极	27 槽 8 极
GENERAL DATA		
Rated Output Power (kW):	**5.5**	**5.5**
Rated Voltage (V):	**310**	**310**
Number of Poles :	**8**	**8**
Frequency (Hz):	100	100
Frictional Loss (W):	110	110
Windage Loss (W):	0	0
Rotor Position :	Inner	Inner
Type of Circuit :	Y3	Y3
Type of Source :	Sine	Sine
Domain :	Frequency	Frequency
Operating Temperature (C):	75	75
STATOR DATA		
Number of Stator Slots :	**24**	**27**
Outer Diameter of Stator (mm):	**167.2**	**167.2**
Inner Diameter of Stator (mm):	103	103
Type of Stator Slot :	3	3
Stator Slot		
hs0 (mm):	1	1
hs1 (mm):	2	2
hs2 (mm):	18	19
bs0 (mm):	4	4
bs1 (mm):	8.08639	7.19375
bs2 (mm):	12.8259	11.6353
rs (mm):	1	1
Top Tooth Width (mm):	6.2	5.5
Bottom Tooth Width (mm):	6.2	5.5
Skew Width (Number of Slots):	**0**	**0**
Length of Stator Core (mm):	120	120
Stacking Factor of Stator Core :	0.92	0.92
Type of Steel :	DW465_50	DW465_50
Designed Wedge Thickness (mm):	2	2
Slot Insulation Thickness (mm):	0.1	0.1
Layer Insulation Thickness (mm):	0.1	0.1
End Length Adjustment (mm):	0	0
Number of Parallel Branches :	1	1

（续）

ADJUSTABLE-SPEED PERMANENT MAGNET SYNCHRONOUS MOTOR DESIGN		
	24 槽 8 极	**27 槽 8 极**
STATOR DATA		
Number of Conductors per Slot :	38	34
Type of Coils :	21	21
Average Coil Pitch :	3	3
Number of Wires per Conductor :	2	4
Wire Diameter (mm):	1	0.7
Wire Wrap Thickness (mm):	0.11	0.08
Slot Area (mm^2):	216.694	205.276
Net Slot Area (mm^2):	192.936	182.618
Limited Slot Fill Factor (%):	50	75
Stator Slot Fill Factor (%):	**48.5339**	**45.3089**
Coil Half-Turn Length (mm):	200.019	193.886
Wire Resistivity (ohm.mm^2/m):	0.0217	0.0217
ROTOR DATA		
Minimum Air Gap (mm):	1.5	1.5
Inner Diameter (mm):	50	50
Length of Rotor (mm):	120	120
Stacking Factor of Iron Core :	0.92	0.92
Type of Steel :	DW465_50	DW465_50
Polar Arc Radius (mm):	50	50
Mechanical Pole Embrace :	0.95	0.95
Electrical Pole Embrace :	0.903027	0.903027
Max. Thickness of Magnet (mm):	5.4	5.4
Width of Magnet (mm):	35.2919	35.2919
Type of Magnet :	**NdFe30**	**NdFe30**
Type of Rotor :	1	1
Magnetic Shaft :	Yes	Yes
PERMANENT MAGNET DATA		
Residual Flux Density (Tesla):	1.1	1.1
Coercive Force (kA/m):	838	838
STEADY STATE PARAMETERS		
Stator Winding Factor :	1	0.940953
D-Axis Reactive Reactance Xad (ohm):	1.7293	1.54327
Q-Axis Reactive Reactance Xaq (ohm):	1.7293	1.54327
D-Axis Reactance X1 + Xad (ohm):	3.72093	3.42039
Armature Phase Resistance at 20C (ohm):	0.690978	0.687956

（续）

ADJUSTABLE-SPEED PERMANENT MAGNET SYNCHRONOUS MOTOR DESIGN		
	24 槽 8 极	27 槽 8 极
NO-LOAD MAGNETIC DATA		
Stator-Teeth Flux Density（Tesla）:	**1.81157**	**1.81062**
Stator-Yoke Flux Density（Tesla）:	**1.41175**	**1.55102**
Rotor-Yoke Flux Density（Tesla）:	0.751492	0.746496
Air-Gap Flux Density（Tesla）:	0.723897	0.719084
Magnet Flux Density（Tesla）:	0.80788	0.802509
No-Load Line Current（A）:	3.86866	0.823314
No-Load Input Power（W）:	213.378	180.905
Cogging Torque（N·m）:	**8.55761**	**0.04522**
FULL-LOAD DATA		
Maximum Line Induced Voltage（V）:	437.237	434.545
Root-Mean-Square Line Current（A）:	12.1976	11.273
Armature Current Density（A/mm^2）:	7.76523	7.32305
Total Loss（W）:	548.284	496.791
Output Power（W）:	5504.22	5501.84
Input Power（W）:	6052.5	5998.63
Efficiency（%）:	90.9412	91.7183
Power Factor:	0.91451	0.97986
Synchronous Speed（rpm）:	1500	1500
Rated Torque（N·m）:	**35.041**	**35.0258**
Torque Angle（degree）:	13.4197	12.3535
Maximum Output Power（W）:	**20884.7**	**21196.8**
Estimated Rotor Inertial Moment（kg m^2）:	0.009189	0.009189

　　从上面看，两个电机的性能非常接近，也相当好，但两个电机都不采取定子斜槽时的**齿槽转矩相差极大**，读者根据上表参数可以用 RMxprt 建模来进行性能对比，见表 6-5-2。

表 6-5-2　不同槽极配合齿槽转矩比较

	24 槽 8 极	27 槽 8 极
评价因子 C_T	8	1
圆心角 $\theta/(°)$	15	1.6666
齿槽转矩 /（N·m）	**8.55761**	**0.04522**
额定转矩 /（N·m）	35.041	35.0258
齿槽转矩容忍度	**24.4%**	**0.129%**

图 6-5-7 是 27 槽 8 极电机的机械特性曲线。

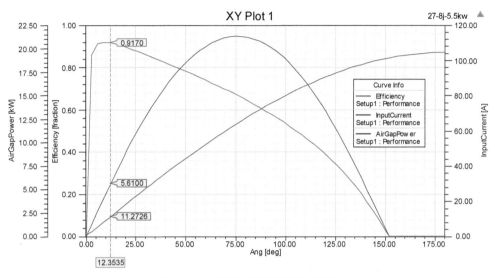

图 6-5-7　27-8j 电机机械特性曲线

图 6-5-8 是 27 槽 8 极电机的齿槽转矩曲线。

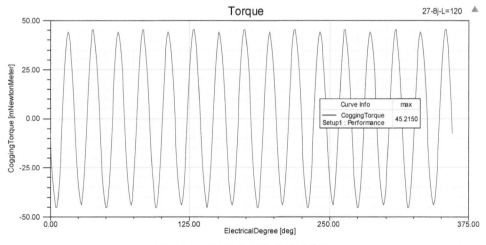

图 6-5-8　27-8j 电机齿槽转矩曲线

齿槽转矩容忍度为 $\dfrac{0.04521}{35.0258} = 0.129\%$。

图 6-5-9 是 27 槽 8 极电机的感应电动势曲线。

图 6-5-9 所示电机的感应电动势正弦度较好，波形平滑。图 6-5-10 和图 6-5-11 是电机转矩瞬态转矩曲线。

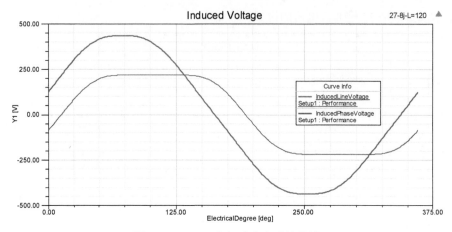

图 6-5-9 27-8j 电机感应电动势曲线

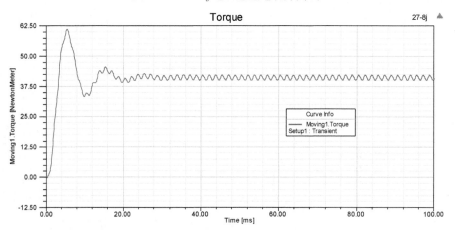

图 6-5-10 27-8j 电机瞬态转矩曲线

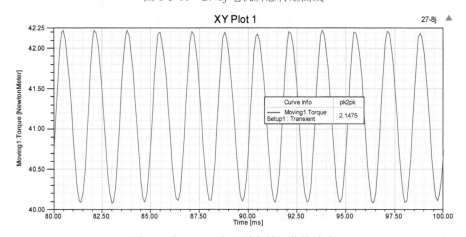

图 6-5-11 27-8j 电机瞬态转矩曲线放大

转矩波动为 $\dfrac{2.1475}{35.0258}=0.061\times100\%=6.1\%<10\%$。

对齿槽转矩曲线与转矩瞬态曲线进行分析，电机运行性能较好，这种 27 槽 8 极的槽极配合电机完全不需要进行转子直极错位，电机齿槽转矩、转矩波动已经非常完美。

图 6-5-12 和图 6-5-13 是电机磁通分布和磁通密度云场图。

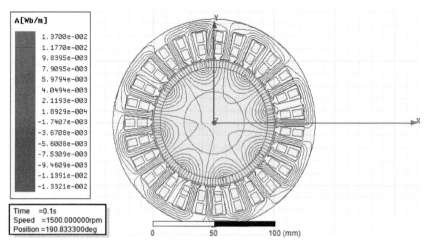

图 6-5-12　电机磁通曲线

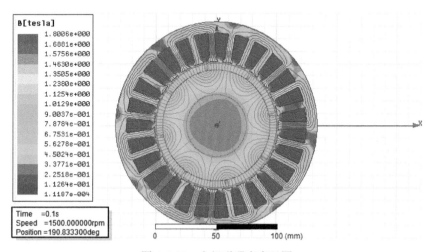

图 6-5-13　电机磁通密度云图

应该说 27 槽 8 极电机的运行质量特性完胜 24 极 8 槽，且电机制造工艺简单。27 槽 8 极电机因为是分数槽，每对极的三相绕组数不同，因此该电机一相的绕组只能串接，即并联支路数等于 1，对于高压电机来讲没有问题，对于功率很大的电机或低压电机，即每极每相绕组数很少的电机，不宜采用 27 槽 8 极结构。

6.5.3　12 槽 10 极 5.5kW 电机设计示例

有没有齿槽转矩比 24 槽 8 极的要小，绕组又均匀对称分布的电机结构呢？那就是分数槽集中绕组的结构。这种分数槽集中绕组的每相每极的槽数是分数，其齿槽转矩肯定比整数槽电机要小，但是分数槽集中绕组分区中的三相绕组是整数，又要相等，导致这种电机的定子绕组是圆周均布的，绕线工艺不复杂，分数槽集中绕组兼具整数槽绕组排布对称及分数槽齿槽转矩小的优点。

因此 27 槽 8 极电机是否可以用少槽的分数槽集中绕组来替代，并且额定点性能要与 27 槽 8 极相当？

下面介绍这种思路和据此选定的结构。

首先要把多槽的 27 槽减少，查看分数槽集中绕组的整数分区槽极配合。

27 槽以下的分数槽集中绕组见表 6-5-3。与 27 槽太近的不宜选用，槽数太少的如 6 槽、9 槽的也不宜选用，因此只有 12、15、18 槽，并且是绿色背景的槽极配合可以选用。本例选用 12 槽作为电机定子槽数，12 槽有 12-8j、12-10j，12 槽 8 极的圆心角大，$\theta = 15°$，12 槽 10 极的圆心角 $\theta = 6°$，评价因子与圆心角均优于 24 槽 8 极，略差于 27 槽 8 极，只要在转子磁钢采取凸极措施，不直极错位，相信电机的齿槽转矩就能达到要求。

12 槽可以做成拼块式定子，使电机槽满率做得很高。

表 6-5-3　分数槽集中绕组每分区三相绕组个数

极数	槽数							
	6	9	12	15	18	21	24	27
2								
4	3							
6		3						
8	-3	9	3					
10		-9	6	3				
12		-3			3			
14			-6	15		3		
16			-3	-15	9		3	
18								3
20				-3	-9	21	6	
22						-21	12	
24				-3				9
26							-12	27

表 6-5-4 是不同槽极配合齿槽转矩相关参数的比较。

表 6-5-4　不同槽极配合齿槽转矩的比较

	24 槽 8 极	27 槽 8 极	12 槽 10 极
评价因子 C_T	8	1	2
圆心角 $\theta/(°)$	15	1.6666	6
槽极比	3	3.3	1.2

从槽极比看，12 槽 10 极的最大转矩倍数肯定比 24 槽 8 极、27 槽 8 极的小。但是如果电机的最大转矩倍数要求不太高，则还是可以容忍的。

下面介绍用 12 槽 10 极结构来设计 5.5kW 永磁同步电机。样机数据见 6.5.1 节。

为了应用现成的电机定子冲片，选取内嵌式 12 槽 10 极拼块式定子冲片电机结构，如图 6-5-14 所示。

选择理由：

1）12 槽电机定子可以做成 T 形拼块式结构（冲片有现成的），电机槽满率可以比整块冲片的电机要高。

2）12 槽 10 极电机的齿槽转矩比 12 槽 8 极的小。

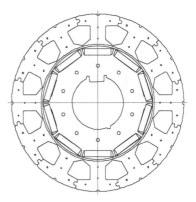

图 6-5-14　12 槽 10 极电机结构图

3）做成内嵌式转子，这样电机转子磁钢价格便宜，与表贴式相比，不用在转子外面套不锈钢套，有效防止磁钢脱落，工艺简单。但是电机的工作磁通要小于表贴式，必须提高磁钢性能，增加定、转子长度来弥补工作磁通的不足。图 6-5-15 和图 6-5-16 分别是 12 槽 10 极电机结构和绕组排布。

12 槽 10 极电机额定工作点设置如图 6-5-17 所示。

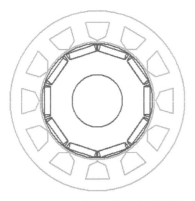

图 6-5-15　12 槽 10 极电机结构图

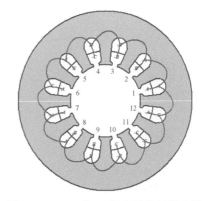

图 6-5-16　12 槽 10 极电机绕组排布图

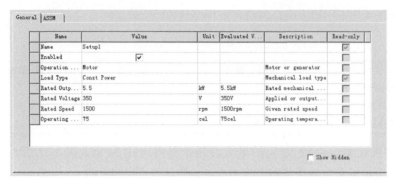

图 6-5-17　12 槽 10 极电机额定设置

电机性能计算书如下：

ADJUSTABLE-SPEED PERMANENT MAGNET SYNCHRONOUS MOTOR DESIGN

GENERAL DATA

Rated Output Power（kW）：5.5
Rated Voltage（V）：350
Number of Poles：10
Frequency（Hz）：125
Frictional Loss（W）：75
Windage Loss（W）：0
Rotor Position：Inner
Type of Circuit：Y3
Type of Source：Sine
Domain：Frequency
Operating Temperature（C）：75

STATOR DATA

Number of Stator Slots：12
Outer Diameter of Stator（mm）：167.2
Inner Diameter of Stator（mm）：110
Type of Stator Slot：3
Stator Slot
　hs0（mm）：1.04
　hs1（mm）：3.624
　hs2（mm）：13.225
　bs0（mm）：0.9
　bs1（mm）：16.4437
　bs2（mm）：23.531
　rs（mm）：0
Top Tooth Width（mm）：15
Bottom Tooth Width（mm）：15
Skew Width（Number of Slots）：0.1
Length of Stator Core（mm）：128

Stacking Factor of Stator Core：0.97
Type of Steel：DW310_35
Designed Wedge Thickness（mm）：3.624
Slot Insulation Thickness（mm）：0.3
Layer Insulation Thickness（mm）：0.3
End Length Adjustment（mm）：0
Number of Parallel Branches：2
Number of Conductors per Slot：162
Type of Coils：22
Average Coil Pitch：1
Number of Wires per Conductor：2
Wire Diameter（mm）：0.73
Wire Wrap Thickness（mm）：0
Slot Area（mm^2）：296.695
Net Slot Area（mm^2）：233.376
Limited Slot Fill Factor（%）：80
Stator Slot Fill Factor（%）：73.9835
Coil Half-Turn Length（mm）：168.83
Wire Resistivity（ohm.mm^2/m）：0.0217

ROTOR DATA

Minimum Air Gap（mm）：1.5
Inner Diameter（mm）：50
Length of Rotor（mm）：132
Stacking Factor of Iron Core：0.97
Type of Steel：DW465_50
Bridge（mm）：1
Rib（mm）：2
Mechanical Pole Embrace：0.8
Electrical Pole Embrace：0.851629

Max. Thickness of Magnet（mm）: 6
Width of Magnet（mm）: 26
Type of Magnet : NdFe35
Type of Rotor : 5
Magnetic Shaft : Yes

PERMANENT MAGNET DATA

Residual Flux Density（Tesla）: 1.23
Coercive Force（kA/m）: 890
Maximum Energy Density（kJ/m^3）: 273.675
Relative Recoil Permeability : 1.09981
Demagnetized Flux Density（Tesla）: 0
Recoil Residual Flux Density（Tesla）: 1.23
Recoil Coercive Force（kA/m）: 890

STEADY STATE PARAMETERS

Stator Winding Factor : 0.808013
D-Axis Reactive Reactance Xad（ohm）: 1.67871
Q-Axis Reactive Reactance Xaq（ohm）: 4.82978
Armature Phase Resistance at 20C（ohm）: 0.583226

NO-LOAD MAGNETIC DATA

Stator-Teeth Flux Density（Tesla）: 1.58137
Stator-Yoke Flux Density（Tesla）: 1.1679
Rotor-Yoke Flux Density（Tesla）: 0.388207
Leakage-Flux Factor : 1.21294
Correction Factor for Magnetic
　Circuit Length of Stator Yoke : 0.568664
Correction Factor for Magnetic

Circuit Length of Rotor Yoke : 0.734648
No-Load Line Current（A）: 0.123886
No-Load Input Power（W）: 134.494
Cogging Torque（N · m）: 0.0237846

FULL-LOAD DATA

Maximum Line Induced Voltage（V）: 502.128
Root-Mean-Square Line Current（A）: 9.70281
Root-Mean-Square Phase Current（A）: 9.70281
Armature Thermal Load（A^2/mm^3）: 158.167
Specific Electric Loading（A/mm）: 27.2906
Armature Current Density（A/mm^2）: 5.79565
Frictional and Windage Loss（W）: 75
Iron-Core Loss（W）: 59.3972
Armature Copper Loss（W）: 200.247
Total Loss（W）: 334.644
Output Power（W）: 5500.6
Input Power（W）: 5835.25
Efficiency（%）: 94.2651
Power Factor : 0.981997
IPF Angle（degree）: − 27.478
NOTE : IPF Angle is Internal Power Factor Angle.
Synchronous Speed（rpm）: 1500
Rated Torque（N·m）: 35.0179
Torque Angle（degree）: 38.3663
Maximum Output Power（W）: 10429.1
Torque Constant KT（Nm/A）: 0

电机机械特性曲线如图 6-5-18 所示。

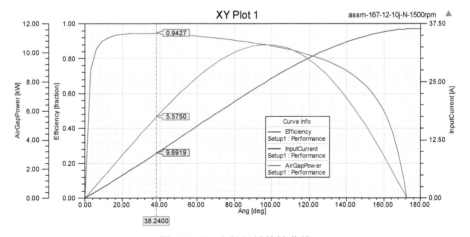

图 6-5-18　电机机械特性曲线

电机齿槽转矩曲线如图 6-5-19 所示。

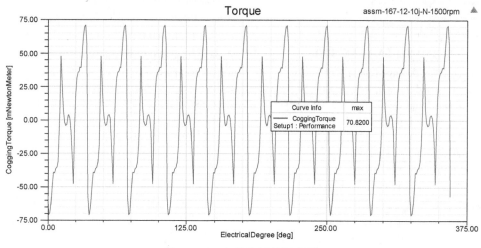

图 6-5-19　电机齿槽转矩曲线

齿槽转矩容忍度为 $\dfrac{0.07082}{35.0185} = 0.002 \times 100\% = 0.2\%$。

内嵌式电机的感应电动势波形正弦度不算太平稳，如图 6-5-20 所示。

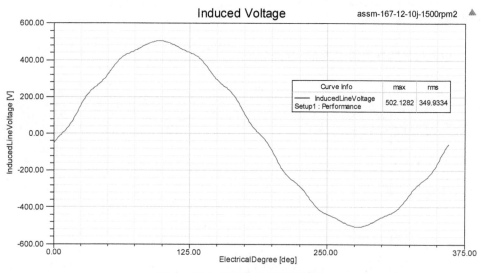

图 6-5-20　电机感应电动势波形

图 6-5-21～图 6-5-23 分别是电机磁通分布、磁通密度云图及瞬态转矩。
图 6-5-24 是计算出的瞬态转矩曲线。

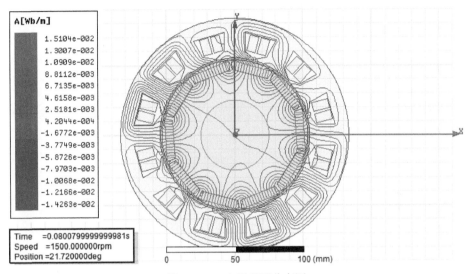

图 6-5-21　电机磁通分布图

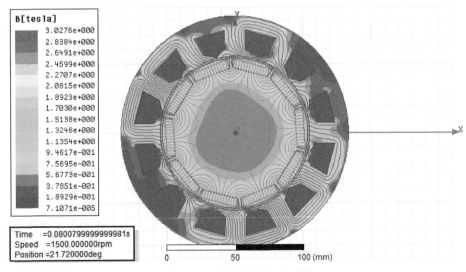

图 6-5-22　电机磁通密度云图

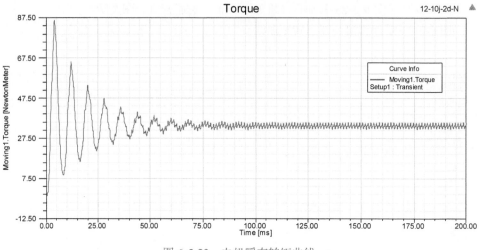

图 6-5-23 电机瞬态转矩曲线

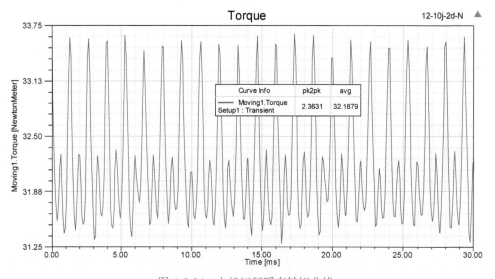

图 6-5-24 电机区间瞬态转矩曲线

转矩波动率为 $\dfrac{2.3631}{32.1879}=0.0734\times100\%=7.34\%$。

动力用伺服电机的转矩波动率在 10% 之内是可以的。某些高速交流感应主轴电机的转矩波动在 50% 左右也能正常工作。齿槽转矩、转矩波动均较好，因为电机采用内嵌式磁钢，又不斜槽，感应电动势波形不太平滑，但是该电机是力矩型永磁同步电机，所以感应电动势波形稍差是允许的。

12 槽 10 极电机的最大转矩小于 27 槽 8 极，但是最大转矩倍数仍有 1.9 倍，即

$\dfrac{10455.9}{5500} = 1.9$，在额定负载稳定的纺织电机上，最大转矩倍数已经足够了。

因此用 12 槽 10 极内嵌式永磁同步电机很好地替代了 27 槽 8 极的表贴式永磁同步电机，用于纺织工业。

成品如图 6-5-25 所示。

虽然经过这样的努力，12 槽 10 极分数槽集中绕组电机的额定性能可以做到与 27 槽 8 极的特殊槽极配合的电机相仿，但是在齿槽转矩、转矩波形、最大转矩等方面还是只能与 27 槽 8 极电机相近，不过电机工艺、成本等方面均优于 27 槽 8 极。

27 槽 8 极的特殊槽极配合的电机具有非常多的优势，该系列电机的应用应该得到重视和推广。

图 6-5-25　5.5kW、12 槽 10 极电机成品图

6.6　主轴电机槽极配合的设计

6.6.1　主轴电机概述

主轴电机是一种**高速电机**，在精密机械加工行业应用较为广泛。电主轴是在高端数控机床领域出现的将机床主轴与主轴电机融为一体的新技术。高速数控机床主传动系统取消了带轮传动和齿轮传动。机床主轴由内装式电机直接驱动，从而把机床主传动链的长度缩短为零，实现了机床的"零传动"，消除了传动系统的误差，并且提升了主轴的效率和最高转速。在永磁同步电机没有普及时，主轴电机主要指转速超过 10000r/min 的**变频交流感应异步电机**。

主轴电机也有转速较低的一类电机，额定转速在 3000r/min 左右，最高转速在 10000r/min 左右。随着永磁同步电机的出现，电机伺服性能更好，转速可以在 20000r/min、60000r/min 甚至超过 100000r/min。主轴电机具有转速高、体积小、轻巧、材料耗费低、噪声小、振动低等优点，越来越受到相关行业的重视并得到大量应用。

主轴电机应用非常广泛，由于电机高转速运行，具有较高的加工质量，使得主轴电机的性能优于其他普通电机，在工业生产过程中发挥了重要作用，广泛用于木材、铝材、石材、五金、玻璃、PVC、机床精密加工等，以及电力、导弹、航空等行业。这些行业技术要求高，所以需采用高质量、高技术、高精度的主轴电机。国内目前在大型水利工程、核电站、国家级发电厂等工程项目中也采用高品质的主轴电机。

主轴电机是高速电机的一种，转速较高，输出转矩有的也较大，因此输出功率较大，从数千瓦至数十千瓦不等甚至更高。

主轴电机的相关内容非常多，本节主要讲述主轴电机的槽极配合与设计相关内容。为了内容的完整性，简要介绍主轴电机相关的基础知识。讲到主轴电机必定会提到交流感应主轴电机，本节还简要讲述了三相交流感应主轴电机的某些相关内容，这对需要深入了解主轴电机的读者会有所帮助。

6.6.2　主轴电机的分类

现在高速主轴电机分为两大类，一类是高速交流变频感应异步电机，一类是高速永磁同步电机。这两类电机都有生产，高速交流变频感应异步电机生产较早，用变频电源调节转速。该类电机制作简单、成本低，控制器简单、价格便宜，控制方便，高速运行平稳，不退磁，性能稳定，但是效率比永磁同步电机低，效率平台窄，不便于伺服控制。但是由于控制简单、稳定，国内外很多高速主轴电机还是采用此类电机。该类电机可以做成一对极，工艺成熟、简单。

永磁同步电机效率高，效率平台非常宽，伺服控制性能比交流变频电机好，但电机控制器复杂、价格高、控制难度大，由于要得到较高转速有时要用弱磁方案，使控制器算法更复杂，要求电机感应电动势的正弦度要好，要用矢量控制器，电机用在频繁起动的场合，在使用时间过久后，磁钢易退磁，电机成本高，特别是现在稀土材料价格猛涨，与交流电机比成本差距明显。伺服控制电机大多需要编码器，电机转子加工复杂。对高速电机来讲，电机极数少，电机转速高，永磁同步电机转子如果做成一对极，工艺性不好。

因此这两种类型电机应用场合不同，电机结构和性能存在较大差异。

都具有编码器的两种电机的区别是：

由于交流变频感应异步电机的效率平台太窄，通过改变电机电源频率调整速度，一般作动力电机，没有伺服功能，当该异步电机负载变化后，电机的转速就随之改变，因此大都用于动力驱动用的高速电机。只有加了编码器后在一定程度上精确控制电机转速。负载变化后，电机转速相应做出变化，这个变化由编码器反馈给控制器，控制器对电机电源频率做出调整使电机转速保持稳定，这个过程与负载变化程度有关。保持电机转速稳定运行的过程是：**负载变化引起转速变化—通过调整频率来调整转速—负载变化引起转速变化—再调整频率达到要求转速**。因此这种恒速控制是不完美的。**从瞬态看，电机转速永远处在不稳定状态，不稳定度与电机的编码器精度和控制器响应速度有关。**

永磁同步电机由于电机转速始终仅与电源频率有关，电机负载有变化，电机转速始终不变，仅是电机转矩角有变化。如果设定了某一频率，那么电机就在该转速下稳定运行，因此永磁同步电机伺服运行要稳定得多。只要控制器输出的电源频率稳定，则电机转速就稳定，控制器电源给出的频率由编码器检测。**从瞬态看，不管在电源哪一频率，电机负载变化的瞬间，电机转速都是稳定的。**编码器与电机转速相对应，控制器、电机和编码器组成一个闭环系统，控制器可以按设定的运行程序指定电机按设定的运行状态运行。

如编码器控制精度高，交流变频感应异步电机的额定机械性能可以与永磁同步电机相近，但是控制方法不同。两种电机的编码器精度要求越高，电机伺服控制精度就越高。

随着机械加工精度要求的提高，机床要求电机的伺服性能也在提高，交流变频感应异步电机和普通的步进电机就有些力不从心了，为此在要求伺服精准控制的场合要用永磁同步伺服电机。这种电机的伺服性能好，能快速响应、精确定位，能精确调整转速，转速不随负载改变而改变，成为现阶段机床、机械自动化行业的首选。随着控制技术的提高，一些高速交流变频感应异步电机逐渐被永磁同步电机替代。在一个国际机床展会上，绝大部分都是永磁同步伺服电机，几乎看不到步进电机或交流变频电机（不带编码器）。应该说，永磁同步伺服电机是比较新颖的电机，设计人员对永磁同步伺服电机设计理念和控制器的认识不同，导致现在的永磁同步电机良莠不齐。因此，在电机电磁设计、结构设计、电机生产加工上有许多可供改善的地方。

6.6.3　伺服电机与主轴电机的区别

1. 数控机床对主轴电机和伺服电机的要求不同

（1）机床对进给伺服电机的要求

1）机械特性：要求伺服电机的速降小、刚度大。

2）快速响应的要求：这在轮廓加工，特别对曲率大的加工对象进行高速加工时要求较严格。

3）调速范围要求：使数控机床适用于各种不同的刀具、加工材质，适应各种不同的加工工艺。

4）要有一定的输出转矩和过载转矩。机床进给机械负载的性质主要是克服工作台的摩擦力和切削的阻力，因此主要是恒转矩的性质。

（2）电主轴的要求

1）足够的输出功率，数控机床的主轴负载性质近似于恒功率，也就是当机床的电主轴转速高时，输出转矩较小；主轴转速低时，输出转矩大。即要求主轴驱动装置要具有恒功率的性质。

2）调速范围要求：为保证数控机床适用于各种不同的刀具、加工材质，适应各种不同的加工工艺，要求主轴电机具有一定的调速范围。

3）速度精度：一般要求静差度小于5%，静差度更高的要求为小于1%。

4）快速：主轴驱动装置有时也用在定位功能上，这就要求它也要具有一定的快速性。

2. 伺服电机和主轴电机的输出指标不同

伺服电机以转矩（N·m）为指标、主轴电机以功率（kW）为指标。

伺服电机和主轴电机在数控机床上的作用不同，伺服电机驱动机床的工作台，工作台的负载阻尼为折合到电机轴上的转矩，所以伺服电机以转矩（N·m）为指标。主轴电机驱动机床的主轴，它必须满足机床负载的变化，要求重载切削时低速大转矩，轻量快速加工时高速小转矩，要求近似于恒功率工作状态，所以主轴电机以功率（kW）为指标。这是习惯的叫法。其实，通过力学公式，这两个指标是可以换算的。

6.6.4　主轴电机的形状

主轴电机的形状大概分为圆形和方形两种，并且每种形状的主轴电机根据不同的换刀要求分为手动换刀和自动换刀主轴两大类，如图 6-6-1 所示。

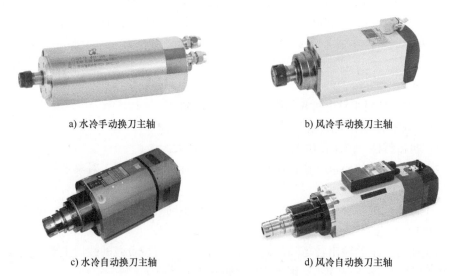

a) 水冷手动换刀主轴　　　　　　　　　　b) 风冷手动换刀主轴

c) 水冷自动换刀主轴　　　　　　　　　　d) 风冷自动换刀主轴

图 6-6-1　不同类型的主轴电机形状

6.6.5　主轴电机的冷却方式

主轴电机内置在主轴内，电机运行和轴承高速转动时会发热，需要有冷却系统进行冷却，一方面保障电机的正常运行，另一方面可减少主轴的热延伸。主轴电机冷却方式有自然冷却、风冷、水循环冷却和油循环冷却等。主要是看电机温升要求，一般高速主轴电机输出功率大，电机体积小，即单位体积的输出功率大，这样相应的电机单位体积的功率损耗大，当电机有一定的温升要求时，必须对电机进行冷却处理。

　　一般是对定子进行冷却处理，如果不对转子进行冷却处理，那么转子温度不容易通过气隙传导给定子，只能传导给轴承和转轴，使轴承和转轴的温度比定子温度高很多，因此主轴电机有时还会对转子进行冷却处理，这样使得电机构造相对复杂，也要同步增加冷却设备。

6.6.6　电主轴电机的应用

　　电主轴通常用的是高速电机，是高速机床加工的核心功能部件，加工的精度和效率完全取决于主轴本身，对于机床不同加工需求，会选用不同类型的电主轴。电主轴按照转速、冷却方式、换刀类型和出轴形式大致分为高速、中低速、风冷、水冷、油冷、自动换刀、手动换刀、双头主轴和单头主轴等类型。从应用上分为铣削、磨削、车削、钻孔、雕刻、抛光、打磨、去毛刺、切割、研磨等。

　　电主轴应用（部分类型主轴在不同行业和设备上的应用）场合有如下几个。

　　（1）机器人主轴电机（见图 6-6-2）

图 6-6-2　机器人主轴电机

　　机器人主轴一般主要用于浮动去毛刺、倒角（塑料、复合材料、玻璃纤维零部件）加工铣削、金属材料（包含铝合金、钛合金）切削加工。

　　（2）PCB 主轴电机（见图 6-6-3）

图 6-6-3　PCB 主轴电机

PCB 分板主轴主要应用于手机主板（电路板）及各种移动设备 PCB 板材的微小孔加工及精密切割加工，通常转速在 60000r/min 以上。

（3）数控机床主轴电机（见图 6-6-4）

机床主轴一般应用于 CNC 加工中心铣削切削、五轴加工中心车铣加工及各种材质的零部件铣削加工。

（4）内外径研磨主轴电机（见图 6-6-5）

图 6-6-4   数控机床主轴电机   图 6-6-5   内外径研磨主轴电机

内外径研磨主轴主要应用于对精度要求较高的设备的加工，比如对光纤接插件上的陶瓷插芯内外径精密研磨加工。

（5）多轴联动加工中心电机（见图 6-6-6）

图 6-6-6   五轴联动加工中心主轴电机

可用于有色金属、轻合金、复合材料、塑料、木材等具有类似物理特性材料的加工机床。其具有紧凑的机器设计，极小的旋转体积，可搭载在五轴联动加工中心专用的 A/C 双摆头上实现多轴联动，广角旋转最大程度覆盖加工区域，特别适合对轮廓及型腔复杂的各类模具的加工。

6.6.7   主轴电机的结构

主轴电机主要包括轴、前后支撑轴承、前端盖、后端盖、机壳、定子、转子等部分。有些冷却水套集成在机壳上，采用外水道形式，如图 6-6-7 所示，有些冷却水套采用内水套形式，水道设计在机壳和定子之间，如图 6-6-7 所示的冷却水套。

除此以外，最大的区别在于主轴端部的连接形式和轴承配置等。比如加工中心加工工序集成化程度高，一次装夹工件需要按照程序依次完成多个工序加工，因此主轴必须配合刀库实现自动换刀，所以轴的内部还必须有自动换刀机构。考虑到不同应用场景的转速、载荷方向和系统刚性要求不同，电机的轴承配置也不同。高速加工中心需要在整个转速范围内恒功率工作，通常需要兼顾刚性和承载能力，因此轴承系统一般采用成组的单列角接触球轴承和单列圆柱滚子轴承组合使用，前端轴向定位，后端支撑能够沿轴向浮动，以适应轴系的轴向热延伸。而车床主轴通常以相对较低的速度切削金属。取决于所需的表面加工精度，切削深度和进给速度，主轴前端承受高的联合载荷，高刚性和高承载能力是其重要的运行要求。因此车床主轴通常在前端采用一个内锥孔的双列圆锥滚子轴承和两个 DB 配对的角接触球轴承组合使用，后端采用一个内锥孔的双列圆锥滚子轴承。

1. 加工中心电主轴（见图 6-6-7 和图 6-6-8）

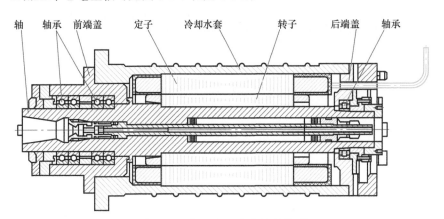

图 6-6-7　加工中心电主轴结构图

图 6-6-8　加工中心电主轴照片

适用范围：数控铣、加工中心、数控机床。

适用刀柄：BT 系列、JT 系列、CT 系列、ISO 系列、HSK 短锥系列。

2. 数控车床电主轴（见图 6-6-9 和图 6-6-10）

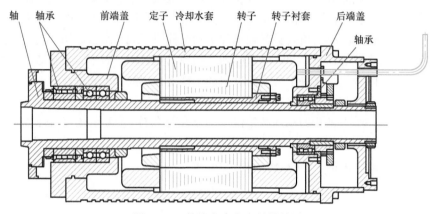

图 6-6-9　数控车床电主轴结构图

图 6-6-10　数控车床电主轴照片

适应范围：仪表车床、排刀车床、数控车床。

轴端连接形式：卡盘一般分为止口连接形式、短锥连接形式，短锥连接形式又分为 A1 型、A2 型、C 型、D 型等。

数控车床及加工中心一般采用 A1、A2 型高速主轴，如 A2-4、A2-5、A2-6/A1-5、A2-6、A2-8 等。

3. 磨床电主轴（见图 6-6-11 和图 6-6-12）

适应范围：内圆磨床、外圆磨床、平面磨床。

轴头形式：一般采用锥度连接，基本上以标准莫氏锥度应用最多。

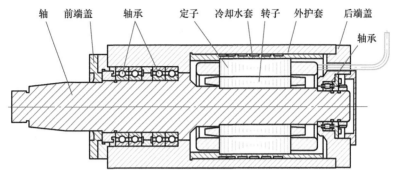

图 6-6-11　磨床电主轴结构图

图 6-6-12　磨床电主轴照片

6.6.8　主轴电机的转动惯量

主轴电机的转速较高，电机响应速度要快，因此主轴电机的转动惯量相对要小些才好，转子的转动惯量与转子直径有关，直径小，转子的转动惯量就小。转动惯量与负载惯量要匹配。

某电主轴电机的转动惯量见表 6-6-1 中的序号 03。

表 6-6-1　电主轴转动惯量

序号	电机参数（Y 联结）	
01	编码器每转脉冲数 /（imp/U）	160
02	额定电流 /A	31
03	主轴转子转动惯量 /（kgm²）	0.00797

我们设计的主轴电机的转动惯量可参看同类电主轴电机的转动惯量。不必刻意要求电机的转动惯量很小，转动惯量太小，转子直径就小，电机的工作磁通就小，要达到一定的磁链 $N\Phi$，必定要把电机拉长，这样定子绕组内阻就会加大，损耗就

大，电机效率就会下降。

电机的转动惯量与负载应该匹配，具有较大负载的主轴电机，其负载惯量本身就大，因此不必刻意要求主轴电机的转动惯量很小。

6.6.9　主轴电机的槽极配合

主轴电机的转速较高，电机极对数不会太多，一般取 2、4、6 极，有时也会取 8 极。极数多，转速高时控制器工作频率就高，控制器输出的正弦波频率为数百赫兹到数千赫兹，控制器 MOS 管开关频率在 16～20kHz 之间，也有的在 20kHz 以上，16kHz 约为 62.5μs。而控制器载波的交流正弦波频率一般控制在 1～10kHz 范围内。基波频率越高，正弦波载波频率越低，则载波的正弦度会越好。

8 极电机并不是不能做数万转的高速电机，如一个 24000r/min、20kW 的 8 极主轴电机，用在高速磨床上。8 极电机转速为 24000r/min 时的工作频率为 3200Hz。图 6-6-13 是该主轴电机结构和绕组排布。

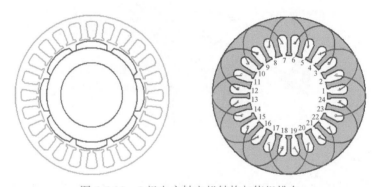

图 6-6-13　8 极电主轴电机结构与绕组排布

该电机工作相当稳定，转矩波动率在 6% 左右。关键是 24 槽 8 极电机在单层半绕组时的绕组系数为 1，槽利用率比较高，电机体积就可以小些。另外电机是单层绕组，整个电机绕组就少，每槽只有一个绕组，槽内没有相间绝缘问题，工艺性好。

因此主轴电机在 20000r/min 左右运行时，也可以设计为 8 极电机。如果主轴电机要求转速更高，则电机的极数应该再小一些。

这样主轴电机可以设计成 24 槽 4 极表贴式或内嵌式，采用全绕组形式，单层绕组，绕组系数也较高（0.965926），这样的电机结构可以做成 30000r/min 左右的主轴电机。图 6-6-14 是 24 槽 4 极主轴电机结构与绕组排布图。

如图 6-6-15 所示的 30000r/min 高速永磁同步电机结构图，设计人员将其设计成 2 极电机并已经产品化。

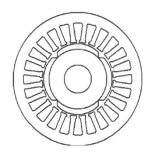 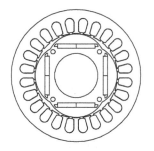 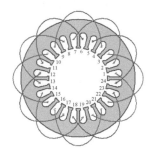

图 6-6-14　24 槽 4 极主轴电机结构与绕组排布

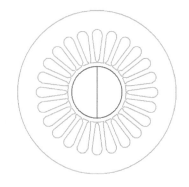

Name	Value	Unit
Name	Setup1	
Enabled	☑	
Operation ...	Motor	
Load Type	Const Power	
Rated Outp...	110	kW
Rated Voltage	350	V
Rated Speed	30000	rpm
Operating ...	75	cel

图 6-6-15　24 槽 2 极主轴电机

30000r/min 设计成 4 极电机，工作频率仅 1000Hz，不必要设计成 2 极电机。在永磁同步电机中，永磁体磁钢做成 2 极，结构、工艺设计不算合理，另外电机磁钢径向充磁比较困难，充磁头工装设计、加工困难，如果磁钢平行充磁，则磁钢磁路不合理。

交流感应电机做成 2 极是非常普遍的，转子是永磁体的，尽量不采用 2 极设计。

2 极电机由于磁路关系，定子轭非常宽，在电机裂比确定的条件下，极大地压缩了定子冲片的槽面积，因此电机的裂比不能做得大，使转子体积相应减小，因为转子体积与转矩成正比，为了要有一定的转矩，转子体积相应就大，这样使电机体积相应加大，另外 2 极电机的绕组集中在两边，使绕组端部相对比多极电机高，从而使电机长度相应加大，电机绕组端部电阻损耗加大，效率降低。

由上面分析可知，用转子 4 极做高速主轴电机是比较合适的，定子要多少槽配合对电机性能有较好的效果呢？表 6-6-2 是大节距少极电机槽极配合表，表 6-6-3 是多种 4 极电机槽极配合性能特性表。

6-4j 不能做成单层绕组，18-4j、30-4j 单层绕组是波对称绕组，12-4j、24-4j、36-4j 的各项指标相同，仅齿槽转矩圆心角 θ 不同，因此尽量用槽数少些的为好。

极数相同，槽数越多，电机的最大输出功率就越大。因此，如果用 12-4j 的槽极配合与 24-4j 的相比，电机最大输出功率略小。

表 6-6-2 大节距少极电机槽极配合

大节距绕组 每对极每相绕组 = Z/M_p																	
极数	槽数																
	3	6	9	12	15	18	21	24	27	30	33	36	39	42	45	48	51
2	1	2	3	4	5	6	7	8	9	10	11	12	13	14	15	16	17
4	0.5	1	1.5	2	2.5	3	3.5	4	4.5	5	5.5	6	6.5	7	7.5	8	8.5

表 6-6-3 多种 4 极电机槽极配合特性表

槽数	6	**12**	18	24	30	**36**
极数	4	**4**	4	4	4	**4**
评价因子 C_T	2	**4**	2	4	2	**4**
圆心角 $\theta/(°)$	30	**30**	10	15	6	**10**
齿槽转矩波动数 $2NP$	4	**2**	4	2	4	**2**
两齿转矩波动周期数 T_Z	4	**2**	4	2	4	**2**
转矩波动系数 K_{NP}	0.125	**0.5**	0.125	0.5	0.125	0.5

永磁同步主轴电机用 12-4j、24-4j 都可以达到额定设计要求，如果用 36-4j，则最大转矩倍数会高些，但是槽数多了，绕组下线会较麻烦。

6.6.10 主轴电机性能与负载和工作状态分析

对用于高速磨床的主轴电机来讲，电机转速、输出功率和磨床砂轮直径有关，磨削加工的砂轮需要一定的线速度，砂轮小，电机转速要高，

砂轮直径在 500mm 左右，电机转速为 2500r/min，电机功率在 10kW 左右；

砂轮直径在 350mm 左右，电机转速为 5000r/min，电机功率在 20kW 左右；

砂轮直径在 50mm 左右，电机转速达 20000r/min，在普通切削时电机功率在 5~6kW，张力切削时在 10kW 左右。

因此电机转速为 20000r/min 时，电机的输出功率不需要在 25kW，如果主轴电机转速为 20000r/min，那么 10kW 也可以了，在 10000r/min 时 5kW 也够用了。总之主轴电机的转速和输出功率与电机工况有关，一般要摸清电机工况，然后再确定电机的技术条件才行，特别是要确定电机的输出功率。设计主轴电机时，有必要参考现有相近的主轴电机的参数。

6.6.11 主轴电机的参数

主轴电机一般根据其使用工况和负载类型（恒转矩或者恒功率负载），确定其技术参数要点。下面是某主轴电机的技术参数：

额定电压（输入控制器电压）：AC 380V；

额定转速：3617r/min；

额定转矩：39.6N·m；

最高转速：7030r/min；

弱磁起始转速：6000r/min；

弱磁最高转速：18000r/min；

额定功率：15kW；

额定频率：133Hz；

空载电流：9.5A；

要求最高转速：18000r/min。

6.6.12　主轴电机的编码器

在数控机床中，主轴是整个系统的核心单元，为了能够更加精准地定位以及反馈速度，需要在主轴电机上安装编码器，目的就是为了检测主轴转速、反馈位置、准停控制等。随着机械自动化技术的发展，当前主轴编码器主要采用直连式，与传统的编码器相比，其特点是结构简单、稳定性好、成本低、准确度高等。

编码器与电机、控制器要相互配合，对于有些主轴电机应用场合，只要检测电机转速，而对精度要求不高，由于电机转速高，所以电机的分辨率，即每转的脉冲数不需要太高。如某公司生产的主轴电机就选用每转脉冲数仅为 160 的编码器。

编码器有光编码器、磁编码器、齿轮编码器、旋转变压器等，要根据主轴电机的类型、工作状况、控制器来选取相应的编码器。旋转变压器和编码器的主要区别如下：

1）编码器更精确，采用的是脉冲计数；旋转变压器不是脉冲计数，而是模拟量反馈。

2）编码器大多是方波输出，旋转变压器是正余弦波，通过芯片计算出相位差。

3）旋转变压器的转速比较高，每分钟可以达到上万转，编码器没那么高。

4）旋转变压器的应用环境温度是 −55～155℃，编码器是 −10～70℃。

5）旋转变压器一般是增量的，而编码器有增量式和绝对值式两种形式。绝对值编码器在设备停电再次开机时仍然能检测出绝对坐标位置，不需要回零。

两者根本的区别在于数字信号和模拟正弦或余弦信号的区别。图 6-6-16～图 6-6-18 是各种编码器实物图。

图 6-6-16　旋转变压器

图 6-6-17　齿轮编码器

图 6-6-18　光栅编码器

实际编码器的脉冲数可以做得很高，伺服电机编码器每转脉冲数指的就是编码器每转一圈，要发送回的脉冲数，取决于漏光盘的分辨率。要得到伺服电机编码器每转脉冲数，最直接的办法就是看说明书，其中有的说明书上将其称为编码器分辨率，如编码器分辨率为262144pulse/rev。

也有的厂家，将编码器每转脉冲数称为编码器线数。

每转脉冲数决定了编码器的精度，脉冲数越多，代表精度越高，当然价格就越高，在实际应用中要根据设备精度来选择编码器的脉冲数，只要编码器的分辨率能够满足要求就可以。另外需要注意的是编码器都有允许的最高转速，一般为6000r/min，如果电机的转速超过这个数值，可能测量的脉冲数会不准确，甚至会损坏编码器，当然旋转变压器不局限于该转速。

编码器在工控应用中的主要作用是定位和测速，其中的关键环节就是脉冲数与实际位置的转换计算，或者说编码器的精度一个脉冲代表多远距离和多少圆心角。

高速电机一般用作动力电机，转速较高。如果是交流变频电机，则是检测电机实际转速来控制速度，因此编码器每转脉冲数160（imp/U）已经足够，转换成转速分辨率为0.00625转，即用每转160脉冲的编码器能分辨0.00625转的误差。对于作动力用的高速主轴电机（磨床、铣床、雕刻机等），其转速不需要刻意要求那么高，每转脉冲数达160已经够用了。

比如编码器与电机直连，要求系统最小能够识别0.5°，那么旋转一周是360°，360/0.5 = 720，就是能够满足分辨率的编码器，当然高于720也可以。购买编码器时一般会参考厂家产品选型手册。

例如，一个编码器的分辨率是2000pulse/r，电机是带动丝杆旋转把工作台转换为直线运动，丝杆每旋转一圈就移动一个螺距8mm，这时编码器也旋转一圈输出2000个脉冲，因此这个工作台的精度就是（8/2000 = 0.004mm），也就是0.4丝，当然这个精度忽略了机械误差，比如间隙、急停等。如果要求设备的精度是1丝（0.01mm），至少选择800pulse/分辨率的编码器进行测量工作台。这样看，高速电机的编码器的线数不要选取太高，太高毫无意义。

购买编码器时，要先考虑编码器的分辨率，再考虑机构上的安装方式。这里的编码器分辨率是指编码器旋转一圈的位置变化，对于旋转式编码器，通常根据其轴每旋转一周的变化来表示，这个变化叫作步数增量，旋转编码器的分辨率也叫作脉冲数。

每个厂家生产的编码器每转可以输出的脉冲数有多种选择，从100到2500个脉冲不等。

某主轴电机的编码器为160个脉冲，可以看出，该脉冲数是电机极数的整数倍。该电机是4极电机，160/4 = 40，是整数。所以用160线是有道理的。顺便说一声，磁编码器的脉冲个数是可以任意定义的。

高速电机如果一定要用编码器，那么应该根据电机的性能、机床加工精度等要求来决定选用的编码器。

许多高速电机上不用编码器，控制器对电机绕组产生的感应电动势采样，求取电机的转速和转子位置，同样实现编码器的功能，达到控制电机转速的目的。

6.6.13　主轴电机的工作频率

主轴电机的工作频率一般都很高，高速异步电机供电频率在几百赫兹到几千赫兹。而且高速异步电机的转速要比普通异步电机的转速快几倍到几十倍，随着频率的提高，铁心损耗会迅速增加，铁心损耗占高速异步电机总损耗的比重增大。但是主轴电机如果是 4 极电机，20000r/min 时的电源频率在 667Hz，因此电机损耗还不算太大。用永磁同步电机设计，用 RMxprt 计算，损耗不是太大，电机效率还很高，所以电机定子、转子冲片可以用常规冲片型号即可，尽量用 35W-300 的冲片。由于主轴电机工作频率较高，因此要考虑铁心的涡流损耗，频率越高，冲片应越薄。

特别是设计几千赫兹的多极高速电机时要注意高频交变电流引起的趋肤效应。为了保证定子绕组电流均匀通过导线，在保证槽满率和每圈匝数不变的情况下尽可能选择多根并绕的方式，即考虑粗导线等价转化为截面积相同的多股细线，提升导线通流能力，有效减少线圈发热量。

6.6.14　主轴电机的设计一

在主轴电机的发展过程中，先有交流变频主轴电机，再有永磁同步主轴电机。本设计参考了某厂前期生产的主轴电机图纸参数，**将原来的交流感应变频电机改为永磁同步电机，主要性能达到原电机水平**。电机结构如图 6-6-19 所示。

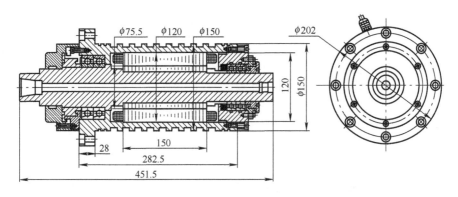

图 6-6-19　电机结构图

电机参数如图 6-6-20 所示。

主轴电机参数

额定电压：380V	弱磁最高转速：8000r/min
额定转速：4000r/min	最大功率：15kW
额定频率：133.3Hz	最大转矩：35N·m
额定功率：10kW	最大电流：36A
额定转矩：24N·m	冷却方式：水冷
额定电流：21A	润滑方式：油脂

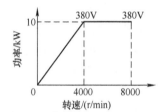 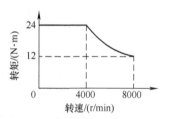

图 6-6-20　电机机械特性曲线

（1）电机分析

交流变频主轴电机有其独特的优势，不一定永磁同步电机就比交流变频电机好很多。交流电机没有磁钢，不存在退磁问题，运行稳定。如果用永磁同步电机，一种是表贴式磁钢，一种是内嵌式磁钢，表贴式电机的 D 轴、Q 轴电抗相等，弱磁功能差些，加上弱磁会对磁钢产生退磁，因此永磁同步电机也存在一定的缺点。

主轴电机用永磁同步电机，那基本上就是永磁同步电机设计思路，只是主轴电机的槽极配合需要认真选定，主轴电机转速高，极数不能选太多，电机槽极配合要使电机的齿槽转矩和转矩波动小，绕组要在电机定子中均布为好，槽极比要大，使电机最大转矩倍数高些。

下面对提出的技术要求进行分析，电机电源应该为 AC 380V，电机拐点为电机额定点转速 4000r/min，电机的弱磁最高转速是电机额定点的 2 倍，为 8000r/min，电机额定电流限定为 21A，输出最大功率为 15kW，最大扭矩为 35N·m，最大电流为 36A。这个电机额定频率为 133.3Hz，额定转速为 4000r/min，

具体分析：

$P = \dfrac{60f}{n} = \dfrac{60 \times 133.3}{4000} = 2$，所以该交流变频电机应该是 2 对极电机。

现在设计一个 380V、4000r/min 永磁同步电机，用弱磁方法达到 8000r/min，因为是永磁同步电机，所以电机功率有所提高，额定电流会下降。

（2）电机设计

永磁同步主轴电机选用 4 极，2 对极，槽数选用 24 槽，槽极配合为 24 槽 4 极。这是整数槽分布绕组电机，是常用的槽极配合。其评价因子 $C_T = 4$，圆心角 $\theta = 15°$，采用定子斜槽和表贴式磁钢凸极设计，以改善电机的齿槽转矩和转矩波动。

电机定子、转子尺寸体积仍按原交流变频电机的尺寸，机壳仍沿用原电机机壳。

电机结构与绕组排布如图 6-6-21 所示。

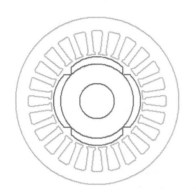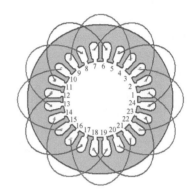

图 6-6-21　24-4j 电机结构与绕组排布

这种电机用水冷方式，因此额定点的电流密度可以大些，电机体积适当小些。但是还取用原交流变频电机长度，定子长 150mm。电机设计计算表如下：

ADJUSTABLE-SPEED PERMANENT MAGNET SYNCHRONOUS MOTOR DESIGN

GENERAL DATA

Rated Output Power（kW）: 10

Rated Voltage（V）: 380

Number of Poles : 4

Frequency（Hz）: 133.333

Frictional Loss（W）: 200

Windage Loss（W）: 0

Rotor Position : Inner

Type of Circuit : Y3

Type of Source : Sine

Domain : Frequency

Operating Temperature（C）: 75

STATOR DATA

Number of Stator Slots : 24

Outer Diameter of Stator（mm）: 120

Inner Diameter of Stator（mm）: 67

Type of Stator Slot : 3

Stator Slot

　hs0（mm）: 1

　hs1（mm）: 1

　hs2（mm）: 14

　bs0（mm）: 3

　bs1（mm）: 5.00138

　bs2（mm）: 8.68765

　rs（mm）: 1

Top Tooth Width（mm）: 4.3

Bottom Tooth Width（mm）: 4.3

Skew Width（Number of Slots）: 1

Length of Stator Core（mm）: 150

Stacking Factor of Stator Core : 0.95

Type of Steel : DW465_50

Designed Wedge Thickness（mm）: 1.00002

Slot Insulation Thickness（mm）: 0

Layer Insulation Thickness（mm）: 0

End Length Adjustment（mm）：0
Number of Parallel Branches：1
Number of Conductors per Slot：20
Type of Coils：11
Average Coil Pitch：5
Number of Wires per Conductor：2
Wire Diameter（mm）：1.06
Wire Wrap Thickness（mm）：0.11
Slot Area（mm^2）：111.082
Net Slot Area（mm^2）：104.082
Limited Slot Fill Factor（%）：70
Stator Slot Fill Factor（%）：52.6088
Wire Resistivity（ohm.mm^2/m）：0.0217

ROTOR DATA

Minimum Air Gap（mm）：1.5
Inner Diameter（mm）：26
Length of Rotor（mm）：150
Stacking Factor of Iron Core：0.95
Type of Steel：DW465_50
Polar Arc Radius（mm）：27
Mechanical Pole Embrace：0.85
Electrical Pole Embrace：0.794451
Max. Thickness of Magnet（mm）：5
Width of Magnet（mm）：38.0725
Type of Magnet：42SH
Type of Rotor：2
Magnetic Shaft：Yes

PERMANENT MAGNET DATA

Residual Flux Density（Tesla）：1.31
Coercive Force（kA/m）：955
Maximum Energy Density（kJ/m^3）：312.762
Relative Recoil Permeability：1.09162

Demagnetized Flux Density（Tesla）：0
Recoil Residual Flux Density（Tesla）：1.31
Recoil Coercive Force（kA/m）：955

STEADY STATE PARAMETERS

Stator Winding Factor：0.965926
D-Axis Reactive Reactance Xad（ohm）：1.97636
Q-Axis Reactive Reactance Xaq（ohm）：1.97636
Armature Phase Resistance at 20C（ohm）：0.371391

NO-LOAD MAGNETIC DATA

Stator-Teeth Flux Density（Tesla）：1.82811
Stator-Yoke Flux Density（Tesla）：1.79193
Rotor-Yoke Flux Density（Tesla）：1.25862
Air-Gap Flux Density（Tesla）：0.785135
No-Load Line Current（A）：2.69709
No-Load Input Power（W）：305.606
Cogging Torque（N・m）：5.01561e-012

FULL-LOAD DATA

Maximum Line Induced Voltage（V）：509.078
Root-Mean-Square Line Current（A）：16.1776
Root-Mean-Square Phase Current（A）：16.1776
Armature Current Density（A/mm^2）：9.16603
Total Loss（W）：650.045
Output Power（W）：10004.8
Input Power（W）：10654.8
Efficiency（%）：93.8991
Power Factor：0.99174
IPF Angle（degree）：−5.48921
NOTE：IPF Angle is Internal Power Factor Angle.
Synchronous Speed（rpm）：4000
Rated Torque（N・m）：23.8847
Torque Angle（degree）：12.8587
Maximum Output Power（W）：39181.1

电机机械特性曲线如图 6-6-22 所示。

从图 6-6-22 看，该电机的功率裕量还是较大的，最大输出转矩比为 $\dfrac{39.3352}{10.20}=$ 3.856，所以将原来交流变频电机的长度尺寸改为永磁同步电机，电机体积可以小些。

图 6-6-23 是 24 槽 4 极电机的转速 - 电流曲线。

图 6-6-24 ~ 图 6-6-26 分别是 24 槽 4 极主轴电机的转速 - 功率曲线、转速 - 转矩、转速 - 电压曲线，曲线非常典型。

图 6-6-27 是 24 槽 4 极电机瞬态转矩曲线（电压源分析）。

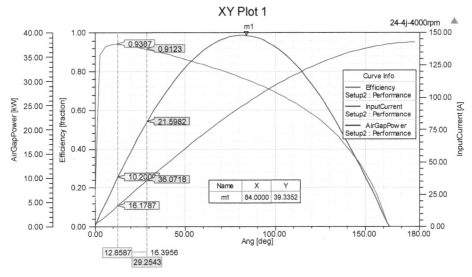

图 6-6-22　24-4j 电机机械特性曲线

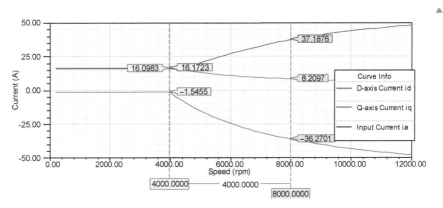

图 6-6-23　24-4j 电机转速 - 电流曲线

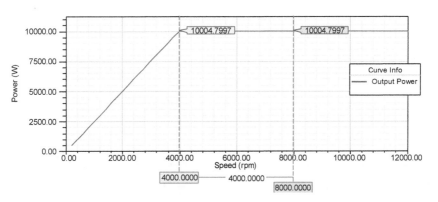

图 6-6-24　24-4j 电机转速 - 功率曲线

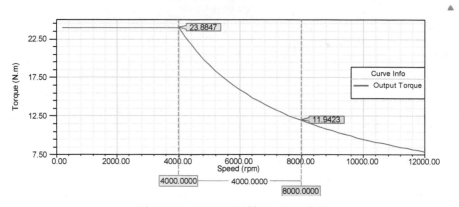

图 6-6-25　24-4j 电机转速 - 转矩曲线

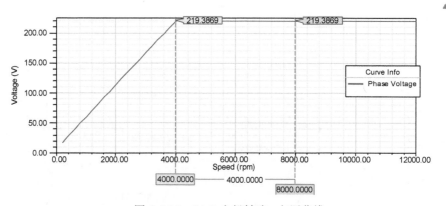

图 6-6-26　24-4j 电机转速 - 电压曲线

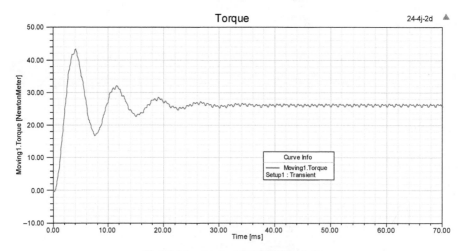

图 6-6-27　24-4j 电机瞬态转矩曲线

用 Maxwell-2D 电流源分析：

A 相：16.1776*1.4142*sin（2*pi* 133.333*time + 5.48921*pi/180）

B 相：16.1776*1.4142*sin（2*pi* 133.333*time + 5.48921*pi/180 − 2*pi/3）

C 相：16.1776*1.4142*sin（2*pi* 133.333*time + 5.48921*pi/180 + 2*pi/3）

图 6-6-28 是 24 槽 4 极电机瞬态转矩曲线（电流源分析）。

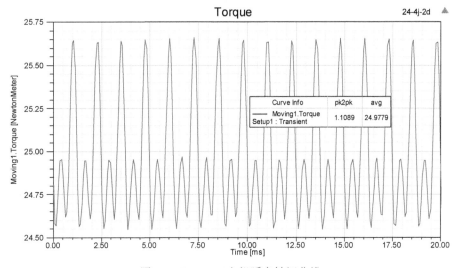

图 6-6-28　24-4j 电机瞬态转矩曲线

转矩波动率为 $\dfrac{1.1089}{24.9779} = 0.0444 \times 100\% = 4.44\% < 5\%$。

从图 6-6-29 看，整个定子冲片的磁通密度不超过 1.88T，齿翼部分的磁通密度也很合理。因此电机的磁通密度设计还是合理的。

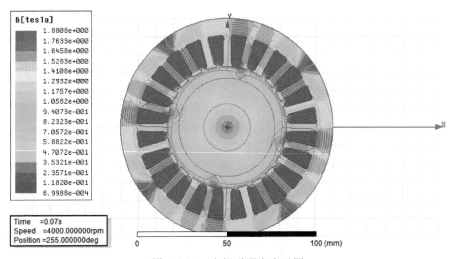

图 6-6-29　电机磁通密度云图

电机性能对比见表 6-6-4。

表 6-6-4　主轴电机性能对比

技术参数	主轴电机技术要求	永磁同步电机设计结果
额定转速 /(r/min)	4000	4000
额定功率 /kW	10	10
额定扭矩 /(N·m)	24	24
额定电压 /V	380	380
额定电流 /A	21	**16.1776**
最大效率	—	93.9%（在 4000r/min）
最高转速 /(r/min)	8000	8000
最大功率 /kW	15	**21.5**（最大电流 36A 控制时）
最大转矩 /(N·m)	35	**51.5**（电流 36A 控制时）
最大电流 /A	36	36（控制器控制电流）

可以看出永磁同步主轴电机在性能上与交流变频主轴电机相近，用永磁同步电机设计方案的主轴电机性能比原交流变频主轴电机好，某些指标优于交流变频主轴电机。

6.6.15　主轴电机的设计二

设计一个主轴电机，技术要求如下。

确定主轴电机的主要技术参数。

电机电压（输入控制器电压）：AC 380V　　　最高转速：5000r/min

额定功率：15kW　　　　　　　　　　　弱磁最高转速：8000r/min

额定转速：3600r/min　　　　　　　　　空载电流：≤ 5A

额定转矩：39.8N·m　　　　　　　　　　冷却方式：水冷

额定电流：36A

与"设计一"相比，该主轴电机的额定点不是拐点，小于拐点，从电机机械特性看，电机的额定转速在 3600r/min，拐点在 5000r/min，而 8000r/min 是弱磁恒功率点，因此额定点是在拐点左边的恒转矩曲线上，因此与上例额定点是拐点的设置有些不同。为了保证电机的各种性能，首先要确保电机额定点的参数。

根据电机规定的额定电流，确定电机的线电压。然后根据在拐点前，电机是恒转矩的特性，电机电压与转速成正比，用拐点的线电压是 380V，再推出拐点的转速和输出功率。这样拐点的感应电动势幅值应该与线电压幅值相近。方法如下：

拐点的额定参数为 AC 380V、6000r/min，那么额定转速 3617r/min 点的额定电压是

$$U = \frac{3600}{5000} \times 356 = 256.32V，取 256V$$

这里 AC 256V 是用 AC 模式计算时，输入电机的**理想电源**工作电压。

那么额定点的参数就确定了：

额定线电压为 AC 256V，额定转速为 3600r/min，额定电流为 36A，额定功率为 15kW，额定转矩为 39.8N·m。

选取 24 槽 4 极永磁同步电机，因为弱磁不大，8000/5000 = 1.6 倍，所以试用表贴式磁钢结构，如弱磁最高转速要求大，则可以用内嵌式磁钢结构，电机用单层全绕组形式。

用 RMxprt 软件计算输入电机额定点参数，见表 6-6-5。

表 6-6-5　电机额定工作点设置

Name	Setup1	
Enabled	☑	
Operation Type	Motor	
Load Type	Const Power	
Rated Output Power	15	kW
Rated Voltage	256	V
Rated Speed	3600	rpm
Operating Temperature	75	cel

图 6-6-30 是 24 槽 4 极主轴电机结构和绕组排布。

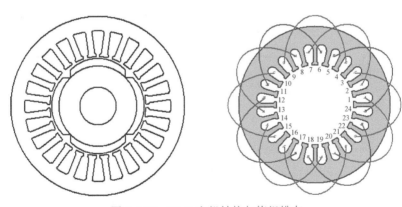

图 6-6-30　24-4j 电机结构与绕组排布

确定电机定子外径为 120mm，根据 15kW 的输出功率和参考同类主轴电机的长度和单位体积损耗功率，初步确定长度在 158mm，以电机电流小于 40A 为设计目标，控制电机的电流，以及齿磁通密度、轭磁通密度小于 1.9T，槽满率小于 70%，电流密度小于 15A/mm²，进行电机设计。主轴电机的机械特性曲线如图 6-6-31 所示。

应该说，经过调整，电机性能很快达到要求。

其他电机特性如图 6-6-32 ~ 图 6-6-36 所示。

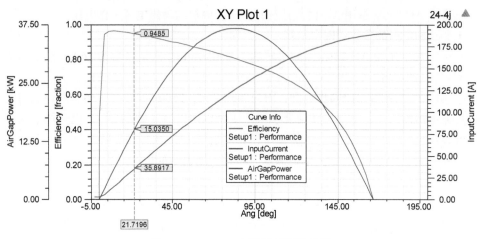

图 6-6-31 24-4j 电机机械特性曲线

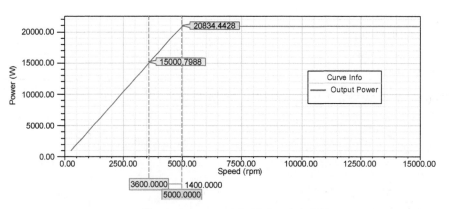

图 6-6-32 24-4j 电机转速 - 功率曲线

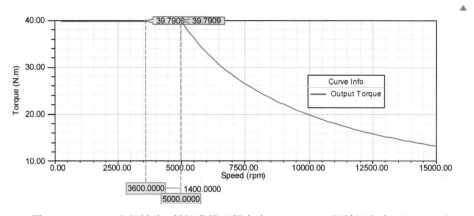

图 6-6-33 24-4j 电机转速 - 转矩曲线（拐点为 5000r/min，恒转矩点为 3600r/min）

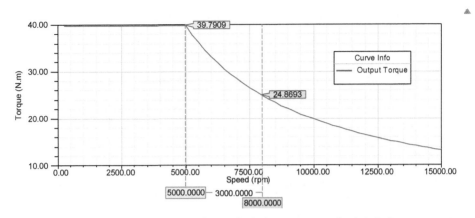

图 6-6-34　24-4j 电机转速 - 转矩曲线（拐点为 5000r/min，恒功率点为 8000r/min）

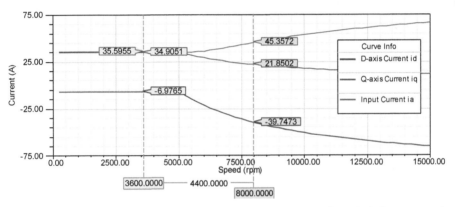

图 6-6-35　24-4j 电机转速 - 电流曲线（拐点为 3600r/min、恒电流点为 8000r/min）

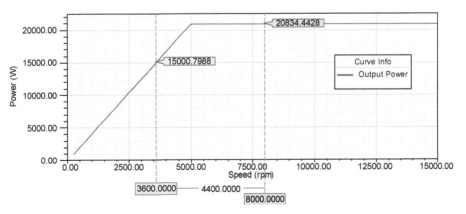

图 6-6-36　24-4j 电机转速 - 功率曲线（工作点为 3600r/min、恒功率点为 8000r/min）

电机弱磁转速为 8000r/min 时，转矩为 24.8693N·m，线电流为 45.3572A，功率为 20.834kW。

本例的主轴电机设计，说明了**主轴电机有时要求有 3 个重要工作点：额定工作点、拐点、弱磁转速最高点**。这 3 个点的设置有一定的方法。如果把 3600r/min 设置为拐点，那么再要提高电机的转速，必定要进行弱磁。如果某些主轴电机的最高转速与额定转速相差不大，又不经常用，则**将最高点设置为拐点，这是比较好的设想**。

电机计算书见表 6-6-6。

表 6-6-6 24-4j 主轴电机设计书

ADJUSTABLE-SPEED PERMANENT MAGNET SYNCHRONOUS MOTOR DESIGN		
GENERAL DATA	额定点	拐点
Rated Output Power (kW):	**15**	**20.83**
Rated Voltage (V):	**256**	**356**
Number of Poles :	**4**	**4**
Frequency (Hz):	**120**	**166.667**
Frictional Loss (W):	35	48.6111
Windage Loss (W):	0	0
Rotor Position :	Inner	Inner
Type of Circuit :	Y3	Y3
Type of Source :	Sine	Sine
Domain :	Frequency	Frequency
Operating Temperature (C):	75	75
STATOR DATA		
Number of Stator Slots :	**24**	**24**
Outer Diameter of Stator (mm):	**120**	**120**
Inner Diameter of Stator (mm):	67	67
Type of Stator Slot :	3	3
Stator Slot		
hs0 (mm):	1	1
hs1 (mm):	1	1
hs2 (mm):	14	14
bs0 (mm):	2	2
bs1 (mm):	5	5
bs2 (mm):	8.68627	8.68627
rs (mm):	1	1
Top Tooth Width (mm):	4.30624	4.30624
Bottom Tooth Width (mm):	4.30624	4.30624
Skew Width (Number of Slots):	1	1

（续）

ADJUSTABLE-SPEED PERMANENT MAGNET SYNCHRONOUS MOTOR DESIGN		
GENERAL DATA	额定点	拐点
STATOR DATA		
Length of Stator Core（mm）:	158	158
Stacking Factor of Stator Core:	0.97	0.97
Type of Steel:	DW465_50	DW465_50
Designed Wedge Thickness（mm）:	1.00001	1.00001
Slot Insulation Thickness（mm）:	0.1	0.1
Layer Insulation Thickness（mm）:	0	0
End Length Adjustment（mm）:	0	0
Number of Parallel Branches:	1	1
Number of Conductors per Slot:	**14**	**14**
Type of Coils:	11	11
Average Coil Pitch:	5	5
Number of Wires per Conductor:	5	5
Wire Diameter（mm）:	**0.88**	**0.88**
Wire Wrap Thickness（mm）:	0.09	0.09
Slot Area（mm^2）:	109.561	109.561
Net Slot Area（mm^2）:	99.2539	99.2539
Limited Slot Fill Factor（%）:	70	70
Stator Slot Fill Factor（%）:	**66.3581**	**66.3581**
Coil Half-Turn Length（mm）:	237.506	237.506
Wire Resistivity（ohm.mm^2/m）:	0.0217	0.0217
ROTOR DATA		
Minimum Air Gap（mm）:	1	1
Inner Diameter（mm）:	26	26
Length of Rotor（mm）:	158	158
Stacking Factor of Iron Core:	0.97	0.97
Type of Steel:	DW465_50	DW465_50
Polar Arc Radius（mm）:	25.5	25.5
Mechanical Pole Embrace:	0.85	0.85
Electrical Pole Embrace:	0.753592	0.753592
Max. Thickness of Magnet（mm）:	5	5
Width of Magnet（mm）:	37.9211	37.9211
Type of Magnet:	N42SH	N42SH
Type of Rotor:	2	2
Magnetic Shaft:	Yes	Yes

（续）

ADJUSTABLE-SPEED PERMANENT MAGNET SYNCHRONOUS MOTOR DESIGN		
GENERAL DATA	额定点	拐点
PERMANENT MAGNET DATA		
Residual Flux Density (Tesla):	1.29	1.29
Coercive Force (kA/m):	955	955
STEADY STATE PARAMETERS		
Stator Winding Factor :	0.965926	0.965926
D-Axis Reactive Reactance Xad (ohm):	1.02171	1.41905
Q-Axis Reactive Reactance Xaq (ohm):	1.02171	1.41905
Armature Phase Resistance at 20C (ohm):	0.156137	0.156137
NO-LOAD MAGNETIC DATA		
Stator-Teeth Flux Density (Tesla):	**1.89117**	**1.89117**
Stator-Yoke Flux Density (Tesla):	**1.76378**	**1.76378**
Rotor-Yoke Flux Density (Tesla):	**1.19613**	**1.19613**
Air-Gap Flux Density (Tesla):	0.837884	0.837884
No-Load Line Current (A):	2.75307	2.87736
No-Load Input Power (W):	129.447	191.215
Cogging Torque (N · m):	**1.80E-12**	**1.80E-12**
FULL-LOAD DATA		
Maximum Line Induced Voltage (V):	**347.962**	**483.281**
Root-Mean-Square Line Current (A):	**35.9366**	**35.5967**
Root-Mean-Square Phase Current (A):	35.9366	35.5967
Armature Current Density (A/mm^2):	**11.8171**	**11.7054**
Total Loss (W):	860.226	907.85
Output Power (W):	**15005.3**	**20834.7**
Input Power (W):	**15865.5**	**21742.5**
Efficiency (%):	**94.578**	**95.8245**
Power Factor :	**0.990081**	**0.984354**
IPF Angle (degree):	**−13.6894**	**−11.3074**
NOTE : IPF Angle is Internal Power Factor Angle.		
Synchronous Speed (rpm):	**3600**	**5000**
Rated Torque (N · m):	**39.8028**	**39.7913**
Torque Angle (degree):	21.766	21.4561
Maximum Output Power (W):	**36446.1**	**52809.2**

图 6-6-37、图 6-6-38 是电机感应电动势曲线和瞬态转矩曲线（电压源分析）。

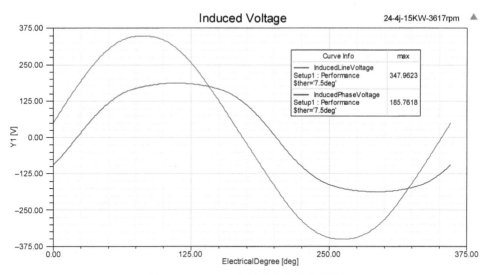

图 6-6-37　24-4j 电机感应电动势曲线

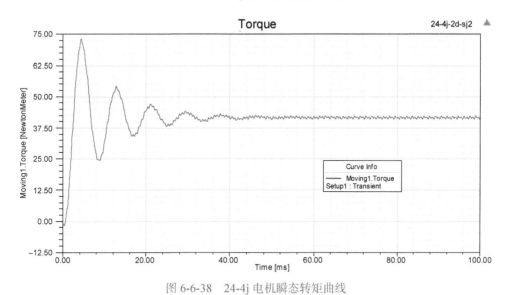

图 6-6-38　24-4j 电机瞬态转矩曲线

从图 6-6-38 看电机瞬态转矩曲线还是非常好的，在 50ms 后转矩就趋于平稳。转矩波动较小，用 2D 电流源进行转矩波动分析：

A 相：35.9366*1.4142*sin（2*pi* 120*time + 13.6894*pi/180）

B 相：35.9366*1.4142*sin（2*pi* 120*time + 13.6894*pi/180 − 2*pi/3）

C 相：35.9366*1.4142*sin（2*pi* 120*time + 13.6894*pi/180 + 2*pi/3）

图 6-6-39 是用电流源方法求出的电机瞬态转矩曲线。

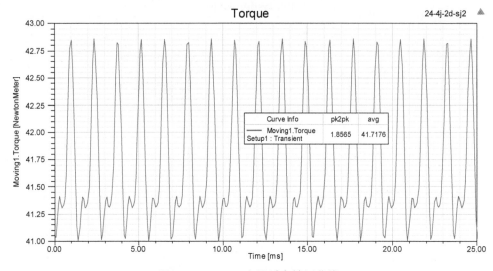

图 6-6-39   24-4j 电机瞬态转矩曲线

转矩波动率为 $\dfrac{1.8565}{41.7176} = 0.0445 \times 100\% = 4.45\%$，小于 5%。

该主轴电机的转矩波动较好，运行较平稳。

图 6-6-40 和图 6-6-41 分别是电机磁通分布和磁通密度云图。

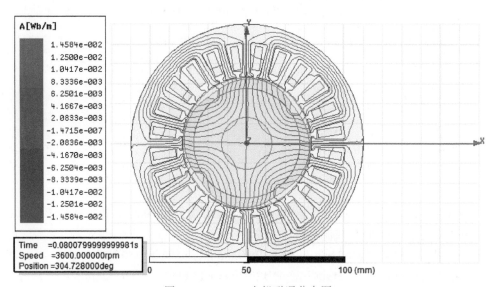

图 6-6-40   24-4j 电机磁通分布图

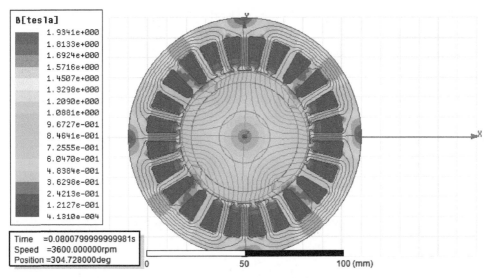

图 6-6-41　24-4j 电机磁通密度云图

表 6-6-7 是 24 槽 4 极主轴电机设计结果性能对比。

表 6-6-7　24-4j 电机设计结果性能对比

电机设计结果对比			
序号	额定要求	电机技术要求	设计电机设计结果
1	额定电压 /V	380	380（输入控制器电压）
2	额定功率 /kW	15	15
3	额定转矩 /（N·m）	39.6	39.6
4	弱磁控制起始转速 /（r/min）	6000	6000
5	额定转速 /（r/min）	3600	3600（控制器输入 256V 线电压）
6	最高转速 /（r/min）	5000	5000
7	弱磁最高转速 /（r/min）	8000	8000
8	额定电流 /A	36	≤ 36（35.94A@3600r/min）

6.6.16　主轴电机的设计三

本例主要介绍设计一个**大功率、高转速主轴电机**，用永磁同步电机，额定输出为 20kW，额定转速为 20000r/min。对于 20kW、20000r/min 主轴电机来讲，可以将其列为大功率、高速主轴电机，20000r/min 在高速电机用永磁同步电机中不太高，但是比以前常规的三相交流变频主轴电机高了些，永磁同步电机在高速电机中不宜用 2 极，主要是转子磁钢是 2 极，磁钢结构不太合理，高速电机极数不宜太多，就选用 4 极电机。上例计算了 24 槽 4 极的槽极配合，额定转速为 3600r/min 的永磁同步电机，现在把这个 24 槽 4 极的槽极配合结构用于 20000r/min 的永磁同步电机中，看看有没有问题。

本例采用 24 槽 4 极的槽极配合，24 槽 4 电机属于大节距、少极电机，电机评价因子 $C_T = 4$，圆心角 $\theta = 15°$。大节距电机的圆心角 θ 较大，因此电机的基本齿槽转矩也大，电机需进行斜槽处理，这样就基本能消除电机的齿槽转矩；电机的转矩波动不好，主要是大节距绕组电机气隙磁通的分布形状正弦度不好造成的，可以采用改变磁钢形状来改善电机转矩波形，使气隙磁通波形正弦度得到改善，从而改善电机的转矩波动。因此对该 24 槽 4 极电机采取两个措施：

1）电机定子斜 1 槽。

2）对转子表贴式磁钢进行凸极设计。

本例还是先用表贴式磁钢作为算例。表贴式磁钢用于高速电机有诸多弱点，如机械强度差、动平衡较难处理，难以以转子外径为基准加工转子冲片内圆，特别是存在锥形内孔外定位问题，磁钢固持工艺繁杂。

下面介绍内嵌式转子结构设计。

表 6-6-8 是 24 槽 4 极电机槽极配合的参数计算表。

表 6-6-8　24-4j 电机槽极配合参数计算

转子直极错位分段计算				评价因子 C_T
				4
请填 槽数 Z	请填 极数 2P	最小公倍数 LCM	最大公约数 GCD	齿槽转矩周期角 $\theta = 360/\text{LCM}(Z, P)$
24	4	24	4	
总错位角度	相当槽数	槽数 / 最小公倍数 LCM	极数 / 最大公约数 GCD	15
15°	1.00	1.00	1	

1）电机要求：要求设计 20000r/min、20kW 主轴电机。

2）电机设计分析。

对于 20000r/min、20kW 主轴电机，如果设定 20000r/min、20kW 这一点是额定工作点，该点也就是拐点。对拐点之内的工作点的情况进行分析，即看 10000r/min、10kW 及 6000r/min、6kW 条件下的主轴电机是否合理。

可以先设计一个最高功率点是拐点，再分别查看在拐点之内区域的数个工作点的情况。并不是说本主轴电机是恒转矩工作的主轴电机。

如果电机能够在 20000r/min、20kW 下正常工作，那么电机能在 20000r/min 及小于 20kW 的**转速不变，电压不变、负载减小时恒转矩运行。**

图 6-6-42 是 24 槽 4 极的电机结构和绕组排布图。

20kW 电机在恒转矩区域 20000r/min 的性能计算，见表 6-6-9。

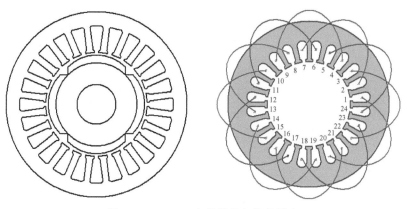

图 6-6-42　24-4j 电机结构与绕组排布

表 6-6-9　20kW 电机在恒转矩区域 20000r/min 的性能计算

Rated Output Power (kW):	20	10	6
Rated Voltage (V):	380	380	380
Maximum Line Induced Voltage (V):	507.096	507.096	507.096
Root-Mean-Square Line Current (A):	32.324	17.6135	12.4277
Armature Current Density (A/mm^2):	5.91155	3.22123	2.27282
Total Loss (W):	762.681	681.13	663.835
Output Power (W):	20001.9	10004.8	6000.91
Input Power (W):	20764.6	10686	6664.74
Efficiency (%):	96.327	93.6259	90.0396
Power Factor :	0.95506	0.88328	0.76022
Synchronous Speed (rpm):	20000	20000	20000
Rated Torque (N · m):	9.55021	4.77696	2.86522
Maximum Output Power (W):	121804	121804	121804

　　从图 6-6-43 可以看到，在 20000r/min 纵轴线上的 A、B 两点，代表了拐点纵轴线上 20000r/min 的 10kW、6kW 两个运行点的情况，这两点所包围的面积（功率面积）远没有拐点的功率面积大，即一个电机在拐点后，其输入电压、电压频率不变，仅负载变化，电机运行在这条拐点的纵轴线上，这条线上的点既不在电机的恒转矩线上，又不在恒功率线上，又不在以拐点包围的功率面积上。从电机机械特性看，就是**恒输入电压和频率的电机不同负载形成的一条通过拐点的纵轴线**。

　　平时只看到研究永磁同步电机恒转矩、恒功率曲线，但是**这也是一条重要的曲线，值得仔细研究**。

　　从表 6-6-9 可以看到，电机转速保持 20000r/min，负载转矩为 9.55 ~ 2.86N · m 时，电机的电流密度小于 5.9A/mm²，效率和功率因数下降得不多。因此**转速在 20000r/min、负载变化范围很大时该主轴电机能很好地工作**。

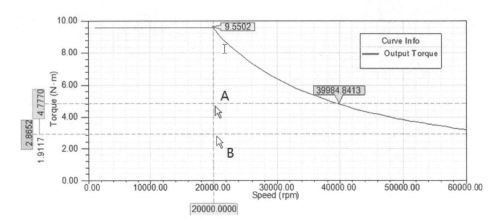

图 6-6-43 24-4j 电机拐点 20000r/min 处的转速 - 转矩曲线

可以看到 20000r/min，20kW、10kW、6kW（**负载转矩不同**）的电机的电流、电流密度会有较大的下降。这提醒我们，当设计一个转速一定的电机时，如果设计时电机的电流、电流密度太高，这意味着这个电机的体积小了。合理地降低电机的输出功率（转矩），则电机的各项指标会达到合理的水平，这是一种控制电机体积的方法。

3）分析转速小于 20000r/min 时电机的工作状态，即在**恒转矩曲线上的工作点的电机运行状态**。小于 20000r/min，如 10000r/min、6000r/min 转速时的电机工作状况：如图 6-6-44 所示，设置 6000r/min，6kW（A 点），10000r/min，10kW（B 点），在恒转矩曲线上的工作点。

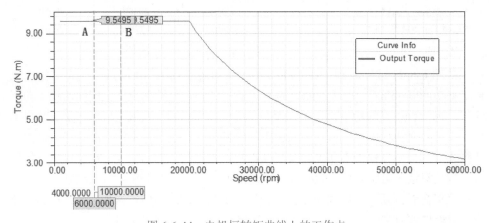

图 6-6-44 电机恒转矩曲线上的工作点

因为 20000r/min、20kW 这一点为该电机拐点，所以小于 20000r/min 拐点的工作转速是控制器调频、调幅即可以达到的。在确定好拐点左边的任意转速的工作点为电机额定点，则该转速下的负载减小后的性能参数和拐点 20000r/min 的一样，也是较好的。这些点是在恒转矩曲线段的电机运行点，这些点的功率下降，必须**等比**调频、调幅，即输入电源电压与频率等比调整。

恒转矩曲线上的 3 个工作点的电机运行性能，见表 6-6-10。

表 6-6-10　24-4j 电机在恒转矩各点的性能

GENERAL DATA	20000rpm	10000rpm	6000rpm
Rated Output Power（kW）:	**20**	**10**	**6**
Rated Voltage（V）:	**380**	**190**	**114**
Number of Poles :	4	4	4
Frequency（Hz）:	**666.667**	**333.333**	**200**
Length of Stator Core（mm）:	87	87	87
Number of Conductors per Slot :	7	7	7
Wire Diameter（mm）:	1.18	1.18	1.18
Stator Slot Fill Factor（%）:	58.6693	58.6693	58.6693
Maximum Line Induced Voltage（V）:	507.096	253.548	152.129
Root-Mean-Square Line Current（A）:	**32.6306**	**32.5006**	**32.3816**
Armature Current Density（A/mm^2）:	**5.96761**	**5.94384**	**5.92209**
Output Power（W）:	**20002.9**	**10001.5**	**6001.09**
Input Power（W）:	20967.8	10500.2	6330.88
Efficiency（%）:	**95.3982**	**95.2508**	**94.7908**
Power Factor :	**0.955547**	**0.964815**	**0.975588**
Synchronous Speed（rpm）:	**20000**	**10000**	**6000**
Rated Torque（N·m）:	**9.55067**	**9.55075**	**9.55103**
Torque Angle（degree）:	9.26208	9.23942	9.24279
Maximum Output Power（W）:	121604	58674.8	33464.9
Estimated Rotor Inertial Moment（kg m^2）:	0.00111772	0.00111772	0.00111772

设计了 20000r/min、20kW 这一点作为电机的额定工作点（拐点）后，那么在 20000r/min 以下的恒转速和恒转矩的工况，该主轴电机也能适应。这种设计的优点是电机在 20000r/min 时，控制器不要弱磁。在以上分析的两种工况，电机都可以很好地工作。

下面是 24 槽 4 极、20kW、20000r/min 表贴式永磁同步电机的设计计算书：

ADJUSTABLE-SPEED PERMANENT MAGNET SYNCHRONOUS MOTOR DESIGN

GENERAL DATA

Rated Output Power（kW）: 20
Rated Voltage（V）: 380
Number of Poles : 4
Frequency（Hz）: 666.667

STATOR DATA

Number of Stator Slots : 24
Outer Diameter of Stator（mm）: 120
Inner Diameter of Stator（mm）: 67
Type of Stator Slot : 3

Stator Slot

    hs0（mm）：1

    hs1（mm）：1

    hs2（mm）：14

    bs0（mm）：3

    bs1（mm）：5.00138

    bs2（mm）：8.68765

    rs（mm）：1

Top Tooth Width（mm）：4.3

Bottom Tooth Width（mm）：4.3

Skew Width（Number of Slots）：1

Length of Stator Core（mm）：87

Stacking Factor of Stator Core：0.92

Type of Steel：DW465_50

Designed Wedge Thickness（mm）：1.00002

Slot Insulation Thickness（mm）：0.1

Layer Insulation Thickness（mm）：0

End Length Adjustment（mm）：0

Number of Parallel Branches：1

Number of Conductors per Slot：7

Type of Coils：11

Average Coil Pitch：5

Number of Wires per Conductor：5

Wire Diameter（mm）：1.18

Wire Wrap Thickness（mm）：0.11

Slot Area（mm^2）：111.082

Net Slot Area（mm^2）：99.2742

Limited Slot Fill Factor（%）：60

Stator Slot Fill Factor（%）：58.6693

Coil Half-Turn Length（mm）：166.511

Wire Resistivity（ohm.mm^2/m）：0.0217

ROTOR DATA

Minimum Air Gap（mm）：1.5

Inner Diameter（mm）：26

Length of Rotor（mm）：87

Stacking Factor of Iron Core：0.92

Type of Steel：DW465_50

Polar Arc Radius（mm）：27

Mechanical Pole Embrace：0.85

Electrical Pole Embrace：0.794451

Max. Thickness of Magnet（mm）：5

Width of Magnet（mm）：38.0725

Type of Magnet：N42SH

Type of Rotor：2

Magnetic Shaft：Yes

PERMANENT MAGNET DATA

Residual Flux Density（Tesla）：1.29

Coercive Force（kA/m）：955

STEADY STATE PARAMETERS

Stator Winding Factor：0.965926

D-Axis Reactive Reactance Xad（ohm）：0.702316

Q-Axis Reactive Reactance Xaq（ohm）：0.702316

Armature Phase Resistance at 20C（ohm）：0.0304401

NO-LOAD MAGNETIC DATA

Stator-Teeth Flux Density（Tesla）：1.85259

Stator-Yoke Flux Density（Tesla）：1.81592

Rotor-Yoke Flux Density（Tesla）：1.27547

Cogging Torque（N·m）：2.76253e-012

FULL-LOAD DATA

Maximum Line Induced Voltage（V）：507.096

Root-Mean-Square Line Current（A）：32.324

Armature Current Density（A/mm^2）：5.91155

Total Loss（W）：762.681

Output Power（W）：20001.9

Input Power（W）：20764.6

Efficiency（%）：96.327

Power Factor：0.955059

Synchronous Speed（rpm）：20000

Rated Torque（N·m）：9.55021

Torque Angle（degree）：9.16901

Maximum Output Power（W）：121804

Estimated Rotor Inertial Moment（kg m^2）：0.00111772

    图 6-6-45 是 24 槽 4 极电机的机械特性曲线。

    图 6-6-46 ~ 图 6-6-49 是 24 槽 4 极电机的各种特性曲线。

    转矩波动率为 $\dfrac{0.766}{9.55} = 0.08 \times 100\% = 8\%$，略大，如果**磁钢偏心大些**，可以达到 5% 的转矩波动率。

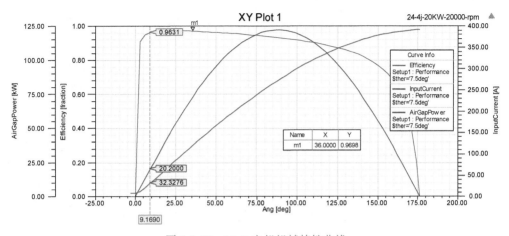

图 6-6-45　24-4j 电机机械特性曲线

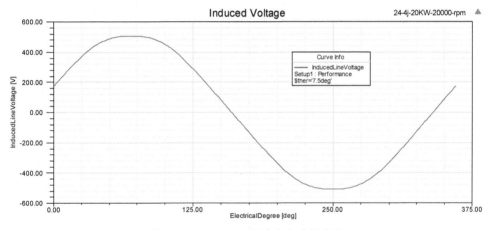

图 6-6-46　24-4j 电机感应电动势曲线

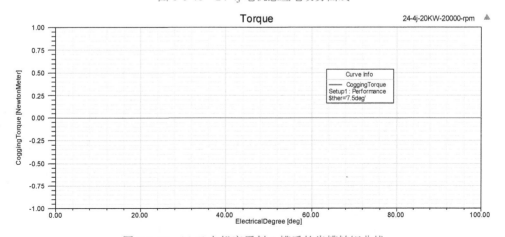

图 6-6-47　24-4j 电机定子斜 1 槽后的齿槽转矩曲线

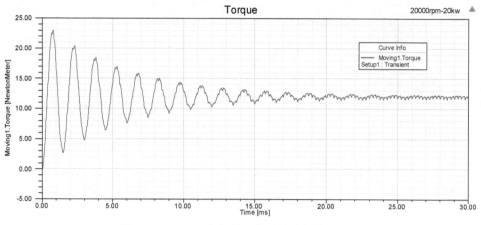

图 6-6-48   24-4j 电机斜 1 槽后的瞬态转矩曲线

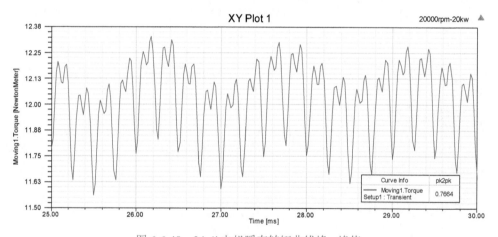

图 6-6-49   24-4j 电机瞬态转矩曲线峰 - 峰值

图 6-6-50 是 24 槽 4 极两种不同磁钢偏心的主轴电机结构。

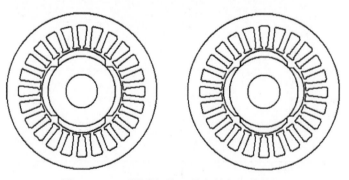

图 6-6-50   不同磁钢偏心的主轴电机结构图

图 6-6-51 是电机偏心改大后的转矩波动曲线。

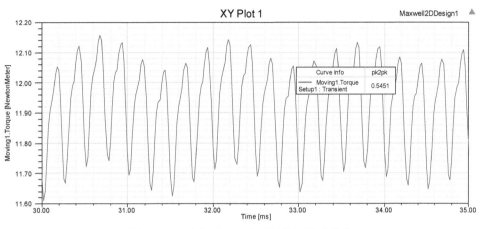

图 6-6-51　电机偏心改大后的转矩波动曲线

转矩脉动率为 $\dfrac{0.545}{9.55} = 0.057 \times 100\% = 5.7\%$。

6.6.17　主轴电机的设计四

本例讲述的内容主要是**把多槽主轴电机改为少槽电机**。是否可以将设计三中 24 槽 4 极槽极配合的主轴电机改变成 12 槽 4 极槽极配合的主轴电机，分析两种槽极配合电机的性能。下面是 12 槽 4 极的电机结构，选用表贴式磁钢结构，采用单层绕组半绕组，这样的绕组结构更简单，绕组仅有 6 个，形成少槽少极电机组合。

12 槽 4 极槽极配合的电机属于大节距、少槽少极电机，电机评价因子 $C_{\mathrm{T}} = 4$，圆心角 $\theta = 30°$，比 24 槽 4 极 $\theta = 15°$ 大，因此电机原始齿槽转矩肯定大。应对电机做斜槽处理，这样基本能消除电机的齿槽转矩，或进行转子多段直极错位处理，加上转子磁钢凸极度更高些，从而改善电机的转矩波动。

图 6-6-52 是 12 槽 4 极电机结构与绕组排布图。

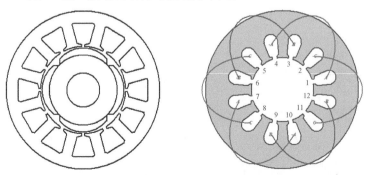

图 6-6-52　12-4j 电机结构和绕组排布

　　24 槽 4 极与 12 槽 4 极的性能对比，以及相同 12 槽 4 极、不同输出功率的对比见表 6-6-11。

表 6-6-11　电机不同槽极配合性能对比及 12 槽 4 极恒转矩性能对比

ADJUSTABLE-SPEED PERMANENT MAGNET SYNCHRONOUS MOTOR DESIGN				
GENERAL DATA	**24-4j**	**12-4j-1**	**12-4j-2**	**12-4j-3**
	20krpm，20kW	20krpm，20kW	10krpm，10kW	6krpm，6kW
Rated Output Power（kW）:	**20**	**20**	**10**	**6**
Rated Voltage（V）:	**380**	**380**	**190**	**114**
Number of Poles :	4	4	4	4
Frequency（Hz）:	666.667	666.667	333.333	200
Frictional Loss（W）:	400	400	200	120
Windage Loss（W）:	0	0	0	0
Rotor Position :	Inner	Inner	Inner	Inner
Type of Circuit :	Y3	Y3	Y3	Y3
Type of Source :	Sine	Sine	Sine	Sine
Domain :	Frequency	Frequency	Frequency	Frequency
Operating Temperature（C）:	75	75	75	75
STATOR DATA				
Number of Stator Slots :	**24**	**12**	**12**	**12**
Outer Diameter of Stator（mm）:	120	120	120	120
Inner Diameter of Stator（mm）:	67	67	67	67
Type of Stator Slot :	3	3	3	3
Stator Slot				
hs0（mm）:	1	1	1	1
hs1（mm）:	1	1	1	1
hs2（mm）:	14	14	14	14
bs0（mm）:	3	3	3	3
bs1（mm）:	5.00138	10.2065	10.2065	10.2065
bs2（mm）:	8.68765	17.7091	17.7091	17.7091
rs（mm）:	1	1	1	1
Top Tooth Width（mm）:	4.3	8.5	8.5	8.5
Bottom Tooth Width（mm）:	4.3	8.5	8.5	8.5
Skew Width（Number of Slots）:	**1**	**1**	**1**	**1**
Length of Stator Core（mm）:	87	87	87	87
Stacking Factor of Stator Core :	0.92	0.92	0.92	0.92
Type of Steel :	DW465_50	DW465_50	DW465_50	DW465_50
Designed Wedge Thickness（mm）:	1.00002	1	1	1
Slot Insulation Thickness（mm）:	0.1	0.1	0.1	0.1
Layer Insulation Thickness（mm）:	0	0	0	0

（续）

ADJUSTABLE-SPEED PERMANENT MAGNET SYNCHRONOUS MOTOR DESIGN				
GENERAL DATA	24-4j	12-4j-1	12-4j-2	12-4j-3
STATOR DATA				
End Length Adjustment (mm)：	0	0	0	0
Number of Parallel Branches ：	1	1	1	1
Number of Conductors per Slot ：	7	14	14	14
Type of Coils ：	11	12	12	12
Average Coil Pitch ：	5	3	3	3
Number of Wires per Conductor ：	5	5	5	5
Wire Diameter (mm)：	1.18	1.18	1.18	1.18
Wire Wrap Thickness (mm)：	0.11	0.11	0.11	0.11
Slot Area (mm^2)：	111.082	222.293	222.293	222.293
Net Slot Area (mm^2)：	99.2742	205.864	205.864	205.864
Limited Slot Fill Factor (%)：	60	60	60	60
Stator Slot Fill Factor (%)：	58.6693	56.5844	56.5844	56.5844
Coil Half-Turn Length (mm)：	166.511	184.5	184.5	184.5
Wire Resistivity (ohm.mm^2/m)：	0.0217	0.0217	0.0217	0.0217
ROTOR DATA				
Minimum Air Gap (mm)：	1.5	1.5	1.5	1.5
Inner Diameter (mm)：	26	26	26	26
Length of Rotor (mm)：	87	87	87	87
Stacking Factor of Iron Core ：	0.92	0.92	0.92	0.92
Type of Steel ：	DW465_50	DW465_50	DW465_50	DW465_50
Polar Arc Radius (mm)：	27	24	24	24
Mechanical Pole Embrace ：	0.85	0.85	0.85	0.85
Electrical Pole Embrace ：	0.794451	0.722586	0.722586	0.722586
Max. Thickness of Magnet (mm)：	5	5	5	5
Width of Magnet (mm)：	38.0725	36.8558	36.8558	36.8558
Type of Magnet ：	N42SH	N42SH	N42SH	N42SH
Type of Rotor ：	2	2	2	2
Magnetic Shaft ：	Yes	Yes	Yes	Yes
PERMANENT MAGNET DATA				
Residual Flux Density (Tesla)：	1.29	1.29	1.29	1.29
Coercive Force (kA/m)：	955	955	955	955
STEADY STATE PARAMETERS				
Stator Winding Factor ：	0.965926	1	1	1
D-Axis Reactive Reactance Xad (ohm)：	0.702316	0.768562	0.384281	0.230569
Q-Axis Reactive Reactance Xaq (ohm)：	0.702316	0.768562	0.384281	0.230569
Armature Phase Resistance at 20C (ohm)：	0.0304401	0.0337286	0.0337286	0.0337286

（续）

ADJUSTABLE-SPEED PERMANENT MAGNET SYNCHRONOUS MOTOR DESIGN				
GENERAL DATA	**24-4j**	**12-4j-1**	**12-4j-2**	**12-4j-3**
NO-LOAD MAGNETIC DATA				
Stator-Teeth Flux Density（Tesla）:	**1.85259**	**1.79959**	**1.79959**	**1.79959**
Stator-Yoke Flux Density（Tesla）:	**1.81592**	**1.68601**	**1.68601**	**1.68601**
Rotor-Yoke Flux Density（Tesla）:	1.27547	1.17387	1.17387	1.17387
Air-Gap Flux Density（Tesla）:	0.759733	0.768756	0.768756	0.768756
Magnet Flux Density（Tesla）:	0.923329	0.965138	0.965138	0.965138
No-Load Line Current（A）:	8.17553	13.8522	13.8322	13.8037
No-Load Input Power（W）:	854.405	820.777	384.822	226.687
Cogging Torque（N·m）:	**2.76E-12**	**1.21E-12**	**1.21E-12**	**1.21E-12**
FULL-LOAD DATA				
Maximum Line Induced Voltage（V）:	**507.096**	**489.067**	**244.534**	**146.72**
Root-Mean-Square Line Current（A）:	**32.6306**	**35.1461**	**34.9004**	**34.609**
Armature Current Density（A/mm^2）:	**5.96761**	**6.42766**	**6.38273**	**6.32944**
Total Loss（W）:	964.892	948.938	511.057	350.33
Output Power（W）:	**20002.9**	**20000.5**	**10000.7**	**6000.72**
Input Power（W）:	20967.8	20949.4	10511.7	6351.05
Efficiency（%）:	**95.3982**	**95.4703**	**95.1382**	**94.4839**
Power Factor :	**0.955547**	**0.88851**	**0.901235**	**0.917274**
Synchronous Speed（rpm）:	**20000**	**20000**	**10000**	**6000**
Rated Torque（N·m）:	**9.55067**	**9.54952**	**9.54995**	**9.55044**
Torque Angle（degree）:	9.26208	11.9516	11.8717	11.7993
Maximum Output Power（W）:	**121604**	**94515.1**	**45854.2**	**26355.8**
Estimated Rotor Inertial Moment（kg m^2）:	**0.00111772**	**0.00111772**	**0.00111772**	**0.00111772**

图 6-6-53 是电机机械特性曲线。

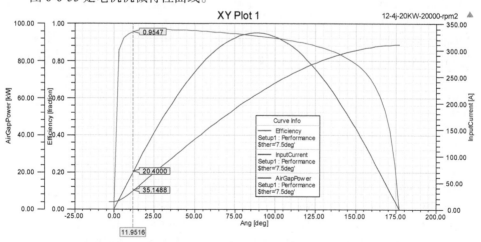

图 6-6-53　12-4j 电机机械特性曲线（20kW、20000r/min）

图 6-6-54 ~ 图 6-6-58 是电机各种特性曲线。

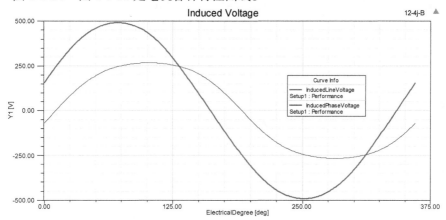

图 6-6-54　12-4j 电机感应电动势曲线

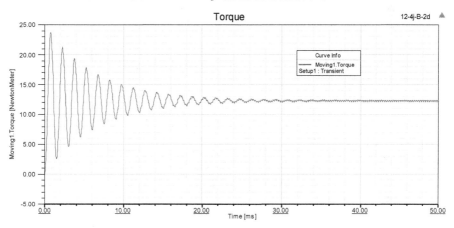

图 6-6-55　12-4j 电机瞬态转矩曲线一

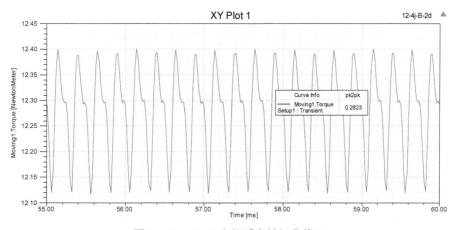

图 6-6-56　12-4j 电机瞬态转矩曲线二

转矩波动为 $\dfrac{0.2823}{9.55} = 0.02956 \times 100\% = 2.956\% < 5\%$。

图 6-6-57 和图 6-6-58 是电机磁通分布和磁通密度云图。

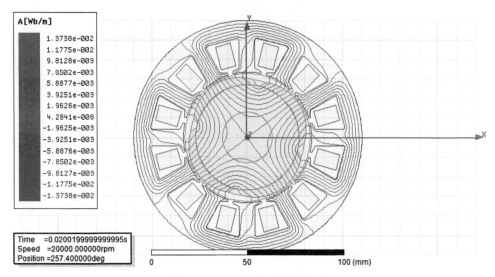

图 6-6-57   12-4j 电机磁通分布

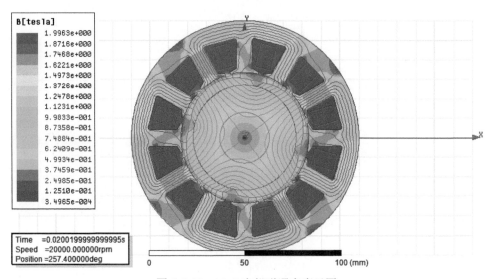

图 6-6-58   12-4j 电机磁通密度云图

结论：

1）12 槽 4 极电机可以替代 24 槽 4 极电机，性能几乎一样。

2）两种电机转子结构尺寸相同，只是定子槽数不同。

3）24 槽 4 极电机的槽极比大，因此电机的最大转矩倍数大。

4）12 槽 4 极电机在恒转矩曲线上的各点的电流、电流密度、效率、功率因数基本接近。

6.6.18　主轴电机的设计五

设计四中将 24 槽 4 极电机用表贴式磁钢替换为 12 槽 4 极电机用内嵌式磁钢，选择的拐点是最大工作点，不用弱磁，工作点均位于拐点左边的设计方法。

本设计**介绍转子 12 槽 4 极主轴电机的转子，采用内嵌式结构。**如果定子结构数据与设计四相同，转子采用内嵌式磁钢，有利于弱磁。

内嵌式转子的电机感应电动势正弦度稍差，转矩波动相差很大。

图 6-6-59 是 12 槽 4 极内嵌式磁钢主轴电机结构。

图 6-6-60 ~ 图 6-6-62 是电机各种特性曲线。

转矩波动率为 $\dfrac{1.9529}{9.5436} = 0.20 \times 100\% = 20\%$，远远大于 5%。

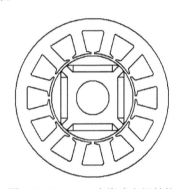

图 6-6-59　12-4j 内嵌式电机结构

将表贴式磁钢改成内嵌式磁钢，电机额定点性能变化不大，但是转矩波动大了许多，其原因是内嵌式电机的气隙磁通密度波形是梯形波（见图 6-6-63），不能用定子斜槽来解决，要使内嵌式电机转矩波动好，必须使主轴电机的气隙波形正弦度要好。

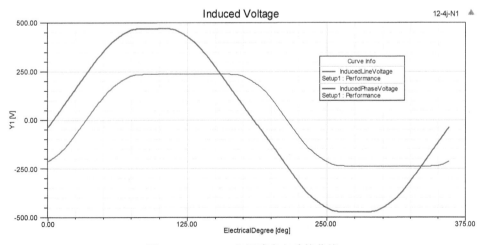

图 6-6-60　12-4j 电机感应电动势曲线

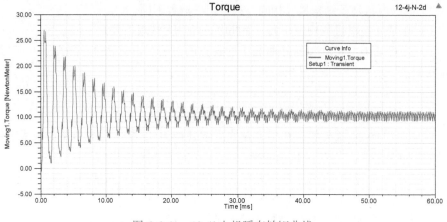

图 6-6-61　12-4j 电机瞬态转矩曲线

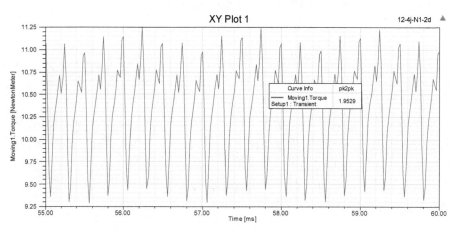

图 6-6-62　12-4j 电机瞬态转矩曲线（55～60ms 区间）

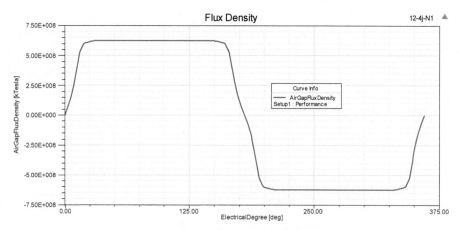

图 6-6-63　内嵌式转子气隙磁通波形

将 12 槽 4 极电机转子表贴式磁钢（设计四）改为内嵌式磁钢，定子绕组不变，则电机的空载电流增大，把绕组槽内导体数从 14 根改为 15 根后，则电机空载电流下降，见表 6-6-12。

表 6-6-12　12 槽 4 极表贴式、内嵌式和内嵌式电机改变匝数的性能对比

ADJUSTABLE-SPEED PERMANENT MAGNET SYNCHRONOUS MOTOR DESIGN			
	12-4J-B（设计四）	12-4J-N 内嵌式	12-4j-N 改匝数
GENERAL DATA			
Rated Output Power（kW）:	**20**	**20**	**20**
Rated Voltage（V）:	**380**	**380**	**380**
Number of Poles :	**4**	**4**	**4**
Frequency（Hz）:	666.667	666.667	666.667
Frictional Loss（W）:	400	400	400
Windage Loss（W）:	0	0	0
Rotor Position :	Inner	Inner	Inner
Type of Circuit :	Y3	Y3	Y3
Type of Source :	Sine	Sine	Sine
Domain :	Frequency	Frequency	Frequency
Operating Temperature（C）:	75	75	75
STATOR DATA			
Number of Conductors per Slot :	**14**	**14**	**15**
Type of Coils :	**12**	**12**	**12**
Skew Width（Number of Slots）:	1	1	1
Average Coil Pitch :	3	3	3
Number of Wires per Conductor :	**5**	**5**	**5**
Wire Diameter（mm）:	**1.18**	**1.18**	**1.18**
Wire Wrap Thickness（mm）:	0.11	0.11	0.11
Slot Area（mm^2）:	222.293	222.293	222.293
Net Slot Area（mm^2）:	212.689	212.689	212.689
Limited Slot Fill Factor（%）:	75	75	75
Stator Slot Fill Factor（%）:	**54.7686**	**54.7686**	**58.6806**
ROTOR DATA			
Bridge（mm）:		**0.7**	**0.7**
Rib（mm）:		**5.5**	**5.5**
Polar Arc Radius（mm）:	**24**		
Type of Rotor :	**2**	**5**	**5**
STEADY STATE PARAMETERS			
Stator Winding Factor :	1	1	1
D-Axis Reactive Reactance Xad（ohm）:	0.768562	1.07862	1.23821
Q-Axis Reactive Reactance Xaq（ohm）:	0.768562	2.94848	3.38473
Armature Phase Resistance at 20C（ohm）:	0.0337286	0.0337286	0.0361378

（续）

ADJUSTABLE-SPEED PERMANENT MAGNET SYNCHRONOUS MOTOR DESIGN			
	12-4J-B（设计四）	12-4J-N 内嵌式	12-4j-N 改匝数
NO-LOAD MAGNETIC DATA			
Stator-Teeth Flux Density（Tesla）:	1.79959	1.4888	1.4888
Stator-Yoke Flux Density（Tesla）:	1.68601	1.60026	1.60026
Rotor-Yoke Flux Density（Tesla）:	1.17387	0.820963	0.820963
Air-Gap Flux Density（Tesla）:	0.768756	0.620922	0.620922
Magnet Flux Density（Tesla）:	0.965138	1.06151	1.06151
No-Load Line Current（A）:	13.8522	20.9694	11.2943
No-Load Input Power（W）:	820.777	780.871	743.696
Cogging Torque（N·m）:	1.21E-12	1.61E-13	1.61E-13
FULL-LOAD DATA			
Maximum Line Induced Voltage（V）:	489.067	438.969	470.324
Root-Mean-Square Line Current（A）:	35.1461	35.7198	32.5719
Armature Current Density（A/mm^2）:	6.42766	6.53258	5.95688
Total Loss（W）:	948.938	884.374	867.252
Output Power（W）:	20000.5	19985.1	19988.1
Input Power（W）:	20949.4	20869.5	20855.3
Efficiency（%）:	95.4703	95.7624	95.8416
Power Factor :	0.88851	0.873799	0.957586
Synchronous Speed（rpm）:	20000	20000	20000
Rated Torque（N·m）:	9.54952	9.54218	9.5436
Torque Angle（degree）:	11.9516	34.5497	34.6665
Maximum Output Power（W）:	94515.1	81798.9	75351.1

设计结果：

将设计四中的电机改成内嵌式，定子参数不变，电机齿磁通密度降低，电机的额定点相近，电流稍大，当绕组增加 1 匝后，电流降低，功率因数提高，最大输出功率略有降低，因此高速电机可以用内嵌式转子。这样的转子结构牢靠，工艺简单。

6.6.19　主轴电机的设计六

本例设计是提高内嵌式磁钢凸极率的电机设计。内嵌式磁钢的 d 轴、q 轴电抗相差较大，有利于弱磁，但是电机感应电动势波形的正弦度差，转矩波动大，如果把转子表面改成面包形，气隙不等，见图 6-6-65 箭头所指。定子斜一个槽，则电机感应电动势波形的正弦度会得到较好的改善。图 6-6-64 和图 6-6-65 是凸极偏心的电机结构。

感应电动势（反电动势）波形斜槽与不斜槽比较如图 6-6-66 所示。

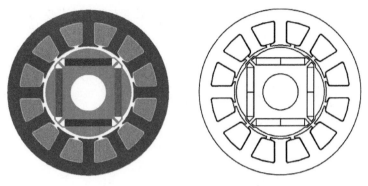

图 6-6-64　内嵌式电机转子结构

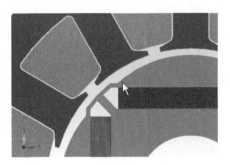

图 6-6-65　内嵌式转子局部图

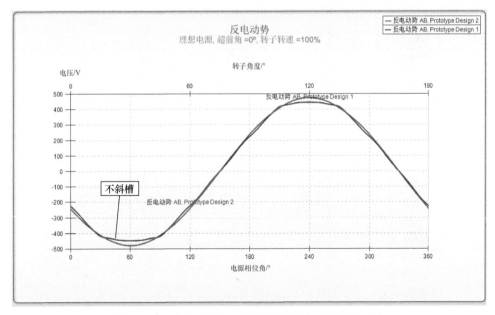

图 6-6-66　电机斜槽与不斜槽的感应电动势波形对比

电机性能仅供参考，因为软件不同，计算结果会有些差异，见表 6-6-13。

表 6-6-13 MotorSolve 输入额定参数

	Prototype Design 2
转矩 /（N·m）	9.37
输入功率 /kW	20
输出功率 /kW	19.6
效率（%）	98
RMS 电压 /V	377
RMS 电流 /A	35
RMS 电流密度 /（A/mm²）	6.4
功率因数	0.877

电机结构参数见表 6-6-14。

表 6-6-14 电机结构参数

	Prototype Design 2	
常规设置		
规范		
电源电压	537 DC	V
额定电流	35	A
额定转速	20000	r/min
全局		
外径	120	mm
气隙厚度	1.5	mm
堆叠高度	**94**	mm
说明		
转子		
转子位置	内部	
转子类型	**Import rotor from DXF**	
极数	4	
定子		
定子类型	Square	
相数	3	
槽数	12	
机械损耗		
摩擦损耗	0	kW
风阻损耗	0	kW
杂散损耗因数	0	
Rotor（DXF-qgp）		

（续）

转子类型	Import rotor from DXF	
常规		
斜槽	0	
斜槽角	0	°
每极的磁铁数	1	
直径		
内径	26	mm
外径	64.5	mm
Stator（Square）		
常规		
斜槽	1	
斜槽角	30	°
直径		
内径	67.5	mm
外径	120	mm
齿部		
齿上分槽半径	0	mm
槽深	17.57	mm
槽开口宽度	3	mm
齿靴角	16	°
齿尖深度	0	mm
齿尖厚度	1	mm
齿宽	8.5	mm
圆角		
底部圆角半径	1.33	mm
齿靴圆角半径	0	mm
顶部圆角半径	1.33	mm
定子绕组		
驱动		
连接类型	Y（星形）	
驱动类型	正弦波	
并联支路数	1	
二极管电压降	0.6	V
开关电压降	0.2	V
PWM 方法	电流滞环	
电流滞环	15	
线圈截面		
线径	1.18	mm
每一匝股数	5	

（续）

Stator（Square）	
转子铁芯材料	M470-50A
转子磁铁材料	N42SH
转子叠装系数	0.95
定子材料	
定子铁轭材料	M470-50A
定子齿材料	M470-50A
定子线圈材料	Copper : 100% IACS
定子叠装系数	0.95

用 MotorSolve 对电机进行场分析的指定圆周的磁通密度云图和磁通密度曲线，如图 6-6-67 和图 6-6-68 所示。

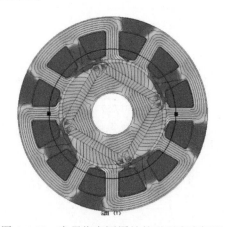

图 6-6-67　定子指定圆周处的磁通密度探测

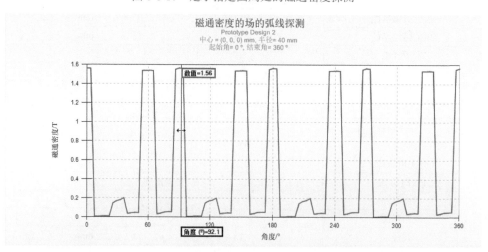

图 6-6-68　定子指定圆周处的磁通密度探测的磁通密度曲线

电机齿槽转矩曲线如图 6-6-69 所示。

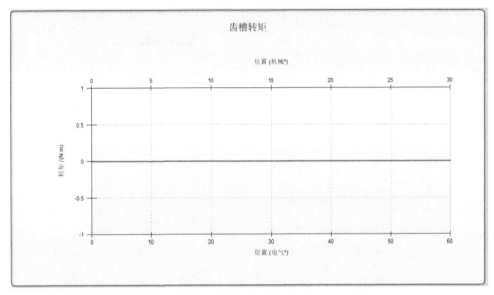

图 6-6-69　电机齿槽转矩曲线

该电机转速为 18000r/min，恒转矩为 9.63N·m，如图 6-6-70 所示。

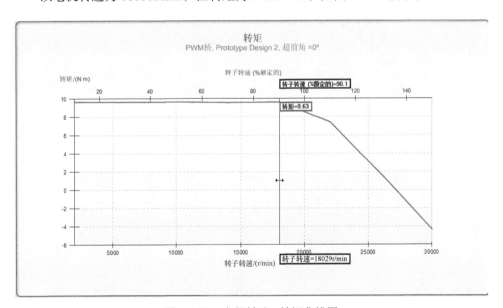

图 6-6-70　电机转速 - 转矩曲线图

转速为 20000r/min 时转矩为 8.52N·m，如图 6-6-71 所示。

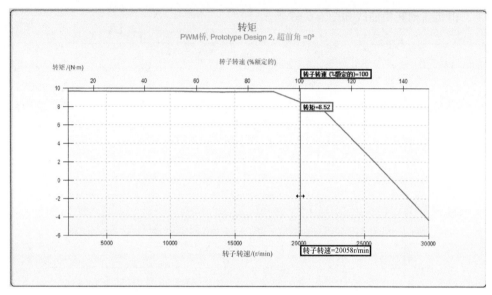

图 6-6-71 电机转速 - 转矩曲线

额定转速为 20000r/min 时的谐波分析如图 6-6-72 所示。

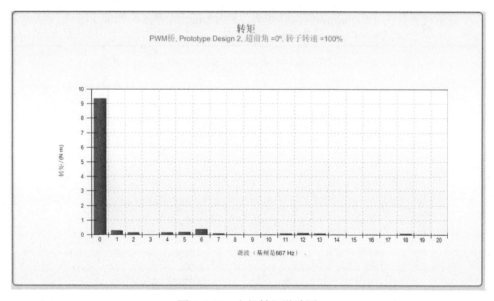

图 6-6-72 电机转矩谐波图

表 6-6-15 是主轴电机各种参数表。

电机转矩（波动）曲线如图 6-6-73 所示。

提取曲线上各点，用 Excel 进行统计计算，转矩波动率见表 6-6-16。

表 6-6-15　电机各种参数

	Prototype Design 2
Kt（从 Ke 推导）/（N·m/A）	0.279
Ke（峰值线反电动势 / 速度）/[V/（r/min）]	23.8
Ld（d 轴电感）/mH	0.46
Lq（q 轴电感）/mH	0.715
LdLq 平均 /mH	0.588
Xd（d 轴电抗）/Ω	1.93
Xq（q 轴电抗）/Ω	2.99
Rs（定子相电阻）/Ω	0.037
Phi_m（0 电流磁通）/Wb	0.116
反电动势（峰值线 - 线）/V	484
RMS 电流 /A	35

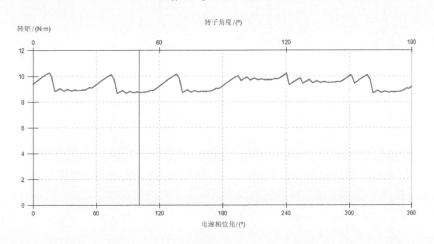

图 6-6-73　电机瞬态转矩波形曲线

表 6-6-16　转矩波形计算

最大值 /（N·m）	10.27412
最小值 /（N·m）	8.667226
转矩波动 /（N·m）	1.606893
平均值 /（N·m）	9.367249
转矩波动率	0.171544

内嵌式电机的最大优点是 q 轴与 d 轴电抗的比值大，弱磁效果好，但是**内嵌式电机的最大弱点是转矩波动大**。当高速电机作磨头用，由于转速高，在惯量的作用下会显得运行比较平稳。因此内嵌式永磁同步电机作为高速主轴电机是一种不错的选择。内嵌式磁钢转子的工艺性好于表贴式磁钢转子。

如果内嵌式电机的凸极率更高，那么电机的齿槽转矩、转矩波动更好，弱磁效果也更好，如图 6-6-74 和图 6-6-75 所示的比较。该电机槽极配合为 12 槽 4 极，其圆心角大，$\theta = 30°$，转子的凸极率高，齿槽转矩和转矩波动比不凸极的要好，反电动势波形也得到一定的改善。对于 12 槽 4 极的主轴电机，要使其电机齿槽转矩、转矩波动都较好，需要进行定子斜槽或转子直极错位。

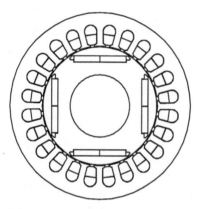
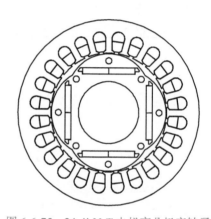

图 6-6-74　24-4j-N-Y 电机圆形转子　　图 6-6-75　24-4j-N-T 电机高凸极率转子

两个电机的定子参数相同，都不斜槽，磁钢参数相同，只是转子结构不同，24-4j-N-T 电机是把磁钢下缩，使转子凸极率变大，造成转子不等气隙率大。用 MotorSolve 软件分析不同转子形状的内嵌式电机的一些内部特性。

从图 6-6-76 ~ 图 6-6-79 可以看出，24-4j-N-Y 电机内嵌式转子的波形不太好，将转子凸极，才能使电机的内部参数得到改善。

电机气隙磁通密度与定子斜槽改善不明显，将 24-4j-N-Y 斜 1 个槽，波形基本不变，如图 6-6-80 所示。

定子斜 1 槽（相对 24 槽 4 极），24-4j-N-Y 电机齿槽转矩完全消除（见图 6-6-81），所以定子、转子斜槽是最好的消除齿槽转矩的方法。

24-4j-N-Y 斜槽后感应电动势也得到改善，如图 6-6-82 所示。

24-4j-N-Y 斜槽后转矩波动也得到改善，如图 6-6-83 所示。

两个模块定子都斜槽，转矩波动会减小，但是不能像齿槽转矩一样完全消除，如图 6-6-84 所示。

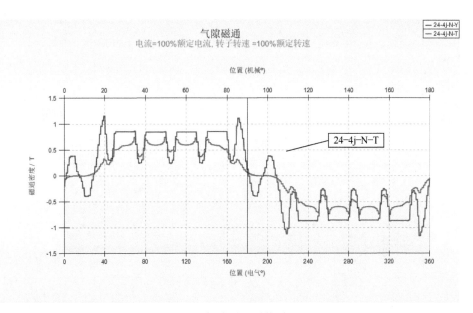

图 6-6-76　气隙磁通形状对比

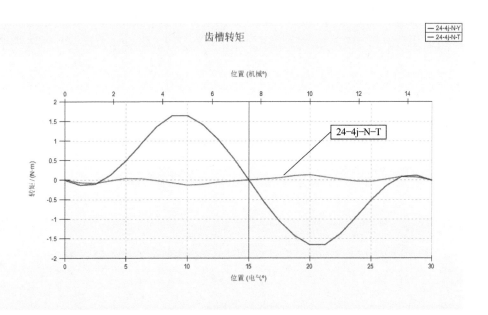

图 6-6-77　齿槽转矩对比

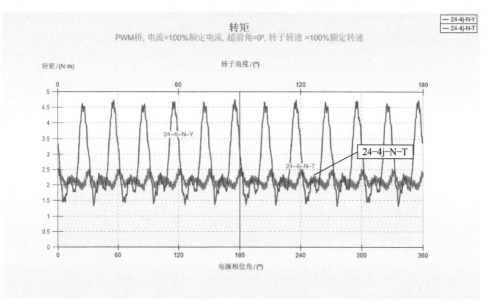

图 6-6-78　转矩波动对比

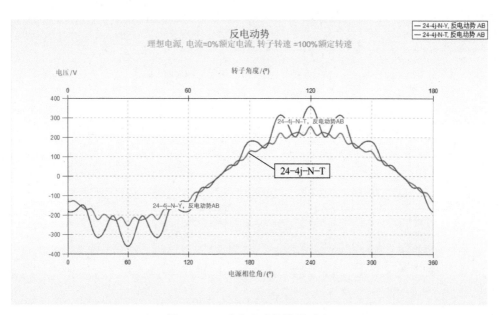

图 6-6-79　感应电动势波形对比

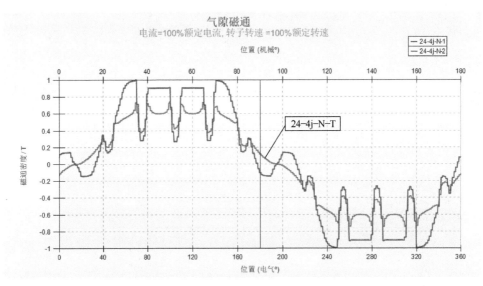

图 6-6-80 电机斜槽后的气隙磁通波形对比

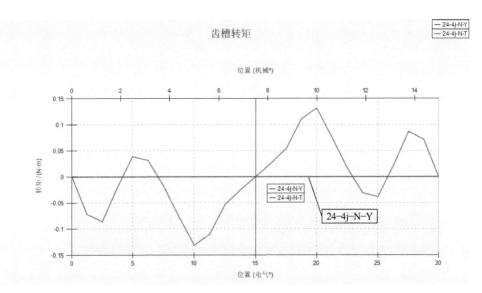

图 6-6-81 定子斜槽后的齿槽转矩

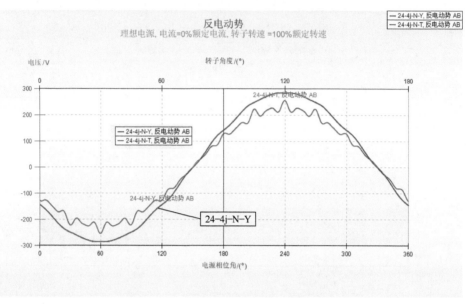

图 6-6-82 电机斜槽感应电动势波形对比

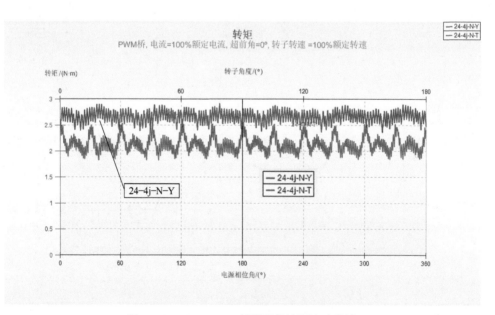

图 6-6-83 24-4j-N-Y 斜槽后的转矩波动曲线

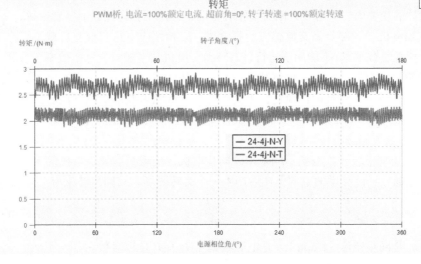

图 6-6-84　两个模块斜槽后的转矩波动曲线

通过斜槽或转子高凸极率，能使电机齿槽转矩、转矩波动和感应电动势正弦度得到较好的改善，但是用定子斜槽只能改善却无法完全消除电机的转矩波动，也可以选择小的圆心角 θ 来改善和减小电机的转矩波动。

小结：

1）内嵌式转子永磁同步电机的各种波形不如表贴式转子。

2）定子斜槽、转子凸极率高，能很大限度地消除电机的齿槽转矩，电流、感应电动势波形会得到明显改善。一些伺服永磁同步电机采用内嵌式磁钢结构，必须提高转子凸极率，进行定子斜槽或进行转子多段直极错位。

3）只有在转子极数减少后，电机磁钢的凸极率才能得到较大的提高，转子磁钢数多，磁钢的凸极率不能提高太多。

4）气隙磁通波形与转子、磁通形状相关，与定子斜槽关系不大。

6.6.20　主轴电机的设计七

6.6.20.1　交流感应主轴电机的设计

在近代科学发展中，很早就出现了交流感应电机。交流感应电机推动了全球工业化革命，所以学者们对其的研究时间长，研究得也非常深入。

三相交流感应异步主轴电机和三相交流感应异步电机在运行原理上基本一致，交流主轴电机属于变频交流感应电机范畴，三相交流异步感应电机的机械特性与永磁同步电机有较大区别。

谈到主轴电机，不得不谈交流主轴电机，故增添了一点交流主轴电机的设计内容，这样与永磁同步电机主轴电机设计相对应，作者觉得叙述会更完整。交流主轴电机设计的相关内容非常多，限于篇幅和主题，在此不会详述，请读者谅解。

主轴电机一大部分是交流感应变频电机，三相感应电机只要有负载（工作负载和各种损耗负载），就不能同步运行，有转差。电机效率相对较低，效率平台窄。

三相感应交流主轴电机也有独特的优点，如转子结构简单、没有磁钢，不存在磁钢退磁的问题，电机运行稳定，不会因高温、低温引起电机磁钢性能减退，从而使电机性能降低。国内最早生产的主轴电机就是三相交流感应主轴电机。

6.6.20.2　交流感应异步电机的转差

交流变频感应异步电机不同于永磁同步电机，交流感应异步电机的工作原理是定子绕组通以一定频率的电源电压后产生一个旋转磁场，其同步转速为

$$n_0 = \frac{60f}{P} \tag{6-6-1}$$

式中，n_0 是同步转速（r/min）；f 是电源频率（Hz）；P 是极对数。

交流感应异步电机转子没有磁钢，转子是由多根嵌在转子槽内的短路笼环组成，转子笼导条切割定子绕组旋转磁场的磁力线产生感应电流，从而产生磁场。在相互的磁场作用下，转子跟随定子旋转。转子由于有负载，其转速 n 低于定子同步转速 n_0，负载越大，转子转速越慢，这样就产生了低于同步转速的现象。

为了判断和界定交流感应异步电机的这种现象，把电机的同步转速 n_0 与负载转速 n 之差相对同步转速 n_0 之比称之为电机的转差：

$$S_n = \frac{n_0 - n}{n_0} \tag{6-6-2}$$

式中，S_n 是转差；n_0 是同步转速（r/min）；n 是转子转速（r/min）。

因为 n 不可能大于 n_0，所以滑差 S_n 永远是正数。

转差有两重概念：

1）一个交流感应异步电机中，负载大，电机转速慢，那么转差就大。转差是电机负载运行转速相对电机同步转速的一个"负载转速性能"标志。转差大的电机，当有负载后，电机转速下降很快，该电机的特性较"软"，如转速下降得慢，则该电机的特性较"硬"。这样转差 S_n 就成为电机机械特性"软"、"硬"的判断标准。

2）两个结构相同的电机，分别增加相同的负载，如果一个电机的转差 S_n 比另一个大，则该电机特性就"软"，该电机有可能出现了问题，如转子导条断裂、有气泡、材料搞错、绕组接线有误、匝数出现问题等，这样转差就成为电机生产中检验电机制造质量的一种手段。

6.6.20.3　交流感应异步电机转差值

交流感应异步电机在运行范围中，转差小的电机的机械特性较"硬"，或者是轻载电机，转差大的电机的机械特性较"软"，或是重载电机。电机工作时转差有

一定的范围，交流感应异步电机转差 S_n 一般在 0.02 ~ 0.15 之间，用 Maxwell-RMx-prt 软件设计时，三相交流感应异步电机要求输入额定转速，那么就要控制转差，额定转速的转差必须合适，这样能使额定点落在与电机最大效率点和最大功率因数点较近的地方。

上海电器科学研究所所设计的 Y2 系列电机的转差可以作为设计参考之一，见表 6-6-17。电机的转差也不尽相同，有的转差太大了，即有的电机特性太软。

表 6-6-17　上海电器科学研究所 Y2 系列电机参数和转差

电机型号	电机极数 p	定子槽数 Z_1	转子槽数 Z_2	定子冲片外径 d_1/mm	定子冲片内径 di_1/mm	转差 S_n
Y2-631-2	2	18	16	96	50	0.0851
Y2-632-2	2	18	16	96	50	0.0863
Y2-631-4	4	24	22	96	58	0.1134
Y2-711-2	2	18	16	110	58	0.0784
Y2-711-4	4	24	22	110	67	0.0976
Y2-711-6	6	27	30	110	71	0.1282
Y2-801-2	2	18	16	120	67	0.0491
Y2-801-4	4	24	22	120	75	
Y2-801-6	6	36	28	120	78	0.1093
Y2-90s-2	2	18	16	130	72	0.0513
Y2-90S-4	4	24	22	130	80	0.0745
Y2-90S-6	6	36	28	130	86	
Y2-100L-2	2	24	20	155	84	0.0443
Y2-100L1-4	4	36	28	155	98	0.0551
Y2-100L-6	6	36	28	155	106	0.0754
Y2-100L1-8	8	48	44	155	106	0.0779
Y2-112M-2	2	30	26	175	98	0.0384
Y2-112M-4	4	36	28	175	110	
Y2-112M-6	6	36	28	175	120	0.0598
Y2-112M-8	8	48	44	175	120	0.0727
Y2-132S1-2	2	30	26	210	116	0.0287
Y2-132S-4	4	36	28	210	136	0.0360
Y2-132S-6	6	36	42	210	148	0.0356
Y2-132S-8	6	48	44	210	148	0.0535
Y2-160M1-2	2	30	26	260	150	0.0569
Y2-160M-4	4	36	28	260	170	0.0271
Y2-160M-6	6	36	42	260	180	0.0299
Y2-160M1-8	8	48	44	260	180	0.0421
Y2-180M-2	2	36	28	290	165	0.0176

（续）

电机型号	电机极数 p	定子槽数 Z_1	转子槽数 Z_2	定子冲片外径 d_1/mm	定子冲片内径 di_1/mm	转差 S_n
Y2-180M-4	4	48	38	290	187	0.0216
Y2-180L-6	6	54	44	290	205	0.0232
Y2-180L-8	8	48	44	290	205	0.0344
Y2-200L1-2	2	36	28	327	187	0.0167
Y2-200L-4	4	48	38	327	210	0.0198
Y2-200L1-6	6	54	44	327	230	0.0217
Y2-200L-8	8	48	44	327	230	0.0250
Y2-225M-2	2	36	28	368	210	0.0133
Y2-225S-4	4	48	38	368	245	0.0148
Y2-225M-6	6	54	44	368	260	0.0160
Y2-250M-2	2	36	28	400	225	0.0109
Y2-250M-4	4	48	38	400	260	0.0145
Y2-250M-6	6	72	58	400	285	0.0190
Y2-280S-2	2	42	34	445	255	0.0097
Y2-280S-4	4	60	50	445	300	0.0111
Y2-280S-6	6	72	58	445	325	0.0141
Y2-315S-2	2	48	40	520	300	0.0071
Y2-315S-4	4	72	64	520	350	0.0096
Y2-315S-6	6	72	58	520	375	0.0111
Y2-315S-8	8	72	58	520	390	0.0135
Y2-315S-10	10	90	72	520	390	0.0135
Y2-355M-2	2	48	40	590	327	0.0071
Y2-355M-4	4	72	64	590	400	0.0080
Y2-355M1-6	6	72	84	590	423	0.0105
Y2-355M1-8	8	72	86	590	445	0.0104
Y2-355M1-10	10	90	72	590	445	0.0132

6.6.20.4 影响交流主轴电机性能的主要电机结构要素

影响性能的主要电机结构要素如下：1）电机槽极配合；2）电机定子、转子槽形；3）转子端环尺寸；4）电机长度。

6.6.20.5 感应电机主轴电机性能的评判标准

主轴电机性能的评判标准如下：1）额定电压；2）额定转矩；3）额定功率；4）输出功率；5）额定电流；6）额定效率；7）额定功率因数；8）齿槽转矩；9）转矩波动；10）电机最高效率；11）电机最高功率因数值；12）电机最大转矩倍数；13）电机起动转矩倍数；14）恒功率区最高转速倍数；15）转速最高倍数时的最大电流。

6.6.20.6 交流主轴电机的槽极配合

交流主轴电机就是一种较高速的交流感应异步电机，其结构与永磁同步电机不同。交流感应异步电机转子没有磁钢，不存在齿槽转矩，定子槽 Z_1、转子槽 Z_2 和定子绕组产生的磁极 p 相互作用对电机运行质量产生影响。许多科技工作者对交流电机的槽配合对电机运行质量的影响做了大量的研究和实践，并提出了许多经典理论。

选择定子槽数 Z_1 时应考虑：

1）为减少谐波磁动势，除极数较多或在系列设计中两种极数冲片通用的情况外，每极每相槽数一般取整数。

2）为降低杂散损耗及提高功率因数，定子应选用较多的槽数。但槽数增多时，将增加槽绝缘，降低槽利用率，并增加线圈制造及嵌线工时。

3）转子槽数选择和槽配合（Z_1/Z_2），当确定了定子槽数 Z_1 后，笼型转子的槽数 Z_2 将受到 Z_1 的制约，Z_1 和 Z_2 应有一个适当的配合。转子槽数 Z_2 应与定子槽数 Z_1 配合确定，定子、转子槽配合的选择应使电机能正常起动，"转矩-转速"特性平滑，起动及运转时无显著振动，电磁噪声、杂散损耗较小，应避免选择产生同步附加转矩及电磁振动、噪声的槽配合。

表 6-6-18 中由定子、转子一阶齿谐波作用产生的同步附加转矩及定子、转子一阶齿谐波次数相差为 1 或 2（指 $i = 1, 2$）时产生的振动噪声最严重，一般不能采用，其他一些槽配合如能采取适当措施，例如，选用合适的绕组节距、包含较少谐波成分的绕组、转子斜槽、较大气隙长度等，经过实践验证，符合要求者仍可采用。

异步电机往往采用近槽配合，即转子槽数接近且少于定子槽数，可减少齿谐波磁通在铁心齿中产生的脉振损耗和在斜槽笼型铸铝转子导条间的横向电流损耗，因此，对降低杂散损耗和温升比较有利。但少槽-近槽配合容易产生电磁振动和噪声，也可能会产生同步附加转矩。表 6-6-18 给出了产生同步转矩或振动和噪声的定子、转子槽配合。

表 6-6-18　产生同步转矩或振动和噪声的定子、转子槽配合

产生后果	产生原因		
	定子、转子一阶齿谐波相互作用	转子一阶齿谐波与定子相带谐波作用	定子、转子二阶齿谐波相互作用
堵转时产生同步转矩	$Z_2 = Z_1$	$Z_2 = 2PmK$	$Z_2 = Z_1$
电动机运转时产生同步转矩	$Z_2 = Z_1 + 2P$	$Z_2 = 2PmK + 2P$	$Z_2 = Z_1 + P$
电磁制动时产生同步转矩	$Z_2 = Z_1 - 2P$	$Z_2 = 2PmK - 2P$	$Z_2 = Z_1 - P$
可能产生电磁振动噪声	$Z_2 = Z_1 \pm i$ $Z_2 = Z_1 \pm 2P + i$	$Z_2 = 2PmK \pm i$ $Z_2 = 2PmK \pm 2P + i$	$Z_2 = Z_1 \pm P \pm i$

注：P 为电机极对数；m 为相数；K 为除 0 以外的任意整数；i 为 1、2、3 或 4。

如果要按表 6-6-18 的要求去找一个交流异步电机的最佳槽配合，用计算机排了个程序，按上表要求，所有的电机槽配合都存在问题。

如何来确定交流感应异步电机的槽配合呢？作者认为有如下方法：

1）用国内经过系列设计、大批量生产、实践验证的槽配合。

表 6-6-19 是三相笼型异步电机推荐的槽配合，Y2 系列电机基本采用这样的配合，但是表中仅推荐了近槽配合。虽然那时还未有大型电机设计软件能进行场分析，但是上科所设计的 Y2 系列电机的设计程序经过各种实验，系数得到修正，计算正确度是非常高的，在国内形成标准产品，得到广泛使用，所以作为交流主轴电机的槽配合设计参考是完全可以的。但是与表 6-6-18 产生同步转矩或振动和噪声的定子、转子槽配合中的有些槽配合的要求不符。

表 6-6-19　三相笼型异步电机推荐的槽配合

极数	定子槽数 Z_1	转子槽数 Z_2				
2	18	16				
	24	20				
	30	22	26			
	36	28				
	42	34				
	48	40				
4	24	22				
	36	26	28	32	34	
	48	38	44			
	60	38	47	50		
6	36	26	33			
	54	44	58	64		
	72	56	58	86		
8	48	44				
	54	50	58	64		
	72	56	58	86		
10	60	64				
	90	72	80	106	114	

2）参考国内外学者、工厂提出的各类交流感应异步电机的槽配合也是可行的，虽然每家提出的槽配合中有些槽极配合冲突，但这是个别的，估计是站在不同观点和立场上分析的缘故。

表 6-6-20 ~ 表 6-6-22 是各种电机的槽极配合。

表 6-6-20　Kuhlmann 推荐的槽配合

$2P$	Z_1	Z_2			
		死点	尖点	电磁声与振动	可能采用
2	24	18, 21	26, 29	21—27	19, 20, 28, 30, 31—36
	36	18, 21, 24, 27, 30	38, 41	33—39	19, 20, 23, 25, 26, 28, 29, 31, 32, 40, 42
	48	27, 30, 33, 36, 39, 42	50, 53	45—51	28, 29, 31, 32, 34, 35, 37, 38, 40, 41, 43, 44, 52
4	24	18, 12	28, 34	20—28	13, 14, 15, 16, 17, 19, 29, 30, 31, 32, 33, 35, 36
	36	18, 24, 30	40, 46	32—40	19, 20, 22, 21, 23, 25, 26, 27, 28, 29, 31, 41, 42—45
	48	18, 24, 30, 36, 42	52, 58	44—52	19—23, 26—29, 37—41, 43, 31—35, 53—57
6	36	18, 27	42, 51	31, 32, 34, 35, 37, 38, 40, 51	19—26, 28—30, 33, 36, 39, 41—50
	54	18, 27, 36, 45	60, 69	49, 50, 52, 53, 55, 56, 58, 59	19—26, 28—35, 37—44, 46—48, 51, 54, 57, 61—68
	72	18, 27, 36, 45, 54, 63	78, 87	67, 68, 70, 71, 73, 76, 77	19—26, 28—35, 37—44, 46—53, 55—62, 64—66, 69
8	48	12, 24, 36	56, 68	42—47, 49—54	13—23, 25—35, 37—41, 48, 55, 57—67, 69, 70
	72	12, 24, 36, 48, 60	80, 92	66—71, 73—78	13—23, 25—35, 37—47, 49—59, 61—65, 72, 79, 81—91
	96	36, 48, 60, 72, 84	104, 116	90—95, 97—102	16—29, 31—44, 46—53, 55, 60, 65, 67, 68, 69, 71—84
10	60	15, 30, 45	70, 85	54, 56, 57, 58, 59, 61, 62, 63, 64, 66	16—29, 31—44, 46—53, 55, 60, 65, 67, 68, 69, 71—84
	90	25, 30, 45, 60, 75	100, 115	84, 86, 87, 88, 89, 91, 92, 93, 94	26—29, 31—44, 46—59, 61—74, 76—83, 85, 90, 95, 97
	120	55, 60, 75, 90, 105	130, 145	114, 116, 117, 118, 119, 121, 122—124, 126	56—59, 61—74, 76—89, 91—104, 106—113, 115, 120, 125, 127, 128, 129, 131—144

表 6-6-21　高桥推荐的槽配合

$2P$	Z_1	Z_2
2	18	16, 22
	24	22, 28
	36	28, 46
4	24	18, 22, 26, 30
	36	26, 30, 42, 46
	48	34, 38, 42, 54, 58

（续）

2P	Z_1	Z_2
6	36	26, 27, 28, 32, 34, 38, 40, 44, 45, 46
	54	38, 39, 40, 44, 45, 46, 50, 52, 56, 58, 62, 63, 64, 68, 69
	72	51, 52, 56, 57, 58, 62, 63, 64, 68, 70, 74, 76, 80, 81, 82, 86, 87, 88, 92, 93
8	48	34, 35, 36, 37, 38, 42, 43, 45, 46, 50, 51, 53, 54, 58, 59, 60, 61, 62
	72	51, 52, 53, 54, 58, 59, 60, 61, 62, 66, 67, 69, 70, 74, 75, 77, 78, 82, 83, 84, 85, 86, 90, 91, 92
	96	67—70, 74—78, 82—86, 90—94, 98, 99, 101, 102, 106—110, 114—118, 122—124

表 6-6-22　Richter 推荐的槽配合

2P	Z_1	Z_2				
		有死点	正转有尖点	反转有尖点	有电磁声	良好
2	24	12, 18, 24, 30, 36	14, 20, 26, 32, 38	10, 16, 22, 28, 34	11—39（奇数）	
	36	12, 18, 24, 30, 36, 42, 48, 54	14, 20, 26, 32, 38, 44, 50, 56	10, 16, 22, 28, 34, 40, 46, 52, 58	11—59（奇数）	
4	24	12, 24, 36	14, 16, 26, 28	10, 20, 22, 32	11—39（奇数）	18, 30, 34, 38
	36	12, 18, 24, 36, 48	16, 20, 28, 38, 40, 52	16, 20, 32, 34, 44, 56	11—59（奇数）	10, 14, 22, 26, 46, 50, 54, 58
	48	12, 24, 36, 48, 60	16, 20, 28, 40, 50, 52, 64	20, 22, 32, 44, 46, 56, 68	11—69（奇数）	10, 14, 18, 30, 34, 38, 42, 54, 58, 62, 66
6	36	18, 36, 54	21, 24, 39, 42	12, 15, 30, 33, 48	11, 13, 17, 19, 23, 25, 29, 31, 35, 37, 41, 43, 47, 49, 53, 55, 59	10, 14, 16, 20, 22, 26, 27, 28, 32, 34, 38, 40, 44, 45, 46, 50, 51, 52, 56, 57, 58
	54	18, 27, 36, 54, 72	24, 30, 42, 60, 78	12, 24, 30, 48, 51, 57, 66	11, 13, 17, 19, 23, 25, 29, 31, 35, 37, 41, 43, 47, 49, 53, 55, 59, 61, 65, 67, 71, 73, 77, 79	10, 14, 15, 16, 20, 21, 22, 26, 28, 32, 33, 34, 38, 39, 40, 44, 45, 46, 50, 52, 56, 58, 62, 63, 64, 68, 69, 70, 74, 75, 76
8	48	24, 48, 72	28, 32, 52, 56	16, 20, 40, 44, 64	15, 17, 23, 25, 31, 33, 39, 41, 47, 49, 55, 57, 63, 65	21, 22, 26, 27, 29, 30, 34, 35, 36, 37, 43, 45, 51, 53, 59, 60, 61, 62
	72	24, 36, 48, 72, 96	32, 40, 56, 80	16, 32, 40, 64, 68, 88	15, 17, 23, 25, 31, 33, 39, 41, 47, 49, 55, 57, 63, 65, 71, 73, 79, 81, 87, 89, 95, 97	30, 34, 35, 37, 38, 42, 43, 44, 45, 46, 50, 51, 52, 53, 54, 58, 59, 60, 61, 67, 69, 75, 77, 83, 84, 85, 86, 90, 91, 92, 93, 94, 98, 99

由表 6-6-22 可以看出，定子槽数是转子槽数的 3 的公约数关系的转子槽数往往出现死点，至于有尖点只是电流波形上的瞬态点，这比有电磁声要好。2 极电机的槽配合运行不算好。

上面列举了三个关于槽极配合的表，可供读者设计电机参考。

表 6-6-23 给出了一些主轴电机定子直径从 34.5 ~ 130.5mm 的定子、转子槽数与槽极配合。

表 6-6-23　定子直径与槽极配合表

34.5	45.5	45.9	48	49	52.5	55	60	65	73
18-13-2j	12-15-2j	18-16-2j	18-16-2j	12-15-2j	12-15-2j	12-15-2j	18-16-2j	18-16-2j	24-20-2j
					12-15-2j		18-16-2j		24-22-2j
							24-22-4j		

80	85	90	92	99	110	120	130	130.5	
24-20-2j	24-20-2j	24-20-2j	24-28-2j	24-20-2j	36-32-4j	36-32-4j	24-20-2j	24-20-2j	
24-20-2j		24-22-4j		24-22-4j			24-20-4j		
				36-33-4j			36-32-4j		
				36-33-6j			36-32-6j		
					水冷	风冷			

总结一下，见表 6-6-24。

表 6-6-24　交流电机主轴电机槽极配合

电机极数	定子槽数	转子槽数	参考槽极配合 -Y2 型
2 极	12	15	
	18	13, 16	16
	24	20, 28	20
4 极	24	22, 28	22
	36	32, 33	26、28、32、34
6 极	36	32, 33	26、28、33、42

表 6-6-24 还只是近槽电机，2 极电机槽极配合还少。

把表 6-6-18 用 Excel 做成一个程序，表中的 i 作为一个变量，K 从 1 到 4，输入定子槽数和电机极数，先输入谐波次数 $i = 1$，就有数个不良槽配合出现，避免这些不良槽配合，选出好的槽配合，再与推荐表中的槽配合对比，如果与推荐表中的槽配合相同，则将其选作电机的槽极配合。这些槽配合有许多符合以上介绍的推荐表中较好的槽配合。那么只要填入电机极数、定子槽数即可，如果要求更高，则可以将分别输入谐波次数 $i = 1$ 与 $i = 2$ 计算出的都认可的槽极配合选出，作为电机设计相对较好的槽极配合。

如 36-32-4j，输入 $Z_1 = 36$，$2P = 4$，$i = 1$ 计算转子槽数，见表 6-6-25。

表 6-6-25　计算转子槽数程序表（排除法）

Z_1	$2P$	i	$2P*3-i$	$2P*3+1$	Z_1-2P	Z_1-i	$2P*3*2-i$	Z_1+i	$2P*3*2+i$	Z_1+2P	$2P*3*4-i$	$2P*3*4+i$
36	4	1	11	13	32	35	23	37	25	40	47	49

可以看出，从转子 12 槽开始有 12、14、15、16、17、18、19、21、22、24、26、27~31、33、34、36~39、41~46、48 槽可以配定子 36 槽。

定子 36 槽配转子 32 槽不在上列，配合有些问题，Richter 认为 4 极定子 36 槽配转子 32 槽反转有尖点。高桥不推荐，Kuhlmann 则认为有电磁声与振动。

但是从 Y2 槽配合的推荐表 6-6-19 上有 36-32-4j 配合，如果不介意，则取电机定子 36 槽、转子 32 槽 4 极配合，否则另外选取槽极配合。

作者认为，与其用表 6-6-18 规定的公式程序计算，还不如认为推荐表是正确的，选择几个推荐表上公认的槽极配合进行电机设计，基本上不会出现大的问题。

3）用电机设计软件检验电机的槽极配合的合理性。

电机的槽极配合归根结底是电机的运行性能。交流感应异步电机的运行性能表现在转矩波动、感应电动势波形和谐波三方面。对选定的电机槽极配合，用模块进行计算分析，选择较小的转矩波动瞬态波形，求出瞬态波形稳定区间段较小的波形峰 - 峰值，取感应电动势波形正弦度好、波形毛刺少的槽极配合。或者看一下电机的转矩、电流谐波分布好的槽极配合，这样选择出的电机槽极配合，电机运行质量不会太差。对于性能要求相同的电机，这种方法能区分出两个不同槽极配合时哪个更优。下面用设计实例进行介绍。

6.6.20.7　感应电机功率因数的分析

在交流感应电机中，电机的功率因数与电机负载率有很大关系，很难把功率因数提到很高。电机的负载率与功率因数的关系见表 6-6-26。

表 6-6-26　负载率与功率因数的关系

负载率	0	0.25	0.3	0.4	0.5	0.6	0.75	0.85	1
$\cos\varphi$	0.2	0.5	0.6	0.7	0.75	0.8	0.85	0.865	0.88

以上统计的是早年的感应电机的负载率与功率因数的关系，不代表交流电机在满载时 $\cos\varphi$ 仅为 0.88，交流电机的功率因数值可超过 0.9。

感应电机的功率因数与如下关系有关：

1）电机气隙越小，电机的功率因数就越高，但是电机气隙受到电机机械设计、转速、轴的刚性、动平衡等因素影响。特别在高速电机中，电机的气隙不可能太小，这样限制了电机的功率因数的提高。电机功率因数对气隙的灵敏度较高，是提高电机功率因数的一个重要方法。

2）电机转速越低，功率因数就越小。

3）电机的极数越少，则功率因数就会越高。

4）电机的定子、转子槽的配合也会影响电机的功率因数，一旦定子槽数确定，电机转子槽越多，功率因数就越大。定子可以少槽，但是转子槽数必须多一些。定子少槽，转子多槽的感应电机在平时不多见，设计电机时要考虑。

5）定子绕组匝数多，则功率因数就会高。

6）电机体积一定时，定子槽数确定后，转子槽数少，电机输出功率就小，转矩波动就大。

综上所述，高速主轴感应电机虽然直径小，如果对电机的功率因数有要求，设计时尽量选用定子槽和转子槽多些的配合，尽量把电机的极数降低。设计时能采用 2 极的就不采用 4 极的电机。

6.6.20.8　主轴电机恒功率输出的最大转速

主轴电机有恒转矩区和恒功率区，这是典型的转速 - 功率曲线，如图 6-6-85 所示。

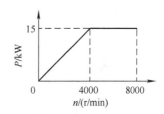

图 6-6-85 说明在电机运行 4000r/min 以下，电机输出功率与电机转速成正比关系，因此在这个区域，转矩是恒定的，转速提高，功率正比增加，称为恒转矩区。电机在 4000 ～ 8000r/min 区域是恒功率运行的，恒功率时的最高转速是

图 6-6-85　电机转速 - 功率曲线

8000r/min，所以是恒功率区。4000 ～ 8000r/min 恒功率区是一条直线，直线下面区域某一点的一条横线是电机可以运行的另一个恒功率直线。不同恒功率直线组成恒功率区。那么在 8000r/min 以上，电机的运行曲线应该是什么样的呢？

图 6-6-86 是某电机的转速 - 功率曲线图，电机在 4000/min 拐点右边的恒功率区中的最大转速仅到 6981r/min，8000r/min 时的功率仅为 13.26kW。8000r/min 右边的区域不属于恒功率区，但是在一定的功率范围内。

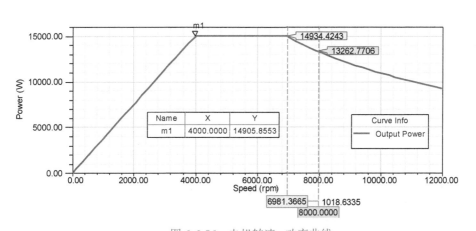

图 6-6-86　电机转速 - 功率曲线

就是说，对于感应主轴电机，还得考核恒功率时的最大转速倍数问题。图 6-6-86 中，电机恒功率时最大转速倍数为 6981/4000 = 1.74，不到 2 倍。

6.6.20.9 电机的谐波的分析

我们不用"较好的槽极配合"的电机分析电机的谐波情况，这样分析谐波时较清晰。取 12-11-4j 和 12-16-4j 定子，用 Motorsolve 进行 2D 电机的电流、转矩谐波分析。

图 6-6-87 和图 6-6-88 分别是 12-11-4j 和 12-16-4j 电机结构。

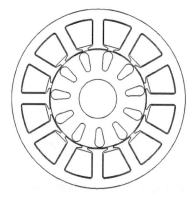
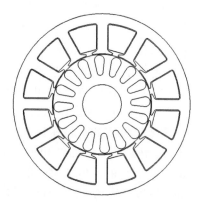

图 6-6-87　12-11-4j 电机结构图　　　图 6-6-88　12-16-4j 电机结构图

表 6-6-27 是两种电机性能主要参数对比。

表 6-6-27　电机额定性能主要参数对比

	12-16-4j	12-11-4j
转矩 /（N·m）	36.4	28.7
输出功率 /kW	13.8	10.9
效率（%）	71.7	76.4
RMS 电流 /A	62.6	53.9
功率因数	0.466	0.4
转子转速 /（r/min）	3617	3617

12-11-4j 电机转矩谐波分布图如图 6-6-89 所示。

12-11-4j 电机电流谐波分布图如图 6-6-90 所示。

如果电机定子不变，将转子改成 16 槽，即 12-16-4j 结构，电机谐波如图 6-6-91 和图 6-6-92 所示。

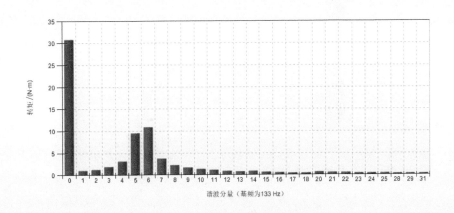

图 6-6-89　12-11-4j 电机的转矩谐波图

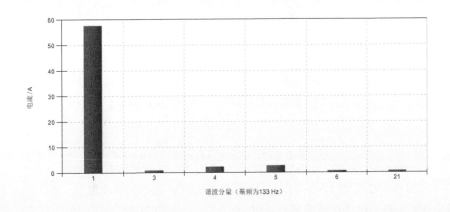

图 6-6-90　12-11-4j 电机的电流谐波分布图

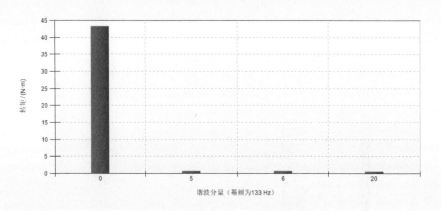

图 6-6-91　12-16-4j 电机的转矩谐波分布图

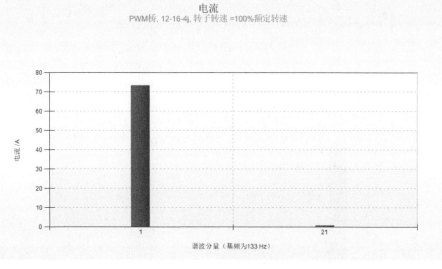

图 6-6-92　12-16-4j 电机的电流谐波分布图

　　从图 6-6-92 看到 12-16-4j 电机中影响电机转矩的高次谐波很小，而 12-11-4j 电机中的影响转矩的高次谐波很多且较大。

　　从上面谐波分布图可以看出，如果电机定子不变，转子槽数稍有变化，那么电机的谐波会发生较大变化，从而使电机性能发生改变。通过图 6-6-93 可以看出 12-16-4j 电机的性能比 12-11-4j 电机好。

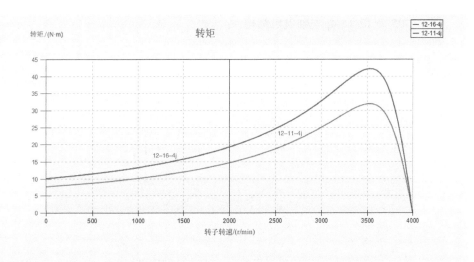

图 6-6-93 电机转速 - 转矩曲线比较

图 6-6-94 是两种电机电流波形对比。很明显，12-11-4j 电机的电流波形的正弦度不及 12-16-4j 的，所以电机的谐波会直接影响电机的运行性能。12-11-4j 电机的槽极配合比 12-16-4j 的差。

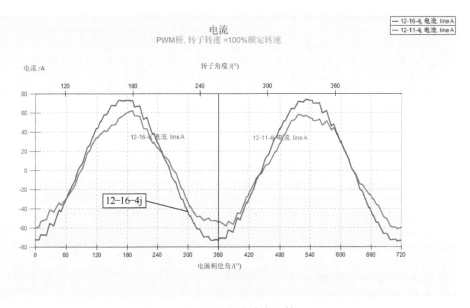

图 6-6-94 电机电流波形比较

如果将转子改为 15 槽，即 12-15-4j 电机性能与 12-16-4j 电机的性能相差不大。

图 6-6-95 是 12-15-4j 主轴电机结构。

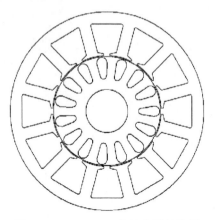

图 6-6-95　12-15-4j 主轴电机结构图

图 6-6-96 是 12-16-4j 和 12-15-4j 电机电流波形比较。

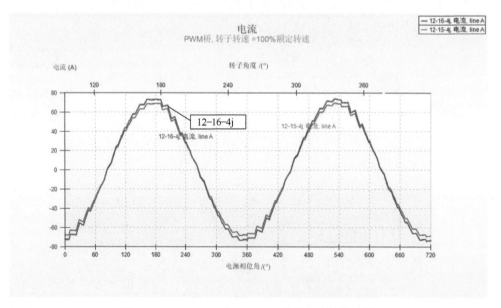

图 6-6-96　12-16-4j 和 12-15-4j 电机电流波形比较

图 6-6-97 是 12-16-4j 和 12-15-4j 电机转矩谐波波形比较。

小结：电机的谐波与电机的槽极配合有关，电机谐波反映在电机电流波形上，使电流波形变差，电机运行质量变差，所以选择电机的槽极配合相当重要。

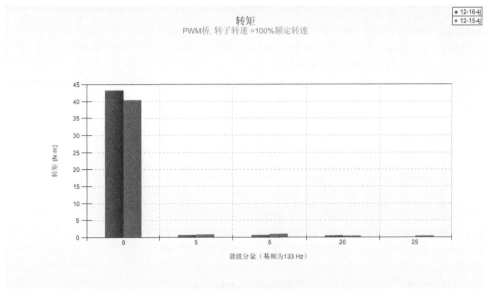

图 6-6-97　12-16-4j 和 12-15-4j 电机转矩谐波波形比较

6.6.20.10　多槽电机的槽极配合的分析

下面通过多槽电机的槽极配合来分析电机的性能。图 6-6-98 是 24-30-4j 电机结构和绕组排布图。

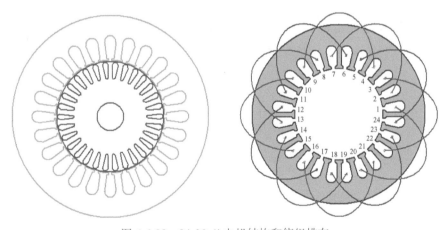

图 6-6-98　24-30-4j 电机结构和绕组排布

图 6-6-99 是 24-30-4j 电机机械特性曲线。

图 6-6-100 是 24-30-4j 电机转速 - 功率曲线。

图 6-6-101 和图 6-6-102 是 24-30-4j 电机转矩波动曲线。

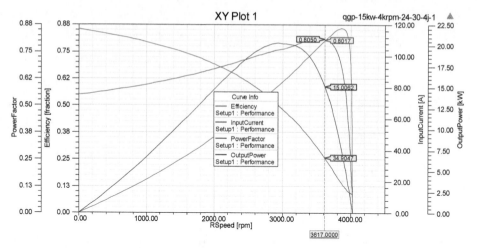

图 6-6-99   24-30-4j 电机机械特性曲线

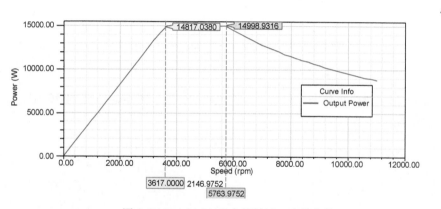

图 6-6-100   24-30-4j 电机转速 - 功率曲线

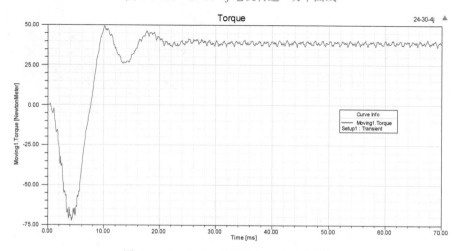

图 6-6-101   24-30-4j 电机转矩波动曲线一

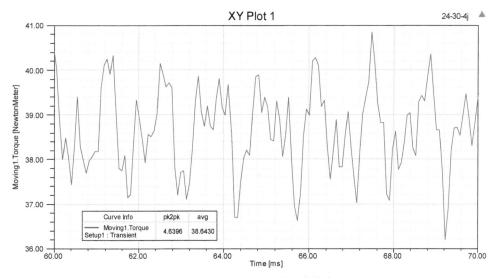

图 6-6-102　24-30-4j 电机转矩波动曲线二

转矩波动率为 $\dfrac{4.6396}{38.643} = 0.12 \times 100\% = 12\%$。

槽配合不变，将极数从 4 极改为 2 极，分析电机的性能。

图 6-6-103 是 24-30-2j 电机结构和绕组排布图。

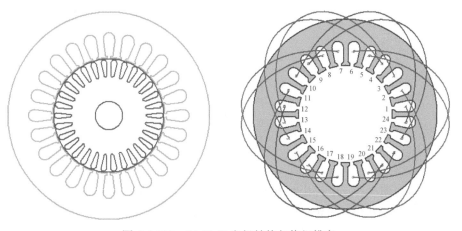

图 6-6-103　24-30-2j 电机结构与绕组排布

图 6-6-104 是 24-30-2j 电机机械特性曲线。

图 6-6-105 是 24-30-2j 电机转矩 - 功率曲线。

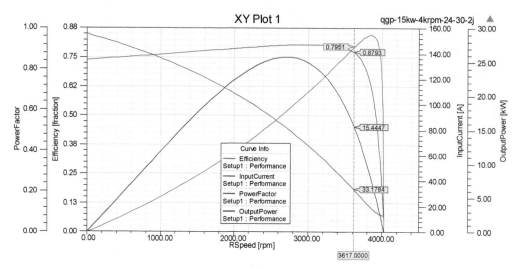

图 6-6-104 24-30-2j 电机机械特性曲线

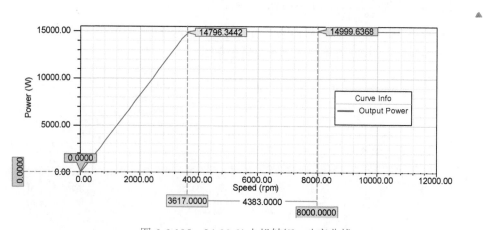

图 6-6-105 24-30-2j 电机转矩 - 功率曲线

从图 6-6-105 看，电机从 4 极改成 2 极，电机的恒功率曲线大大延长了，恒功率区域大，即电机恒功率倍数得到提高。2 极电机就能做成恒功率电机。

图 6-6-106 和图 6-6-107 是电机瞬态转矩曲线。

转矩波动率为 $\dfrac{6.998}{40.368} = 0.173 \times 100\% = 17.3\%$。

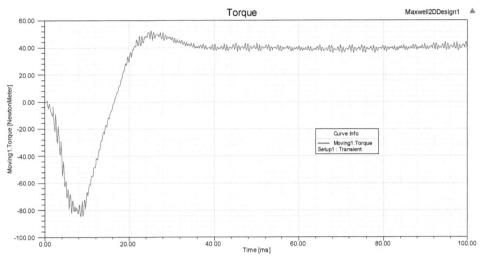

图 6-6-106 24-30-2j 电机瞬态转矩曲线

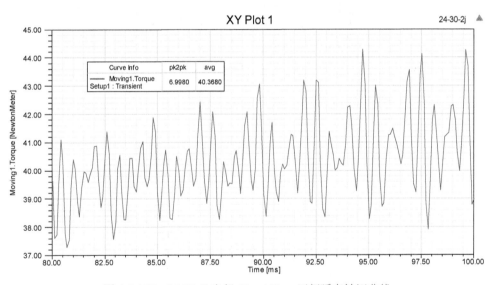

图 6-6-107 24-30-2j 电机 80～100ms 区间瞬态转矩曲线

6.6.21 交流主轴电机实例分析

交流主轴电机技术参数如下。

额定电压：380V；

额定转速：3617r/min；

额定频率：133.3Hz；

额定功率：15kW；

额定转矩：39.6N·m；

额定电流：33A；

功率因数：0.88；

空载电流：9.5A；

最高转速：7030r/min；

冷却方式：水冷；

润滑方式：油脂。

图 6-6-108 是电机外形尺寸。

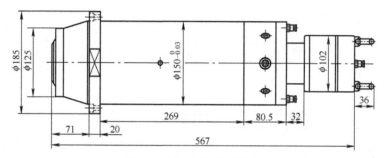

图 6-6-108　电机外形尺寸

图 6-6-109 是电机转速 - 电压、功率曲线。

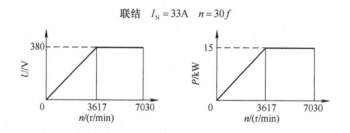

图 6-6-109　转速 - 电压、功率曲线

电机同步转速的频率应为 133.33Hz，则同步转速为 4000r/min，额定转速为 3617r/min，转差 $S_n = \dfrac{4000-3617}{4000} = 0.09575$。

该主轴电机应为变频交流感应异步主轴电机。

如果按说明书上的机械特性曲线，选定电机额定转速为 3617r/min 时为 15kW，该点前是**恒转矩运行**，该点后是**恒功率运行**。那么可以设计一个 4 极的感应主轴电机。

电机定子外径仍用 120mm，电机长度按公司要求的 200mm 设计。

6.6.21.1　设计方案 1

在交流感应电机中，一般不用少槽电机，但是在高速主轴电机中，可以用 24 槽，转子 16 槽，4 极电机（24-16-4j）。绕组用单层全极绕组，这样绕组个数少，下线简单。

关于 24-16-4j 的槽极配合，Kuhlmann 推荐使用，Richter 认为有尖点，国内推荐 24-22-4j 转子可选 22 槽、28 槽。现在就选用 36-32-4j 槽极配合的电机进行设计分析。

定子用 120mm，内孔用 75mm，叠厚取 160mm。

图 6-6-110 是电机结构和绕组排布图。

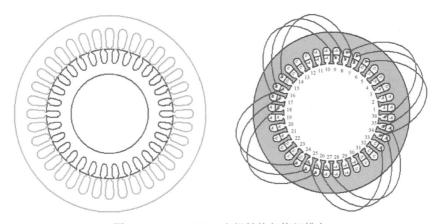

图 6-6-110　36-32-4j 电机结构与绕组排布

表 6-6-28 是电机额定参数输入值。

表 6-6-28　电机额定参数输入值

Name	Setup1	
Enabled	☑	
Operation Type	Motor	
Load Type	Const Power	
Rated Output Power	15	kW
Rated Voltage	380	V
Rated Speed	3617	rpm
Operating Temperature	75	cel

该模块的机械特性曲线（见图 6-6-111）和样机要求的交流主轴电机的机械特性曲线相一致。

图 6-6-112 ~ 图 6-6-116 是 36-32-4j 电机各种特性曲线。

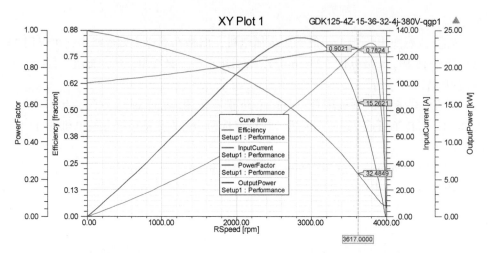

图 6-6-111　36-32-4j 电机机械特性曲线

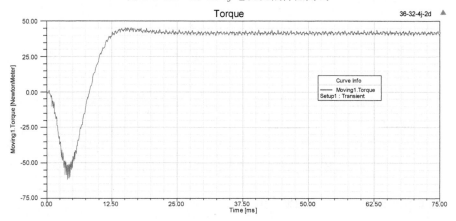

图 6-6-112　36-32-4j 电机转矩曲线

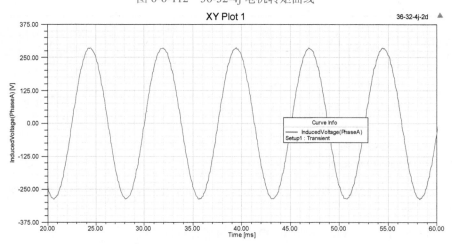

图 6-6-113　36-32-4j 电机感应电动势曲线

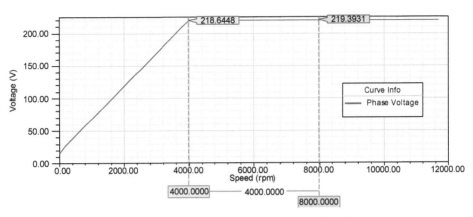

图 6-6-114 36-32-4j 电机转速 - 电压曲线

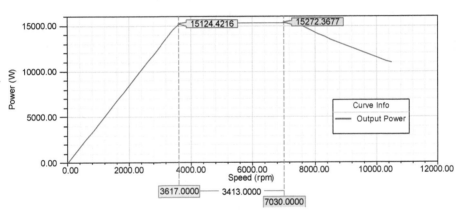

图 6-6-115 36-32-4j 电机转速 - 功率曲线

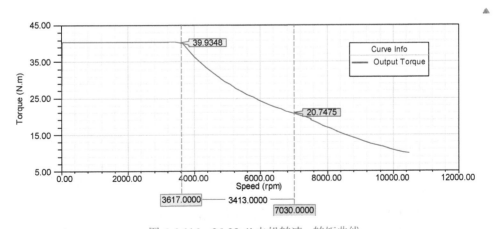

图 6-6-116 36-32-4j 电机转速 - 转矩曲线

电机性能计算书如下：

Three-Phase Induction Machine Design

GENERAL DATA

Given Output Power (kW): 15
Rated Voltage (V): 380
Winding Connection : Wye
Number of Poles : 4
Given Speed (rpm): 3617
Frequency (Hz): 133
Stray Loss (W): 225
Frictional Loss (W): 562.5
Windage Loss (W): 0
Operation Mode : Motor
Type of Load : Constant Speed
Operating Temperature (C): 75

STATOR DATA

Number of Stator Slots : 36
Outer Diameter of Stator (mm): 115
Inner Diameter of Stator (mm): 76.5
Type of Stator Slot : 2
Stator Slot
　　hs0 (mm): 0.6
　　hs1 (mm): 0.65
　　hs2 (mm): 8.5
　　bs0 (mm): 2
　　bs1 (mm): 4.60053
　　bs2 (mm): 6.08784
Top Tooth Width (mm): 2.3
Bottom Tooth Width (mm): 2.3
Length of Stator Core (mm): 185
Stacking Factor of Stator Core : 0.97
Type of Steel : DW310_35
Number of lamination sectors　0
Press board thickness (mm): 0
Magnetic press board　No
Number of Parallel Branches : 2
Type of Coils : 21
Coil Pitch : 7
Number of Conductors per Slot : 26
Number of Wires per Conductor : 3
Wire Diameter (mm): 0.6
Wire Wrap Thickness (mm): 0.06
Wedge Thickness (mm): 0.8

Slot Liner Thickness (mm): 0.25
Layer Insulation (mm): 0.25
Slot Area (mm^2): 63.3249
Net Slot Area (mm^2): 49.1816
Slot Fill Factor (%): 69.0844
Limited Slot Fill Factor (%): 75
Wire Resistivity (ohm.mm^2/m): 0.0217
Conductor Length Adjustment (mm): 5
End Length Correction Factor　1
End Leakage Reactance Correction Factor　1

ROTOR DATA

Number of Rotor Slots : 30
Air Gap (mm): 0.25
Inner Diameter of Rotor (mm): 47
Type of Rotor Slot : 1
Rotor Slot
　　hs0 (mm): 0.25
　　hs2 (mm): 5
　　bs0 (mm): 2
　　bs1 (mm): 4
　　bs2 (mm): 3.4
Cast Rotor : Yes
Half Slot : No
Length of Rotor (mm): 185
Stacking Factor of Rotor Core : 0.97
Type of Steel : DW310_35
Skew Width : 1
End Length of Bar (mm): 0
Height of End Ring (mm): 10
Width of End Ring (mm): 12
Resistivity of Rotor Bar
　at 75 Centigrade (ohm.mm^2/m): 0.0434783
Resistivity of Rotor Ring
　at 75 Centigrade (ohm.mm^2/m): 0.0434783
Magnetic Shaft : Yes

RATED-LOAD OPERATION

Stator Resistance (ohm): 0.536137
Stator Resistance at 20C (ohm): 0.441016
Stator Leakage Reactance (ohm): 0.56332
Rotor Resistance (ohm): 0.607418
Rotor Resistance at 20C (ohm): 0.49965

Rotor Leakage Reactance (ohm): 0.876087
Resistance Corresponding to
 Iron-Core Loss (ohm): 757.165
Magnetizing Reactance (ohm): 19.3002
Stator Phase Current (A): 32.9466
Current Corresponding to
Iron-Core Loss (A): 0.257926
Magnetizing Current (A): 10.1187
Rotor Phase Current (A): 29.7867
Total Loss (W): 4301.29
Input Power (kW): 19.4168
Output Power (kW): 15.1155
Mechanical Shaft Torque (N · m): 39.9068
Efficiency (%): 77.8476
Power Factor : 0.885038
Rated Slip : 0.0934837
Rated Shaft Speed (rpm): 3617

NO-LOAD OPERATION

No-Load Stator Resistance (ohm): 0.536137
No-Load Stator Leakage Reactance (ohm): 0.571268
No-Load Rotor Resistance (ohm): 0.607216
No-Load Rotor Leakage Reactance (ohm): 0.894202
No-Load Stator Phase Current (A): 11.079
No-Load Iron-Core Loss (W): 178.697
No-Load Input Power (W): 1222.82
No-Load Power Factor : 0.136839
No-Load Slip : 0.00279013
No-Load Shaft Speed (rpm): 3978.87

BREAK-DOWN OPERATION

Break-Down Slip : 0.58
Break-Down Torque (N · m): 95.8624
Break-Down Torque Ratio : 2.40216
Break-Down Phase Current (A): 116.8

LOCKED-ROTOR OPERATION

Locked-Rotor Torque (N · m): 87.3589
Locked-Rotor Phase Current (A): 144.303
Locked-Rotor Torque Ratio : 2.18908
Locked-Rotor Current Ratio : 4.37991
Locked-Rotor Stator Resistance (ohm): 0.536137
Locked-Rotor Stator
 Leakage Reactance (ohm): 0.465034
Locked-Rotor Rotor Resistance (ohm): 0.63007
Locked-Rotor Rotor
 Leakage Reactance (ohm): 0.547837

DETAILED DATA AT RATED OPERATION

Stator Slot Leakage Reactance (ohm): 0.390215
Stator End-Winding Leakage
 Reactance (ohm): 0.0894423
Stator Differential Leakage
 Reactance (ohm): 0.0836627
Rotor Slot Leakage Reactance (ohm): 0.374969
Rotor End-Winding Leakage
 Reactance (ohm): 0.0202576
Rotor Differential Leakage
 Reactance (ohm): 0.343273
Skewing Leakage Reactance (ohm): 0.137587
Stator Winding Factor : 0.901912
Stator-Teeth Flux Density (Tesla): 1.81262
Rotor-Teeth Flux Density (Tesla): 1.50705
Stator-Yoke Flux Density (Tesla): 1.81473
Rotor-Yoke Flux Density (Tesla): 0.453656
Air-Gap Flux Density (Tesla): 0.605757
Stator Current Density (A/mm^2): 19.4208
Rotor Bar Current Density (A/mm^2): 14.2256
Rotor Ring Current Density (A/mm^2): 8.39886

36-32-4j 电机的主要指标均达到要求，见表 6-6-29。

表 6-6-29　两种电机技术要求对比

	输出功率 /kW	转速 /（r/min）	电流 /A	功率因数
电机要求	15	3617	33	0.88
36-32-4j	15.11	3617	32.9	0.885

6.6.21.2 设计方案2

用**2极电机设计（24-30-2j）**，电机结构和绕组排布如图 6-6-117 所示。

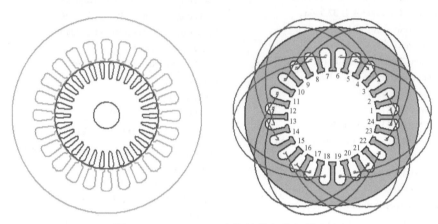

图 6-6-117　24-30-2j 电机结构与绕组排布

电机机械特性曲线如图 **6-6-118** 所示。

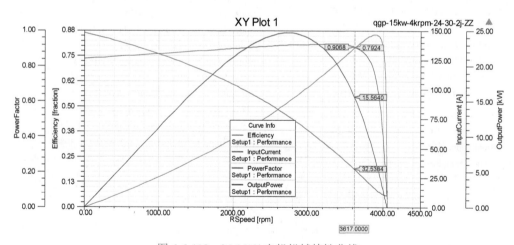

图 6-6-118　24-30-2j 电机机械特性曲线

看图 6-6-119，电机的感应电动势整个波形有毛刺。

图 6-6-120 ~ 图 6-6-122 是电机各种特性曲线。

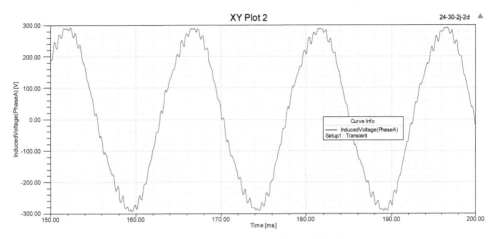

图 6-6-119 24-30-2j 电机感应电动势波形

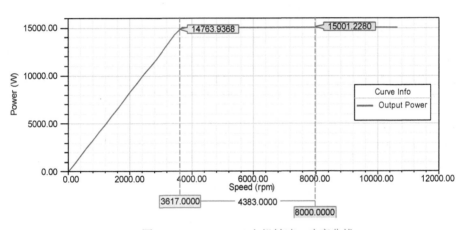

图 6-6-120 24-30-2j 电机转速 - 功率曲线

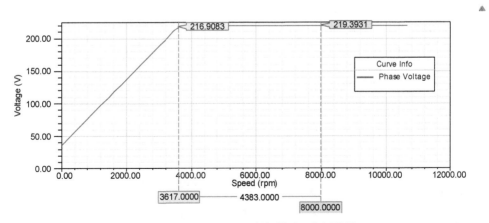

图 6-6-121 24-30-2j 电机转速 - 电压曲线

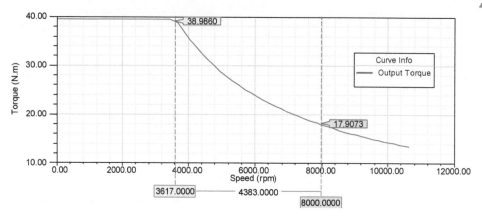

图 6-6-122　24-30-2j 电机转速 - 转矩曲线

24-30-4j 电机性能计算单如下：

Three-Phase Induction Machine Design

GENERAL DATA

Given Output Power（kW）: 15

Rated Voltage（V）: 380

Winding Connection : Wye

Number of Poles : 2

Given Speed（rpm）: 3617

Frequency（Hz）: 67.5

Stray Loss（W）: 225

Frictional Loss（W）: 67.5

Windage Loss（W）: 0

Operation Mode : Motor

Type of Load : Constant Power

Operating Temperature（C）: 75

STATOR DATA

Number of Stator Slots : 24

Outer Diameter of Stator（mm）: 120

Inner Diameter of Stator（mm）: 67

Type of Stator Slot : 3

Stator Slot

　hs0（mm）: 0.7

　hs1（mm）: 0.5

　hs2（mm）: 9.5

　bs0（mm）: 2.5

　bs1（mm）: 5.09602

　bs2（mm）: 7.59742

　rs（mm）: 2

Top Tooth Width（mm）: 4

Bottom Tooth Width（mm）: 4

Length of Stator Core（mm）: 200

Stacking Factor of Stator Core : 0.95

Type of Steel : DW310_35

Number of lamination sectors　0

Press board thickness（mm）: 0

Magnetic press board No

Number of Parallel Branches : 1

Type of Coils : 11

Coil Pitch : 0

Number of Conductors per Slot : 17

Number of Wires per Conductor : 3

Wire Diameter（mm）: 0.86

Wire Wrap Thickness（mm）: 0.09

Wedge Thickness（mm）: 0.8

Slot Liner Thickness（mm）: 0.25

Layer Insulation（mm）: 0

Slot Area（mm^2）: 77.4209

Net Slot Area（mm^2）: 62.5339

Slot Fill Factor（%）: 73.6041

Limited Slot Fill Factor（%）: 75

Wire Resistivity（ohm.mm^2/m）: 0.0217

Conductor Length Adjustment（mm）: 0

End Length Correction Factor　1

End Leakage Reactance Correction Factor　1

ROTOR DATA

Number of Rotor Slots : 30

Air Gap (mm): 0.5

Inner Diameter of Rotor (mm): 17

Type of Rotor Slot : 1

Rotor Slot

    hs0 (mm): 0.45

    hs01 (mm): 0.45

    hs2 (mm): 8

    bs0 (mm): 0

    bs1 (mm): 3.3

    bs2 (mm): 1.6

Cast Rotor : Yes

Half Slot : No

Length of Rotor (mm): 200

Stacking Factor of Rotor Core : 0.95

Type of Steel : DW310_35

Skew Width : 1

End Length of Bar (mm): 0

Height of End Ring (mm): 15

Width of End Ring (mm): 12

Resistivity of Rotor Bar

  at 75 Centigrade (ohm.mm^2/m): 0.0434783

Resistivity of Rotor Ring

  at 75 Centigrade (ohm.mm^2/m): 0.0434783

Magnetic Shaft : Yes

RATED-LOAD OPERATION

Stator Resistance (ohm): 0.567499

Stator Resistance at 20C (ohm): 0.466814

Stator Leakage Reactance (ohm): 0.512415

Rotor Resistance (ohm): 0.694523

Rotor Resistance at 20C (ohm): 0.571301

Rotor Leakage Reactance (ohm): 0.684421

Resistance Corresponding to

  Iron-Core Loss (ohm): 1021.35

Magnetizing Reactance (ohm): 20.5852

Stator Phase Current (A): 31.182

Current Corresponding to

  Iron-Core Loss (A): 0.192562

Magnetizing Current (A): 9.55405

Rotor Phase Current (A): 28.5624

Copper Loss of Stator Winding (W): 1655.37

Copper Loss of Rotor Winding (W): 1699.79

Iron-Core Loss (W): 113.614

Frictional and Windage Loss (W): 67.9193

Stray Loss (W): 225

Total Loss (W): 3761.7

Input Power (kW): 18.7628

Output Power (kW): 15.0011

Mechanical Shaft Torque (N · m): 39.3601

Efficiency (%): 79.9513

Power Factor : 0.903252

Rated Slip : 0.101366

Rated Shaft Speed (rpm): 3639.47

NO-LOAD OPERATION

No-Load Stator Resistance (ohm): 0.567499

No-Load Stator Leakage Reactance (ohm): 0.514477

No-Load Rotor Resistance (ohm): 0.694434

No-Load Rotor Leakage Reactance (ohm): 4.70726

No-Load Stator Phase Current (A): 10.391

No-Load Iron-Core Loss (W): 134.253

No-Load Input Power (W): 617.597

No-Load Power Factor : 0.0574042

No-Load Slip : 0.000377402

No-Load Shaft Speed (rpm): 4048.47

BREAK-DOWN OPERATION

Break-Down Slip : 0.78

Break-Down Torque (N · m): 107.174

Break-Down Torque Ratio : 2.72291

Break-Down Phase Current (A): 132.551

LOCKED-ROTOR OPERATION

Locked-Rotor Torque (N · m): 105.267

Locked-Rotor Phase Current (A): 148.241

Locked-Rotor Torque Ratio : 2.67446

Locked-Rotor Current Ratio : 4.75405

DETAILED DATA AT RATED OPERATION

Stator Slot Leakage Reactance (ohm): 0.285249

Stator End-Winding Leakage

  Reactance (ohm): 0.125923

Stator Differential Leakage

  Reactance (ohm): 0.10124

Rotor Slot Leakage Reactance (ohm): 0.544958

Rotor End-Winding Leakage

  Reactance (ohm): 0.0201932

Rotor Differential Leakage

  Reactance (ohm): 0.0816894

Skewing Leakage Reactance (ohm): 0.0373226

Stator Winding Factor : 0.957662

Stator-Teeth Flux Density (Tesla): 1.64647

Rotor-Teeth Flux Density（Tesla）: 1.65316   Saturation Factor for Teeth : 1.28805
Stator-Yoke Flux Density（Tesla）: 1.87371   Saturation Factor for Teeth & Yoke : 2.33254
Rotor-Yoke Flux Density（Tesla）: 1.21191   Induced-Voltage Factor : 0.896438
Air-Gap Flux Density（Tesla）: 0.713384   **Stator Current Density（A/mm^2）: 17.8936**
Correction Factor for Magnetic   Specific Electric Loading（A/mm）: 60.4422
  Circuit Length of Stator Yoke : 0.265249   Stator Thermal Load（A^2/mm^3）: 1081.53
Correction Factor for Magnetic   **Rotor Bar Current Density（A/mm^2）: 14.9509**
  Circuit Length of Rotor Yoke : 0.359476   **Rotor Ring Current Density（A/mm^2）: 9.88578**

24-30-2j 后电机的指标均达到，见表 6-6-30。

表 6-6-30   两种电机技术要求对比

参数	输出功率 /kW	转速 /（r/min）	电流 /A	功率因数
电机要求	15	3617	33	0.88
24-30-2j	15	3639	31.18	0.903

以上算例中槽极配合没有优化，只是阐述电机 4 极与 2 极在达到同一性能的难易不同。

2 极电机的恒功率区范围比 4 极电机大。

6.6.22　感应少槽少极电机的分析

交流主轴电机是否可以用少槽少极电机的槽极配合，下面来分析。

（1）什么叫感应电机的少槽电机

少槽电机是指感应电机定子槽数少于 24 槽的电机，一般指 12、15、18、21 槽 4 种，槽数少，电机波形肯定差，但是有时为了考虑加工工艺、材料成本等，有些电机要求不是很高，用作驱动用时可以采用少槽少极电机。

（2）少槽电机不应该多极

从电机槽极配合看感应少槽电机的极数仅局限于 2、4 极。

（3）少槽少极电机的绕组

感应少槽电机的定子槽数少，因此电机工艺性好，极容易做成细长比小的高速电机。为了使绕组更简单，采用单层绕组形式。下面介绍少槽电机单层绕组形式的可行性。

分析表 6-6-31，定子奇数槽的都不能做单层绕组，定子偶数槽的槽数含有**极数因子**的能做单层对称绕组。

表 6-6-31   各种少槽定子的绕组配合分析

极数与绕组	少槽定子的绕组形式							
	12 全极	12 半极	15 全极	15 半极	18 全极	18 半极	21 全极	21 半极
2 极单层线组	★	★庶	×	×	不对称	★庶	×	×
4 极单层绕组	★庶	★	×	×	不对称	×	×	×

注：★表示槽数与 2 极 4 极单层绕组能很好配合，× 则表示不能配合，★庶表示只有庶极能配合。

极数因子：$K = \dfrac{Z_1}{Z_2}$，K 是整数

定子 12 槽 2 极，单层绕组全极，定子绕组系数为 0.965926；

定子 12 槽 2 极，单层绕组半极（庶极），定子绕组系数为 0.965926。

图 6-6-123 和图 6-6-124 是 12 槽 2 极电机单层绕组全极和半极绕组排布图。

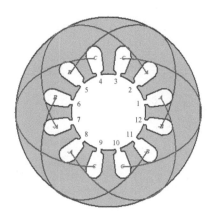

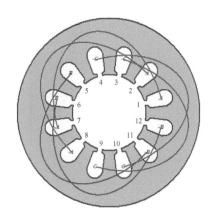

图 6-6-123　12 槽 2 极电机单层绕组　　　图 6-6-124　12 槽 2 极电机单层绕组
　　　　　　全极绕组排布　　　　　　　　　　　　半极绕组排布

12 槽 4 极，单层绕组全极，定子绕组系数为 1；

12 槽 4 极，单层绕组半极，定子绕组系数为 1。

图 6-6-125 和图 6-6-126 是 12 槽 4 极电机单层绕组全极和半极绕组排布图。

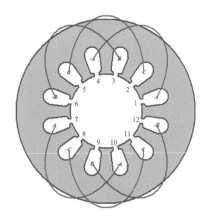

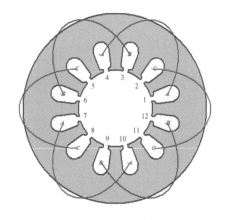

图 6-6-125　12 槽 4 极电机单层绕组　　　图 6-6-126　12 槽 4 极电机单层绕组
　　　　　　全极绕组排布　　　　　　　　　　　　半极绕组排布

图 6-6-127 是 18 槽 2 极电机绕组排布图。

18 槽 2 极，单层绕组半极（庶极），定子绕组系数为 0.959795。

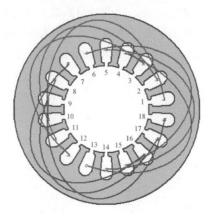

图 6-6-127　18 槽 2 极电机单层绕组半极绕组排布

以上 5 种少槽少极电机的绕组排布的工艺性是可以的。

我们可以选用：

12 槽 2 极，绕组全极，定子绕组系数为 0.965926；

12 槽 4 极，绕组半极，定子绕组系数为 1；

18 槽 2 极，绕组半极，定子绕组系数为 0.959795。

作为少槽少极电机的典型结构，其他结构均有不同程度的缺点。

用 2 极感应电机定子 18 槽、转子 16 槽进行分析。

图 6-6-128 是 18-16-2j 电机的机械特性曲线。

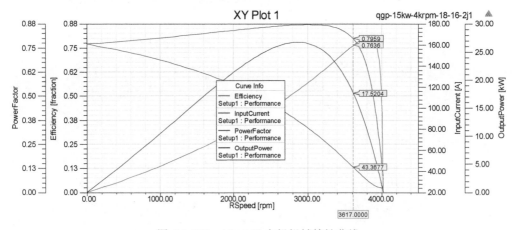

图 6-6-128　18-16-2j 电机机械特性曲线

电机的瞬态转矩曲线不是很好，如图 6-6-129 和图 6-6-130 所示。

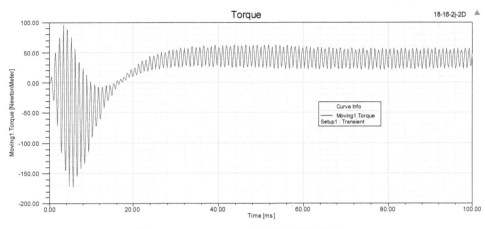

图 6-6-129　18-16-2j 电机瞬态转矩曲线一

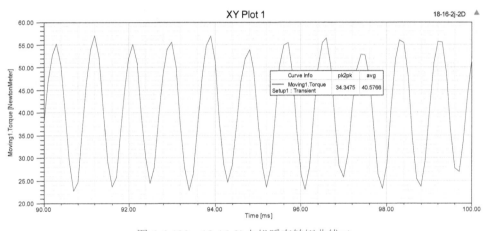

图 6-6-130　18-16-2j 电机瞬态转矩曲线二

转矩波动率为 $\dfrac{34.3475}{40.5766} = 0.8465 \times 100\% = 84.65\%$，电机的转矩波动率较大。

电机的感应电动势波形较差，如图 6-6-131 所示。

图 6-6-132 是电机的转速 - 功率曲线。

定子 18 槽、转子 16 槽、4 极电机的功率因数、效率不见得很好，转矩波动太大！电机的感应电动势波形不好。

如果转子槽为 15 槽，18-15-2j 电机机械特性曲线如图 6-6-133 所示。

该电机的性能特性曲线如 6-6-134 ~ 图 6-6-137 所示。

转矩波动率为 $\dfrac{3.1078}{40.3146} = 0.077 \times 100\% = 7.7\%$，比 18-16j 电机的转矩波动率好了许多。

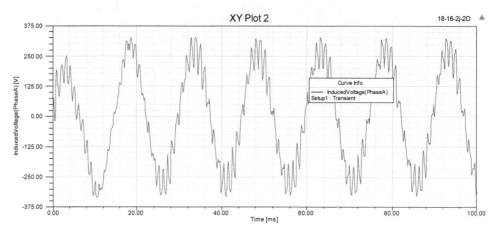

图 6-6-131　18-16-2j 电机感应电动势曲线

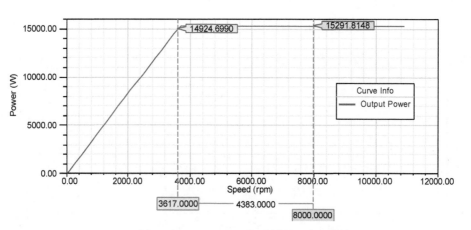

图 6-6-132　18-16-2j 电机转速 - 功率曲线

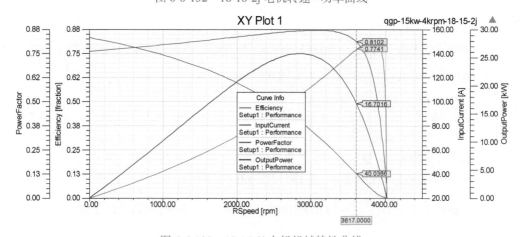

图 6-6-133　18-15-2j 电机机械特性曲线

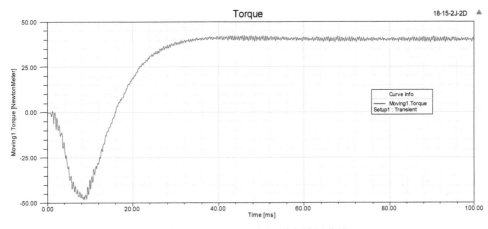

图 6-6-134　18-15-2j 电机瞬态转矩曲线

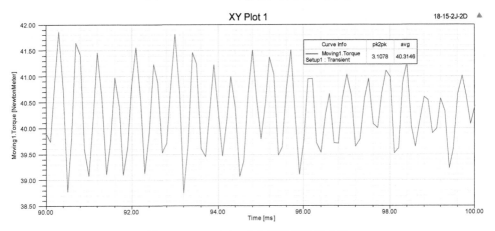

图 6-6-135　18-15-2j 电机转矩波动曲线

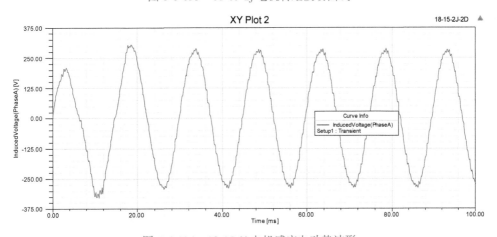

图 6-6-136　18-15-2j 电机感应电动势波形

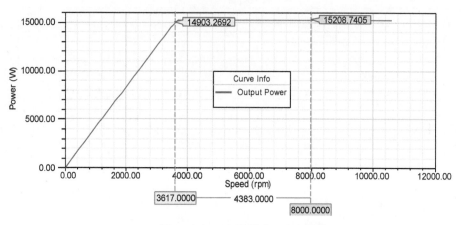

图 6-6-137 电机转速 - 功率曲线

转子只改少了一个槽数，电机的转矩波动、感应电动势波形就都得到了改善。因此有可能在某些感应电机中采用槽极配合较好的少槽少极电机。

本节主要介绍主轴电机设计中的一些槽极配合的选取要点及设计思路，供读者参考。

参 考 文 献

[1] 许实章. 电机学 [M]. 北京：机械工业出版社，1980.

[2] 叶尔穆林. 小功率电机 [M]. 北京：机械工业出版社，1965.

[3] 王宗培. 永磁直流微电机 [M]. 南京：东南大学出版社，1992.

[4] 李铁才，等. 电机控制技术 [M]. 哈尔滨：哈尔滨工业大学出版社，2000.

[5] 邱国平，邱明. 永磁直流电机实用设计及应用技术 [M]. 北京：机械工业出版社，2009.

[6] 邱国平，丁旭红. 永磁直流无刷电机实用设计及应用技术 [M]. 上海：上海科学技术出版社，2015.

[7] 邱国平，等. 永磁同步电机实用设计及应用技术 [M]. 上海：上海科学技术出版社，2019.

[8] 王秀和，等. 永磁电机 [M]. 北京：中国电力出版社，2007.

[9] 谭建成. 永磁无刷直流电机技术 [M]. 北京：机械工业出版社，2011.

[10] 胡岩，等. 小型电动机现代实用设计技术 [M]. 北京：机械工业出版社，2008.

[11] 电子工业部第二十一研究所. 微特电机设计手册 [M]. 上海：上海科学技术出版社，1997.